CAHIERS DE PALÉONTOLOGIE

Directeur de publication :
Françoise DEBRENNE
Institut de Paléontologie – Paris 5ᵉ

TRAVAUX DE PALÉONTOLOGIE EST-AFRICAINE

Direction

CAHIERS DE PALÉONTOLOGIE

BLOT J. – Étude des Palaeonisciformes du Bassin Houiller de Commentry.

CHAUVEL J. – Les Échinodermes de l'Ordovicien du Maroc.

WENZ S. – Compléments à l'étude des poissons actinoptérygiens du Jurassique français.

BELTAN L. – La faune ichthyologique de l'Eotrias du N.W. de Madagascar : le neurocrâne.

HEYLER D. – Vertébrés de l'Autunien de France.

LARDEUX H. – Les Tentaculites d'Europe Occidentale et d'Afrique du Nord.

UBAGHS G. – Les Échinodermes carpoïdes de l'Ordovicien inférieur de la Montagne noire.

SIGOGNEAU D. – Révision systématique des Gorgonopsiens sud-africains.

PLAZIAT J.-C. – Contribution à l'étude de la faune et de la flore du Sparnacien des Corbières septentrionales.

LE CALVEZ Y. – Contribution à l'étude des Foraminifères paléogènes du bassin de Paris.

DEMATHIEU G. – Les empreintes de pas de Vertébrés du Trias de la bordure nord-est du Massif Central.

NOVITSKAYA L. – Les Amphiaspides (Heterostraci) du Dévonien de la Sibérie.

CHALINE J. – Les rongeurs du Pléistocène moyen et supérieur _(épuisé)_.

MASSIEUX M. – Micropaléontologie stratigraphique de l'Éocène des Corbières septentrionales (Aude).

POPLIN C. – Étude de quelques paléoniscidés pennsylvaniens du Kansas.

MAGNIEZ-JANNIN F. – Les foraminifères de l'Albien de l'Aube ; paléontologie, stratigraphie, écologie.

TAQUET Ph. – Géologie et Paléontologie du Gisement de Gadoufaoua (Aptien du Niger).

BOLTENIJAGEN E. – Microplancton du Crétacé supérieur du Gabon.

EISENMANN V. – Les chevaux (_Equus_ senso lato) fossiles et actuels : crânes et dents jugales supérieures.

BLIECK A. – Les hétérostracés (vertébrés agnathes) de l'horizon _Vogti_ (groupe de Red Bay, Dévonien inférieur du Spitsberg).

LAURIN B. – Les rhynchonclitides des plates-formes du Jurassique moyen en Europe Occidentale. Dynamique des populations, évolution, systématique.

GOUJET D. – Les poissons Placodermes du Spitsberg – Arthrodires Dolichothoraci de la Formation de Wood Bay (Dévonien inférieur).

BLIECK A. – Les hétérostracés pteraspidiformes. Systématique, phylogénie, biostratigraphie, biogéographie.

JANVIER Ph. – Les Céphalaspides du Spitsberg.

MATTEI J. – Amalthéidés du Bassin sédimentaire des Causses. Application de méthode d'analyse globale.

RIVELINE J. – Les charophytes du Paléogène et du Miocène inférieur d'Europe Occidentale. Biostratigraphie des formations continentales.

BROUTIN J. – Étude paléobotanique et palynologique du passage carbonifère permien dans le sud-ouest de la péninsule ibérique.

PONS D. – Le Mésozoïque de Colombie. Macroflores et Microflores.

BONGRAIN M. – Les Gigantopecten (Pectinidae, Bivalvia) du Miocène français. Croissance, morphogenèse, paléoécologie.

GASPARD D. – Sellithyridinae Terebratulidae du Crétacé d'Europe Occidentale. Dynamique des populations. Systématique et évolution.

MEISTER Ch. – Les ammonites du Domérien des Causses (France).

HANTZPERGUE P. – Les ammonites kimméridgiennes du haut-fond d'Europe occidentale. Biochronologie, systématique, évolution, paléobiogéographie.

VUILLEMIN Cl. – Les Tétracoralliaires (Rugosa) du Carbonifère inférieur du Massif armoricain (France).

DEBRENNE F., ROZANOV A., ZHURAVLEV A. – Regular Archaeocyaths, Morphology, systematic, biostratigraphy, paleogeography, biological affinities. Archéocyathes réguliers. Morphologie, systématique, biostratigraphie, paléogéographie, affinités biologiques.

Diffusion et vente par correspondance : CNRS EDITIONS, 22, rue Saint-Amand F-75015 PARIS
Tél.(1) 45 33 16 00 – TELEX PR CNRS 200 356 F

CAHIERS DE PALÉONTOLOGIE
Éditions du CNRS

Les Cahiers de Paléontologie sont consacrés à la publication de Mémoires concernant tous les aspects de la Paléontologie – à l'exception de la Paléontologie humaine qui est éditée dans la série «Cahiers de Paléoanthropologie» du CNRS.

Leur volume est en principe supérieur à 200 pages publiées. La langue courante est le français, mais des contributions en anglais peuvent être acceptées.

Les Cahiers de Paléontologie sont dirigés par un responsable nommé par le CNRS, assisté par un Comité de Rédaction de 5 membres et comporte un Comité de Lecture de spécialistes français et étrangers.

INSTRUCTIONS AUX AUTEURS

Condition de dépôt des manuscrits

Les manuscrits doivent parvenir au directeur de la publication chaque année avant le 1er décembre et le 1er juin, délais de rigueur. Ils seront examinés par le Comité de Lecture sur proposition du Comité de Rédaction et soumis au Comité éditorial correspondant du CNRS le 15 janvier et le 15 juillet, avec le rapport du Comité de Rédaction. L'auteur doit fournir trois copies complètes du manuscrit et des illustrations dont il conservera les originaux jusqu'à acceptation de la publication, et six exemplaires du résumé.

Présentation des manuscrits

Ils doivent être tapés à la machine au recto d'un papier de format standard, à double interligne, avec une marge à gauche de 4 cm et ne pas présenter de ratures. La pagination se fait en haut à droite de chaque feuille. Le titre doit être de portée générale et comporter un sous-titre plus explicite. Le nom, le ou les prénoms en entier de l'auteur et son adresse professionnelle doivent être fournis. Il est demandé un résumé, une liste de mots-clés, les deux en français et en anglais. Un sommaire très détaillé doit rendre compte du contenu de l'ouvrage.

Références bibliographiques

Tous les appels de références comprendront entre parenthèses (...) le nom de l'auteur cité avec omission de l'initiale de son prénom, dactylographié en minuscules, l'année de la publication et éventuellement l'indication de pagination et de figuration.

Les listes de références sont en ordre alphabétique d'auteurs, puis par ordre chronologique pour un même auteur, sans tenir compte des auteurs multiples. Elles doivent être complètes et comporter obligatoirement le nombre de pages de l'ouvrage cité. Les titres des périodiques seront abrégés suivant les règles internationales. La ville d'édition doit accompagner le nom de l'éditeur. Exemples :
LEHMAN J.P. (1956). – Les Arthrodites du Dévonien supérieur du Tafilalet (Sud-Marocain). *Notes et Mém. Serv. géol. Maroc,* Rabat, 129, p. 1-201, 129 fig., 48 pl.
GIGNOUX M. (1960). – Géologie stratigraphique. Paris : Masson, 759 p.
Toutes les références citées dans le texte doivent figurer dans la liste bibliographique et seulement elles. Les Règles de Nomenclature zoologique (ou botanique) doivent être scrupuleusement suivies.

Listes de synonymie

Les listes de synonymie doivent comporter la date de publication, le nom de l'espèce et l'auteur de l'espèce, le nom de l'auteur de la publication, la pagination et l'illustration concernées. Ils pourront être accompagnés de symboles indiquant la position de l'auteur sur la révision de l'espèce. Ils suivront alors les recommandations de Matthews, S.C. 1973 – Paleontology, 16, p. 713-719.
Exemple :
V. 1971 – Arctolepis decipiens (Woodward); Miles R.S., p. 178-180, fig. 100-101.

Illustrations

Indiquer dans le cours du texte et à leur place les appels à l'illustration et préciser dans la marge au crayon l'emplacement de cette illustration.

Les originaux des dessins au trait sont exécutés à l'encre de Chine noire sur du papier bristol blanc ou sur calque. Les photographies sont montées en planches. Une échelle graphique doit figurer sur toutes les illustrations. Les planches et les dessins devront, après réduction, ne pas dépasser le format maximum de 17×22 ; les chiffres, les lettres, les pointillés doivent être de taille suffisante pour supporter l'éventuelle réduction. Les tableaux dessinés ou dactylographiés doivent obéir aux mêmes normes.

Toutes les illustrations sont numérotées en chiffres arabes. Rappeler le nom de l'auteur et le numéro sur chaque illustration. Les légendes des figures, des planches et des tableaux seront dactylographiées séparément du texte.

Il est recommandé de fournir les explications en français et en anglais.

IRREGULAR ARCHAEOCYATHS

Morphology – Ontogeny – Systematics
Biostratigraphy – Palaeoecology

ARCHÉOCYATHES IRRÉGULIERS

Morphologie – Ontogénie – Systématique
Biostratigraphie – Paléoécologie

CAHIERS DE PALÉONTOLOGIE

IRREGULAR ARCHAEOCYATHS

Morphology — Ontogeny — Systematics
Biostratigraphy — Palaeoecology

ARCHÉOCYATHES IRRÉGULIERS

Morphologie — Ontogénie — Systématique
Biostratigraphie — Paléoécologie

par

Françoise DEBRENNE & Andrei ZHURAVLEV

CNRS EDITIONS
20-22, rue Saint-Amand — 75015 Paris
1992

ISSN 0766-0502 — ISBN 2-222-04719-6

CHAPTER III – MORPHOLOGY

CHAPTER IV – ONTOGENY

CHAPTER V – SYSTEMATICS OF THE IRREGULARES

IRREGULAR ARCHAEOCYATHS

Morphology — Ontogeny — Systematics
Biostratigraphy — Palaeoecology

ABSTRACT

The present volume is devoted to the second subdivision of the **Archaeocyatha,** the **Irregulares,** which have never been previously studied from a theoretical point of view. Investigations have been carried out to determine the different types of every skeletal element and their hierarchic position defined by studies of the ontogenetic stages. The discovery of two common stages of development in the main stems of the **Regulares** and **Irregulares** (**Ajacicyathida** and **Archaeocyathida**) attests to the unity of the entire group, while the differences between the third stage confirms their separation. The significance of the secondary skeleton leads to interpretation of the comparative biology within the subdivisions of archaeocyaths. A classification taking into account the preceding results is proposed. Short diagnose of all orders, suborders, superfamilies, families and genera are given, with a specific composition and a systematic position for the genera. Tables of the stratigraphic and palaeogeographic distribution are established, showing that **Irregulares** can be as useful as **Regulares** for biostratigraphy and correlations. The last chapter is devoted to the study of the construction, evolution and disappearance of calcimicrobe-archaeocyath reefs during the **Early Cambrian.**

RÉSUMÉ

Le volume présenté ici est consacré à l'étude du second groupe des archéocyathes, les **Irregulares** qui n'ont jusqu'à présent pas fait l'objet de recherches théoriques. Les différents types morphologiques des éléments du squelette et leur position hiérarchique ont été établis par l'étude des stades de développement ontogénétique. Il a été ainsi mis en évidence la similarité des deux premiers stades chez les réguliers et les irréguliers, confirmant l'unicité du groupe, alors que les différences constatées à partir du troisième stade valident sa partition. La signification du squelette secondaire conduit à l'interprétation de la biologie comparée des réguliers et des irréguliers. Une classification est alors proposée, qui prend en compte les résultats précédents. De courtes diagnoses des ordres, sous-ordres, superfamilles, familles et genres sont données, avec la composition spécifique et la position systématique des genres. Des tableaux de répartition stratigraphique et paléogéographique sont établis, montrant la valeur des irréguliers en tant qu'outil biostratigraphique et de corrélation au même titre que les réguliers. La dernière partie de l'ouvrage est consacré aux bioconstructions à algues et archéocyathes, leur établissement, leur évolution et leur disparition à la fin du **Cambrien inférieur.**

КРАТКОЕ СОДЕРЖАНИЕ

В настоящей книге рассматривается другое подразделение археоциат: неправильные археоциаты, которые не были ранее осмыслены теоретически. Проведенные исследования касаются определения всех возможных особенностей каждой составляющей части скелета и ее систематического значения, обоснованного изучением развития кубка. Обнаружение двух общих состояний в развитии скелета у основных стволов правильных и неправильных археоциат (Ajacicyathida и Archaeocyathida) удостоверяет единство всей группы, тогда как различие третьей стадии подтверждает их разделение. Распознавание вторичного скелета привело к биологическому сопоставлению подразделений археоциат. Предлагается классификация, вобравшая в себе итоги предшественников. Приводятся краткие диагнозы всех отрядов, подотрядов, надсемейств, семейств и родов, включая видовой состав и систематическое положение последних. Представлены схемы стратиграфического и палеографического распространения, выявляющие, что неправильные археоциаты могут быть не менее полезным инструментом для биостратиграфии и корреляции, чем правильные. Последняя глава касается исследований строения, эволюции и особенностей водорослево-археоциатовых рифов в течение раннего кембрия.

INTRODUCTION

Archaeocyatha have been studied for over 100 years. In the late thirties, they were subdivided into two groups, the **Regulares** and the **Irregulares**, according to the development of the secondary calcareous skeleton. After 1960 and the work of Zhuravleva on archaeocyaths from the Siberian Platform, the modern systematics of archaeocyaths began to be established. The subdivision into **Regulares** and **Irregulares** was substantiated by ontogenic data, but most of the theoretical works have been done on the **Regulares**, under the impulse of Rozanov (1966-1973). He has demonstrated the laws of homologous variability on the regular skeleton and the process of oligomerization of pores. He recognized the successive appearance of these phenomena in different groups of regular archaeocyaths, leading to the establishment of a united **Lower Cambrian** stratigraphic scale divided into four stages corresponding to the steps of their evolution. Since them, most of the studies have been focused on **Regulares** ; recently Debrenne, Rozanov and Zhuravlev (1989-1990) published a book (in Russian and English) giving up-to-date results on morphology, ontogeny, systematics, palaeogeography and biostratigraphy of **Regulares**. They settled the question of their affinities with sponges. **Irregulares**, the ill-beloved part of the group, were considered mainly as reef-builders. Few theoretical works have been done on **Irregulares**. Attempts were made to find homologous series in **Irregulares** (Debrenne, 1974a), and to distinguish orders by their initial stages and internal structures (Fonin, 1985). Gravestock (1984) was the first to typify the different outer wall structures in **Irregulares**, independently from the **Regulares**. His work serves as a basis for the present research.

The conclusions, derived from this present work, result in questioning the subdivision of archaeocyaths into the usual classes (or subclasses) of **Regulares** and **Irregulares** and in proposing to distinguish six orders instead, based on their structural differences and on the development of their skeleton : **Monocyathida, Ajacicyathida, Tabulacyathida, Coscinocyathida, Archaeocyathida** and **Kazachstanicyathida**. The two main orders, with regard to the number of families and genera which are included in, **Ajacicyathida** and **Archaeocyathida**, roughly corresponding to the previous subdivision into **Regulares** and **Irregulares**, have a type of development and a growth pattern very similar.

Despite this and to be consistent with the title of the previous work "**Regular Archaeocyatha**", we will use here the traditional name "**Irregular Archaeocyatha**" for the revision of the last two orders mentioned above.

Theoretical approaches towards systematics of the **Irregulares** have been carried out in this work along several lines of investigations :

1) Ontogenic studies, carefully undertaken in sampling the largest number of different forms of **Irregulares**. This allows the establishment of three types of development (one archaeocyathan and two chambered types) and, consequently, of two main orders : the **Archaeocyathida** and the **Kazachstanicyathida**. Two important results have also been established :

a) stages of development show that the first two steps (one non porous wall, two walls connected by septa with one vertical row of pores) are identical in the main stems of the **Irregulares** and **Regulares** (**Archaeocyathida** and **Ajacicyathida**). Only at the third stage – taeniae *versus* septa – are **Archaeocyathida** and **Ajacicyathida** separated.

b) the acquisition of adult features takes longer in **Archaeocyathida** (not before a cup diameter of 10-20 mm) than in **Ajacicyathida** (at 1 mm). This means that genera and species cannot be determined when only small cups are observed.

2) Besides the data on ontogeny, it is necessary to understand the biology of irregular organisms before undertaking their systematics. One of the main aims of the present study was to analyse the function of the secondary skeleton and to localise the living animal in the cup. The development of the secondary skeleton

in **Irregulares** *s.l.*, which separated the dead from the living parts, leads to the conclusion that the living part was restricted to the uppermost millimetres of the intervallum. In **Regulares** *s.l.*, however, where the secondary skeleton is absent or localized to the wounded areas, the soft tissues occupied the whole intervallum from the bottom to the top. Thus, the metabolism of **Irregulares** *s.l.* was less connected with the porous system of walls, but the soft tissue needed a stronger basis. The filter function was shifted from the wall porous system (in **Regulares**) to the upper part of the intervallum (in **Irregulares** *s.l.*). Difficulties in the studies of **Archaeocyathida** are connected with this secondary skeleton development, the successive layers of which distorted the morphology and size of the primary skeletal elements. Numerous observations have demonstrated that the secondary skeleton has no systematic value. This fact, together with the long evolution of individual cups, allows a drastic revision of previously described genera ; their number can now be reduced to 70 (out of 174, including those mentioned in our previous book). Lists of valid genera with their junior synonyms and a table of classification based on principles comparable with those adopted for the **Regulares** (Debrenne *et al.* ; 1989b ; 1990b) are given.

Follows a brief diagnosis of orders, suborders and genera. Specific composition is proposed for each valid genus with its specific composition and its systematic position.

After these revisions, tables of stratigraphic and palaeogeographic distribution are established, showing the possibility of using **Irregulares** as biostratigraphic and correlative indicators, a role that was previously devoted only to the **Regulares.**

In the final part of the work, a detailed review of archaeocyath bioconstructions is proposed. There are no real framework reefs built by archaeocyaths alone but most probably only reef mounds. The archaeocyaths, which are mainly solitary and aclonal organisms, almost lacked encrusting and modular forms able to build a framework for bioconstructions. Modular habits are obtained in a few evoluted forms of archaeocyaths which are the forerunners of later, well-developed colonial organisms : **stromatoporoids** and **chaetetids**. **Lower Cambrian** metazoan reefs follow the decline and demise of archaeocyaths and are replaced by **algal-stromatolitic** bioconstructions, ecologically less exacting during **Middle** and **Upper Cambrian.** This event can be linked perhaps with a generalized distension phase coincident with the gradual opening of the Iapetus, disturbing all the previous global palaeogeographic and palaeoenvironmental conditions.

INTRODUCTION

Les archéocyathes sont maintenant étudiés depuis plus d'un siècle. Ils ont été scindés en deux entités vers la fin des années trente, les réguliers et les irréguliers, d'après les caractéristiques de leur intervallum et les stades initiaux de leur développement. A la suite du travail de Zhuravleva sur les archéocyathes de la Plate-forme sibérienne, en 1960, la systématique moderne du groupe a réellement débuté. Cependant, la plupart des recherches théoriques ont porté sur les archéocyathes réguliers sous l'impulsion de Rozanov (1966-1973) : il a établi les lois de variabilité homologue du squelette des réguliers et d'oligomérisation des pores. Il a reconnu l'apparition successive de ces phénomènes dans les différents groupes d'archéocyathes réguliers, ce qui l'a conduit à établir une échelle stratigraphique unifiée divisée en quatre étages, correspondant aux quatre étapes de l'évolution des réguliers. Depuis, la plupart des travaux ont été centrés sur les **Regulares** ; récemment Debrenne, Rozanov et Zhuravlev ont publié deux livres, en russe (1989) et en anglais (1990) qui font le point sur les plus récents résultats des études sur les **Regulares.**

Les **Irregulares**, au contraire, ces mal-aimés, ces éternels oubliés, n'étaient guère étudiés que dans les monographies régionales et surtout considérés comme des constructeurs de récifs. Il y a peu de travaux théoriques sur les archéocyathes irréguliers. La recherche de séries homologues a été faite par F. Debrenne (1974) et un essai de classification, basé sur les stades de développement et les structures intervallaires, par

V. Fonin (1985). D. Gravestock a, le premier, distingué les types de muraille externe particuliers aux **Irregulares** et son travail a servi de base aux recherches suivantes.

Les conclusions qui peuvent être tirées de ce travail amènent à mettre en question la subdivision classique des **Archéocyathes** en réguliers et irréguliers et à proposer, à la place, de distinguer six ordres : **Monocyathida, Ajacicyathida, Tabulacyathida, Coscinocyathida, Archaeocyathida** et **Kazachstanicyathida** établis sur leurs différences structurales et sur le développement de leur squelette.

Les deux ordres principaux, par le nombre de familles et de genres qui les compose, **Ajacicyathida** et **Archaeocyathida**, correspondent, en gros, à la subdivision classique en réguliers et irréguliers. Ils ont un type de développement et un plan de croissance très proche les uns des autres.

En dépit de cela et pour rester cohérent avec le titre du livre précédent « **Archéocyathes Réguliers** », le nom traditionnel « **Irréguliers** » sera utilisé ici pour la révision des deux derniers ordres mentionnés ci-dessus.

L'approche théorique de la systématique des **Irregulares** a été menée dans cet ouvrage selon plusieurs voies :

1) les études ontogénétiques, faites minutieusement sur le plus grand nombre possible d'exemplaires appartenant à tous les groupes d'archéocyathes irréguliers. Cela a permis de reconnaître deux types de développement et, par conséquent, deux ordres chez les irréguliers, les **Archaeocyathida** et les **Kazachstanicyathida**. Deux résultats importants ont également été trouvés :

a) les deux premières étapes des stades de développement, c'est-à-dire le stade à une seule muraille non poreuse et le stade à deux murailles poreuses reliées par une paroi à un seul, puis deux rangs de pores, sont communes aux réguliers et aux irréguliers. C'est seulement au troisième stade que les deux groupes se différencient, lorsque se forment les taeniae (irréguliers) ou les septes (réguliers).

b) l'acquisition des caractères adultes est plus longue chez les irréguliers et n'est pas obtenue avant que le diamètre n'ait atteint 10, voire 20 mm, alors que chez les réguliers les calices sont adultes dès 1-2 mm. Cela signifie qu'on ne peut valablement déterminer ni le genre ni l'espèce lorsqu'on est en présence de petits calices seulement.

2) en plus de l'ontogenèse, il est nécessaire de comprendre la biologie des organismes d'irréguliers avant d'entreprendre leur systématique. Un des résultats les plus importants des recherches menées dans ce travail est d'avoir élucidé la fonction du squelette secondaire et d'en avoir déduit la position du tissu vivant à l'intérieur du calice. Le développement du squelette secondaire qui sépare les parties vivantes des parties mortes de l'individu permet d'affirmer que l'animal vivant était confiné aux tous derniers millimètres de l'intervallum chez les **Irregulares**, alors que chez les **Regulares**, où le squelette secondaire est absent ou localisé dans des zones de traumatisme, il occupait tout l'intervallum de la base au sommet. En conséquence, le métabolisme des **Irregulares** était moins dépendant du système poreux des murailles qui, en fait, est moins développé et moins diversifié que chez les **Regulares** ; le tissu vivant, plus concentré, demandait une base solide, acquise par la plus grande diversité des structures intervallaires et du squelette secondaire chez les **Irregulares**. La fonction de filtre ne se fait pas à travers le système poreux des murailles comme chez les réguliers, mais par la partie supérieure de l'intervallum.

Les difficultés dans la détermination des **Irregulares** viennent principalement du développement du squelette secondaire dont les lames successives modifient la morphologie et la taille des éléments du squelette primaire. De nombreuses observations ont montré que le squelette secondaire n'avait pas de valeur systématique. Lors des révisions et des nouvelles études, il faut garder ce fait à l'esprit, ainsi que l'impossibilité de déterminer les petits calices à cause de la lenteur du développement individuel. Le nombre des genres valides peut être ramené à 70 au lieu des 174 précédemment publiés.

On trouvera dans cet ouvrage les listes des genres valides, des synonymes junior, des nomina nulla, dubia, nuda, et des genres qui avaient été indûment rattachés aux archéocyathes. Une table de classification est établie, basée, comme celle des **Regulares** précédemment publiée (Debrenne *et al.* 1989b, 1990b), sur la hiérarchie des caractères homologues déterminés par les études ontogénétiques.

Une brève diagnose des ordres, sous-ordres et genres est ensuite donnée, avec la composition en espèces pour chaque genre, et sa position systématique.

Après ces révisions, des tableaux de répartition stratigraphique et paléogéographique ont été établis : il apparaît alors que les **Irregulares** peuvent être utilisés comme indicateurs biostratigraphiques et de corrélations paléogéographiques, rôles qui ne leur étaient pas reconnus auparavant et qui semblaient réservés aux **Regulares.**

La dernière partie de l'ouvrage est consacrée à l'étude des bioconstructions dans lesquelles les **Archaeocyatha** sont impliqués. Il est démontré qu'ils ne sont pas les constructeurs principaux des biohermes : en effet, ce sont des organismes surtout solitaires et aclonaux qui ne présentent pas de formes encroûtantes ni de formes modulaires capables de constituer la charpente d'une construction. Ce n'est que dans quelques formes très évoluées que la modularité est acquise, première tentative vers la colonialité, caractéristique d'organismes tels que les **stromatopores** et les **chaetetides,** responsables plus tard de la construction de grands récifs paléozoïques.

Les récifs à **Métazoaires** du **Cambrien inférieur** suivent le déclin et l'extinction des **Archaeocyatha** : ils disparaissent à la fin du **Cambrien inférieur** ; ils sont remplacés par des bioconstructions algaires et stromatolitiques, écologiquement moins exigeantes. La disparition des constructions à archéocyathes peut être liée à une phase distensive généralisée, avec l'ouverture graduelle du Iapetus, qui déstabilise toutes les conditions paléogéographiques et paléoenvironnementales globales.

ВВЕДЕНИЕ

Проделанная работа привела нас к выводу, отрицающему разделение археоциат на привычные классы (подклассы) правильных и неправильных. Нам представляется более верным непосредственное обособление в этой группе шести равнозначных отрядов (Monocyathida, Ajacicyathida, Tabulacyathida, Coscinocyathida, Archaeocyathida, Kazachstanicyathida), имеющих отчетливые различия в строении и развитии скелета. Как это ни парадоксально, но именно основные подразделения прежних правильных и неправильных археоциат, Ajacicyathida и Archaeocyathide, соответственно проявляют наибольшее сходство в характере развития кубка и в плане его строения.

Чтобы сохранить преемственность с предшествующими работами, мы неформально оставляем здесь название неправильные (Irregulares) за последними двумя из перечисленных выше отрядов.

Изучаются археоциаты более ста лет. В конце тридцатых годов они были разделены на две группы, правильные (Regulares) и неправильные, как теперь стало ясно, по степени развития вторичного известкового скелета. После 1960 и работы Журавлевой по археоциатам Сибирской платформы начала складываться современная систематика археоциат. Именно в этой работе подразделение археоциат на правильные и неправильные подтвердилось онтогенетическими данными. Однако бо́льшая часть теоретических исследований проводилась на правильных археоциатах, благодаря начинаниям Розанова (1966-1973). Он показал на их скелетах действие закона гомологических рядов и процесс олигомеризации пор и выявил сходную последовательность в развитии этого явления у различных групп правильных археоциат, что привело к установлению единой стратиграфической шкалы нижнего кембрия, расчленяющейся на четыре яруса, отвечающих этапам в их эволюции. С тех пор большинство исследователей сосредоточилось на правильных археоциатах, а недавно Дебренн, А. Журавлен и Розанов опубликовали на русском (1989) и английском (1990) языках книгу, обобщающую все известные и новые данные по морфологии, развитию кубка, систематике, палеографии и биостратиграфии этой группы. Они также решили вопрос об их принадлежности к губкам. Наоборот, неправильные археоциаты, нелюбимая часть группы, рассматривалась главным образом как рифостроители. По ним были сделаны лишь считанные теоретические разработки: были предприняты попытки выявить у неправильных арехоциат гомологические ряды (Debrenne, 1974a) и разделить их на отряды по начальным стадиям и внутреннему устройству (Фонин, 1985). Gravestock (1984) был первым, кто типицировал структуры наружной стенки у неправильных археоциат иначе, чем у правильных. Его работа послужила основой для настоящего исследования.

В этой книге мы подошли к систематике неправильных археоциат по нескольким теоретическим направлениям:

1) Изучение развития скелета, тщательно проведенное на значительном материале по различным неправильным археоциатам. Это позволило выявить три типа развития: археоциатовый и два таламидных, – и, как следствие, два отряда: Archaeocyathida и Kazachstanicyathida. Были установлены две важных закономерности:

а) две первых стадии развития (непористый одностенник; две стенки, связанные перегородками с одним вертикальным рядом пор) похожи у обеих основных групп неправильных и правильных археоциат (Archaeocyathida и Ajacicyathida). Только на третьей стадии – тении вместо перегородок – разделяются эти отряды;

б) становление черт зрелого организма занимает у Archaeocyathida гораздо более времени (до диаметра кубка 10-20 мм), чем у Ajacicyathida (при диаметре кубка 1 мм). Это означает, что ни роды, ни виды не могут быть определены, если имеются только мелкие кубки.

2) Для построения системы неправильных археоциат мало данных по развитию кубка – необходимо представлять биологию этих организмов. Один из основных результатов настоящего исследования заключается в анализе функций вторичного скелета и выяснении положения живого тела в кубке. Характер развития у неправильных археоциат sencu lato вторичного скелета, который отделял жилую часть кубка от нежилой, показывает, что живое тело было сосредоточено у них в самых верхних миллиметрах интерваллюма, в то время как в кубке у правильных sencu lato, где вторичный скелет отсутствует или связан с местом повреждения, мягкая ткань занимала весь интерваллюм сверху донизу. Таким образом, метаболизм неправильных археоциат sencu lato был менее опосредован поровой системой стенок, но живое тело нуждалось в более надежной опоре. Фильтрование сместилось от поровой системы стенок (Regulares s. l.) в верхнюю часть интерваллюма (Irregulares s. l.). Именно развитием вторичного скелета обусловлены трудности изучения Archaeocyathida в кубках, которых последующие наслоения искажают облик и размеры элементов первичного скелета. Многочисленные наблюдения выявили отсутствие ценности вторичного скелета для систематики. Учет этого обстоятельства, наряду с затянутым индивидуальным развитием скелета, привел к существенному пересмотру ранее описанных родов; их количество сократилось до 69 (из 174). Приводятся список валидных родов и их младших синонимов, а также определительская таблица, построенная на тех же принципах, что и для правильных археоциат (Дебренн и др., 1989b; Debrenne et al., 1990b).

Далее следуют краткие диагнозы отрядов, подотрядов и родов, для каждого из которых приводится видовой состав и систематическое положение.

Проведенная ревизия позволила составить схемы стратиграфического и палеографического распространения родов неправильных археоциат, показывающие возможность использовать их как биостратиграфические и корреляционные индексы, роль которых ранее отводилась только правильным.

В последней части работы дан подробный обзор археоциатовых построек. Археоциаты не образовывали настоящих каркасных рифов, но, вероятно, только рифовые холмы, как раз они были в основном одиночными и неклональными организмами, не имевшими корковых и модулярных форм, способных строить каркас для органогенных сооружений. Модулярный облик приобрели только считанные подвинутые формы, предвестники позднейших развитых колониальных организмов: строматопороидей и хететид. Раннекембрийские водорослево-археоциатовые рифы исчезли в конце эпохи вслед за сокращением числа и вымиранием археоциат. Их место заняли водорослево-строматолитовые постройки, более устойчивее в различных обстановках. Это событие могло быть связано с фазой растяжения, обусловленной постепенным раскрытием Япетуса, разрушившим всю прежнюю мировую палеографию и палеоусловия.

REMARKS

Abbreviations

In this work, the following abbreviations of the authors'names of taxa have been used : Bedford R., W.R. and J. = Bedf. & Bedf. ; Beljaeva = Belj. ; Bornemann = Born. ; Debrenne = Debr. ; Gangloff = Gang. ; Gravestock = Grav. ; Handfield = Handf. ; Jakovlev = Jak. ; Kashina = Kash. ; Kawase = Kaw. ; Konjuschkov = Kon. ; Korshunov = Korsh. ; Krasnopeeva = Kras. ; Missarzhevsky = Miss. ; Okulitch = Okul. ; Okuneva = Okun. ; Osadchaja = Osad. ; Rozanov = Roz. ; Tchernysheva = S.Tcher. ; Sundukov = Sund. ; Vologdin = Vol. ; Voronin = Voron. ; Yaroshevich = Yarosh. ; A.Zhuravlev = A.Zhur. ; Zhuravleva = Zhur.. The name of other authors are given in full.

Localisation of specimens

Specimens figured in this work are kept in the following Institutions :

Australia : South Australian Museum, Adelaide, (S.A.) = SAM.

Canada : Geological Survey of Canada, Ottawa = GSC.

China : Nanjing Institut of Geology and Palaeontology, Nanjing = NIGP.

France : Muséum National d'Histoire Naturelle, Paris = MNHN.

Maroc : Service de la Carte Géologique, Rabat = SGM (deposited in Paris, MNHN).

United Kingdom : British Museum (Natural History), London = BMNH.

U.S.A. : University of Alaska Museum, Fairbanks = UAM ; Museum of Paleontology UC Berkeley, Berkeley = UCMP ; Princeton University, Princeton = PU ; United State Geological Survey (Smithsonian Institution), Washington = USNM.

FEDERAL REPUBLIC OF RUSSIA : Palaeontological Institut of the Russian Academy of Sciences, Moscow = PIN ; Central Siberian Geological Museum, Novosibirsk = CSGM ; Central Scientific Researching Geology exploring Museum of St-Petersburg = CNIGR ; Museum of Proizvodstvennoe Geologicheskoe Ob'edinenie "DALGEOLOGIA", Khabarosk = PGO "Dalgeologia".

ACKNOWLEDGEMENTS

The authors are willing to express their sincere gratitude to their colleagues, who made their collections available for this work : R.A. Gangloff, D.I. Gravestock, N.P. James, P.D. Kruse, D.V. Osadchaja, J.N. Pledge, A.Yu. Rozanov, S.M. Rowland, Zhang Sen Gui and I.T. Zhuravleva.

We are grateful to C. Babin, M. Brasier, P. Courjault-Radé, A. Gandin, D.I. Gravestock, R.A. Gangloff, J.L. Kirschvinck, P.D. Kruse, A.Yu Rozanov, R. Wood for stimulating discussions and scientific co-operation. Thanks to those who provided their technical support, M. Lemoine for thin sections, C. Durand, T. Gerasimova, L. Merlette and F. Pilard for illustrations, N. Egorova, M.N. Onodera for typing, S. Barta-Calmus for documentation, N.I. Kranova for Russian to English translations, J. Maréchal for typing and English to French translations.

We are particularly endebted to M. Debrenne, who help us at every stage of this work, making the text clear for every scientist (not only specialists of the group) by an exacting rereading, and the illustrations precise and attractive by shooting and printing most of the photographs ; the word process for the final edition is also his doing.

I. HISTORY
OF ARCHAEOCYATH STUDIES

CHAPTER I
HISTORY OF ARCHAEOCYATH STUDIES

1. EXPLORATION PERIOD

Archaeocyaths are the earliest known large skeletal **Metazoa**. The fossils were first discovered along the eastern shores of Forteau Bay in Southern Labrador by Captain H.W. Bayfield, an hydrographer, and later reported by him as **coral** (*Cyathophyllum* Bayfield, 1845) : it was re-named by Billings in 1861 as *Archaeocyathus*, now the leader of the most important order of **Irregulares**, the **Archaeocyathida**.

The first period in archaeocyath history can be called the discovery phase. Until the early thirties, new findings follow one another through the whole world : Yakutia (1851), Nevada (1868), Appalachians (1873), Spain (1878), Australia (1879), Sardinia (1880), Altay Sayan Fold Belt (1894), China (1906), Antarctica (1914), Caucasus, Urals, Kazakhstan, Tuva, Mongolia (1923-1940), France (1925), Morocco (1927-1928) – all areas which still produce abundant archaeocyath collections.

2. PLACE OF ARCHAEOCYATHS IN THE LIVING WORLD

Since their first discoveries, the place of archaeocyaths in the organic world was under debate (Tab. I). Taylor (1910) was the first author to recognize their specificity considering them as intermediate between **porifera** and **coelenterata**. Archaeocyaths were seldom compared with **sponges** until they were established as a separate phylum (Vologdin & Zhuravleva, 1947 ; Okulitch & de Laubenfels, 1953). These authors have emphasized the difference between archaeocyaths and sponges, because, at that time, it was difficult to determine the subdivision according to the skeletal structure. Nevertheless, sponge specialists were never really satisfied by this separation (Vacelet, 1964 ; Ziegler & Rietschel, 1970) while palaeontologists accepted the concept of an independent phylum quite easily and unanimously (Zhuravleva, 1960a ; Hill, 1964, 1972 ; Debrenne, 1964 and all the others). The place of the phylum was also discussed to decide whether or not archaeocyaths were plants, animals or intermediate (Tab. I). The rediscovery of sponges having a rigid massive calcareous skeleton with spicules changed completely the concept of the affinities of various groups such as **sphinctozoans, stromatoporoids**, and others. One of the most striking findings was of *Vaceletia crypta*, sponge with a massive calcareous skeleton devoid of spicules. After this discovery, some specialists reconsidered the nature of archaeocyaths based on these new data (Debrenne & Vacelet, 1984 ; Pickett, 1985 ; Zhuravlev, 1985). The aspects of the relationships between archaeocyaths and sponges has been extensively discussed previously (Debrenne *et al.*, 1990b). Considering all the arguments exposed, the authors were in favour of a sponge grade of organization and considered **Archaeocyatha** as a main subdivision of sponges. In the present book, after a global examination of the group, F. Debrenne and A. Zhuravlev propose to classify them in the Class **Archaeocyatha** within an *incertae sedis* Subphylum of the Phylum **Porifera.**

Tab. I. – Place of archaeocyatha in the organic world
Tab. I. – *Place des archéocyathes dans le monde organique*

Author and date	Systematic assignment	Taxonomic rank	Reasons for placing in this group
Bayfield (1845)	Zoantharia (corals)	Genus	External form
Meglitskii (1851)	Calamitale	Genus	External form
Billings (1861)	Sponges	Genus	External form ; pores
Billings (1865)	Intermediate group between coelenteratans and protozoans	Genus	Presence of septa and pores
Dawson (1865, 1875)	Foraminifera	Genus	Presence of chambers
Meek (1868)	Foraminifera or giant Protista	Genus	Presence of chambers
Roemer (1878)	Receptaculites as Sarcodina	Genus	Same construction of the intervallum ; porous skeleton
Ford (1878)	Intermediate group between sponges and corals.	Genus	Presence of septa, central cavity and spicules
Zittel (1879)	Sponges, hexactinellids	Genus	Presence of central cavity
Nicholson (1879)	Calcareous sponges	Genus	Composition of the skeleton
Bornemann (1884, 1886)	New class of Coelenterata	Class	Septa comparable to those of *Cyathophyllum*
Hinde (1889)	Zoantharia Sclerodermata	Family	Perforation similar to those of perforated corals
Etheridge (1890)	Corals	Genus	Bifurcation of septa
von Toll (1899)	Algae close to Siphonales	Family	Presence of a stock and bodies in chambers
Taylor (1908, 1910)	Separate group intermediate between Porifera and Coelenterata and equal them in the rank	Phylum ?	Principal features are sometimes similar to sponges and sometimes to corals
Broili *in* Zittel (1915)	Sponges	Family	Central cavity and pore system
Douvillé (1915)	Sphinctozoans	Genus	External form of the skeleton and arrangement of chambers
Hernandez-Pacheco (1917)	Independent group completely vanished in the Cambrian	Phylum ?	No spicules, septum arrangement
Borissiak (1919)	Neither sponges, nor corals	Phylum ?	Combination of features
Gordon (1920)	Independent group close to sponges	Phylum ?	Cf. Taylor
Grabau (1922)	Corals	Class	Morphological similarities
Swinnerton (1923)	A group developed from Protozoa independently of sponges and corals	Phylum ?	Similarity with coelenteratans but lower degree of the organisation
Vologdin (1931)	Porifera	Class	External form of cup, central cavity and porous skeleton
Raymond (1931)	Porifera or intermediate forms between corals and sponges	Class or phylum	Cf. Taylor
Okulitch (1935)	Porifera (Cyathospongia)	Class	External form of cup ; central cavity and porous skeleton
Okulitch (1937)	Porifera (Pleospongia)	Class	Cf. Okulitch (1935)
Vologdin (1937b)	Extinct group close to sponges	Subphylum	Porous skeleton with different development than sponges
Ting (1937)	Siliceous sponges	"Tribe"	Presence of siliceous spicules (misinterpretation)
Simon (1939)	Siliceous sponges	Superfamily	Same error than Ting
Bedford (1936-1939) ; Okulitch (1943)	Pleospongia	Class	Cf. Okulitch (1935)
Vologdin & Zhuravleva (1947) ; Vologdin (1962a) ; Okulitch & de Laubenfels (1953)	Independent group	Phylum	Absence of spicules in the development of skeleton ; presence of outgrowths
Vologdin (1948) ; Jakovlev (1954)	Spongiomorph ancestor of corals	Subphylum	"Central organ" in the central cavity of the calice ; non porous skeleton of *Anthomorpha*
Jakovlev (1956)	Echinodermata (pars)	Class	Inner skeleton, presence of stock and pores, polygonal section
Zhuravleva & Rezvoi (1956)	Hypothetic ancestor of metazoans : Haeckel's blastea	Phylum	Multiforms ; similarities with the most simple animals in the construction of the skeleton
Hyman (1959)	Cnidarians but not corals	Class	The most simple among multicellular organisms with porous calcareous skeleton
Zhuravleva (1960a)	Hypothetic ancestor of metazoans : Haeckel's blastea	Class within a primitive independent phylum	3 "classes" : Euarchaeocyathi (Cambrian), Aphrosalpingoida (Silurian), Sphinctozoa (post-Palaeozoic)
Pospelov (1962)	Coelenterata	Class	Soft tissue stages of blastula and gastrula in the development
Debrenne (1964)	Type of primitive organism	Phylum	Convergence to many groups without a single dominant affinity

Author and date	Systematic assignment	Taxonomic rank	Reasons for placing in this group
Zhuravleva *et al.* (1964)	Neither Metazoa, nor Parazoa, nor Protozoa	Subkingdom	Different variants of the inner wall development including gastrulation
Hill (1965)	Type of primitive organism	Phylum	Convergence to many groups without a single dominant affinity
Vacelet (1964)	Porifera	Class	Presence of non spicular skeleton in true sponges
Khalfina & Yaworskii (1967)	Stromatoporoids (pars)	Subdivision	Morphological similarities of some forms
Termier H. & G. (1968)	Development arrested at blastula stage	Phylum	Monoblastic individuals
Beklemishev (1964)	Organisms not included within the major subdivisions of animal kingdom	Superdivision of metazoans within a new subkingdom ?	3rd subkingdom different from the Enantiozoa (Porifera) and Enterozoa (Coelomates)
Ziegler & Rietschel (1970)	Porifera, Calcarea	Order ?	Regulation of Okulitch's and de Laubenfels' (1953) arguments
Zhuravleva (1970)	Development arrested at blastula stage	Archaeozoa with superphylum Archaeocyatha	Group of primitive organisms with two walls
Zhuravleva & Miagkova (1970, 1972)	Development arrested at blastula stage	Part of Archaeata (Archeozoa preoccupied)	Comprises the Euarchaeocyatha (Cambrian), Radiocyatha (Cambrian), Receptaculitida (Ordovician to Permian) and Aphrosalpingata (Silurian). Development stages different from those of the sponges ; presence of outgrowths
Balsam & Vogel (1973)	Porifera	Class	Passive filtering system similar to sponges
Handfield & McKinney (1975)	Algae, Siphonales (pars)	Family	Presence of peculiar outgrowths in *Acanthopyrgus*
Öpik (1976)	Chlorophycean algae	Class	Impossible to reconstruct a water circulation model compatible with an animal
Brasier (1976)	Organisms of the higher degree of individuality than sponges	Class	Character of interactions
Konjuschkov (1978)	Ancestors of stromatoporoides, aphrosalpingoides and sphinctozoans	Phylum ?	Skeleton is developed by the superficial layer of the body
Termier H. & G. (1979)	Ischyrosponges	Class Irregulares (in part)	Choanocyte stage reached in several forms
Clarkson (1979)	Porifera	Class ?	Type of regeneration
Wendt (*in* Hartman *et al.*, 1980)	Sponges	Class ?	Porous calcareous skeleton
Fisher & Nitecki (1982)	Calcareous algae	Class ?	Organizational plan
Bondarev (1982)	Calcareous algae	Class ?	Mode of growth related to the light
Starobogatov (1984)	Sarcodina, Xenophiophora	Phylum ?	No argument
Beljaeva & Nikitina (1984)	Ancestors of sphinctozoans (pars)	Phylum ?	Presence of metameric chambers ; similar stages of the development
Vacelet (1985)	Porifera, Hexactinellida ?	Class ?	Complexity of the skeleton
Reitner & Engeser (1985)	Porifera, Demospongiae ?	Subclass ?	Morphological similarity of archaeocyaths and trabecular "sphinctozoans"
Rigby & Gangloff (1987)	A group intermediate between Protista and Spongiae	Phylum	Metabolism on the cell level ; microstructure is similar to that of algae
Zhuravleva & Miagkova. (1987)	Euarchaeocyatha	Subphylum	"Colonial lotetsel", dividuality and evolutionary pathway
Böger (1988)	Porifera	Class	Sinapomorph and autapomorph features
Savarese (1988)	Porifera, Spongiomorpha	Class ?	Functional analysis of the skeleton
Rowland (1989)	A clade of Cambrian sponge–like organisms derived from Ediacaran fauna	Phylum	Algal symbionts
Zhuravlev (1989a)	Porifera	Class	Similarity in skeleton morphology, ontogeny, microstructure and evolution of the aquiferous system
Wood (1989, 1990)	Porifera	Class ?	Functional morphology, microstructure
Kruse (1990)	Sponges related to Demospongiae or Calcarea	Class or subphylum	Closest similarities are with the sphinctozoan sponges
Debrenne & Zhuravlev (herein).	Porifera	Class ?	Comparative anatomy and evolutionary pathway

3. ROLE OF GENERA IN THE ARCHAEOCYATH STUDIES

The genus is a taxonomic category on which a general agreement among the specialists is generally obtained. It is based on minor variations of skeletal elements and presence or absence of elements of second order. The increase in the number of genera described through the literature firstly reflects the publishing of regional monographs as geological prospecting progresses. It also reflects a tendency to split taxa in small units, basing the determination on small variations of the same morphological elements, variations which are not considered, after revision, to be of a systematic value. This is essentially the case for monographs published in USSR between 1975 and 1985.

The revision of **Regulares** systematics (Debrenne *et al.*, 1989b, 1990b) and presently of **Irregulares**, includes the recognition of invalid names, corresponding to incomplete or poorly preserved material with no available topotypes or to a lost type material, of preoccupied names or even forms which do not belong to **Archaeocyatha**, and the redefinition of genera according to nomenclatural rules. The different skeletal structures have been typified and their variations carefully defined in **Irregulares** as well as in **Regulares**, with a view to clear systematization and the definition of junior synonyms. The result of this work is a drastic decrease in the number of genera in the whole group : 298 out of 587 before 1989, among which there are now 228 **Regulares** and 79 **Irregulares**. This simplification allows a better knowledge of the group, its use for palaeogeographic reconstructions, biostratigraphic zonations and correlations.

Species are not, for the present time, usable. The difficulties in specific determination of **Irregulares** will be explained further below ; in **Regulares**, the individual variations are not yet sufficiently investigated to give a strong basis for species definition ; in **Irregulares**, the development of secondary thickenings makes the individual variations even more difficult to recognize. So, because of the incompleteness of their descriptions − mostly by the early authors − and the difficulties to establish statistical data, the species appears more endemic and restricted to some large areas only. This picture is probably more the result of our poor knowledge than of the reality. The main work is therefore mostly done, for the present, at the generic level.

4. SEPARATION BETWEEN REGULARES AND IRREGULARES

The first higher subdivisions of **Archaeocyatha** have been established by Taylor (1910) who distinguished five families based on the intervallum structures (**Archaeocyathidae, Coscinocyathidae, Dictyocyathidae, Spirocyathidae** and **Syringocnemidae**). Later Okulitch (1935) and the Bedfords (1936-1939) unite the families into orders according to the type of development. Vologdin (1936, 1937b) was the first author to propose two classes (**Regularia** and **Irregularia**) on morphological differences of the secondary calcareous skeleton, as it is now established. Vologdin was not followed by the further authors. Okulitch, whilst revising the "North American Pleospongia" (1943) or elaborating the Moore's Treatise of Palaeontology (1955a), established three classes : 1) one wall, central cavity empty ; 2) two walls ; 3) central cavity full. It was only at the order level that he distinguished, among other orders, **Metacyathida** from **Ajacicyathida**, taenial archaeocyaths *versus* septal archaeocyaths. So the formal separation between **Regulares** and **Irregulares** came from Vologdin (1937b). At this time, about 400 species of **Archaeocyatha** were described in the different parts of the world, including 230 from USSR (Siberian Platform, Altay Sayan Fold Belt, Urals, Kazakhstan, Caucasus), Mongolia and Tuva. The rich collections from a great number of localities gave Vologdin much material for studying morphology and elaborating a theoretical approach for their classification. It was only in 1955 that Zhuravleva (1955b), following Vologdin's distinction, established a stronger basis for it by the study of ontogenetic stages. She also defined orders and families according respectively to intervallum structures and wall structures, criteria still used in their broad lines for modern classification. In 1960, considering the subdivision of archaeocyaths into regular and irregular at the subclass level, she adopted the names **Regulares** and **Irregulares**, preferred to the previous **Regularia** and **Irregularia**, to avoid any confusion with the major subdivisions of **Echinoidea** and **Cystoidea**. **Regulares** and **Irregulares** were accepted and used by most specialists.

5. CONCLUSIONS

Regulares have been intensely investigated. Their elegant porous skeleton is an ideal model for the application of Vavilov's law, permitting the establishment of a classification based on homologous variability. The steps of their evolution were used to define the four stages of the **Lower Cambrian**. On the contrary, **Irregulares**, which display a great individual variability and a primary skeleton generally concealed by the development of a secondary skeleton, are more difficult to approach. Few theoretical works have been carried out on **Irregulares**, and they were mainly done in comparison with **Regulares** and not for their own value. The aim of this book is to recognize their entity, to study their anatomy in relation with their biology, to define the original types of their skeletal features and development, and to propose a reasoned classification. As a result, it appears that **Irregulares** are, as **Regulares**, a useful tool for biostratigraphy and correlations, and more than **Regulares**, a key for biological affinities of the group. Last, but not least, it is among **Irregulares** that modularity and integration were first acquired.

II. TERMINOLOGY

CHAPTER II
TERMINOLOGY

1. IRREGULAR VERSUS REGULAR TERMINOLOGY

Terms are used to describe the different skeletal structures in **Regulares** and **Irregulares**. Some are identical, but they can slightly differ when they designate special features of one group which has no equivalent in the other. A list of corresponding terms is established to allow comparisons between the two groups.

1-1. LEXICAL TERMINOLOGY

1-1-1. COMPARATIVE TERMINOLOGY WITH REGULARES

(See table II pages **34-35**).

1-1-2. COMPARATIVE TERMINOLOGY WITH SPONGES WITH CALCAREOUS SKELETON

(See table III page **36**).

A synonymised nomenclature for calcified sponges (archaeocyaths, stromatoporoids, chaetetids, sphinctozoans and sclerosponges) has been recently proposed (Zhuravlev *et al.* 1990) (Tab.III). Rediscovery of living calcified sponges has a considerable implication for the understanding of the evolution of Porifera as a whole. If it is assumed that all the groups quoted here are filter feeding sponges, then many structures must have similar functions and homologous development. However, since these groups have been previously isolated from one another, a complex nomenclature was developed which obscured their true affinities. A table listing homologous structures and proposed synonyms should aid direct comparisons.

Tab. II. – Lexical terminology of Irregulares and correspondance to Regulares terminology

Tab. II. – *Lexique terminologique des Irréguliers et correspondance avec la terminologie des Réguliers*

IRREGULARES			REGULARES		
ENGLISH	FRENCH	RUSSIAN	ENGLISH	FRENCH	RUSSIAN
annulus(i)	**anneau**	кольцо	**annulus(i)**	**anneau**	кольцо
bract	**bractée**	козырек	**bract**	**bractée**	козырек
fused bracts	bractées soudées	объемлющий			
budding	**bourgeonnement**	почкование	**budding**	**bourgeonnement**	почкование
external	externe	наружное			
interparietal	interpariétal	интерпариетальное	interparietal	interpariétal	интерпариетальное
buttress	**contrefort**	подпорка	**buttress**	**contrefort**	подпорка
exocyathoid	exocyathoïde	экзоциатоидная	exocyathoid [exothecal growth, exocyathoid expansion]	exocyathoïde [exothèque]	экзоциатоидная [наружное обрастание]
tersioid	tersioïde	терсиоидная	tersioid [outgrowth]	tersioïde [excroissance]	терсиоидная [вырост]
calicle	**calicule**	каликл			
canal	**canal**	канал	**canal**	**canal**	канал
subdivided	subdivisé	подразделяющийся	branching	bifurqué	подразделяющийся
non-communicating	non communicant	несообщающийся	non-communicating	non communicant	несообщающийся
cavity	**cavité**	полость	**cavity**	**cavité**	полость
central	centrale	центральная	central	centrale	центральная
chamber	**chambre**	камера	**chamber**	**chambre**	камера
chimney	**cheminée**	патрубок			
compensation	**compensation**	компенсация	**compensation**	**compensation**	компенсация
cup	**calice**	кубок	**cup**	**calice**	кубок
bowl-like	en champignon	грибовидный	bowl-like	en champignon	грибовидный
conical	conique	конический	conical	conique	конический
domal	en dôme	куполовидный			
thalamid	thalamide	таламидный	thalamid	thalamide	таламидный
sheet-like	en lame	пластиновидный			
discoid	discoïde	тарельчатый	discoid	discoïde	тарельчатый
juvenile	juvénile	ювенильный	juvenile [spitz]	juvénile [apex]	ювенильный [спитц]
epitheca	**épithèque**	эпитека	**epitheca [holdfast]**	**épithèque [sole de fixation]**	эпитека
growth pattern	**mode de croissance**	архитектоника	**growth pattern**	**mode de croissance**	архитектоника
archaeocyathan	archéocyathe	археоциатовая	archaeocyathan	archéocyathe	археоциатовая
chaetetid	chaetétide	хететидная			
stromatoporoid	stromatoporoïde	строматопороидная			
thalamid	thalamide	таламидная	thalamid	thalamide	таламидная
heterochrony	**hétérochronie**	гетерохрония	**heterochrony**	**hétérochronie**	гетерохрония
intersept	**intersepte**	интерсептум	**intersept**	**intersepte**	интерсептум
[intertaenium]		[интертениум]			
intertabulum	**intertabulum**	интертабулюм	**intertabulum**	**intertabulum**	интертабулюм
intervallum	**intervallum**	интерваллюм	**intervallum**	**intervallum**	интерваллюм
lintel [strut]	**linteau**	промежуток межпоровый	**lintel**	**linteau**	промежуток межпоровый
loculus(i)	**loculus(i)**	локула	**loculus(i)**	**loculus(i)**	локула
longitudinal	**division**	продольное	**longitudinal**	**division**	продольное
subdivision	longitudinale	деление	subdivision	longitudinale	деление
microstructure	**microstructure**	микроструктура	**microstructure**	**microstructure**	микроструктура
microgranular	microgranulaire	микрогранулярная	microgranular	microgranulaire	микрогранулярная
irregular	irrégulière	иррегулярная	irregular	irrégulière	иррегулярная

modular	organisation	модулярная	modular	organisation	модулярная
organisation	modulaire	организация	organisation	modulaire	организация
[colony]	[colonie]	[колония]	[colony]	[colonie]	[колония]
branching	branchue	ветвистая	dendroid	dendroïde	ветвистая
massive	massive	массивная	massive	massive	массивная
			catenulate	caténulaire	цепочечная
			pseudocerioid	pseudocérioïde	псевдоцериоидная
encrusting	encroûtante	корковая			
network	réseau	конструкция			
dictyonal	dictyonal	диктиональная			
pseudotaenial	pseudotaenial	псевдотениальная			
oligomerisation	oligomérisation	олигомеризация	oligomerisation	oligomérisation	олигомеризация
pore	pore	пора	pore	pore	пора
porosity	porosité	пористость	porosity	porosité	пористость
slit-like	en fente	щелевидная	slit-like	en fente	щелевидная
coarse	grossière	крупная	coarse	grossière	крупная
net-like	réticulée	сетчатая	net-like	réticulée	сетчатая
thin	fine	тонкая; мелкая	thin	fine	тонкая; мелкая
retiform	rétiforme	ячеистая	retiform	rétiforme	ячеистая
primary	squelette	первичный	primary	squelette	первичный
calcareous	calcaire	известковый	calcareous	calcaire	известковый
skeleton	primaire	скелет	skeleton	primaire	скелет
recurrence	récurrence	рефрен			
[refrain]					
rod	baguette	стержень	rod	baguette	стержень
secondary	épaississement	вторичное	secondary	épaississement	вторичное
thickening	secondaire	утолщение	thickening	secondaire	утолщение
secondary	squelette	вторичный	secondary	squelette	вторичный
calcareous	calcaire	известковый	calcareous	calcaire	известковый
skeleton	secondaire	скелет	skeleton	secondaire	скелет
spine	épine	шип	spine	épine	шип
syrinx (syringes)	syrinx	сиринкс (сиринги)			
synapticula(ae)	synapticule	синаптикула	synapticula(ae)	synapticule	синаптикула
tabula(ae)	plancher	днище	tabula(ae)	plancher	днище
plate	plan	пластинчатое	plate	plan	пластинчатое
membrane	membraneux	мембранное			
segmented	segmentaire	сегментное	segmented	segmentaire	сегментное
taenia(ae)	taenia(ae)	тения			
tubulus(i)	tubule	тубула	tubulus(i)	tubule	тубула
vesicle, pellis	vésicule, pellis	везикула, пеллис	vesicle, [vesicular tissue, dissepiment]	vésicule, [tissu vésiculeux, dissépiment]	везикула, пеллис [диссепимент, пузырчатая ткань]
wall	muraille	стенка	wall	muraille	стенка
inner	interne	внутренняя	inner	interne	внутренняя
invaginate	invaginée	инвагинационная	invaginate	invaginée	инвагинационная
compound	composite	сложная	compound	composite	комбинированная
outer	externe	наружная	outer	externe	наружная
tabellar	tabellaire	табеллярная	clathrate	à clathri (en grillage)	решетчатая
centripetal	centripète	центрипетальная			
tabular	tabulaire	табулярная	tabular	tabulaire	табулярная
pustular	pustuleuse	пустулярная	tumulose	à tumuli	тумуловая
geniculate	géniculée	геникулятная	geniculate	géniculée	с каналами и козырьками

Tab. III. – A synonymized nomenclature for calcified sponges
Tab. III. – *Synonymie des termes nomenclaturaux utilisés chez les éponges calcifiées*

STROMATOPOROID (WOOD, 1987)	SPHINCTOZOAN (FINKS, 1983)	ARCHAEOCYATH (DEBRENNE *et al.*, 1989b)
	ambiostium	stirrup-pore
	ambisiphonate	
	aporate	non-porous
aquiferous unit space		
aquiferous unit		
aquiferous system		
astrorhizae		astrorhizae
astrorhizal canal	endotube	
axial		
	bullipore	
calcareous skeleton	sclerosome	cup
calicle		calicle
	cateniform	thalamid
chimney		chimney
colonial		
	cribribulla	discontinuous microporous sheath
	endowall	inner wall (tabular)
	endopore	simple inner wall pore
epitheca		holdfast
	exaulos	exaulos
	exowall	outer wall (tabular)
	exopore	outer wall pore (simple)
interlaminar space	chamber	intertabulum
	interval	tabula
	interpore	tabula pore
foramina	interpore	pore in tabula
interskeletal space		
	labripore	pustula
lamina		dissepiment
latilamina		
mamelon		mamelon
osculum	oscule	central cavity opening
	parietal oscule	
	peripheral	growing edge
pillar	pillar	pillar
(pillar lamellae)		
primary calcareous skeleton		primary calcareous skeleton
	prosiphonate	
	protothalamus	juvenile cup
	protocysts	
	pseudoseptum	
(radial)		
reticulum	radial trabeculae	? taeniae
		? dictyonal structure
	retrosiphonate	invaginal inner wall
secondary calcareous skeleton	sclerosomal trabecula	secondary thickening
filling tissue	filling tissue	stereoplasma
solitary		
superposed astrorhizae		
	stratiform	
tabula	vesicle, diaphragm	dissepiment
tabulate osculum		
	trabecularium	
	thalamidarium	
	tubercule	

III. MORPHOLOGY

CHAPTER III
MORPHOLOGY

1. MORPHOLOGY OF PRIMARY SKELETON

Irregular archaeocyaths are usually described in the same morphological terms as the **Regulares**, except for some elements like taeniae. It is not a simple problem, because the use of any term infers the homology of skeletal elements. This is one of the main reasons for the misunderstanding of the morphology and, as a result, of the nature of the **Irregulares**.

Recently, the first attempt to create a special morphological terminology for the outer walls of the **Irregulares** was made by Gravestock (1984). We base our terminology on his work and also try to adopt some terms used for other **spongiomorphs** (Finks, 1983 ; West & Clark, 1983 ; Wood, 1987).

1-1. GROSS MORPHOLOGY

1-1-1. MAIN COMPARTMENTS AND GROWTH PATTERN

A cup of an irregular archaeocyath usually consists of two walls (outer and inner) which are connected by different vertical (taenia, pseudotaenia, pseudoseptum), horizontal (tabula) or more complex (pseudotaenial and dictyonal network, syrinx, calicle) elements (Fig. 1 A,B,D). The space between the walls is called intervallum and the space limited by the inner wall, central cavity.

There are no true one-walled cups among **Irregulares.**

The growth pattern of the cup in such a morphological type is due to the development of the vertical plate-like elements. We don't know any other spongiomorph group characterized by such a development for which the designation **"archaeocyathan growth pattern"** is proposed. It is typical of **Regulares** and **Irregulares** as well.

The **"chaetetid"** growth pattern (intervallum with calicles), proceeds from a typical archaeocyathan development with taeniae, which are transformed into calicles during the process of ontogeny (chapter IV, 1-1-4) (Fig. 1B).

The **"syringoid"** growth pattern is developed from the "chaetetid" one (Fig. 1D). Syringoid forms are known among **Permian "sphinctozoans"** (*Tebagathalamia in* Senowbari-Daryan & Rigby, 1988),

corroborating that this growth pattern also is not exclusive of archaeocyaths.

Rarer, irregular archaeocyathan cup consists of a succession of chambers which are subspherical at the beginning and mattress-like in an adult cup (Fig. 1D ; Pl. XXXIV, fig. 1-10). Chambers generally contain vertical elements (pillars).

The growth pattern of such a cup is defined by the adding of chambers. It is a typical growth pattern of sphinctozoan demosponges and **Calcarea**, and it is usually called a **"thalamid growth pattern"**.

1-1-2. OUTER SHAPE

Most of the **Irregulares** have a conical cup. This shape can expand slowly, (subcylindrical to narrow conical, Fig. 2a) or rapidly (discoid, Fig. 2e ; Pl. III, fig.1-5). In some cases, the rate of expansion changes from "slow" to "fast" during the cup growth (bowl-like shape) (Fig. 2b ; Pl. XXIV, fig. 3). The conical shape of a cup can be complicated by transverse folding (Pl. IX, fig. 1c ; Pl. XVI, fig. 1 ; Pl. XVIII, fig. 1b ; Pl. XXVII, fig. 1a) or longitudinal (Pl. XXVII, fig. 3a). Consequently, such cups look superficially like cups of the **Regulares** *Orbicyathus* and *Orbiasterocyathus*. However, in the case of the **Regulares**, both walls underwent by congruent folding. Here, in the **Irregulares**, only the outer wall can be folded. The development of a transverse

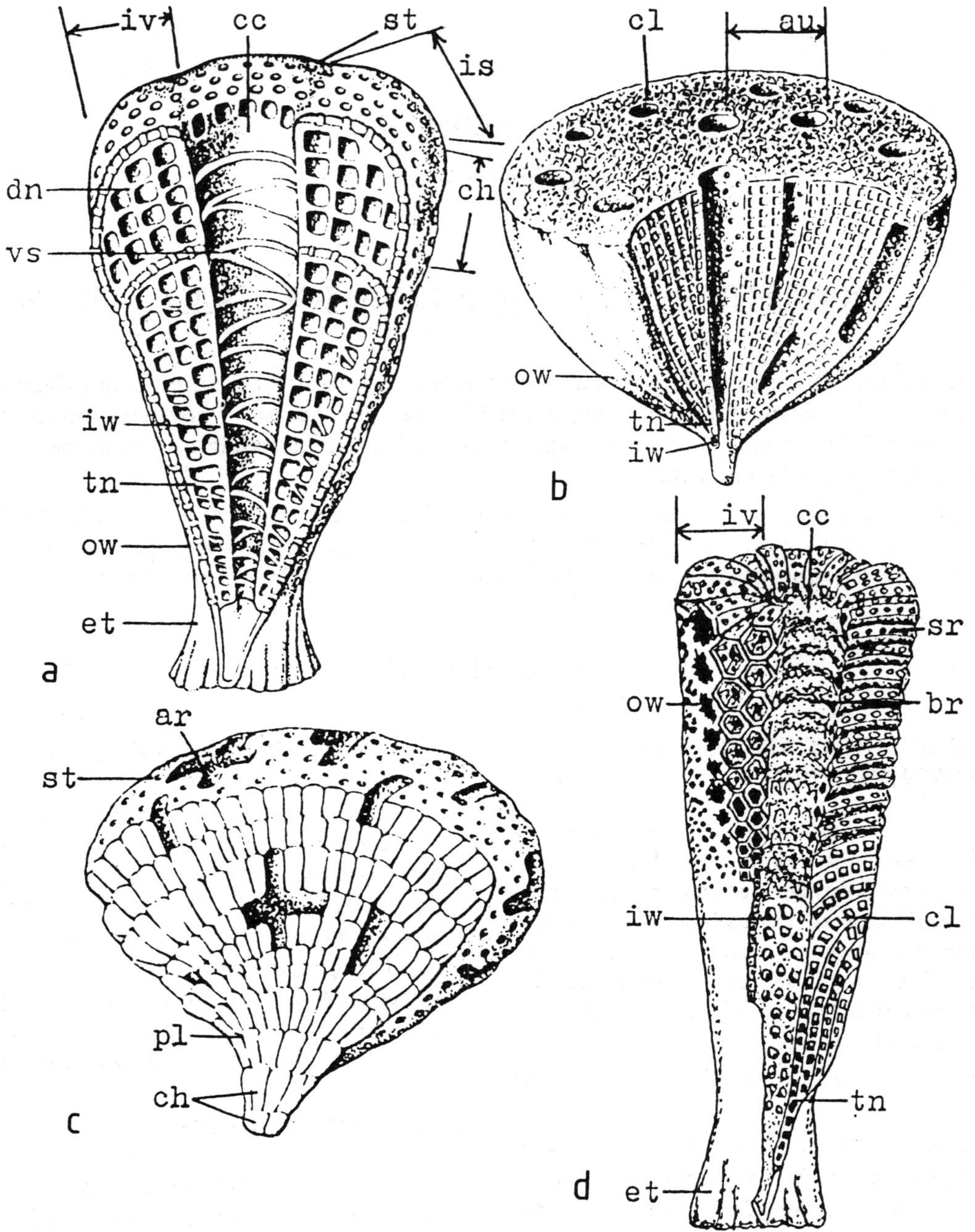

Fig. 1. – Growth patterns of irregular archaeocyath primary calcareous skeleton (skeletal architectonics) : A – archaeocyathan, B – "chaetetid", C – transitional from thalamid to stromatoporoid, D – syringoid.
ar : astrorhizae, au : aquiferous unit, br : bract, cc : central cavity, ch : chamber, cl : calicle, cn : canal, dn : dictyonal network, et : epitheca, is : interseptum, iv : intervallum, iw : inner wall, ow : outer wall, p : pellis, pl : pillar, sr : syrinx, st : segmented tabula, sth : secondary thickening, tb : tersioid buttress, tn : taenia, vs : vesicle (after A. Zhuravlev, 1990b, fig. 1 with additions).

Fig. 1. – *Mode de croissance du squelette primaire des archéocyathes irréguliers (architectonique squelettique) : A – type archéocyathe, B – type « chaetétide », C – type transitionnel de thalamide à stromatoporoïde, D – syringoïde.*
ar : astrorhize, au : unité aquifère, br : bractée, cc : cavité centrale, ch : chambre, cl : calicule, cn : canal, dn : réseau dictyonal, et : épithèque, is : intersepte, iv : intervallum, iw : muraille interne, ow : muraille externe, p : pellis, pl : pilier, sr : syrinx, st : plancher segmentaire, sth : épaississement secondaire, tb : contrefort tersioïde, tn : taenia, vs : vésicule ; (d'après Zhuravlev, 1990b, fig. 1 avec compléments).

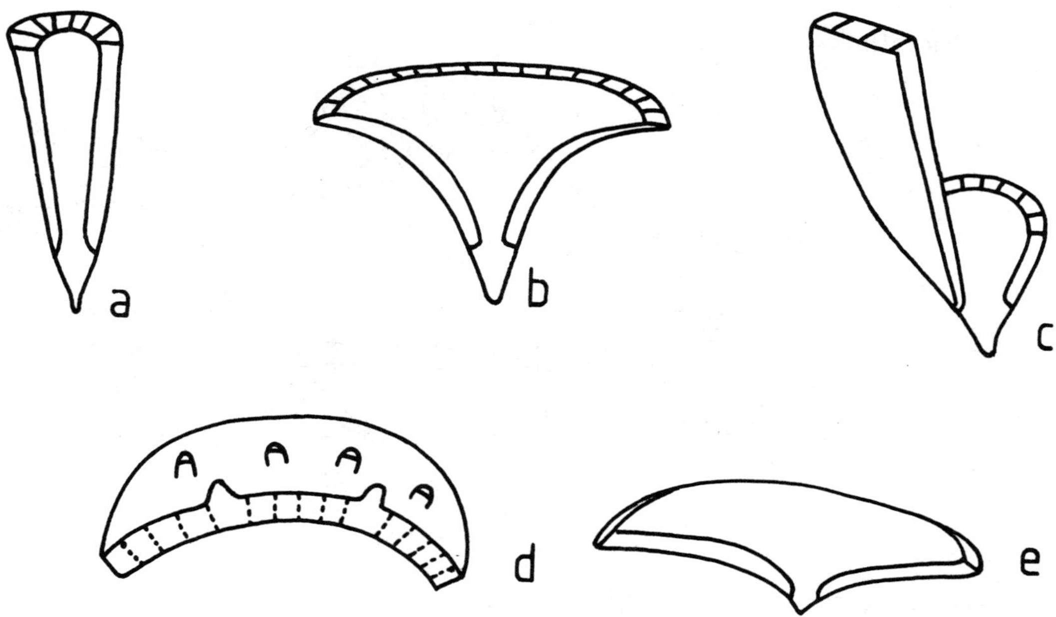

Fig. 2. – Cup outer shape : a – narrow conical-subcylindrical, b – bowl-like, c – sheet-like, d – domal, e – discoid.
Fig. 2. – *Forme extérieure du calice : a – conique-subcylindrique étroit, b – en champignon, c – en lame, d – en dôme, e – discoïde.*

annulation is often related to the appearance of a tabula (Pl. IX, fig. 1c ; Pl. XVI, fig. 1).

It is also possible to see a denticulation of the outer wall less expressed in some **Irregulares** than in the **Regulares**. In *Williamicyathus colvillensis* (Greggs) (Pl. XXXII, fig. 8 ; Pl. XXXIII, fig. 7), the outer wall bears regular denticuli in each intersept. *Archaeosycon copulatus* (Debr. & Gang.) (Pl. XIX, fig. 1) has more irregular denticulation randomly along the pseudosepta.

In all the above mentioned cases, on the same cup, the folding of the outer wall can be well developed in some areas and not expressed in others (Pl. XIX, fig. 4).

Some other cup shapes are typical only of the **Irregulares** : the domal cup of *Retilamina* (Fig. 2d ; Pl. VII, fig. 1, 3 ; Pl. XXXVII, fig. 8) and the sheet-like cup of *Sakhacyathus subartus* (Zhur.) and some species of *Cambrocyathellus* (Fig. 2c, 3). In both cases, the cup has no distinct central cavity. So, it is very difficult to define which are the inner and outer walls (Debrenne & James, 1981 ; Debrenne *et al.* 1989a ; Savarese & Signor, 1989).

1-1-3. MODULAR ORGANISATION

Archaeocyaths were probably not true colonial organisms in the sense of sponges. But it is possible to use the notion of sponge modularity for archaeo-

cyaths and to relate a single central cavity with surrounding elements to an *osculum* of sponge (Koltun, 1988) or to an aquiferous unit space in stromatoporoid sponges (Wood, 1987).

Briefly, we call a modular form an archaeocyathan skeleton which is not a single cup (Fig. 4). It was previously called a "colony."

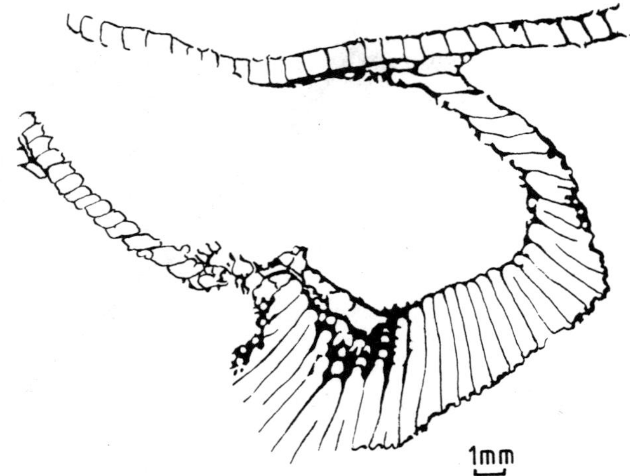

Fig. 3. – Sheet-like cup of *Sakhacyathus subartus* (Zhuravleva). Drawing of a transverse section, PIN (GIN 3593/346) ; Russian Federation, Siberian Platform, middle Lena River ; Tommotian stage ; (after Rozanov *et al.*, 1969, Pl. XXX, fig. 4a).
Fig. 3. – *Calice en lame de* Sakhacyathus subartus *(Zhuravleva). Dessin d'une section transversale, PIN (GIN 3593/346) ; Fédération de Russie, Plate-forme sibérienne, cours moyen de la Léna ; Tommotien ; (d'après Rozanov* et al., *1969, Pl. XXX, fig. 4a).*

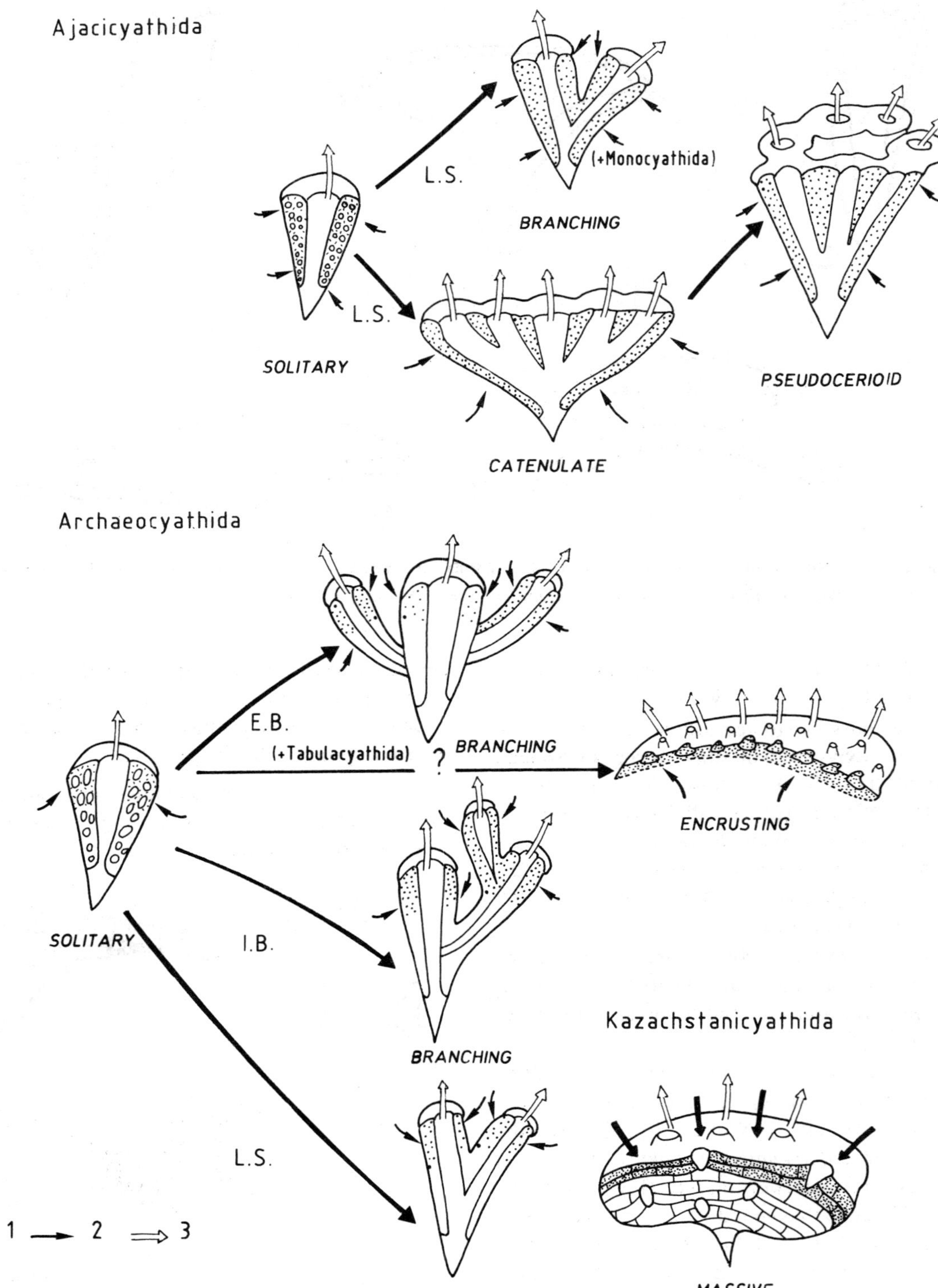

Fig. 4. – Schematic illustrations of archaeocyath types based on modular organisation and mode of proliferation ; (after Wood *et al.*, 1991, fig. 4). 1 – inferred soft tissue distribution ; 2-3 – direction of water flow : 2 – inhalant, 3 – exhalant.

Fig. 4. – *Illustrations schématiques des types d'archéocyathes basés sur l'organisation modulaire et sur les modes de prolifération ; (d'après Wood et al., 1991, fig. 4). 1 – répartition supposée des tissus mous ; 2-3 – direction du courant d'eau : 2 – inhalant, 3 – exhalant.*

There are three main gross morphologies of modular organisation in the **Irregulares** : **massive** (Pl. XXVIII, fig. 1, 2, 5, 6 ; Pl. XXIX, fig. 3 ; Pl. XXIV, fig. 1-3) which is characteristic of archaeocyaths with calicular and thalamid skeleton ; **dendroid** (Pl. III, fig. 1 ; Pl. XIX, fig. 7 ; Pl. XXV, fig. 2) which is typical of taenial forms ; **encrusted** in *Retilamina* (Pl. VII, fig. 1).

A massive modular form is developed by a recurrent longitudinal subdivision of the primary single cup (Pl. XXVIII, fig. 2) or by an individualization of a new aquiferous unit space around a new central cavity (Pl. XXXIV, fig. 1).

It is possible to recognize interparietal and external buddings in the development of a dendroid form. The former is typical for *Cambrocyathellus* and other **Loculicyathina** when a new individual is formed inside the intervallar space of the mother cup (Pl. III, fig. 1). We never find a common central cavity for several individuals. This is a morphological difference between an interparietal budding and a longitudinal subdivision. The latter is more typical of the development of dendroid forms in the **Regulares**. It is possible to see an external budding in **Anthomorphina** and **Archaeocyathina**. A new individual starts from the surface of the outer wall of the mother cup (Pl. XIX, fig. 7-8 ; Pl. XXV, fig. 2). It is sometimes difficult to distinguish an external budding from a settlement of foreign individuals of the same species because of smooth individual boundaries in sponges. We may, however, consider the development of a new individual showing no ontogenic stages as a true external budding (Pl. XXV, fig. 2).

The combination of an external budding with a longitudinal subdivision occurs in the **Archaeocyathina** too (Pl. XI, fig. 1 ; Pl. XXV, fig. 2). The **Regulares** lack external buddings and, except for **Tabulacyathida**, do not develop interparietal buddings ; longitudinal subdivision is the main means of modular construction. This is the reason why we can observe mostly catenulate and a few dendroid and massive modular forms in the **Regulares** and mostly dendroid and massive but not catenulate forms within the **Irregulares**. As a whole, modularity is a feature more usual for the **Irregulares** than for the **Regulares**.

In some cases, small buds, connected to certain calicles, are observed in "chaetetid" archaeocyaths (Pl. XXIX, fig. 2). Similar pattern of budding is typical for calicular demosponges (Reitner, 1991a) and is due to the presence of gemmule bodies in calicles. It suggests that the development of gemmulae may occur at least in **Dictyofavina.**

1-1-4. TRACES OF THE AQUIFEROUS SYSTEM

Any kind of porosity of the skeletal elements in the archaeocyathan cup is a trace of their aquiferous system. But here, we draw the attention to holes which are not related to the main skeletal elements.

The first of them is an **astrorhizal** canal which is now recognized as a diagnostic feature of choanocyte-bearing organisms (Hartman, 1983 ; Boyajian & LaBarbera, 1987). It is quite possible that a lot of archaeocyaths had astrorhizal canals in soft tissue like some recent sclerospongial demosponges. The traces of this system could be replicated in the secondary calcareous skeleton of some *Archaeocyathus* species (Pl. XIV, fig. 5 ; Pl. XXXV, fig. 3). However, only two species, *Altaicyathus vologdini* (Yaworsky) (Pl. XXXIV, fig. 2) and *Landercyathus lewandowskii* Debr. & Gang. (Pl. X, fig. 1a,b) have kept the traces of stellate superposed astrorhizal canals in the primary calcareous skeleton.

Other species of *Altaicyathus* (Pl. XXXIV, fig. 1, 6, 8) lacks of astrorhizae but possesses **chimney-like** outpockets on the outer surface of the cup. Such a chimney might become a new central cavity during the development of the skeleton. So, it is possible to consider them homologous to astrorhizae.

Retilamina (Pl. VII, fig. 1, 3) and young *Archaeocyathus* (Pl. XV, fig. 1) cups also have tubelike structures on the outer wall. Their position and connection with other skeletal elements allow us to consider them as incurrent rather than excurrent adaptations, unlike astrorhizae. It is possible to compare them with the **exaulos** of sphinctozoan sponges *sensu* Finks (1983).

Some irregular and regular cups contain porous vertical tubular structure in the central cavity (Pl. V, fig. 1 ; Pl. VI, fig. 2, 4b ; Pl. VII, fig. 4 ; Pl. XXXV, fig. 3). These structures are called "tubuli" by Fonin (1961) or "tubusi" by Zhuravleva and Miagkova (1981). Tubuli can be located in any part of the central cavity but never in the upper part (Pl. VI, fig. 2, 4 ; Pl. XIV, fig. 3) as Fonin supposed (1981, 1990). Tubuli could be related to excurrent canals of the cup like similar structures in inozoan calcareans or in lithistid demosponges.

All the above mentioned features (astrorhiza, chimney, exaulos, tubuli) can be well developed or completely missing in different individuals of the same species.

1-2. STRUCTURE OF THE INTERVALLUM

Intervallar structures of the **Irregulares** are much more diverse and complicated than analogous structures of the **Regulares** which possess just simply perforated vertical and horizontal plates (septa and plate tabulae). It is necessary to distinguish intervallar elements (septum, tabula, etc.) and the intervallar architectonics which is determined by a combination of supporting elements (vertical plate-like elements, pillars, etc.) and covering structures (tabulae).

1-2-1. VERTICAL PLATE-LIKE ELEMENTS

a) TAENIAE

The description of vertical plate-like elements begins with taeniae which are the initial structure for all other plate-like forms. The taeniae of **Irregulares** are homologous with septa of **Regulares** but not identical to. A septum is always developed in the same plane. Vertical and horizontal lintels composing the taenia are not settled in same plane but diverge in different directions from the main plane (Fig. 5 ; Pl. VI, fig. 1a-c). In thin sections, this feature looks like disoriented rods and is usually described as disoriented rods or folia when secondary thickening occurs (Fonin, 1985). Most of the **Irregulares**, except **Kazachstanicyathida**, have taeniae at least in the early cup ontogeny (see below). In some genera, taeniae exist throughout all cup development and were described as septa buttresses in *Aruntacyathus* (= *Spirocyathella*) (Kruse & West, 1980) and as septa with struts in *Spirillicyathus* by Gravestock (1984) (Pl. XI, fig. 3 ; Pl. XII, fig. 8) or as wavy and dichotomous taeniae in *Pycnoidocyathus* by Fonin (1985) (Pl. XVII, fig. 5).

True taeniae are present only in adult cups of **Archaeocyathina**. The taenial porosity can vary from coarsely porous to finely porous in the one and same cup (Pl. XVI, fig. 3, 4). Larger pores are usually located near the outer wall and smaller ones near the inner wall (Pl. XXIV, fig. 1b). Synapticulae are typical for taenial cups but are not arranged regularly.

b) PSEUDOSEPTA

All other vertical plate-like elements of the **Irregulares** are derivatives of taeniae. In **Loculicyathina**, taenial lintels are laid in the same plane during the process of cup growth and septum-like structures appear. We prefer to call such a structure a pseudoseptum because of the difference in the development between that and true septum. Another difference is the pattern of the porosity. Pseudoseptal pores have no regularity in

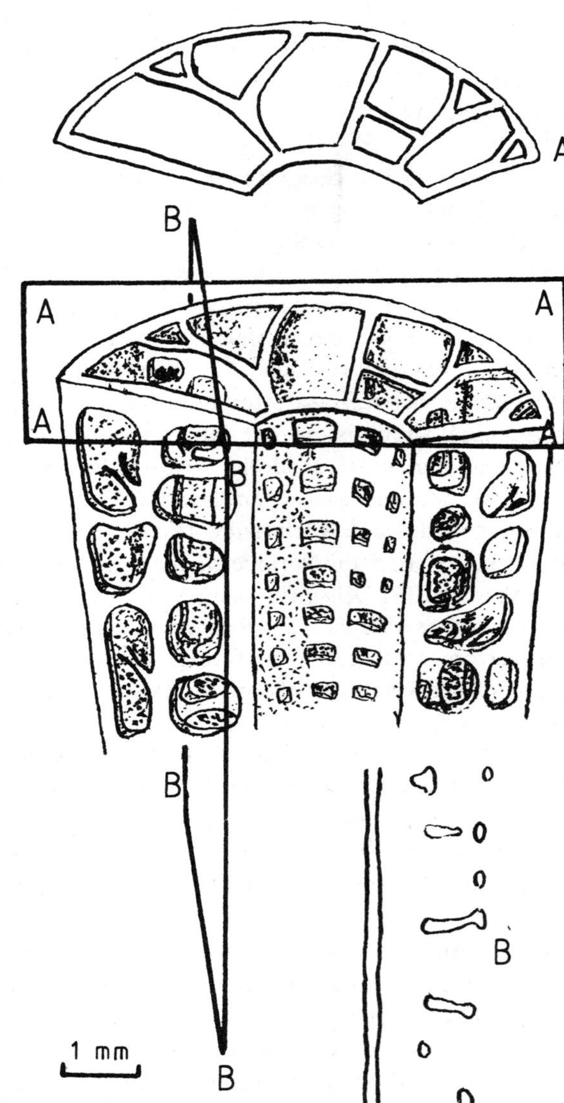

Fig. 5. – Structure of taeniae in *Chouberticyathus clatratus* Debrenne. Reconstruction of the sample SGM Ki 140, holotype ; Morocco ; Botomian stage. Transverse section by the plane AAAA corresponds to the section with "dichotomous" taeniae or taeniae with "struts" ; longitudinal section by the plane BBBB corresponds to the section with "disoriented rods".

Fig. 5. – *Structure des taeniae de* Chouberticyathus clatratus *Debrenne. Reconstruction de l'holotype SGM Ki 140, Maroc ; Botomien. La section transversale selon le plan AAAA correspond à la section avec taeniae dichotomiques ou taeniae avec étais ; la section longitudinale selon le plan BBBB correspond à la section à baguettes dispersées.*

Fig. 6. – Pseudoseptum in *Warriootacyathus wilkawillinensis* Gravestock. Drawing of a longitudinal section, SAM P218O6-1, holotype ; South Australia, Wilkawillina Gorge ; Atdabanian stage ; (after Gravestock, 1984, Fig. 62F).

Fig. 6. – *Pseudosepte chez* Warriootacyathus wilkawillinensis *Gravestock. Dessin à partir d'une section longitudinale de l'holotype SAM P21806-1 ; Australie du Sud, Gorges de Wilkawillina ; Atdabanien ; (d'après Gravestock, 1984, Fig. 62F).*

their arrangement and shape (Fig. 6 ; Pl. II, fig. 10 ; Pl. VIII, fig. 2). Pseudosepta could be coarsely porous in **Loculicyathina** and **Archaeocyathina** (Pl. II, fig. 10 ; Pl. VIII, fig. 2), finely porous in **Loculicyathina** and **Archaeocyathina** (Pl. I, fig. 5 ; Pl. IX, fig. 1c, 3) and non porous in **Loculicyathina** and **Anthomorphina** (Pl. I, fig. 3 ; Pl. V, fig. 3). Synapticulae (rod-like lintels between adjacent vertical plates) are not typical for cups with pseudosepta (Pl. I, fig. 7a).

c) PSEUDOTAENIAL AND DICTYONAL NETWORK

Another structure may be defined as pseudotaenial. It differs from true taenial structure by the regular distribution of synapticulae (Pl. XVI, fig. 1,

2). Pseudotaeniae are always coarsely porous, perforated by rounded-tetrangular pores with synapticulae developed in each angle of the pore (Pl. XV, fig. 5 ; Pl. XVI, fig. 2). Pseudotaenial structure is characteristic of **Archaeocyathina** and is well expressed in *Archaeocyathus* (Pl. XV, fig. 5 ; Pl. XVI, fig. 1, 2).

Pseudotaenial structure is morphologically transitional between true taenial structure with synapticulae and the so-called dictyonal network (Pl. XV, fig. 5 ; Pl. XXVI, fig. 5b) which is characterized by equidimensional sizes of synapticulae, vertical and horizontal lintels of taeniae (pores are subtetragonal) and by very regular arrangement of synapticulae between adjacent taeniae (Pl. XXV, fig. 1). In longitudinal section, the pattern of pore distribution could be similar to such a pattern in true taeniae (Pl. X, fig. 4 ; Pl. XV, fig. 5), so we have a convex dictyonal network (*Dictyosycon, Fenestrocyathus*). Sometimes, horizontal pore rows are also well expressed, and as a result we can see a flat dictyonal network (*Molybdocyathus, Graphoscyphia*) (Pl. VI, fig. 3 ; Pl. XXV, fig. 1). However, all kinds of the dictyonal network are developed from taeniae during the process of cup growth (see below).

1-2-2. CALICLES

The term **"calicle"** is borrowed from the description of sponges with chaetetid architecture (West & Clark, 1983). Calicle, in archaeocyaths, is a vertical tube-like element which could be hexagonal (Pl. XXVIII, fig. 3, 6) or tetragonal (Pl. XXIX, fig. 1, 3) in cross section (Debrenne & Zhuravlev 1992). Hexagonal calicles are pierced by one (Pl. XXVIII, fig. 6) or two vertical pore rows per facet. A typical representative of archaeocyaths with hexagonal calicles is *Dictyofavus*, one with tetragonal calicles is *Zunyicyathus*. Calicles are developed from taeniae during the cup growth (see below).

1-2-3. SYRINGES

First **syringes** or hexagonal horizontal staggered tubes were first described by Taylor (1910) in *Syringocnema favus* Taylor, but the term "syrinx" (=syringus) was introduced by Zhuravleva and Miagkova (1981). Now we know six genera with such a structure of the intervallum ; three of them have

46

been recently described (Debrenne & A. Zhuravlev, 1990). Usually syringes are not absolutely straight but are slightly curved towards the inner wall and downward (Pl. XXXII, fig. 6). Like taeniae, syringes can be coarsely or finely porous (Fig. 7). Four lateral and two horizontal facets (sides) in each syrinx are recognized : *Syringocnema* (Pl. XXX, fig. 4 ; Pl. XXXII, fig. 3, 4), *Kruseicnema* (Pl. XXXII, fig. 2, 5), *Fragilicyathus* (Fig. 15) and *Tuvacnema* (Pl. XXX, fig. 7) have finely porous facets only with two, sometimes three, longitudinal pore rows per lateral facet ; horizontal facets usually bear a single pore row near the inner wall. *Pseudosyringocnema* possesses syringes with finely porous lateral and coarsely porous horizontal facets (Pl. XXXII, fig. 1, 6, 7 ; Pl. XXXIII, fig. 1, 2). All the facets of the syrinx of *Syringothalamus* are coarsely porous with a single longitudinal pore row (Pl. XXXIII, fig. 5, 6). In some oblique thin sections such a structure could be confused with pseudotaenial or dictyonal network. Syrinx structure is developed from taeniae through a calicle-like stage during the process of cup growth (see below).

Auliscocyathus is probably the only known genus with intervallar structure that could be interpreted as staggered tetragonal syringes (Debrenne, 1974a) (Pl. XXX, fig. 1a, 2). They are coarsely porous and usually confused with a dictyonal network (Fonin *in* Voronin *et al.*, 1982).

Williamicyathus is another problematical genus which could be a derivative of archaeocyaths with syringes in the intervallum. It is possible to represent the intervallar elements of this genus as syringes with finely porous lateral and coarsely porous horizontal facets ; herewith, the horizontal ones completely lost their transverse lintels in the direction of the outer wall (Pl. XXXII, fig. 8 ; Pl. XXXIII, fig. 3).

1-2-4. PILLARS

A **pillar** is a vertical rod-like element connecting adjacent tabulae (Pl. XXXIV, fig. 1-4). Pillars can be superposed in successive chambers (Pl. XXXIV, fig. 3), but generally they do not display any regularity in their arrangement. In *Korovinella*, pillars can be dichotomous in the distal end. The pillar probably develop from the chamber ceiling-downward. Pillars are characteristic of sponges with a stromatoporoid and thalamid growth pattern and of **Kazachstanicyathida** among archaeocyaths.

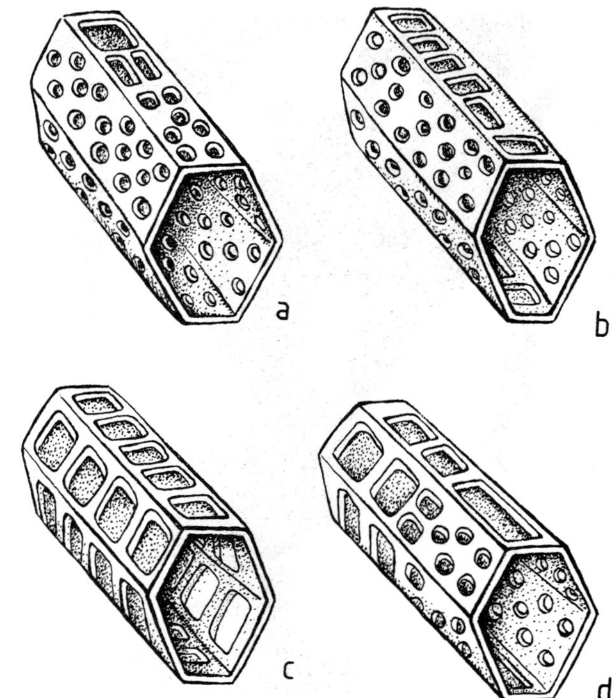

Fig. 7. – Morphology of syringes : A – all facets are finely porous (*Syringocnema, Kruseicnema, Fragilicyathus, Tuvacnema*) ; B – finely porous lateral and coarsely porous horizontal facets (*Pseudosyringocnema*) ; C – all facets are coarsely porous (*Syringothalamus*) ; D – a complex syrinx of *Williamicyathus*.

Fig. 7. – *Morphologie des syrinx : A – toutes les faces sont finement poreuses* (Syringocnema, Kruseicnema, Fragilicyathus, Tuvacnema) ; *B – faces latérales finement poreuses, faces horizontales à gros pores* (Pseudosyringocnema) ; *C – toutes les faces ont de gros pores* (Syringothalamus) ; *D – syrinx complexe de* Williamicyathus.

1-2-5. TABULAE

The bulk of irregular genera, except most of **Loculicyathina** and **Dictyofavina**, have tabulae (segmented tabulae) and, generally, tabulae are formed by the outer wall. Only *Anthomorpha* and related genera possess independent (membrane) tabulae. These tabulae display some similarity with pectinate tabulae of the **Regulares** because they are developed separately in each intersept. The membrane tabulae are pierced by two poorly expressed rows of irregular rounded pores per intersept (Pl. V, fig. 8). Tabular morphology is completely identical to the morphology of outer wall pore membranes scarcely developed in **Anthomorphina** (Fig. 8, Pl. V, fig. 2).

In **Archaeocyathina**, we observe a variety of tabular structures completely repeating the diversity of outer walls. Simple tabulae are present in genera

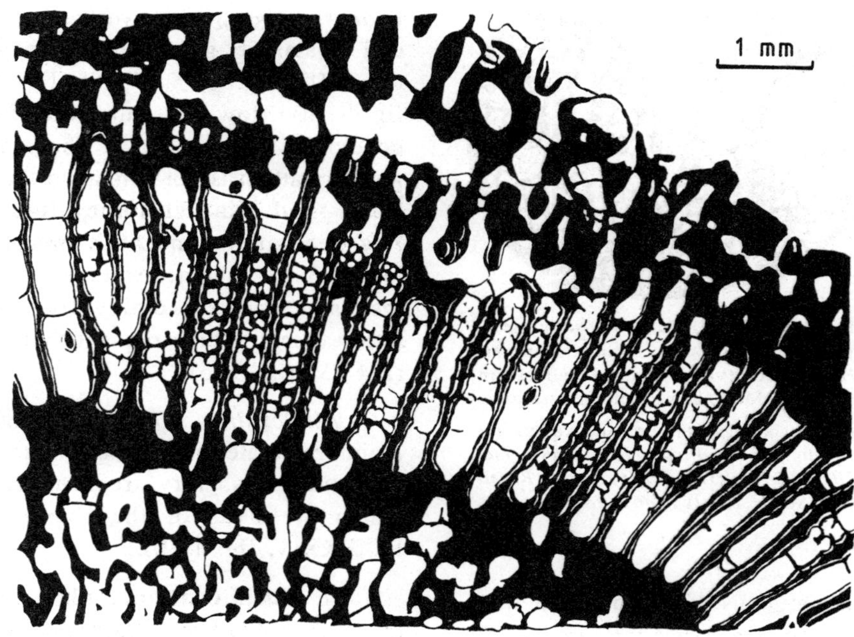

Fig. 8. – Membrane tabulae and canals of the inner wall in *Shiveligocyathus plenus* (Fonin). Drawing of a part of the transverse section, PIN 1915/814, paratype ; Russian Federation, Tuva ; Botomian stage ; (after Fonin, 1985, Pl. XXX, fig. 1a,b).

Fig. 8. – *Planchers membraneux et canaux de la muraille interne chez* Shiveligocyathus plenus *(Fonin). Dessin d'une partie de la section transversale du paratype PIN 1915/814 ; Fédération de Russie, Tuva ; Botomien ; (d'après Fonin, 1985, Pl. XXX, fig. 1a, b).*

with a simple outer wall. They can be finely porous in *Paracoscinus* and *Claruscoscinus* (Fig. 9 ; Pl. IX, fig. 2 ; Pl. XIX, fig. 6 ;) or coarsely porous in *Cellicyathus* (Pl. XIX, fig. 5), depending on outer wall porosity. *Pycnoidocoscinus* bears slit-like pores in tabulae (Pl. IX, fig. 1d). *Archaeocyathus* (Pl. XV, fig. 2, 4-6 ; Pl. XVI, fig. 1, 2), *Archaeopharetra* (Pl. XII, fig. 5), *Markocyathus* (Pl. XIII, fig. 1, 2), *Sigmofungia* (Pl. XVII, fig. 3), *Archaeosycon* (Pl. XIX, fig. 2, 3), *Spirocyathella* (Pl. XIII, fig. 4, 5) and other genera with similar outer wall structure possess tabulae with centripetally arranged pores, and *Spinosocyathus* (Pl. XX, fig.1), *Metaldetes* (Pl. XXIII, fig. 3), *Metacyathellus, Changicyathus* (Pl. XXIII, fig. 4), *Alaskacoscinus* (Pl. XXII, fig. 2, 6) and *Tabulacyathellus* (Pl. XXII, fig. 1, 4) have compound tabulae. Tabulae with canals are known in *Maiandrocyathus* (Debrenne, 1974a) and *Beltanacyathus* (Gravestock, 1984).

In the case of centripetal and compound wall, the tabular structure is simplified. In *Archaeopharetra*, for example, centripetal structure can cover the outer part of the intervallum only (Pl. XII, fig. 5) or be completely missing (Pl. XII, fig. 10). *Dictyosycon* (a genus with centripetal outer wall)

Fig. 9. – Segment of a basic simple tabula in *Claruscoscinus mactus* (Fonin). Drawing of a part of the oblique transverse section, PIN 2851/28, holotype ; Kazakhstan, Kuznetsky Alatau ; Toyonian stage ; (after Fonin, 1985, Pl. XXIII, fig. 1a-b).

Fig. 9. – *Segment d'un plancher simple basique chez* Claruscoscinus mactus *(Fonin). Dessin d'une partie de section transversale oblique de l'holotype, PIN 2851/28 ; Kazakhstan, Kuznetsk Alatau ; Toyonien ; (d'après Fonin, 1985, Pl. XXIII, fig. 1a-b).*

48

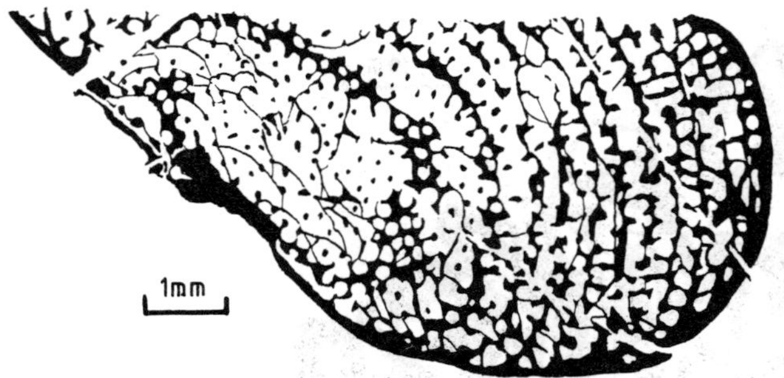

Fig. 10. – Segment of tabulae of simple *Altaicyathus*-type in *Altaicyathus notabilis* Vologdin. Drawing of an oblique transverse section, CNIGRm 290/2957, lectotype ; Russian Federation, Altay Sayan Fold Belt, Altay Mountains ; Botomian stage.

Fig. 10. – *Segment de plancher du type simple* Altaicyathus *chez* Altaicyathus notabilis *Vologdin. Dessin d'une section transversale oblique du lectotype CNIGRm 290/2957 ; Fédération de Russie, zone plissée de l'Altaï Saïan, Monts Altaï ; Botomien.*

and *Gabrielsocyathus* (a genus with compound outer wall) have simplified tabulae formed by intervallar structure only (Pl. X, fig. 2 ; Pl. XXI, fig. 1).

Few genera of **Irregulares** display regular pattern of tabula appearance (*Paracoscinus, Pycnoidocoscinus, Archaeosycon, Tabulacyathellus, Claruscoscinus, Cellicyathus* and *Alaskacoscinus*) and thalamid gross morphology of adult cups (Pl. VIII, fig. 1, 5, 7 ; Pl. IX, fig. 1c ; Pl. XXI, fig. 1, 6). However, tabulae and tabular walls are developed rather late in these genera, and their growth pattern is not similar to those of **Coscinocyathina** and **Kazachstanicyathida**. Most of the **Archaeocyathina** and **Anthomorphina** have no regularity in the tabula development. Different cups of the same species coming from the same locality either display very frequent tabulae or almost none (Pl. XV, fig. 5, 6).

Altaicyathus, Korovinella and *Bicoscinus* have an intermediate thalamid-stromatoporoid growth pattern, and thus, very frequent and regular tabulae which are parts of the chamber wall (Fig. 10 ; Pl. XXXIV, fig. 1-10).

In **Loculicyathina**, plate tabulae, similar to those developed in **Ajacicyathina**, are sometimes present as in *Okulitchicyathus* (Pl. I, fig. 7a) and *Mikhnocyathus* (Debrenne *et al.*, 1990b ; Pl. XXIV, fig. 4). In **Syringocnemidina**, facets of the horizontal syringes carried out the function of tabula structure (Pl. XXXII, fig. 6).

1-3. OUTER WALL

The observations of the outer wall structure are based, mainly, on Gravestock's (1984) classification with some additions and corrections.

1-3-1. SIMPLE WALL (A)

A1. RUDIMENTARY WALL

The presence of the **rudimentary outer wall** means the absence of a distinct outer wall, because a rudimentary outer wall has the outer edges of intervallar elements opening directly to the exterior (Gravestock, 1984). Sometimes a rudimentary outer wall is marked by the slight thickening of marginal intervallar elements (Pl. XXX, fig. 1b). True rudimentary outer walls are characteristic of archaeocyaths with calicles or syringes in the intervallum (*Dictyofavus, Zunyicyathus, Auliscocyathus*). They are homologous to simple walls of other suborders, and are not considered as independent types of wall.

A2. BASIC SIMPLE WALL

The **basic simple outer wall** is, *sensu stricto*, a well-defined outer wall carcass formed by marginal intervallar elements and sometimes by additional lintels between them (Fig. 12c ; Pl. VII, fig. 4 ; Pl. XXV, fig. 2). A well-expressed correlation exists between outer wall openings and cells of the intervallum structure. This kind of outer wall also forms the upper marginal cover of the intervallum by the junction with always erected inner wall. Such coverings appear several times during the archaeocyathan life. In that case we can see several, mainly irregularly spaced, tabulae in the intervallum. The correlation between the outer wall pore arrangement and intervallar structure could mostly be lost in the cup development of *Paracoscinus, Claruscoscinus* and *Cellicyathus*, when the appearance of tabulae becomes more regular while taeniae are transformed into pseudosepta. However, in that case, the longitudinal arrangement of pores is more pronounced than the transverse pore rows (Fig. 9 ; Pl. XXXI, fig. 4).

Gravestock (1984) referred to the simply perforate basic type the walls of *Cambrocyathellus spinosus* (Grav.), *Neoloculicyathus grandis* (Grav.) and *Graphoscyphia graphica* (Bedf. & Bedf.). We consider the latter only as basic simple and the two

Fig. 11. – Centripetal outer wall in *Spirillicyathus pigmentus* (Bedford & Bedford). Drawing of a tangential section, SAM 21747 ; South Australia, Mount Scott Range ; Atdabanian stage ; (after Gravestock, 1984, Fig. 21B).

Fig. 11. – *Muraille externe centripète de* Spirillicyathus pigmentus *(Bedford & Bedford). Dessin d'une section tangentielle, SAM 21747 ; Australie du Sud, chaîne de Mount Scott ; Atdabanien ; (d'après Gravestock, 1984, Fig. 21B).*

others as simple walls of *Cambrocyathellus*-type (see below). In Gravestock's opinion, simple walls are the first porous system covering openings framed by the outer edges of intervallar elements. However, as we can see, the origin of this first porous system is quite different in **Loculicyathina, Anthomorphina, Archaeocyathina** and **Kazachstanicyathida**. So we use the name "basic simple wall" for the **Archaeocyathina** only. All these types of outer wall are probably homologous. The difference between rudimentary wall of *Auliscocyathus* and basic simple wall of *Dictyocyathus* is not very significant (Pl. XXX, fig. 1b ; Pl. VII, fig. 4) and is expressed merely in the primary thickness of marginal intervallar elements.

A3. SIMPLE WALL OF *CAMBROCYATHELLUS*-TYPE

This model is defined by a wall comparable to simple walls of **Regulares** ; it is the only similar type of outer wall amongst both groups of archaeocyaths. A simple outer wall is a continuous single plate pierced by simple pores. Pore openings can be narrowed by flat or convex diaphragms (Pl. I, fig. 1, 2). Pores can be rounded (Pl. I, fig. 8b ; Pl. II, fig. 4) but more often irregularly round (Pl. I, fig. 7b) or irregular-angular (Pl. I, fig. 4, 6a). Stirrup-pores are rare. Pores are arranged in a single pore row or in several pore rows per intersept (Pl. I, fig. 4, 6a). In the case of a single pore row, pores are not superposed as in the **Regulares**, but alternate to right and left (Pl. II, fig. 4). Such a kind of wall is characteristic of **Loculicyathina** only.

A4. SIMPLE WALL OF *ANTHOMORPHA*-TYPE

A simple *Anthomorpha*-type wall is built by transverse lintels joining adjacent pseudosepta in such a manner that a single large vertical row of rounded-angular pores appears (Pl. IV, fig. 3, 4). Sometimes, this structure is complicated by additional lintels forming several, but always discontinuous, poorly expressed pore rows per intersept (Pl. V, fig. 2).

Microporous membranes superficially similar to discontinuous non-independent sheath of *Erbocyathus*-type could be irregularly developed (Pl. V, fig. 1). The structure of these membranes is absolutely identical to the structure of membrane tabulae (Fig. 8). This outer wall is characteristic of **Anthomorphina** only.

A5. SIMPLE WALL OF *ALTAICYATHUS*-TYPE

More or less comparable with the previous type, this type of outer wall occurs in *Altaicyathus* and *Korovinella*. Here the outer wall is formed by lintels connecting the distal ends of pillars (Fig. 10). As a result, we can see a continuous plate pierced by frequent polygonal pores.

1-3-2. CENTRIPETAL WALL (B)

Membranes of centripetally arranged pores and outer wall attached to septa by paired oblique struts (Gravestock, 1984) both correspond to centripetal outer wall defined here, because they are of similar type. In the first case, the outer wall is attached to the pseudotaenial structure of the intervallum (*Archaeocyathus*) (Pl. XIV, fig. 2) and in the second one to the taenial structure (*Protopharetra*) (Fig. 11 ;

Pl. XI, fig. 2). In both cases, the outer wall is a microporous membrane covering intervallar cells, formed by pseudotaenial lintels and synapticulae (Pl. XVIII, fig. 5) or by taenial lintels (Pl. XII, fig. 8). The arrangement of pores is well-correlated with intervallar cells (Pl. XVII, fig. 2) (a definite centripetal arrangement *sensu* Gravestock, 1984). In the same time, such an outer wall is not a set of independent membranes but comprises a continuous sheath (Fig. 12d ; Pl. XIV, fig. 3 ; Pl. XV, fig. 4 ; Pl. XVI, fig. 1, 2). A centripetal outer wall is characteristic of **Archaeocyathina** (*Archaeocyathus,* etc.), **Dictyocyathina** (*Keriocyathus*) and **Syringocnemidina** (*Syringocnema,* etc.). In **Archaeocyathina**, it may form complete or incomplete tabulae

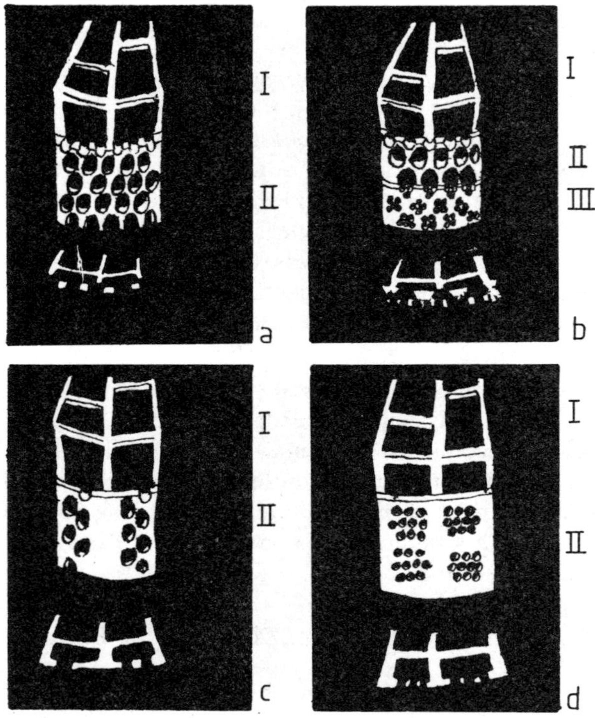

Fig. 12. – Scheme of the outer wall structure :
a – simple wall in Ajacicyathida,
b – wall with non-independent continuous microporous sheath in Ajacicyathida,
c – basic simple wall in Archaeocyathida,
d – centripetal wall in Archaeocyathida.
I – distal elements of the intervallum,
II – plate of the outer wall,
III – plate of the microporous sheath.

Fig. 12. – Schéma des structures de la muraille externe :
a – muraille simple chez Ajacicyathida,
b – muraille avec une enveloppe microporeuse continue non indépendante chez les Ajacicyathida,
c – muraille simple basique chez les Archaeocyathida,
d – muraille centripète chez les Archaeocyathida.
I – éléments distaux de l'intervallum,
II – plaque de la muraille externe,
III – plaque de l'enveloppe microporeuse.

(Pl. XV, fig. 2-5 ; Pl. XVI, fig. 1, 2 ; Pl. XII, fig. 5) covering only the outer part of the intervallum.

Before Gravestock's work (1984), the centripetal outer wall was usually described as simple, comparable to the simple outer wall of the **Regulares** (Zhuravleva, 1960a ; Yaroshevitch, 1966 ; etc.), or as double (Krasnopeeva, 1961 ; Osadchaja *et al.,* 1979 ; Fonin *in* Voronin *et al.,* 1982 ; etc.). Therefore, some genera were described at least twice : with a simple wall (*Archaeocyathus, Archaeopharetra*) and with a carcass and microporous sheath ("*Syringsella*", "*Salanycyathus*"). In fact, the centripetal wall is not as simple as the simple wall of the **Regulares** because of the correlation between the pore arrangement and intervallar structure (Fig. 12a, d). It is not a double wall either because the carcass wall element is missing (Fig. 12b, d).

1-3-3. COMPOUND WALL (C)

We completely agree with Gravestock (1984) in the designation of the outer walls of this type and with the distinction of walls with incipient pore subdivision and those with well-developed pore subdivision among them. Both these wall subtypes are characterized by the presence of discontinuous porous membranes attached to the marginal intervallar cells (Fig. 13, 14). Membranes are formed by spines developing from the cell lintels and joining each other (complete subdivision – *Spirillicyathus, Gabrielsocyathus, Metacyathellus* ; Pl. XXI, fig. 2, 3 ; Pl. XXIII, fig. 1, 5) or not completely connected (incipient subdivision – *Spinosocyathus, Agastrocyathus* ; Pl. XX, fig. 3, 6b). Compound walls are present in **Archaeocyathina** (*Agastrocyathus, Metaldetes,* etc.) and **Dictyofavina** (*Gatagacyathus*). Tabulae, in cups with a compound wall, may present a pore subdivision (*Metaldetes, Metacyathellus, Alaskacoscinus,* etc.) (Pl. XXII, fig. 2, 6 ; Pl. XXIII, fig. 3 ; Pl. XXIV, fig. 4) or not (*Gabrielsocyathus*) (Pl. XXI, fig. 1, 2).

1-3-4. PUSTULAR WALL (D)

This is another new type of outer wall known in **Loculicyathina** (*Sakhacyathus*) (Pl. II, fig. 9) and **Syringocnemidina** (*Kruseicnema*) (Pl. XXXII, fig. 2, 5). It is characterized by the presence of empty knobs (pustulae), pierced by a single pore in the central part. A pustula looks like a simple tumulus of the **Regulares** but the opening is located at the central part of the knob, not at the bottom part as in a tumulus.

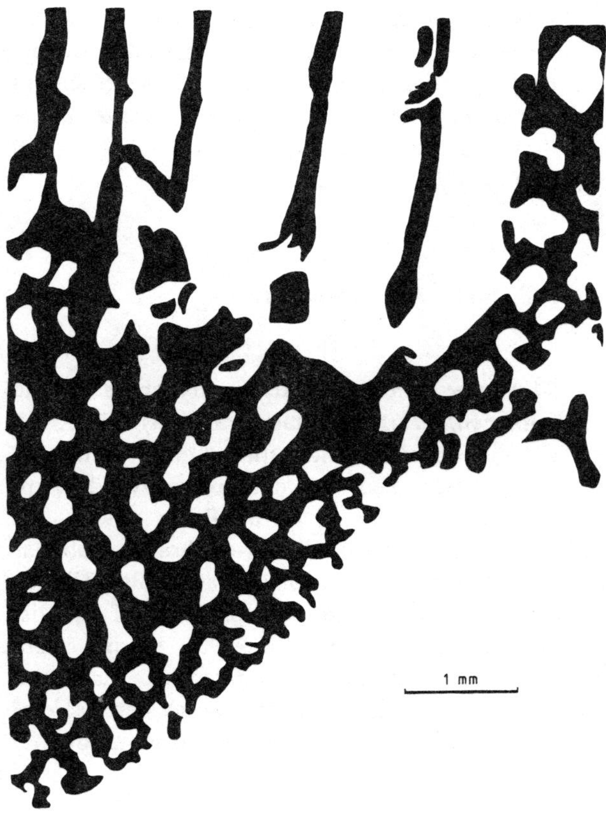

Fig. 13. – Compound outer wall with pores partly subdivided into lobes by blunt protrusions from surrounding lintels in *Jugalicyathus tardus* Gravestock. Drawing of a tangential section, SAM P21747, holotype ; South Australia, Mount Scott Range ; Botomian stage ; (after Gravestock, 1984, Fig. 56I).

Fig. 13. – *Muraille externe composite avec les pores partiellement subdivisés en lobes par des saillies émoussées des linteaux qui les entourent chez* Jugalicyathus tardus *Gravestock. Dessin d'une section tangentielle de l'holotype, SAM P21747 ; Australie du Sud, chaîne de Mount Scott ; Botomien ; (d'après Gravestock, 1984, Fig. 56I).*

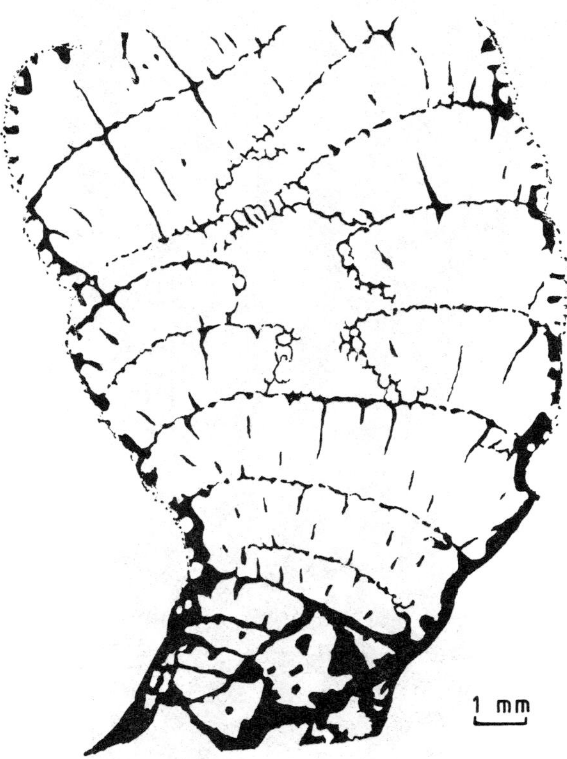

Fig. 14. – Compound outer wall and pseudotaenial network in *Tabulacyathellus bidzhaensis* Missarzhevsky. Drawing of a longitudinal section, PIN 4451/70 ; F.R. Russia, Altay Sayan Fold Belt, Azyrtal Ridge ; Atdabanian stage ; (after Zhuravlev, 1989a, Fig. 4).

Fig. 14. – *Muraille externe composite et réseau pseudotaenial chez* Tabulacyathellus bidzhaensis *Missarzhevsky. Dessin d'une section longitudinale, PIN 4451/70 ; République Fédérale de Russie, zone plissée de l'Altaï Saïan, crête d'Azyrtal ; Atdabanien ; (d'après Zhuravlev, 1989a, Fig. 4).*

1-3-5. WALL WITH CANALS (G-H)

There are three types of outer walls with canals in **Irregulares**. The first has a simple wall with straight oblique canals (pore canals in vertical rows of Gravestock, 1984) and is known in *Fragilicyathus* (Fig. 15) and in *Warriootacyathus*, (Fig. 16 ; Pl. XXII, fig. 8). The second type presents subdivided pore canals in *Beltanacyathus* (Gravestock, 1984) (Pl. XXVII, fig. 3b). Such an outer wall consists of short oblique canals with incipient or complete subdivision of external openings by short protrusions of the canal wall. We interpret the outer wall of *Ataxiocyathus* and *Maiandrocyathus* (Pl. XXVII, fig. 1a, b, 2a) as the extreme development of such protrusions forming an additional con-

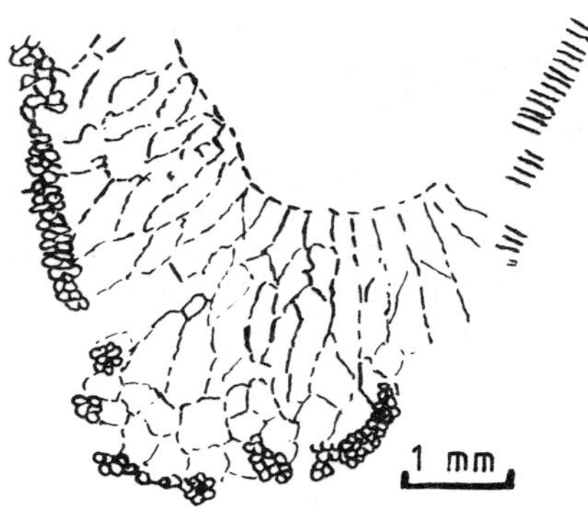

Fig. 15. – Canals in the outer wall and syringes in *Fragilicyathus zhuravlevae* Beljaeva. Drawing of an oblique transverse section, PGO "Dalgeologia" ; F.R. Russia, Far East, Bol'shoy Mel'kan River ; Botomian stage ; (after Beljaeva, 1969, Pl. XXXVII, fig. 8).

Fig. 15. – *Canaux de la muraille externe et syrinx chez* Fragilicyathus zhuravlevae *Beljaeva. Dessin d'une section transversale oblique, PGO "Dalgeologia" ; R.F. Russie, Extrême-Orient, rivière Grand Mel'kan ; Botomien ; (d'après Beljaeva, 1969, Pl. XXXVII, Fig. 8).*

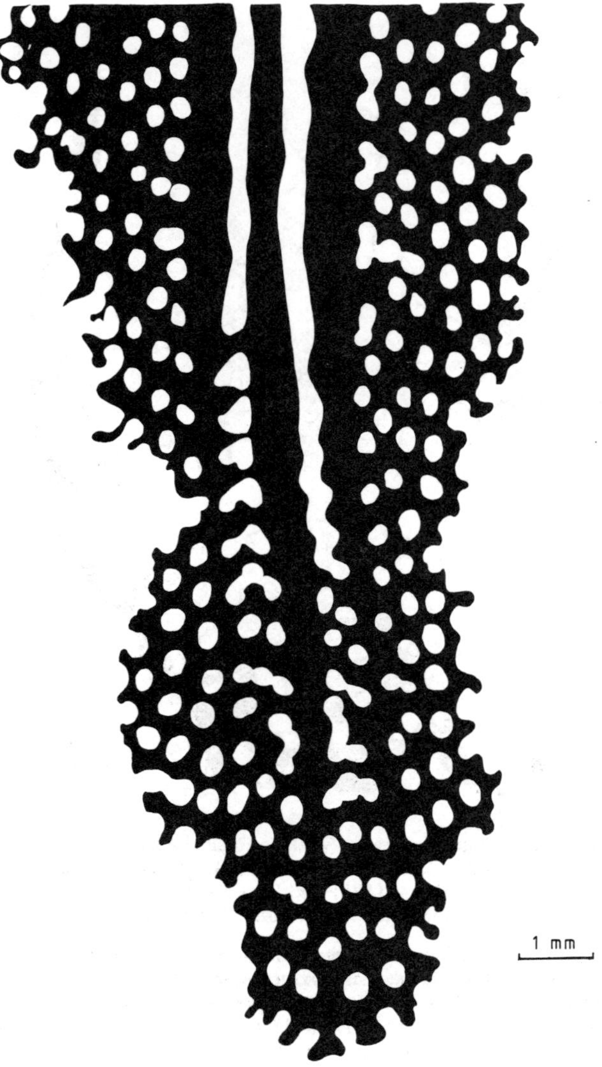

Fig. 16. – Short oblique canals in the outer wall of *Warriootacy-athus wilkawillinensis* Gravestock. Drawing of a tangential section, SAM P21807 ; South Australia, Wilkawillina Gorge ; Atdabanian stage ; (after Gravestock, 1984, Fig. 18E).

Fig. 16. – *Courts canaux obliques dans la muraille externe de* Warriootacyathus wilkawillinensis *Gravestock. Dessin d'une section tangentielle, SAM P21807 ; Australie du Sud, Gorges de Wilkawillina ; Atdabanien ; (d'après Gravestock, 1984, Fig. 18E).*

tinuous microporous sheath with elongated irregular pores. The wall of the third type consists of canals with bracts ("geniculate" canals) and is present in *Chankacyathus* (Fig. 17) and *Tchojacyathus* (Fig. 18). All these walls could form tabulae (Debrenne, 1974a ; Gravestock, 1984).

1-3-6. TABELLAR WALL (I)

This type of outer wall is only characteristic of *Taeniaecyathellus* (**Archaeocyathina**) (Pl. XXV, fig. 5a, b). It consists of longitudinal ribs jointed by transverse lintels. The first comprehensive description of such a wall is given by Fonin (1963). He has introduced the terms tabellar-clathrate or tabellar porous and compared them to clathrate walls of **Regulares**. But, because of the usual presence of a pellis, the longitudinal ribs (*tabellae* in Fonin) were wrongly positioned and considered as transverse structures, and the lintels (*metulae*), as vertical elements, *i.e.* perpendicular to the real orientation.

1-3-7. NON-POROUS WALL (X)

This outer wall is not comparable with the other types described here because, except perhaps for *Chouberticyathus* (Pl. VI, fig. 1d), it is characteristic for all the early stages of the development ; only **Loculicyathina** never shows a non-porous wall at any stage. However, we did not find any sign of the presence of the primary porosity in young cups of **Anthomorphina**, **Archaeocyathina**, **Dictyofavina** and **Syringocnemidina** and at least in any part of **Kazachstanicyathida**. The non-porous outer wall is usually a multilayered platy structure similar to epitheca of other spongiomorphs (See Chapter III).

1-4. INNER WALL

Inner walls of the **Irregulares** are not so diverse as those of the **Regulares** and, of course, less diverse than the outer wall structures in any group. We can recognize merely three types of inner wall : simple, with bracts, and compound. Bracts are only known at inner walls.

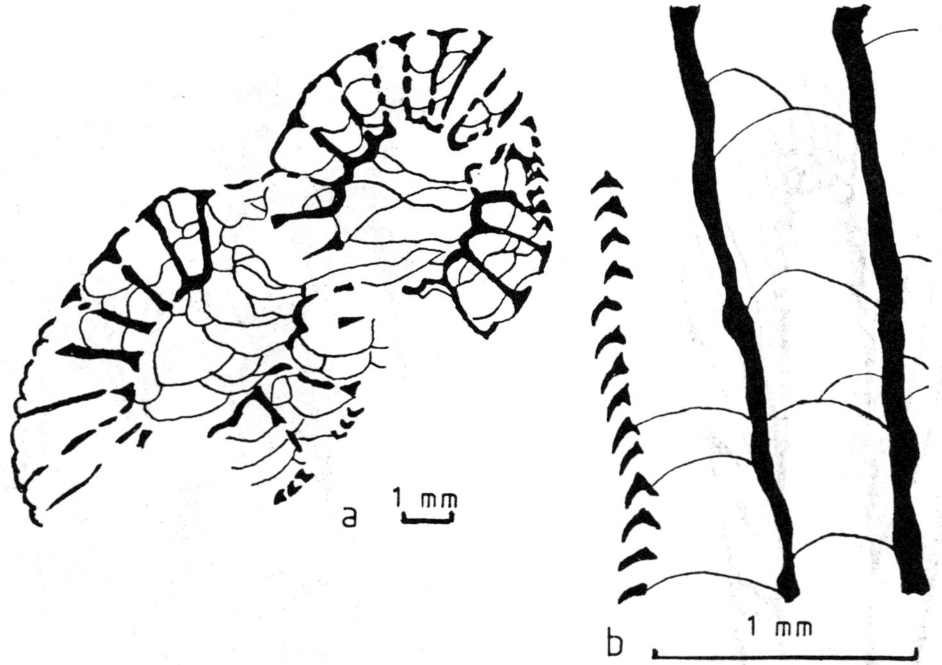

Fig. 17. – "Geniculate" canals in the outer wall of *Chankacyathus strachovi* Jakovlev : a – drawing of a transverse section of the branching pseudocolony ; (after Okuneva, 1969, Pl. XXXII, fig. 4a) ; F.R. Russia, Far East, Primorie area ; Botomian stage. b – drawing of a part of the longitudinal section through the intervallum ; (after Jakovlev, 1959, Fig. 1– 2) ; F.R. Russia, Far East, Khanka Lake area, Botomian stage.

Fig. 17. – *Canaux géniculés dans la muraille externe de* Chankacyathus strachovi *Jakovlev : a – dessin d'une section transversale d'une pseudocolonie branchue ; (d'après Okuneva, 1969, pl. XXXII, Fig. 4a) ; R.F. Russie., Extrême-Orient, région de Primorie ; Botomien. b – dessin d'une partie de section longitudinale à travers l'intervallum ; (d'après Jakovlev, 1959, Fig. 1-2) ; R.F. Russie, Extrême-Orient, région du Lac Khanka ; Botomien.*

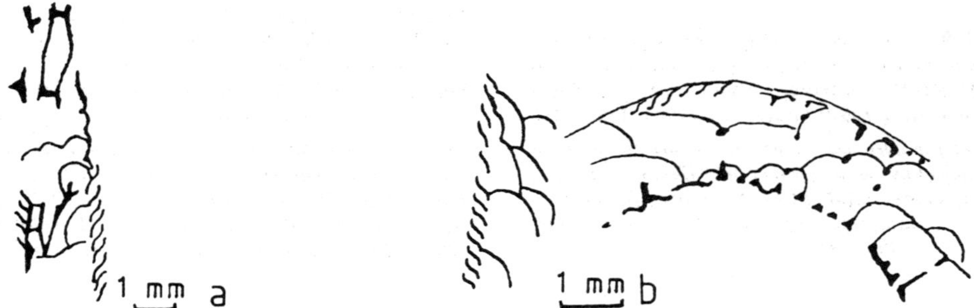

Fig. 18. – S-shaped canals in the outer and inner walls of *Tchojacyathus validus* Rozanov, PIN (GIN 3447/7-8), holotype :
a – drawing of a longitudinal section,
b – drawing of a part of the transverse section.
F.R. Russia, Altay Sayan Fold Belt, Altay Mountains ; Atdabanian stage ; (after Rozanov, 1960a, Pl. I, fig. 3aδ).

Fig. 18. – *Canaux en S dans les murailles externe et interne de l'holotype de* Tchojacyathus validus *Rozanov, PIN (GIN 3447/7-8) :*
a – dessin de la section longitudinale,
b – dessin d'une partie de la section transversale.
R.F. Russie, zone plissée de l'Altaï Saïan, Monts Altaï ; Atdabanien ; (d'après Rozanov, 1960a, Pl. I, fig. 3aδ).

1-4-1. SIMPLE WALL (I)

If, in the **Regulares**, the simple inner wall is more often pierced by several pore rows per inter-sept, in the **Irregulares** we observe the opposite. Pores are usually round (Pl. I, fig. 3, 5, 7a ; Pl. II, fig. 10 ; Pl. III, fig. 1), elliptic (Pl. IV, fig. 2) or round-tetragonal (Pl. I, fig. 6b). Rarely, pore lintels bear spines (*Copleicyathus, Spinosocyathus*) (Pl. XX, fig. 4 ; Pl. XXI, fig. 6). In **Archaeocya-**

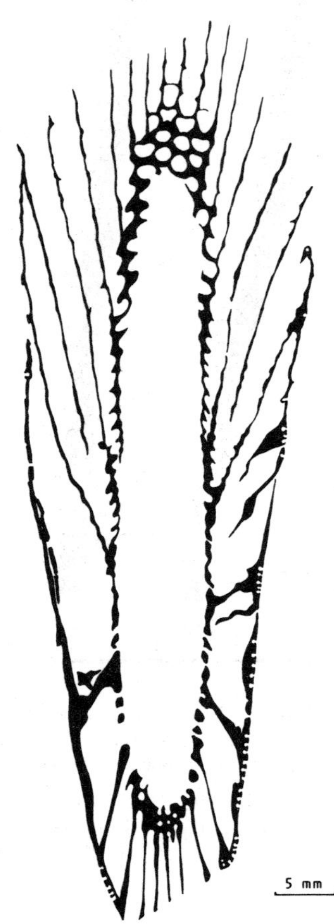

Fig. 19. – Inner wall with one row of oblique canals per intersept in *Jugalicyathus tardus* Gravestock. Drawing of an oblique longitudinal section, SAM P21747, holotype ; South Australia, Mount Scott Range ; Botomian stage (after Gravestock, 1984, Fig. 56H).

Fig. 19. – *Muraille interne avec une rangée de canaux obliques par intersepte chez* Jugalicyathus tardus *Gravestock. Dessin d'une section oblique de l'holotype, SAM P21747 ; Australie du Sud, chaîne du Mont Scott ; Botomien ; (d'après Gravestock, 1984, Fig. 56H).*

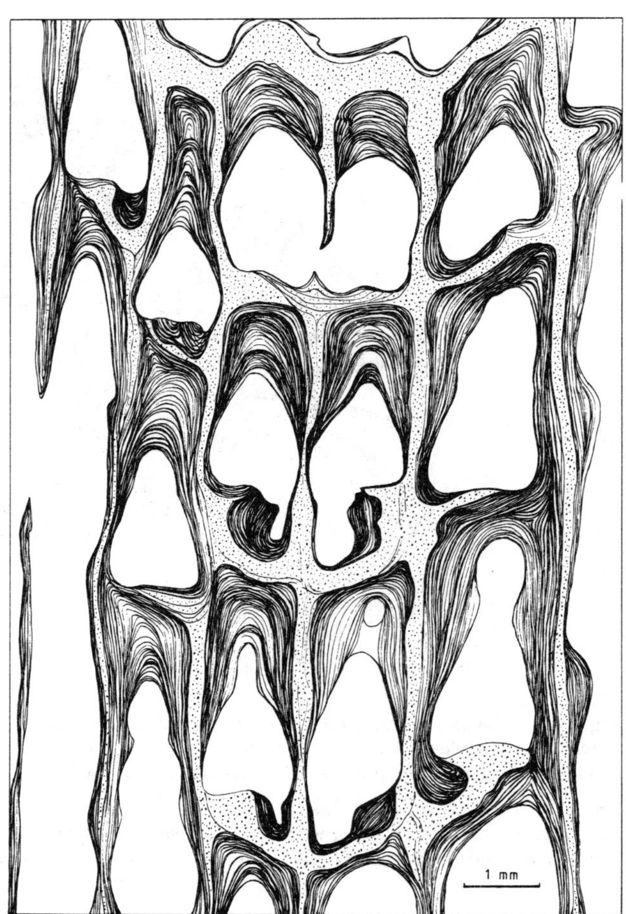

Fig. 20. – Inner wall with one row of S-shaped canals per intersept and their secondary thickening in *Warriootacyathus wilkawillinensis* Gravestock. Drawing of a tangential section, SAM P218O6-1, holotype ; South Australia, Wilkawillina Gorge ; Botomian stage ; (after Gravestock, 1984, Fig. 62E).

Fig. 20. – *Muraille interne avec une rangée de canaux en S par intersepte, et leur épaississement secondaire chez* Warriootacyathus wilkawillinensis *Gravestock. Dessin d'une section tangentielle de l'holotype, SAM P21806-1 ; Australie du Sud, Gorges de Wilkawillina ; Botomien ; (d'après Gravestock, 1984, Fig. 62E).*

thina, the presence of several pore rows per intersept looks superficially as a double wall because of the correlation between the wall porosity and the intervallar structure (Pl. XIII, fig. 1 ; Pl. XXI, fig. 5). Such a correlation is comparable with the outer wall structure of the centripetal type in this suborder.

1-4-2. WALL WITH BRACTS, FUSED-BRACTS AND CANALS (II)

All these kinds of wall are perforated by a single pore row per intersept (Fig. 19, 20), except *Taeniaecyathellus* (Pl. XXV, fig. 6) and *Shiveligocyathus*. The latter is also characterized by straight and sometimes stirrup-canals (Fig. 8) which exist in **Anthomorphina** only.

Our study of Northern American and Australian material has shown the absence of real structural boundaries between bracts, canals, and fused-bracts. Fused-bracts are usually described as annuli (Vologdin, 1955 ; Handfield, 1971 ; Hill, 1972). Fused-bract planchetes differ morphologically from true annuli in being undulous in each intersept (Pl. XVII, fig. 5 ; Pl. XVIII, fig. 1b, 2). The undulation is structurally due to the development of fused-bracts by the junction of independent bracts of adjacent interspts. Bracts in **Irregulares** usually embrace the whole pore opening and are transformed into oblique canals during the cup development. Such canals may fuse in turn in horizontal rows, also forming annulus-like structures (Pl. XXXIII, fig. 1, 2). Fused and non-fused bracts and canals can appear in the same cup or in different cups of the same species without any regularity. We observe all these transitions very clearly in *Fenestrocyathus complexus* Handf. (Pl. XXVI, fig. 1, 4, 5b, 7, 8), *Pycnoidocyathus sekwiensis* Handf. (Pl. XVII, fig. 1a, b), *Syringocnema favus* Taylor (Pl. XXX, fig. 6 ; Pl. XXXI, fig. 6) and *Beltanacyathus wirrialpensis* (Taylor) (Pl. XXVII, fig. 3c).

Slightly different canals are characteristic of *Sigmofungia* (Pl. XVI, fig. 3 ; Pl. XVII, fig. 1) which have distinct S-shaped longitudinal section (Fig. 21).

Landercyathus possesses an astrorhizal system ending by long subvertical, slightly undulating, tube-like canals (Pl. X, fig. 1b).

The inner wall of *Eremitacyathus* bears thick longitudinal ribs without any transverse element on the inner margin of each pseudoseptum (Pl. III, fig. 4a, c).

1-4-3. COMPOUND WALL (III)

Compound inner walls are very similar in structure to compound outer walls. The subdivision could also be incipient (*Metaldetes, Changicyathus, Usloncyathus*) (Pl. XXIV, fig. 2, 4 ; Pl. XXIX, fig. 4) or complete (*Archaeosycon, Pycnoidocoscinus*) (Pl. IX, fig. 1a ; Pl. XIX, fig. 3). However, the development of the compound wall structure is different. In **Metacyathoidea**, an inner wall pore subdivision is correlated with the subdivision of the outer wall pores. In *Archaeosycon* and *Pycnoidocoscinus*, a compound inner wall is formed by the superposition of intervallar inner cells and tabula structure.

Fig. 21. – S-shaped canals in the inner wall of *Sigmofungia undata* (Debrenne). Drawing of a part of the longitudinal section, MNHN M83098, holotype ; Mexico, Sonora ; Botomian stage ; (after Debrenne *et al.*, 1989a, Pl. 12, fig. 4).

Fig. 21. – *Canaux en S dans la muraille interne de* Sigmofungia undata *(Debrenne). Dessin d'une partie de section longitudinale de l'holotype, MNHN M83098 ; Mexique, Sonora ; Botomien ; (d'après* Debrenne et al., 1989a, Pl. 12, fig. 4).

2. SECONDARY CALCAREOUS SKELETON

2-1. MORPHOLOGY

The secondary skeleton is made of skeletal elements, produced by the organism itself, but not necessary for its normal functioning ; its degree of development depends upon external conditions, such as the nature of the substratum, the injuries of the primary skeleton, the presence of epibionts, the influence of other nearby archaeocyath cups etc...

Since the same skeletal elements are present in both **Regulares** and **Irregulares**, the examples will be taken among both groups.

The concept of a secondary skeleton has been introduced by Cuif (1973) when studying the skeletal microstructures of some thalamid sponges ; he concluded that the different skeletal elements correspond to different stages of growth. This problem was also carried out in more details by Wendt (1979, 1984, *in* Hartman *et al.*, 1980). Besides the primary and secondary skeleton, in which he placed the skeletal elements infilling the functional cavity of the primary skeleton, Wendt defined a third phase of infilling tissues. He assigned the vesicles, the trabeculae (pillars), the tubes connecting the inner wall to the central cavity, the dissepiments and the reticulum to the third phase. More recently, Gautret (1985, 1986, 1987) demonstrated that, unlike vesicles and dissepiments, the pillars are built at the same time as the primary skeleton. The phase of formation of tubes and reticulum is not yet cleared up. However, some specialists on recent sponges use the term "secondary calcareous skeleton" for any kind of non-spicular calcified skeleton (Reitner, 1991a). This term could introduce some confusions (Reitner, 1991b).

The study of any of these skeletal formations is essential to understand the biology of the archaeocyaths, even if they have no systematic value for the group (Debrenne *et al.* 1989b ; 1991). Several interpretations have been given previously for what is called here the secondary skeleton of archaeocyaths. They are listed in order of their publication :

— vegetative stage of the organism development (Bornemann, 1886 ; Zhuravleva, 1960a, 1974) ;

— elements having an anchoring function (Taylor, 1908, 1910 ; Brasier, 1976 ; Gravestock, 1983 ; Zhuravlev, 1989a ; Debrenne *et al.*, 1989b, 1990b, 1991) ;

— encrusting algae (Vologdin, 1931 ; Debrenne & Rozanov, 1978) ;

— parasites (Bedford R. & J., 1937 ; Vologdin, 1937b ; Maslov, 1958 ; Rozanov, 1960b) ;

— proliferation of pathologic tissue (Okulitch, 1943, 1946a) ;

— independent organisms, epibionts (Okulitch, 1943 ; Vologdin, 1959a, 1962a ; Debrenne & Rozanov, 1978) ;

— fossilized soft tissue (Vologdin, 1948, 1957a, 1962c ; Maslov, 1957) ;

— cicatrization of wounded part of the main skeleton (Zhuravleva, 1960a ; Rozanov, 1960b ; Voronin, 1979 ; Fonin, 1985 ; Zhuravlev, 1989a) ;

— reaction to the penetration of an extraneous body (Zhuravleva, 1960a ; Debrenne *et al.* 1991a) ;

— supporting elements of a non preserved internal organ (Fonin, 1960) ;

— primary skeletal elements (Fonin, 1960 ; 1981, 1985, 1990) ;

— structures isolating the dead parts from the living ones (Voronin, 1963, 1979 ; Ziegler & Rietschel, 1970 ; Debrenne & Vacelet, 1984 ; Reitner, 1987 ; Debrenne *et al.* 1989b ; Kruse, 1990) ;

— defence formations against the proximity of rapidly growing archaeocyath cups and/or their buttresses (Zhuravleva *et al.*, 1964 ; Vlasov, 1966 ; Brasier, 1976 ; Kruse, 1990) ;

— poly– or di-morphism (Zhuravleva, 1974 ; Zhuravleva & Miagkova, 1981, 1987 ; Beljaeva & Zhuravleva, 1990) ;

— sheltering structures for the resting living tissue (Zhuravleva, 1974) ;

— coenosteum (Debrenne & James, 1981) ;

— reduction of the living mass volume (Zhuravleva & Miagkova, 1981) ;

— reaction to modifications of physico-chemical composition of the sea (*ibidem*) ;

— symbionts (Zhuravleva & Sayutina, 1984) ;

— diagenetic structures (Reitner & Engeser, 1987)

Only the authors who have given arguments supporting their interpretations are quoted above.

Secondary skeletal elements appear on different parts of the cup and display various features (Fig. 22a, b). Thus, several morphological classifications have been proposed (Tab. IV).

The first was established by Okulitch (1943). Every kind of secondary structure has been named according to the binominal system of nomenclature

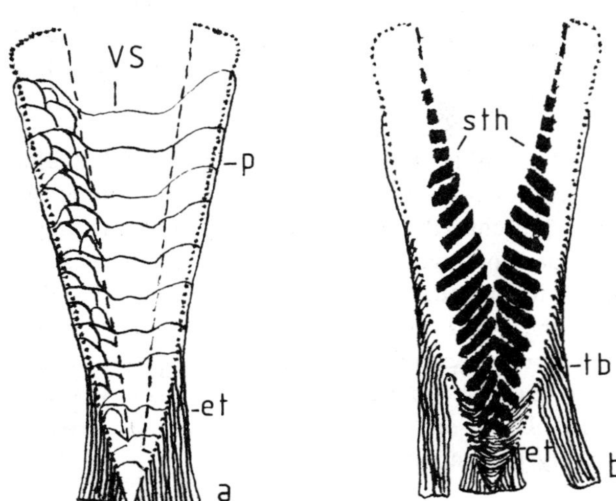

Fig. 22. – Secondary calcareous skeleton : a – distribution of vesicles, pellis and laminar epitheca through the primary skeleton ; b – distribution of secondary thickening, tersioid buttresses and laminar epitheca through the primary skeleton. Symbols as in Fig. 1.

Fig. 22. – *Squelette calcaire secondaire : a – répartition des vésicules, pellis et épithèque lamellaire dans le squelette primaire ; b – répartition des épaississements secondaires des contreforts tersioïdes et de l'épithèque lamellaire dans le squelette primaire. Mêmes symboles qu'à la Fig. 1.*

as some of them were thought independent organisms (*Tersia, Exocyathus, Metaldetimorpha*, etc.). Later, the names were used as common nouns (tersia, exocyathoid outgrowths etc.). Other terms are also present in the literature such as secondary covering, exo- and endo-structures, outgrowths, protecting envelope, stereoplasma, stromatomorphs ; some have a genetic meaning, others a morphologic one. It is not possible to propose one standardized morphogenetic classification for all these different phenomena. Examination of the above synopsis and of Table IV shows that the same structures have received several explanations, while morphologically different phenomena have been similarly interpreted. For instance, the vesicles (vesicular tissue) are considered either as a shelter for the living tissue in a period of rest or as a separation between the dead and the living parts, while the anchoring processes are designated as a buttress, girata or exocyathoid outgrowths.

As other types of skeletons – stromatoporoid, thalamid or chaetetid – have morphologically analog elements, the number of synonyms increases. Presently, a standardized nomenclature is tentatively proposed for all sponges with a solid skeleton (Zhuravlev *et al.*, 1990), which will be used herein.

Secondary skeleton have simple or complex elements. Simple elements are various pellicles, with one single layer (vesicles or pellis) or with several layers (secondary thickenings). The later are often called stereoplasma (Voronin, 1963). Complex elements comprise several parts, envelopes, plates or rods. Vesicles are single layered plates formed at every place in a cup. Small vesicles are bubble-like (Pl. I, fig. 5 ; Pl. XXI, fig. 1) ; larger ones, crossing the whole space of a cup or a modular form are corrugated and plate-like (Pl. XXVIII, fig. 1, 5). One vesicle may cross the intervallum and the central cavity (Pl. XVIII, fig. 2) ; however, the vesicles were considered by several authors as intervallar elements (Hill, 1972 ; Fonin, 1985 ; etc.). Vesicles are convex upward, with the axis of convexity either coinciding with those of the cup or shifted toward the periphery (Pl. II, fig. 10 ; Pl. XXIX, fig. 2). Vesicles are completely imperforate structures : the post-mortem infilling of the cup by mud is stopped by the last vesicle, while the space below is filled up by sparitic cement, sometimes fibrous (Pl. XXXVI, fig. 3). The later was interpreted by Okulitch (1946b) and Yaroshevitch (1990) as a living layer. The hypothesis of soft tissue preserved under the vesicles, in unfavourable conditions, and coming

Tab. IV. – Terminology of structures ascribed to secondary calcareous skeleton

<table>
<tr><th colspan="2">Okulitch, 1946a</th><th>Hill, 1972</th><th colspan="2">Zhuravleva & Miagkova, 1981</th><th colspan="2">Gravestock, 1983</th><th></th><th colspan="2">here</th></tr>
<tr><td rowspan="2"></td><td rowspan="2">labyrintho-morphous</td><td rowspan="2"></td><td rowspan="2"></td><td rowspan="2">bullosus</td><td colspan="2" rowspan="2"></td><td rowspan="6"></td><td colspan="2">independent organism</td></tr>
<tr><td colspan="2">bud</td></tr>
<tr><td rowspan="3">exothecal la-mellae</td><td rowspan="2">tersio-morphous</td><td>tubular process</td><td rowspan="2">protuberance</td><td>tersia</td><td colspan="2">isolated outgrowths (cylinder buttresses)</td><td rowspan="3">complex</td><td>tersioid buttress</td></tr>
<tr><td>tersioid process</td><td>amorpha</td><td rowspan="2">continuous outgrowths</td><td>II Zoned buttresses</td><td rowspan="2">exocyathoid buttress</td></tr>
<tr><td>exocyatho-morphous</td><td rowspan="2">exocyathoid expansion</td><td rowspan="2">obvoluta</td><td>girata</td><td>I Pillar buttresses</td></tr>
<tr><td colspan="2" rowspan="3"></td><td>ductus</td><td colspan="2" rowspan="3"></td><td colspan="2">independent organism</td></tr>
<tr><td rowspan="2"></td><td>pellicle</td><td>spuma</td><td>?</td><td colspan="2"></td></tr>
<tr><td>gluma</td><td rowspan="4"></td><td rowspan="3">simple</td><td rowspan="2">vesicles and pellis</td></tr>
<tr><td colspan="2">vesicular tissue</td><td>dissepiment</td><td>dissepiment</td><td colspan="2">dissepiment</td></tr>
<tr><td colspan="2" rowspan="2"></td><td>dense skeletal tissue</td><td rowspan="2">crassata</td><td colspan="2">secondary thickening</td><td>secondary thickening</td></tr>
<tr><td>holdfast</td><td colspan="2">radicatus</td><td colspan="2"></td><td colspan="2">epitheca</td></tr>
</table>

independent organism
calcareous skeleton
?   problematic fossil

out again, later on, is hardly credible. When occupying the whole cup, vesicles are present at an higher level within the intervallum than in the central cavity (Fig. 22a ; Pl. V, fig. 3).

Every species of archaeocyaths may present some vesicles, even only sporadic. They are nevertheless more characteristic of **Archaeocyathida** and specially very abundant within **Loculicyathina** ; in that case, vesicles get a diagnostic significance by Vologdin (1931) and Voronin (1974). In massive modular chaetetid type, they are also very well developed. Among all these forms, the vesicles occupy most of the space, except the uppermost zone of the cup (Pl. XXVIII, fig. 1, 5). Within dendroids modular forms, the vesicles may keep apart the new cups from the mother one, thus forming a pseudo-modular unit (Pl. XXV, fig. 2).

When true epibionts (calcimicrobes, coralo-morphs and others) are attached to the outer surface of a cup, vesicles are developed at the contact zone inside the intervallum (Pl. XXI, fig. 1 ; Pl. XXXVII, fig. 2). Outer wall may be replaced by vesicles at a wounded place (Fonin, 1985).

Vesicles are observed in cups where secondary thickening and/or pellis are developed. Among all the other skeletal elements, the vesicles are the last ones to be formed, as they abut onto the last layer of the secondary thickening (Lafuste & Debrenne, 1977). When a pellis is present, the vesicles are formed in the space between it and the outer wall, that is to say after the outer wall formation (Pl. XXXVI, fig. 2).

A pellis is an one layered imperforate envelop coating most of the cup and its tersioid buttresses when present (Pl. XIV, fig. 5). The pellis upper boundary corresponds to the growth limit of vesicles and/or to secondary thickenings (Pl. V, fig. 3). Between the pellis and the outer wall, there is always a space of several dozen of microns in width, filled up by vesicles and sparitic cement (Pl. XXXVI, fig. 2). Usual among Archaeocyathida, the pellis is scarcely present in other orders.

Secondary thickenings may be formed around any primary element of the calcareous skeleton. They comprise several layers tightly coating different skeletal elements. In thin sections, the layering appears as an alternation of dark and light strips (Pl. XIV, fig. 2), while in etched specimens, they are formed by successive solid and hollow zones (Pl. XVII, fig. 2). Zhuravleva (1960a) interpreted the dark layers as organic-rich zones, but the examination of the microstructure of the secondary thickenings (Lafuste & Debrenne, 1977 ; Debrenne & James, 1981 ; Debrenne *et al.*, 1990c) showed that the dark layers have a granular microstructure, while the light ones correspond to palissadic calcite crystals (Debrenne *et al.*, 1990c ; Pl. V, fig. 1). The microstructure of the dark layers is similar to the one of the vesicles or pellis, that is to say with smaller grains than the main skeleton.

The proportion of the secondary thickenings varies with the cup growth (Fig. 22b ; Pl. VIII, fig. 4, 5 ; Pl. XV, fig. 4, 5 ; Pl. XIX, fig. 4, 6). The same distribution is observed in **Ajacicyathida** and in recent aspicular sponges like *Vaceletia* (Kruse, 1990)(Fig. 7) and in numerous rigid recent and fossil sponges (Basile *et al.*, 1984 ; Gautret & Razgallah, 1987 ; Reitner, 1987). In the lower part of the cup, the secondary thickenings became so abundant that they completely blocked up the whole available space (Zhuravleva, 1960a ; Voronin, 1964) (Fig. 22b ; Pl. XVI, fig. 8). It is necessary to bear this in mind when studying the archaeocyaths in thin sections : Fonin (1985) has described a particular growth stage in irregular archaeocyaths which he called the "folial" stage. The "foliae" are in fact random sections of secondary thickened lintels ; he interpreted the presence of large canals as a diagnostic feature, thus distinguishing *Archaeocyathus*, with thickened skeleton, from *Retecyathus*, with a normal one. Yuan Ke-xing and Zhang Sen-gui (1977) for their part, described *Sanxiacyathus* as a new genus with its central cavity filled up by secondary skeletal elements ; the revision of the topotype material allowed Debrenne *et al.* (1991a) to prove that these structures are episodic and that *Sanxiacyathus* is a junior synonym of *Archaeocyathus* (Pl. XXXV, fig. 2, 3).

Most of the time, secondary thickenings had the same function as vesicles : they separated living part from dead ones, but in a more progressive way. Within the central cavity, the secondary skeletal elements may be pierced by canals, vertical in the central part and slightly inclined at their junction with the intervallum. They also are in connection with the inner wall pores. These structures have been interpreted by Vologdin (since 1948) as calcified soft tissues. As a matter of fact, such structures are common in all rigid sponges (Basile *et al.*, 1984 ; Gautret, 1986 ; Bizzarini & Russo, 1986 ; Senowbari-Daryan & Schäfer, 1986 ; de Freitas, 1987 ; and others) ; they are also part of the secondary calcareous skeleton which is formed in the dying part of the sponge.

As the secondary aquiferous system underline the position of the soft tissues which coated the irrigating canals, it is likely to suppose that the stellate pattern of the canals is the trace of astrorhizae (Pl. XIV, fig. 3, 5). The canals which penetrate in the intervallum (Pl. XIV, fig. 5) are likewise the trace of the exhalant system in thalamid sponges.

During the cup growth, when the secondary thickenings are progressively laid on its outer surface, they built an epitheca (holdfast) (Fig. 22a, b). The layers may be deposited either continuously (Pl. XVI, fig. 5, 7, 8) or in bundles (Pl. XXXVI, fig. 6a,b). The distribution of the secondary layers along the cup attests that they are formed simultaneously with the development of the cup and not previously as it was proposed by some authors (Zhuravleva & Miagkova, 1987). The epithecal function was to fix the cup to the substrate, which could have been either the sediment or the skeleton of an other organism, very often a dead archaeocyath cup (Pl. XXXVI, fig. 5).

A slightly similar structure is described by Sayutina (1980) as *Khasaktia*, a **Lower Cambrian** coralomorph, and later interpreted as a symbiotic part of some archaeocyath epitheca (Zhuravleva & Sayutina, 1984), because of analogous meso– and micro-structures. Recent investigations (Debrenne *et al.*, 1990c) on the topotype material, on the contrary, show that the similarity is merely superficial, consisting only in the alternation of dark and light layers. The morphology (Debrenne *et al.*, 1990c, Pl. II), the mesostructure (*ibid.*, Pl. III, fig. 4) and the microstructure (*ibid.*, Pl. IV, fig. 3, Fig. 2) of *Khasaktia* are clearly different from those of archaeocyaths and closer to corals than to sponges. They are also different when observed in reflected U.V. : the skeleton is completely white in *Khasaktia* but with a dark outline in sponges and archaeocyaths. It must be noticed that the differences in microstructures are more conspicuous in ultra-thin sections than in SEM.

When the epitheca is not well developed and presents some large transparent zones, the general aspect of transverse oblique sections recalls a cribricyath wall.

Besides the examples given above, the secondary thickenings may occur when mechanical wounds of the primary skeleton are scarred over (Zhuravleva, 1960a) or when some extraneous bodies have fallen into the central cavity, touching the living tissue coating the inner wall. Such a case is represented in Plate XXXV, figure 2, where trilobite carapace fragments have fallen into the central cavity of *Archaeocyathus yichangensis* Yuan & Zhang and are surrounded by layers of secondary skeleton. In both cases, they represent a pathologic reaction.

From the **Atdabanian** limestones of Mount Scott Range (South Australia), Reitner (1991b) has noted complex demosponge spicules in the secondary calcareous skeleton of different archaeocyaths. In his opinion, it is not clear whether these spicules are entrapped during the skeletal forming process, or if they are remains of a primary spicular skeleton of archaeocyaths. Because also some trilobites fragments are observed entrapped in archaeocyath secondary calcareous skeleton, the first proposal is the most probable.

Secondary thickenings have a separative function in response to an external stimulus, for instance when two neighbouring cups come in contact during their growth (Pl. VII, fig. 1 ; Pl. XXXVII, fig. 2, 5, 6, 8). In this competition, **Irregulares** are stronger than **Regulares** : they are able to penetrate the intervallum of the later and even inhibit their development (Pl. XXXVII, fig. 5). Reactions to foreign tersia are similar, so it is always possible to determine which was the mother cup and which is the foreign one (Pl. XXXVI, fig. 1).

It is difficult to interpret the meaning of the complex structures of the calcareous secondary skeleton. In agreement with Zhuravleva and Miagkova (1981), what they called outgrowths are part of the archaeocyath skeleton but, as Debrenne and Rozanov (1978) pointed out, each concrete case must be examined separately, using all possible methods of investigation. A good example of the need to be cautious is given by the interpretation of *Khasaktia*, as previously exposed. A very detailed and elegant study has been carried out by Gravestock (1983) on the secondary skeleton of *Somphocyathus coralloides* Taylor. This genus belongs to the **Regulares**, but, as such structures are commonly found in **Irregulares**, it is possible to take it as an example. The exocyathoid buttresses (= complex secondary skeleton) of *S. coralloides* (Gravestock, 1983) (Pl. XXXV, fig. 1) form several concentric zones surrounding the mother cup. Each concentric zone consists of non-porous outward radiating additions to each septal extremity and each outer wall interpore lintel. Each addition forms a sheet or buttress which extends downward to the substratum on which it is fixed by its lower edge ; it completely covers the preceding zone. Above the concentric zoned but-

tresses, partly detached tersioid buttresses (sector type) and seemingly detached tersioid buttresses (cylinder type) may occur (Gravestock, 1983). These finger-like outgrowths also bind the cup to the substratum. Concentric buttresses zones are also present as anchoring processes in *Anaptyctocyathus sellicksi* (Taylor) (Taylor, 1910 ; Debrenne & Gravestock, 1990). The revision of Vologdin's type material described in 1959 (1959a) leads to the conclusion that he was dealing with exactly the same structure, and not with four independent species of *Tersia*.

Tersioid buttresses served as anchoring processes either to the substratum – in this case they were directed downward as it was already noticed by Fonin (1985) (Fig. 22b ; Pl. XXXV. fig.1, 4-6) – or to the neighbouring cups (Pl. XXXVI, fig.1, 5). Similar cases have been carefully studied by Brasier (1976) who has cut up a bioherm in orientated sections. Tersioid buttresses are abundant when there are numerous archaeocyaths close to each others (Zhuravleva, 1960a) as less substance is necessary to bind an archaeocyath cup to one another than to the substratum. For neighbouring cups, buttresses are evidently epibionts (Debrenne & Rozanov, 1978).

However, tersioid buttresses could not be a vegetative stage in the archaeocyath reproduction process. The example given by Zhuravleva (1960a, Fig. 38) proves exactly the contrary : young cups of *Cambrocyathellus* have nothing to do with the buttresses attached to them, as there is a clear boundary between their walls and the buttresses. It is unlikely to suppose that the calcified tersioid outgrowths, [bound to the mother cup by their structures coated by the same continuous envelope and mineralized in the same way (Pl. XIV, fig. 5)] may uproot from the main cup, become independent, implant and give birth to a new individual (Bornemann, 1886 ; Zhuravleva, 1974).

Two different types of secondary skeleton structures are recognized in the central cavity. One was called *"tubuli"* by Fonin (1961) and previously *"epistomiae"* (Fonin, 1960). He considered that they have a taxonomic significance at the family level and established the Prismocyathidae, with tubuli as principal diagnostic feature, to house the genera displaying such secondary structures. To follow his logic *Dictyocyathus, Erugatocyathus, Coscinoptycta, Tercyathus* (Pl. V, fig. 1 ; Pl. VII, fig. 4) and numerous other genera, **Regulares** as well as **Irregulares**, in which tubuli may sporadically occur, might be placed in this family. Tubuli have been described in detail earlier in this work (see above § 1-1-4).

The second group of internal secondary skeletal structures is represented by the vesicles, already mentioned, associated with vertical rods covering their surfaces (Pl. XXI, fig. 1 ; Pl. XXIV, fig. 2). Such formations are also found sporadically within cups of the most diverse genera of archaeocyaths, **Archaeocyathida** as well as **Ajacicyathida**. The rods generally repeat the morphology of similar elements of the inner wall (Pl. XXIV, fig. 2), as it was already observed by Zhuravleva (1960a). In their turn, buttresses may be coated by secondary thicken-ings so that the whole structure resembles some complex branching canals (Pl. V, fig. 2).

Some elements which have been classified as outgrowths, and called metaldetimorphs should be rather interpreted as part of the primary skeleton ; they are principally characteristic of *Metaldetes* (Pl. XXXVIII, fig. 1, 4) but also of other genera such as *Dictyosycon* (Pl. X, fig. 3). Beyond the external limits of the outer wall, several concentric zones are formed which repeat the intervallum structures of the main cup and are limited by an envelope similar to the outer wall. If some other cups are present in the surroundings, the intervallar outgrowth embodies them. The microstructure of this kind of construction is the true copy of the mother cup microstructure (Debrenne & James 1981) : the microlayers are continuous between the main cup elements and those of the external concentric zones. As vesi-cles completely separate the exostructures from the main cup and occlude it (Pl. XXXVIII, fig. 1), the living tissue must be limited to the periphery of the whole construction. This phenomenon probably corresponds to the concentric periodic growth of the cup (Debrenne, 1980).

The last outgrowth structures to be described have been called "bullosus" and "girata" (Zhuravleva & Miagkova, 1981). The bullosus corresponds to bubbles, compact or porous. From the published examples and figures, they comprise :

1) pathologic structures in the skeleton of **Coscinocyathina**, called by Vologdin (1931, 1959c) *Labyrinthomorpha* and *Poletaevacyathus* (Pl. XXXVIII, fig. 6) ;

2) thalamid organisms like *Polythalamia* (Debrenne & Wood, 1990 ; Pl. XXXVII, fig. 7) ;

3) juvenile cups of thalamid **Coscinocyathina** (Zhuravlev, 1989a) (Fig. 23).

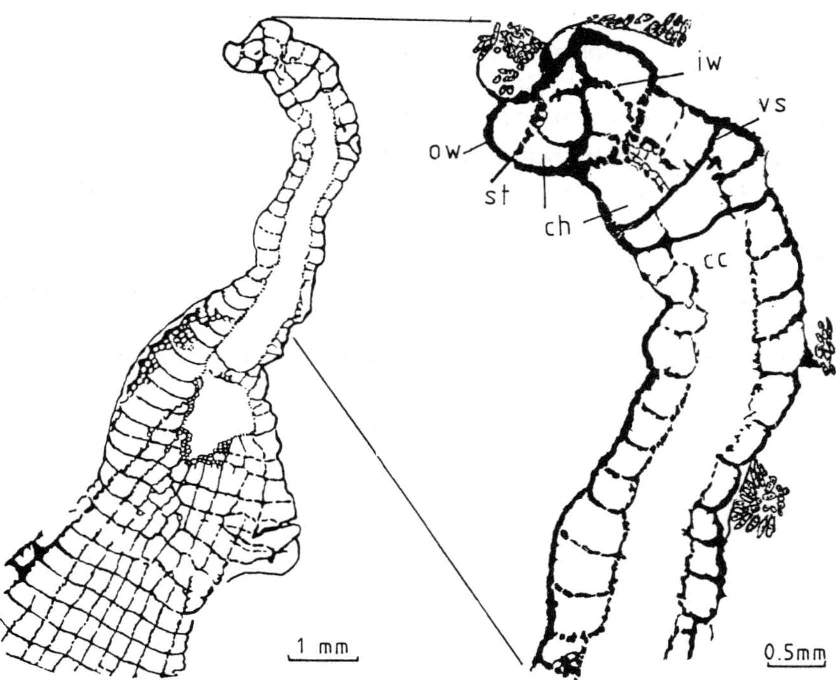

Fig. 23. – Juvenile thalamid cup of *Clathricoscinus popovi* Vlasov (Coscinocyathida) in growth position ; drawing of a longitudinal section, PIN 4327/55 ; F.R. Russia, Altay Sayan Fold Belt, Azyrtal Ridge : Botomian stage. Symbols as in Fig. 1.

Fig. 23. – *Calice thalamide jeune de* Clathricoscinus popovi *Vlasov (Coscinocyathida) en position de vie ; dessin d'une section longitudinale, PIN 4327/55 ; R.F. Russie, zone plissée de l'Altaï Saïan, crête d'Azyrtal ; Botomien. Mêmes symboles qu'à la Fig. 1.*

62

In all that cases, we are dealing with independent organisms. In any way, *Korovinella*, cannot be a "girata" form of **Metacoscinidae** (Zhuravleva & Miagkova, 1981) as these archaeocyaths present a complete different growth pattern of their skeleton (see chapter II), and another way of cup development (see chapter IV).

It is advisable to insist once more that the development of the secondary skeleton and its microstructural characters prove that it is a part of the organism itself and built by it. The hypothesis of the diagenetic growth of the primary skeleton crystals (Reitner & Engesser, 1987) is invalidated by Gautret's works on recent rigid sponges (Gautret, 1985, 1986 ; Gautret & Razgallah, 1987). She also discovered that the voids within the skeleton indicate the position of the organic cuticle. Such voids are present in the secondary calcareous skeleton of the archaeocyaths : they are filled up by marine cement, corresponding to the light layers observed in thin sections.

2-2. GENERAL COMMENTS

1 — The secondary skeleton is secreted by the archaeocyath organism itself.

2 — None of the secondary skeleton features are specific to archaeocyaths, as thought by Zhuravleva and Miagkova (1981, 1987). The study of recent rigid sponges and of fossil sponges with calcified skeletons in thin and ultra-thin sections shows that these structures are very common in sponges (Debrenne & Vacelet, 1984 ; Reitner & Engesser, 1985 ; Gautret, 1986 ; Senowbary-Daryan & Shäfer, 1986 ; de Freitas, 1987 ; Rigby *et al.*, 1989 ; etc.).

3 — The structures of the secondary skeleton have different functions : (a) anchoring processes for the cup — (b) scarring over the wounds of the skeleton — (c) isolation of extraneous bodies inside the intervallum or the central cavity — (d) separation of the dead part of the organism from the living one — (e) protection from the neighbouring cups or other possible intruders.

They are not : (i) vegetative stages of reproduction — (ii) encrusting algae or other independent organisms — (iii) parasites — (iv) fossilized soft tissues — (v) poly— or di-morphic stages — (vi) coenosteum — (vii) symbionts — (viii) diagenetic structures — (ix) shelter of resting living tissue.

4 — The development of a secondary skeleton was probably dependent upon peculiar environmental conditions (Rowland, 1984 ; Debrenne & Gravestock, 1990 ; James *et al.*, 1990 ; Debrenne *et al.*, 1991a) especially in the case of constraints within a population of dense cups.

5 — Secondary skeleton features are not diagnostic features for the systematics of archaeocyaths. It could be noticed, nevertheless, that these structures are more characteristic of the **Archaeocyathina** than for all the other orders of archaeocyaths.

6 — This preferential distribution reflects the characteristic position of the living tissue within the different orders of archaeocyaths. In **Archaeocyathida**, the living tissue occupied the uppermost millimetres at the top part of the intervallum, lining the outer wall, the inner wall and the bottom of the central cavity where it was supported by vesicles. In **Ajacicyathida**, on the contrary, it occupied the entire volume of the intervallum.

IV. ONTOGENY

CHAPTER IV
ONTOGENY

1. ONTOGENY OF THE PRIMARY SKELETON

Ontogeny of the **Irregulares** was relatively poorly known until now. This is because secondary thickenings, coating the different elements of the skeleton, have created some structures that are difficult to interpret.

R. & J. Bedford (1939) gave the first overview of cup ontogeny and concluded that various forms of archaeocyaths are subdivided into two main lines of the archaeocyathan evolution. In their opinion, the spitz of *Alphacyathus*-type is characteristic of the order **Ajacicyathida (Regulares)** and the spitz of *Archaeopharetra*-type of the order **Metacyathida (Irregulares)**. Later, scientists adopted this division under the names of *Ajacicyathus–* and *Metacyathus–*types (Zhuravleva, 1960a ; Hill, 1972 etc.). However, since their first work, R. & J. Bedford described the ontogeny of *Graphoscyphia graphica* (Bedf. & Bedf.) (Fig. 24a-c) and *Spirillicyathus* (Fig. 24d), typical **Irregulares**, with a spitz of *Alphacyathus*-type, characteristic of **Regulares**, creating great confusion. Recently Gravestock (1984) and Fonin (1985) demonstrated that the cup ontogeny of **Irregulares** is a mosaic of several features.

Previously, Debrenne *et al.*, (1989b, 1990b) have established that the *Ajacicyathus (Alphacyathus)* type was not the only possibility for the **Regulares** cup ontogeny. The present study, based on revised and new material confirm that the *Metacyathus (Archaeopharetra)* aspect of the **Irregulares** cup ontogeny is not an initial type of development.

1-1. ARCHAEOCYATHIDA

1-1-1. LOCULICYATHINA

Cambrocyathellus proximus (Fonin, 1983) ; middle Lena River, Siberian Platform ; **Tommotian** stage, *regularis* zone ; 13 specimens (Pl. II, fig. 3, 5, 6, 10). The cup is subcylindrical and empty up to the diameter of 0.27-0.38 mm when appears the porous inner wall connected with the outer wall by taeniae. At this diameter, there is only one vertical pore row in taeniae ; for a diameter of 0.75-1.14 mm a second row appears. Taenial pores vary significantly in sizes and shapes and there is no distinct trend in their development. The diameter of the inner wall pores grow slightly. At a diameter of 0.36-0.48 mm, before the appearance of inner wall and taeniae, the outer wall is already primary porous (simple), covered lately by secondary thickening with an evident gradient of distribution. At the level of taeniae appearance, a typical narrowing of the cup is observed, before its further expansion. The budding (i.e. branching modular forms) begin when all specific characteristics are established, at a diameter of approximately 2.5 mm. Zhuravleva (1960a) wrote that "*Paranacyathus tuberculatus* Vol." (now synonymised) has an inner cavity infilled with rod-like elements at the cup diameter of 0.5-0.6 mm. These rod-like elements are oblique sections of taeniae previously developed.

Cambrocyathellus tchuranicus Zhuravleva, 1960 ; middle Lena River, Siberian Platform ; **Tommotian** stage, *regularis* zone ; 4 specimens (Pl. II, fig. 1). The porous inner wall and taeniae with one vertical pore row appear at the diameter of 0.18 mm. The second pore row is developed in taeniae at the diameter of 0.67 mm. The so-called "syringocnemidid" stage of cup development (Zhuravleva, 1960a) exists from a diameter of 0.62 mm up to a diameter of 1.45-1.50 mm when taeniae are transformed into straight pseudosepta. This structure is due to the three dimensional nature of true taeniae (see morphological part).

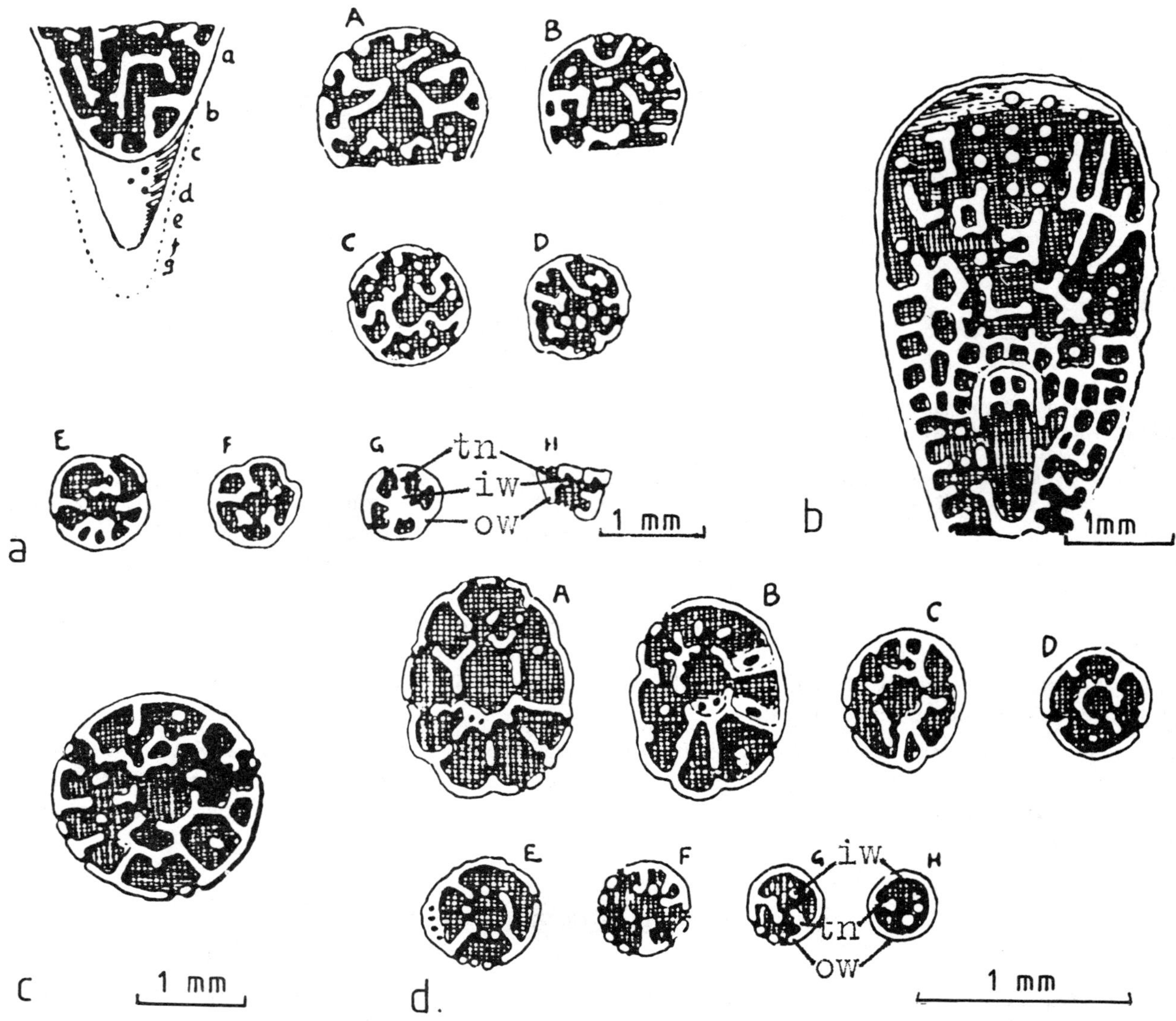

Fig. 24. – Development of the cup :
A-C – *Graphoscyphia graphica* (Bedford & Bedford) ;
D – *Protopharetra* sp. (= *Spirillicyathus*).
South Australia, Flinders Ranges ; Botomian stage (after Bedford R. & J., 1939, Fig. 174). Symbols as in Fig. 1.
Fig. 24. – *Développement des calices :*
A-C – Graphoscyphia graphica *(Bedford & Bedford)* ;
D – Protopharetra *sp. (= Spirillicyathus).*
Australie du Sud, chaîne des Flinders ; Botomien ; (d'après Bedford R. & J., 1939, Fig. 174). Mêmes symboles qu'à la Fig. 1.

Cambrocyathellus tuberculatus (Vologdin, 1940) ; Zuune-Arts Mount, Mongolia ; **Atdabanian** stage ; 1 specimen. The porous inner wall and taeniae with one vertical pore row appear at a cup diameter of 0.23 mm, the second pore row in the taeniae at a diameter of 0.76 mm. The budding begins after the establishment of all specific features.

Cambrocyathellus alternus (Gravestock, 1984) ; Mount Scott Range, South Australia ; **Atdabanian** stage (Gravestock, 1984). The porous inner wall and taeniae are already formed at a diameter of 1.26 mm. At this level, taeniae have one large pore. The outer wall is porous (simple), but the pore opening is reduced by secondary thickening.

Neoloculicyathus sibiricus (Sundukov, 1986) ; middle Lena River, Siberian Platform ; **Atdabanian** stage, *pinus* zone ; 3 specimens (Zhuravlev, 1990b) (Fig. 25a,b). The porous inner wall and taeniae with one vertical pore row appear at a cup diameter of 0.45 mm. The second pore row in taeniae is developed at a diameter of 0.80-1.36 mm. Taeniae

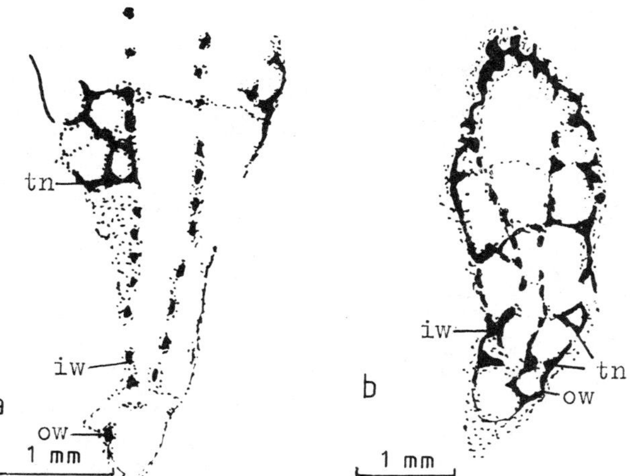

Fig. 25. – Cup development of *Neoloculicyathus sibiricus* (Sundukov). Drawing of longitudinal sections : a – PIN 4220/223 ; b – PIN 4220/222 ; F.R. Russia, Siberian Platform, middle Lena River ; Atdabanian stage ; (after Zhuravlev, 1990b, Fig. 4a). Symbols as in Fig. 1.

Fig. 25. – *Développement du calice de* Neoloculicyathus sibiricus *(Sundukov). Dessin de sections longitudinales : a – PIN 4220/223 ; b – PIN 4220/222 ; R.F. Russie, Plate-forme sibérienne, cours moyen de la Léna ; Atdabanien ; (d'après Zhuravlev, 1990b, Fig. 4a) Mêmes symboles qu'à la Fig. 1.*

are transformed in pseudosepta, coarsely porous at the beginning. The outer wall is primary porous. Zhuravleva (1960a), described this succession of development in what she called "*Loculicyathus membranivestites* Vol." ; in Siberian Platform material, it corresponds to the species presently studied ; *Neoloculicyathus sibiricus* (Sundukov) shows the same arrangement.

Neoloculicyathus grandis (Gravestock, 1984) ; Mount Scott Range, South Australia ; **Atdabanian** stage (Gravestock, 1984). A well defined outer wall and pseudosepta with oval pores exist at a diameter of 4.4 mm. Rare synapticulae (= ? pseudoseptum lintels) are present between the diameters of 7.5 mm and 14 mm, but are absent in larger cups.

Okulitchicyathus discoformis (Zhuravleva, 1955) ; Siberian Platform ; **Tommotian** stage (Zhuravleva, 1960a). Synapticulae are more numerous in the early stages of the cup development.

1-1-2. ANTHOMORPHINA

Anthomorpha margarita Bornemann, 1886 ; Cuccuru Contu, Sardinia ; **Botomian** stage ; 4 specimens (Pl. V, fig. 5, 7). The porous inner wall and non-porous pseudosepta appear immediately at a cup diameter of 0.89– 0.91 mm ; below, the cup is absolutely empty, except for vesicles. No trace of the primary porosity of the outer wall is visible up to a diameter of 2.5 mm where the wall is simple. Membrane tabulae and the subdivision of the outer

wall pores are developed sporadically from a diameter of 3.8 mm.

Anthomorpha ? sisovae (Vologdin, 1940) ; Shivelig-Khem River, Tuva ; **Botomian** stage ; 3 specimens. The porous (simple) outer wall and non-porous pseudosepta are present at a diameter of 2.63 mm.

Tollicyathus nelliae (Fonin, 1964) ; Ulug-Shangan and Shivelig-Khem Rivers, Tuva ; **Botomian** stage ; 6 specimens (Pl. V, fig. 3, 4a,b). The data on cup ontogeny of this species has also been published by Rodionova (Zhuravleva *et al.*, 1967) and Fonin (1985) but the result is buried under different generic and specific names (*Retecyathus, Rudicyathus, Protopharetra, Vertocyathus, Anthomorpha,* etc.). The porous inner wall and taeniae with only one vertical pore row appear at a cup diameter of 0.38 mm. Up to this diameter the cup is absolutely empty. The second pore row in taeniae begins at a diameter of 0.61-1.05 mm. The transformation of coarsely porous taeniae into non-porous pseudosepta takes place at a diameter of 5.15 mm in different cups ; at the beginning, the process occurs near the inner wall. The first membrane tabula, often incomplete, is seen at a diameter of 1.10-5.25 mm. The porous membranes in the outer wall pores appear at a diameter of 5.10-5.25 mm. There is no obvious pore in the outer wall up to a diameter of 2.5 mm. The specific characteristics are observed from a diameter of 7.0 mm. No distinct primary elements are present before the inner wall appearance in *Tollicyathus*. The cup diameters measured by Fonin (1985) show clearly that the occasional sec-

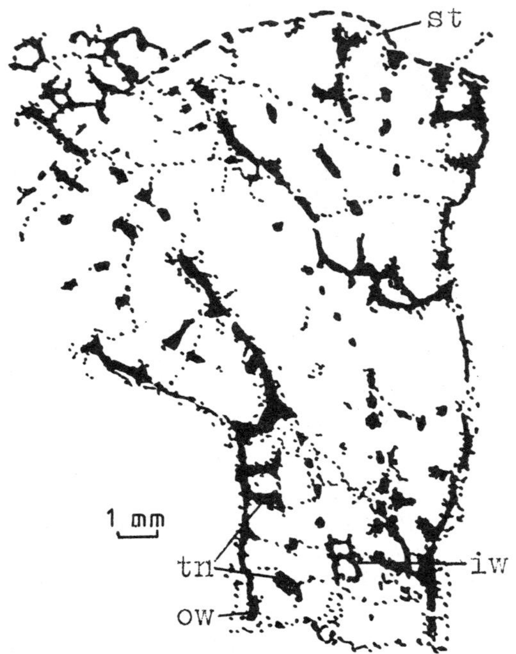

Fig. 26. – Cup development of *Paracoscinus mirabile* Bedford & Bedford. Drawing of a longitudinal section through the juvenile cup, PIN 4221/25 ; South Australia, Flinders Ranges ; Botomian stage ; (after Zhuravlev, 1990b, Fig. 3g). Symbols as in Fig. 1.

Fig. 26. – *Développement du calice de* Paracoscinus mirabile *Bedford & Bedford. Dessin d'une section longitudinale à travers un calice jeune, PIN 4221/25 ; Australie du Sud, chaîne des Flinders ; Botomien ; (d'après Zhuravlev, 1990b, Fig. 3g). Mêmes symboles qu'à la Fig. 1.*

tions of the three-dimensional taeniae are interpreted as "folia" (disoriented plate-like elements). He obviously described sections of the stage preceding that of the tabulae appearance as different species of *Protopharetra* or *Retecyathus* and sections of the stage existing before the reduction of porosity in taeniae as *Rudicyathus* or *Vertocyathus*.

True *Anthomorpha* differs from *Tollicyathus* by the cup ontogeny. Similar cup ontogeny is known in the species *Shiveligocyathus floreus* [(Rodionova, *in* Zhuravleva *et al.*, 1967), Shivelig-Khem River, Tuva, **Botomian** stage], enclosed in *Voznesenskicyathus*.

1-1-3. ARCHAEOCYATHINA

Molybdocyathus juvenilis Debrenne & Gangloff, 1990 ; Galena Canyon, Nevada and Tatonduk River, Alaska ; **Botomian** stage ; 15 specimens (Pl. VII, fig. 5, 6). Up to the diameter of 0.3 mm the cup is empty, then a porous inner wall appears and is connected with the outer wall by taeniae. There is only one pore in taenia at that level. The

second pore row in taeniae is developed at a diameter of 0.7-0.8 mm. From the diameter of 0.5 mm, taeniae are straight and are connected by synapticulae, thus forming a regular dictyonal network. There is no obvious porosity in the outer wall.

Paracoscinus mirabile Bedford & Bedford, 1936 ; Flinders Ranges, South Australia ; **Botomian** stage ; 1 specimen (Zhuravlev, 1990b) (Fig. 26 ; Pl. VIII, fig. 5). The porous inner wall and coarsely porous taeniae are present at a diameter of 2.4 mm. First segmented tabula appears at a diameter of 7.0 mm together with the reduction of taenial porosity and the evolution of taeniae into pseudosepta and the simple porosity of the outer wall. The specific characteristics are finally reached at the diameter of 9.0 mm.

Cellicyathus sp. ; Olekma River, Siberian Platform ; **Botomian** stage ; 5 specimens (Pl. VIII, fig. 1, 4). Porous inner wall and taeniae are developed at a cup diameter of approximately 0.3 mm. At 3 mm the first segmented tabula appears and taeniae are transformed into pseudosepta with a slightly reduced porosity. The specific characteristics are obtained at a diameter of 7.0 mm. The late appearance of tabulae in the same form was also observed by Zhuravleva (1960a) under the name *Claruscyathus solidus* (Vol.). The similar succession of taeniae – tabulae development has been noted by Fonin (1985) for *Cellicyathus ornatus* (Fonin, 1985) ; Ulug-Shangan River, Tuva, **Botomian** stage.

Claruscoscinus fritzi (Handfield, 1971) ; GSC locality 86155, Northwest Territories, Canada ; **Botomian** stage ; 1 specimen (Pl. VIII, fig. 6). The porous inner wall and taeniae are present at a cup diameter of 0.6 mm, first segmented tabula at 1.8 mm, distinct simple tabular outer wall at 4.0 mm, bracts on the inner wall at 6.0 mm. Fonin (1985) described a similar succession in the development of the main skeletal elements for *Claruscoscinus billingsi* (Vologdin, 1940) ; Kuznetsky Alatau, Altay Sayan Fold Belt, **Toyonian** (?) stage.

Usloncyathus miculus Fonin, 1966 ; Argun' River basin, Eastern Transbaikal, USSR ; **Atdabanian** stage ; 6 specimens (Pl. XXV, fig. 7 ; Pl. XXIX, fig. 5). The cup is empty up to a diameter of 1.1 mm, when a porous inner wall and taeniae appear. Taeniae bear one vertical pore row only. Thickness of all skeletal elements is 0.11 mm. A second pore row occurs in taeniae at a diameter of 1.3 mm. Pores are subtetragonal, 0.32-0.38 mm of diameter. At a diameter of 8.6 mm, numerous synapticulae are developed and the intervallar structure resembles vertical tubes. Taenial pore diameter varies from 0.23 to 0.34 mm. A compound inner wall and new modules are formed at the same stage. The present revision has shown that true calicles called tubuli by Fonin (Vologdin & Fonin, 1966) never developed in *Usloncyathus*.

Protopharetra polymorpha Bornemann, 1886 ; Monte Gloria, Sardinia ; **Botomian** stage ; 2 specimens (Pl. XI, fig. 4, 5). The cup is subcylindrical and empty up to a diameter of 0.75 mm, then a porous inner wall appears connected with the outer wall by taeniae. There is only one vertical pore row in taeniae at this level. The second pore row is established at a diameter of 1.5-2.4 mm, depending on the cups. Pores varied in shape and size (0.15 × 0.23 mm ; 0.15 × 0.38 mm ; 0.23 × 0.23 mm ; 0.38 × 0.38 mm) without any regularity. There are no trace of pores in the outer wall up to the diameter of 7.6 mm.

Protopharetra **cf.** *polymorpha* Bornemann, 1886 (*in* Debrenne, 1977) ; Jbel Irhoud, Morocco ; **Botomian** stage ; 1 specimen (Fig. 27). The cup is empty and subcylindrical up to a diameter of 1.52 mm, then the porous inner wall is connected by taeniae with the outer wall. At the very beginning there is only one pore in taeniae, topped by a row of two pores. In the empty part of the cup, the lowermost dissepiments are the thickest and the uppermost are the thinnest.

Protopharetra junensis A. Zhuravlev, 1987 ; Mackenzie Mountains, Northwest Territories, Canada ; **Botomian** stage ; 10 specimens (Zhuravlev *in* Voronova *et al.*, 1987) (Fig. 28 ; Pl. XI, fig. 6). The cup is delimited only by the outer wall up to a diameter of 0.5 mm, then the porous inner wall, connected with the outer wall by taeniae, appears at a diameter of 0.5-0.6 mm. Firstly, taeniae have a single row of large oval pores, then a second pore row with rounded pores of 0.15 mm is developed at a cup diameter of 1.0-2.3 mm. At a diameter larger

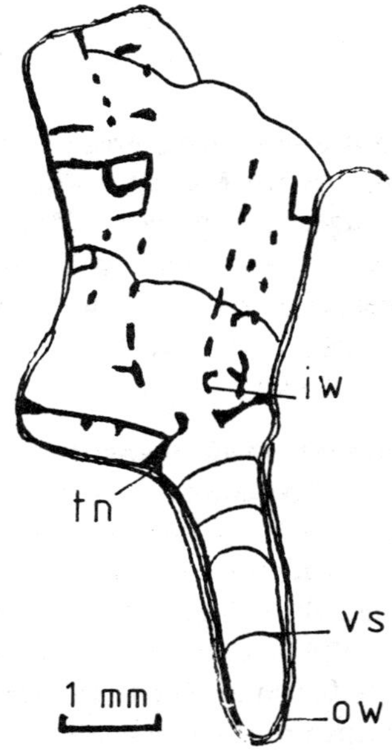

Fig. 27. – Cup development of *Protopharetra* cf. *polymorpha* Bornemann. Drawing of a longitudinal section through the juvenile cup, MNHN M80211 ; Morocco, Jbel Irhoud ; Botomian stage. Symbols as in Fig. 1.

Fig. 27. – *Développement du calice de* Protopharetra *cf.* polymorpha *Bornemann. Dessin d'une section longitudinale à travers un calice jeune, MNHN M80211 ; Maroc, Jbel Irhoud ; Botomien. Mêmes symboles qu'à la Fig. 1.*

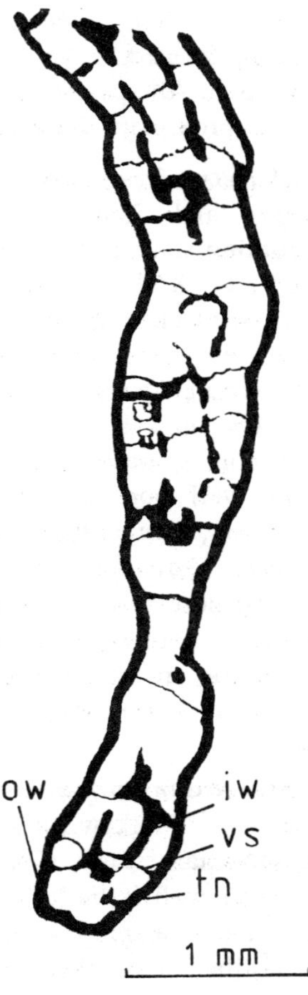

Fig. 28. – Cup development of *Protopharetra junensis* Zhuravlev. Drawing of a longitudinal section through the juvenile cup, GSC 90138, paratype ; Canada, Northwest Territories, Mackenzie Mountains ; Botomian stage ; (after Zhuravlev *in* Voronova *et al.*, 1987 ; Pl. XV, fig. 10). Symbols as in Fig. 1.

Fig. 28. – *Développement du calice de* Protopharetra junensis *Zhuravlev. Dessin d'une section longitudinale dans le paratype, GSC 90138, ; Canada, Territoires du Nord-Ouest, Monts Mackenzie ; Botomien ; (d'après Zhuravlev* in *Voronova* et al., *1987, Pl. XV, fig. 10). Mêmes symboles qu'à la Fig. 1.*

than 8 mm, taeniae are bifurcated near the outer wall by the appearance of struts ; the outer wall has a distinct centripetal pore arrangement and small bracts are formed on the inner wall.

Spirillicyathus tenuis (Bedford & Bedford, 1937) ; Mount Scott Range, South Australia ; **Atdabanian** stage (Gravestock, 1984). A simply porous outer wall is present before the cup diameter of 6 mm, then struts arise. A centripetal outer wall is defined at an approximate diameter of 9 mm.

Spirillicyathus pigmentus (Bedford & Bedford, 1937) (= *Spirillicyathus*) ; Mount Scott Range ; South Australia ; **Atdabanian** stage (Gravestock, 1984). The cup is single-walled up to 0.48 mm diameter ; then the porous inner wall appears. Multiporous taeniae exist at a diameter of 1.06 mm. Outer wall pores are first visible at a diameter of 2.6 mm. Struts are formed at 3.5 mm, a centripetal outer wall at 4.5 mm. All specific characteristics are stabilized at an approximate diameter of 5-6 mm.

Archaeopharetra irregularis (Taylor, 1910) ; Flinders Ranges and Yorke Peninsula, South Australia ; **Botomian** stage ; 35 specimens (Fig. 29 ; Pl. XII, fig. 1-6 ; Pl. XVI, fig. 5). There is no primary skeletal element until the diameter of 0.3 mm. The presence of vesicles is secondary and depends on the wall thickening. Inner wall and taeniae with a single pore row appear at a cup diameter of 0.5 mm. At 0.9 mm, sporadic synapticulae are present ; the inner wall pore are 0.15-0.20 mm in diameter. At 2.5 mm, taeniae become gently waved, with 2 pore rows (diameter 0.12-0.15 mm) ; the inner wall has one pore row per intersept. The first segmented tabula is formed at a cup diameter of 8 mm. Often, tabulae are not completely developed and cover only part of the intervallum adjacent to the outer wall.

Archaeopharetra insculpta (Gravestock, 1984) (= *Hawkercyathus*) ; Wilkawillina Gorge, South Australia ; **Atdabanian** stage (Gravestock, 1984) (Fig. 30). The inner wall is built by the addition of horizontal and vertical tangential lintels to the inner edges of intervallar rods (horizontal lintels of taeniae) at about the 1.2 mm cup diameter. Successive radial rods enclose spaces and form subrectangular pores in taeniae. The second vertical pore row in taeniae is developed at a diameter of 1.35 mm. Pore sizes and intervallum width increase upwards ; successive new vertical pore rows in taeniae are added interstitially during cup growth. A centripetal outer wall is formed at a diameter of approximately 8.7 mm.

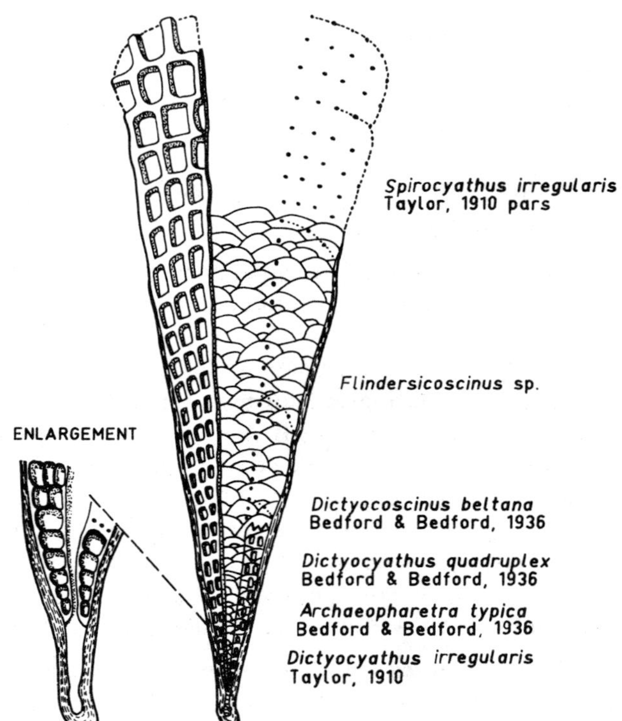

Fig. 29. – Scheme of cup development of *Archaeopharetra irregularis* (Taylor) in a longitudinal section. Names given to different stages are on the right (after Zhuravlev & Gravestock, in press).

Fig. 29. – *Schéma du développement du calice d'*Archaeopharetra irregularis *(Taylor) en section longitudinale. Le nom des différents stades est à droite (d'après Zhuravlev & Gravestock, sous presse).*

Archaeopharetra marginata (Fonin, 1982) (= *Salanycyathus*) ; Khan-Khukhiy Ridge, Mongolia ; **Atdabanian** stage, 1 specimen (Zhuravlev, 1989a) (Fig. 31). Porous inner wall and coarsely porous taeniae are well expressed at a cup diameter of 0.7-0.3 mm. The first tabula-like structure is visible at a diameter of 3.2 mm.

Spirocyathella kyslartauensis Vologdin, 1939 ; South Urals ; **Botomian** stage ; 3 specimens (Pl. XIII, fig. 4, 5). The porous inner wall is connected with the outer wall by taeniae at a cup diameter of approximately 0.5 mm. Taeniae are pierced by a single pore. The second pore row is added at a cup diameter of 0.7 mm. The first visible tabula appears at a diameter of approximately 1 mm. The inner wall bears only one pore row per intersept up to a diameter of 2 mm. A centripetal outer wall related to tabulae is present at 4 mm cup diameter.

Archaeocyathus atlanticus Billings, 1861 ; Labrador, Canada ; **Toyonian** stage ; 1 specimen (Pl. XV, fig. 7). The porous inner wall and taeniae

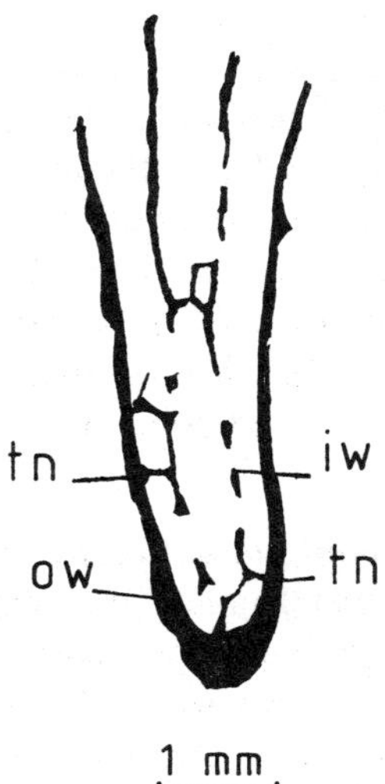

Fig. 30. – Cup development of *Archaeopharetra insculpta* (Gravestock). Drawing of a longitudinal section through the juvenile cup, SAM P21775, paratype ; South Australia, Wilkawillina Gorge ; Atdabanian stage ; (after Gravestock, 1984, Fig. 57G). Symbols as in Fig. 1.

Fig. 30. – *Développement du calice d'*Archaeopharetra insculpta *(Gravestock). Dessin d'une section longitudinale d'un calice jeune, SAM P21775 (paratype) ; Australie du Sud, Gorges de Wilkawillina ; Atdabanien ; (d'après Gravestock, 1984, Fig. 57G). Mêmes symboles qu'à la Fig. 1.*

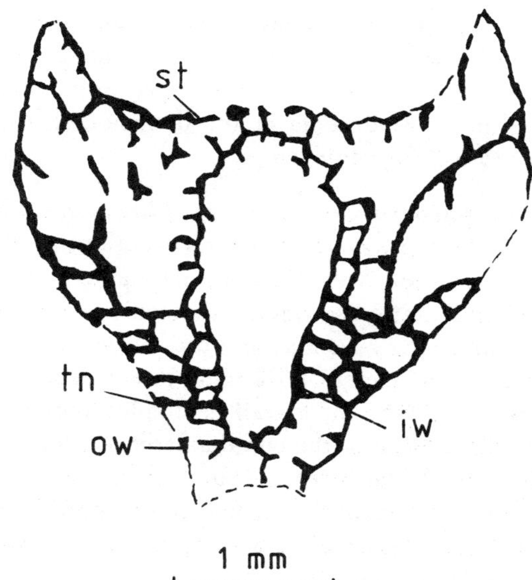

Fig. 31. – Cup development of *Archaeopharetra marginata* (Fonin). Drawing of a longitudinal section through the juvenile cup, PIN 4451/71 ; Mongolia, Khan-Khukhiy Ridge ; Botomian stage ; (after Zhuravlev, 1989b, Fig. 10A). Symbols as in Fig. 1.

Fig. 31. – *Développement du calice d'*Archaeopharetra marginata *(Fonin). Dessin d'une section longitudinale d'un calice jeune, PIN 4451/71 ; Mongolie, crête de Khan-Khukhiy ; Botomien ; (d'après Zhuravlev, 1989b, Fig. 10A). Mêmes symboles qu'à la Fig. 1.*

connecting it with the outer wall appear at a cup diameter of 0.76 mm. Taeniae begin with one pore row, a second pore row is developed at 0.91 mm cup diameter. Taenial pores are very irregular in outline and different in size (0.2 × 0.34 mm ; 0.08 × 0.15 mm). All cup elements are covered by secondary thickening. At the diameter of 2.65 mm, the outer wall pores (? rudimentary) are visible.

Archaeocyathus cumfundus (Vologdin, 1932) (= *Claruscyathus*) ; Altay Mountains, Altay Sayan Fold Belt ; **Toyonian** stage, 24 specimens (Pl. XV, fig. 1, 5). The porous inner wall and taeniae with one pore are present at the cup diameter of 0.5 mm ; the thickness of all cup elements is 0.03 mm. At a cup diameter of 4.4-4.5 mm, the outer wall is practically non-porous except several "exauli" and its thickness is 0.03 mm ; the inner wall is simple, with pores 0.15-0.25 mm in diameter ; taeniae are coarsely porous, irregularly connected by synapticulae (pore diameter : 0.25-0.4 mm). The first tabula and the centripetal outer wall are visible at the diameter of 7.3 mm (outer wall thickness : 0.05 mm, pore diameter : 0.075-0.1 mm) ; the inner wall is simple (thickness : 0.03 mm), the intervallar structure become pseudotaenial. At the diameter of

9.0 mm, the inner wall bears small bracts, its thickness is 0.05 mm. The well defined bracts (canals) are visible at the diameter of 21 mm.

Archaeocyathus okulitchi (Zhuravleva, 1960) ; southern part of the Siberian Platform ; **Toyonian** stage ; 1 specimen (Pl. XV, fig. 3). The cup is one-walled at the diameter of 0.3 mm. Taeniae and the porous inner wall appear at a cup diameter of 0.6 mm. Taeniae are primarily pierced by one pore and, then, at the cup diameter of 1.6 mm, by several vertical pore rows. The outer wall is probably rudimentary at the same stage because its pellis is certainly produced by late vesicles.

Archaeocyathus yichangensis Yuan & Zhang, 1977 ; Yichang, Hubei Province, China ; **Toyonian** stage ; 5 specimens (Pl. XII, fig. 7 ; Pl. XVIII, fig. 3). The cup is empty up to a diameter 0.52-0.68 mm then the porous inner wall and taeniae appear. The second pore row is added in taeniae at the cup diameter of 0.95 mm. A centripetal outer wall probably exists at the same diameter. Taeniae are regularly connected by synapticulae (pseudotaenial network) at a diameter of 4.2 mm. At a diameter of 4.6 mm, the first segmented tabula is present. First bracts are developed on the inner wall lintels at the

72

diameter of 5.7 mm ; they become more canal-like at the diameter of 12.8 mm. Longitudinal subdivisions take place at the same stage. Pseudotaeniae evolve into pseudosepta at the diameter of 30 mm when pore lintels thicken.

Archaeocyathus sp. (= *Flindersicyathus*) ; Flinders Ranges, South Australia ; **Botomian** stage ; 5 specimens (Pl. XVI, fig. 6-8). Cup apices are concealed by silicified secondary thickenings. The walls are connected by taeniae pierced by a single pore up to a cup diameter of 1.4 mm ; then a second pore row is added. The inner wall is simple. Sporadic synapticulae appear at the cup diameter of 2 mm. First tabula, centripetal outer wall and bracts on the inner wall are developed at a diameter of approximately 14 mm. Pseudotaenial structures in the intervallum are well expressed.

Archaeocyathus ? cribrus (Gravestock, 1984) (= *Pycnoidocyathus*) ; Wilkawillina Gorge, South Australia ; **Atdabanian** stage. Taeniae are straight, radial, pierced by 2 rows of large pores at a cup diameter of 1.57 mm. Synapticulae are sporadic at 3.0 mm, more numerous and regularly arranged (pseudotaenial network) at 6.0 mm. The outer wall is apparently imperforate till 7-10 mm cup diameter, followed abruptly by a centripetal mesh ; asymmetric transverse corrugations of the outer wall and the inner wall bracts appear at the same stage.

Pycnoidocyathus vicinisepta Bedford & Bedford, 1936 ; Yorke Peninsula, South Australia ; **Botomian** stage ; 2 specimens (Pl. XII, fig. 11, 12). Taeniae with a single pore and the inner wall are present at a cup diameter of 0.7 mm. The same taenial porosity continues up to the diameter of 1.5 mm, then the second pore row appears. The pores are very irregular in shape (diameter up to 0.3 mm). In the upper part of the cup, the pore diameter varies from 0.12 to 0.2-0.3 mm and the pore shape, from rounded to irregular – angular but with a reduction of the pore surface.

Sigmofungia flindersi Bedford & Bedford, 1936 ; Yorke Peninsula, South Australia ; **Botomian** stage ; 1 specimen (Pl. XXII, fig. 5). The porous inner wall and taeniae are present at a cup diameter of 0.6 mm ; taeniae are pierced by one vertical pore row.

Arrythmocricus mcdamensis (Handfield, 1971) ; Lida, Palmetto Mountains, Nevada ; **Botomian** stage ; 1 specimen (Pl. XIV, fig. 6). The porous inner wall and taeniae are present at the smallest visible cup diameter of 0.57 mm. The second vertical pore row develops in taeniae at the 1.06 mm cup diameter. At 2.84 mm, pseudotaenial network is formed, which resembles to subvertical tubular elements in the intervallum ; the bracts, typical for the species (not yet fused), are present at the diameter of 4.46 mm. In *A. kobluki* Debrenne & James, 1981 (Labrador, **Toyonian**), first fused bracts are developed at the diameter of 3 mm, after single bracts.

Archaeosycon copulatus (Debrenne & Gangloff, 1987) ; Mackenzie Mountains, Northwest Territories, Canada and Iron Canyon, Nevada ; **Botomian** stage ; 2 specimens (Pl. XIX, fig. 4, 8). The porous inner wall and taeniae connecting walls are present at the 0.79 mm cup diameter. Taeniae are pierced by a single pore ; the second pore row is added at a diameter of 1.05 mm. First segmented tabula appears at a diameter of 2.0-2.63 mm depending on the cups. At a diameter of 3.68-5.0 mm, the outer wall becomes tabular with outpockets surrounding the taeniae. The inner wall can be tabular at the same diameter or earlier.

Spinosocyathus maslennikovae Zhuravleva, 1960 ; middle Lena River, Siberian Platform ; **Tommotian** stage, *D. regularis* zone ; 4 specimens (Pl. XX, fig. 1, 2, 4). The porous inner wall and taeniae (1 pore) connecting it with outer wall appear early at a cup diameter of 0.19 mm. The spines on taenial lintels are visible at a 0.27 mm cup diameter as well as several vertical pore rows in taeniae. With the appearance of the second vertical pore row in taeniae at a 0.27-0.64 mm diameter, the cup rapidly expands. Spines on the inner wall, morphologically similar to taenial spines, are present at a diameter of 1.43 mm. The compound outer wall with incipient pore subdivision is visible at 1.72 mm but pores (? simple) in the outer wall can be developed earlier, at a diameter of 1.14-1.43 mm. Zhuravleva's (1960a) data are not contradictory to our observations.

Copleicyathus confertus Bedford & Bedford, 1937 ; Mount Scott Range, South Australia ; **Atdabanian** stage (Gravestock, 1984). The outer wall is well defined with subdivided pores since the smallest known cup diameter is 3.22 mm.

Metacyathellus caribouensis (Handfield, 1971) ; Mackenzie Mountains, Northwest Territories, Canada ; **Botomian** stage (Zhuravlev *in* Voronova *et al.*, 1987) (Fig. 32). Porous inner wall and taeniae exist at a cup diameter of 0.8 mm. In thin sections, because of the coarse porosity of the inner wall and

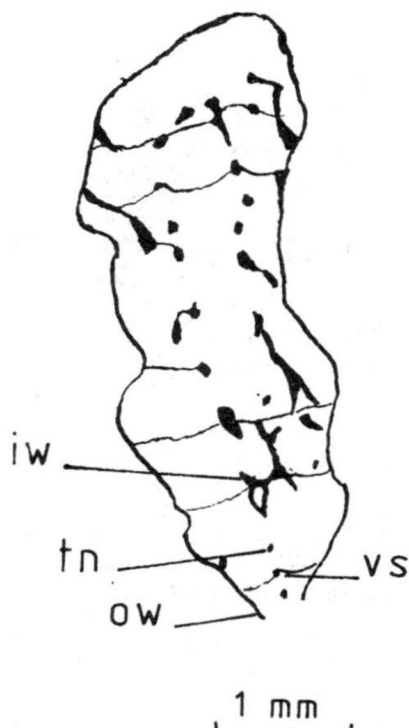

Fig. 32. – Cup development of *Metacyathellus caribouensis* (Handfield). Drawing of a longitudinal section through the juvenile cup, GSC 90183 ; Canada, Northwest Territories, Mackenzie Mountains ; Botomian stage ; (after Zhuravlev *in* Voronova *et al.*, 1987, Pl. XIII, fig. 3). Symbols as in Fig. 1.

Fig. 32. – *Développement du calice de* Metacyathellus caribouensis *(Handfield). Dessin d'une section longitudinale d'un calice jeune, GSC 90183 ; Canada, Territoires du Nord-Ouest ; Monts Mackenzie ; Botomien ; (d'après Zhuravlev* in *Voronova et al., 1987, Pl. XIII, fig. 3). Mêmes symboles qu'à la Fig. 1.*

taeniae, the cup may look like a one-walled cup filled up by disoriented rods. A compound outer wall with primary incipient pore subdivision is formed at a 2.5-3.0 mm cup diameter. All the specific characteristics are stabilized at a diameter of 10-12 mm.

Metaldetes profundus (Billings, 1861) ; Labrador, Canada ; **Toyonian** stage ; 1 specimen (Pl. XXIII, fig. 4). The cup is empty and subcylindrical up to a cup diameter of 0.45 mm ; then the porous inner wall and taeniae appear. Taeniae are pierced by a single pore between walls. At a diameter of 1.14 mm, the cup abruptly expands and a second and a third pore rows appear in taeniae. Taenial pores vary greatly in shape (from irregular elliptic to irregular oval) and size (0.15 × 0.11 mm ; 0.30 × 0.45 mm). Subdivided pores of the inner wall are formed later than those of the outer wall.

Metaldetes dissepimentalis (Taylor, 1910) ; Wilkawillina Gorge, South Australia ; **Botomian** stage (Gravestock, 1984). The inner wall have initially one pore row per intersept and spinose lintels, at a diameter of 4.5-5.5 mm. At a diameter of 6 mm the outer wall is compound, with subdivided pores. At 6.7 mm the inner wall has subdivided pores.

Tabulacyathellus bidzhaensis Missarzhevsky, 1964 ; Batenevskiy Ridge, Altay Sayan Fold Belt ; **Atdabanian** stage ; 2 specimens (Pl. XXII, fig. 3). The porous inner wall and taeniae are visible at a cup diameter of 0.4 mm. The first segmented tabula and a tabular compound outer wall appear at the diameter of 2 mm. The tabular compound inner wall existed at least at a diameter of 9 mm. The further growth pattern of *Tabulacyathellus* is of thalamid type.

Jugalicyathus tardus Gravestock, 1984 ; Mount Scott Range, South Australia ; **Botomian** stage (Gravestock, 1984). At the diameter of 2.38 mm, both walls are simply porous and taeniae have 2 vertical rows of circular pores. The inner wall is simple up to a diameter of 6.5 mm ; then canals begin. Well developed canals appear at diameter of 13.5 mm. The outer wall is apparently simple (basic simple) at 11.0 mm and compound at 17.0 mm.

Graphoscyphia graphica (Bedford & Bedford, 1934) ; Flinders Ranges, South Australia ; **Botomian** stage (Bedford & Bedford, 1939) (Fig. 24a-c). The porous inner wall and taeniae appear at a cup diameter of approximately 0.5 mm. Synapticulae are added at a diameter of 1 mm. At 1.5 mm, synapticulae are arranged regularly to form a dictyonal network.

Warriootacyathus wilkawillinensis Gravestock, 1984 ; Wilkawillina Gorge, South Australia ; **Atdabanian** stage (Gravestock, 1984). The simple inner wall and taeniae are already formed at a diameter of 1.33 mm. The outer wall canals are developed at a diameter between 2.4 and 4.8 mm. The well developed inner wall canals appear at about 12.5 mm, after bracts.

Beltanacyathus bowmani (Gravestock, 1984) and *B. diversus* (Gravestock, 1984) (= *Bayleicyathus*) ; Wilkawillina Gorge, South Australia ; **Atdabanian** stage (Gravestock, 1984). Simple walls and taeniae with 2 pore rows across the intervallum are present at a diameter of 2.9 mm. The outer wall canals are formed at a diameter between 3.7 and 4.54 mm ; canals are subdivided at 5.4-7.5 mm. Bracts on the inner wall appear at 4.54-6.0 mm and are gently modified into canals during the cup growth.

Beltanacyathus biserialis (Gravestock, 1984) (= *Fridaycyathus*) ; Mount Scott Range, South Australia ; **Atdabanian** stage (Gravestock, 1984) (Fig. 33). The outer wall is simply porous at the diameter of 5.6 mm, then strongly curved S-shaped canals are rapidly developed. The outer openings of canals are evidently not subdivided until cups reach the diameter of 19 mm. The inner wall bracts are

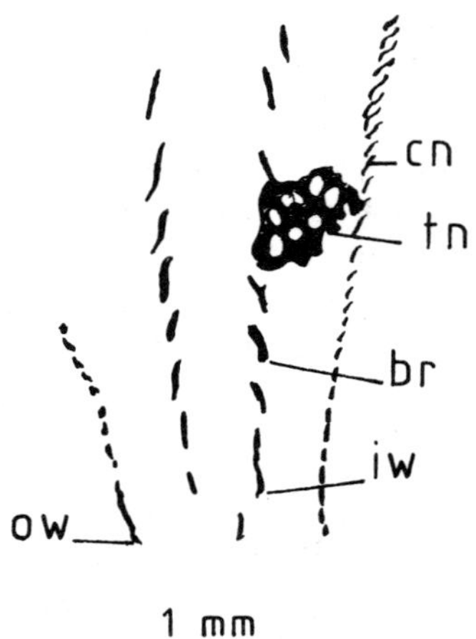

Fig. 33. – Cup development of *Beltanacyathus biserialis* (Gravestock). Drawing of a longitudinal section, SAM P21746-1, paratype ; South Australia, Mount Scott Range ; Atdabanian stage (after Gravestock, 1984, fig. 61F). Symbols as in Fig. 1.

Fig. 33. – *Développement du calice de* Beltanacyathus biserialis *(Gravestock). Dessin d'une section longitudinale du paratype, SAM P21746-1 ; Australie du Sud, chaîne du Mont Scott ; Atdabanien ; (d'après Gravestock, 1984, fig. 61F). Mêmes symboles qu'à la Fig. 1.*

present from a diameter of 5.6 mm and well developed canals appear at 8 mm.

1-1-4. DICTYOFAVINA

Kechikacyathus natlaensis Debrenne & A. Zhuravlev, 1992 ; Mackenzie Mountains, Northwest Territories, Canada ; **Botomian** stage (Zhuravlev *in* Voronova *et al.*, 1987) (Fig. 34). The porous inner wall and taeniae with several pore rows are present at a diameter of 1.4 mm. The development of hexagonal calicles in the intervallum begins at a diameter of 2-4 mm.

Keriocyathus arachnaius Debrenne & Gangloff, 1990 ; Lida, Palmetto Mountains, Nevada ; **Botomian** stage ; 1 specimen (Pl. XXIX, fig. 6). The cup is empty up to a diameter of 0.26 mm ; then appear the porous inner wall and taeniae with a single pore. The evolution of taeniae into tetragonal calicles takes place up to the cup diameter of 0.68 mm.

Gatagacyathus mansyi Debrenne & A. Zhuravlev, 1992 ; Lida, Palmetto Mountains, Nevada ; **Botomian** stage ; 5 specimens (Pl. XXIX, fig. 2). The porous inner wall and taeniae with one pore across the intervallum are visible at a cup diameter of 0.37-0.42 mm. Taeniae evolve into hexagonal calicles between cup diameters of 0.6-1.33 mm. Calicle diameter : 0.15 mm, pore in calicle :

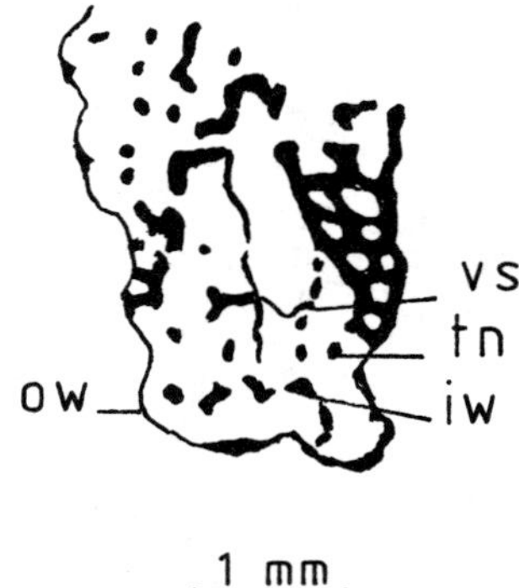

Fig. 34. – Cup development of *Kechikacyathus natlaensis* Debrenne & Zhuravlev, 1992. Drawing of a longitudinal section through the juvenile cup, GSC 90163, paratype ; Canada, Northwest Territories, Mackenzie Mountains ; Botomian stage ; (after Zhuravlev *in* Voronova *et al.*, 1987 ; Pl. IX, fig. 4). Symbols as in Fig. 1.

Fig. 34. – *Développement du calice de* Kechikacyathus natlaensis *Debrenne & Zhuravlev, 1992. Dessin d'une section longitudinale d'un calice jeune, paratype, GSC 90163 ; Canada, Territoires du Nord-Ouest, Monts Mackenzie ; Botomien ; (d'après Zhuravlev in* Voronova et al., *1987, Pl. IX, fig. 4). Mêmes symboles qu'à la Fig. 1.*

0.07 × 0.07 mm. At a diameter of 1.52 mm, calicles are close to subvertical in the inner wall area and more gently curved near the outer wall ; calicle diameter : 0.19 mm ; pore size : 0.15 × 0.08 mm. Calicles widen up to 0.27 mm at a diameter of 4.73 mm (pore size : 0.19 × 0.08 mm), to 0.45 mm at a cup diameter of 6.0 mm, and to 0.75 mm at a diameter of 7.5 mm (pore size : 0.3 × 0.3 mm). At this level, the outer wall becomes compound with subdivided pores.

1-1-5. SYRINGOCNEMIDINA

Syringocnema favus Taylor, 1910 ; Flinders Ranges, South Australia ; **Botomian** stage ; 2 specimens (Pl. XXX, fig. 5). Gravestock (1984) noted that the earliest stages of *Syringocnema* cup development are similar to those of *Hawkercyathus* (jun. syn. of *Archaeopharetra*) and *Pycnoidocyathus*, with presence of taeniae and porous inner wall. Taeniae evolve later into subvertical calicles at a cup diameter of approximately 1.0-2.3 mm. Calicles, in their turn, are transformed into subhorizontal hexagonal syringes at a cup diameter of approximately 5 mm. The pronounced pores in the outer wall are visible at the same diameter. In the adult cups, canals in the inner wall can fuse in horizontal rows, forming annulus-like structures.

Pseudosyringocnema eleganta (Vologdin, 1940) ; Western Sayan, Altay Sayan Fold Belt ;

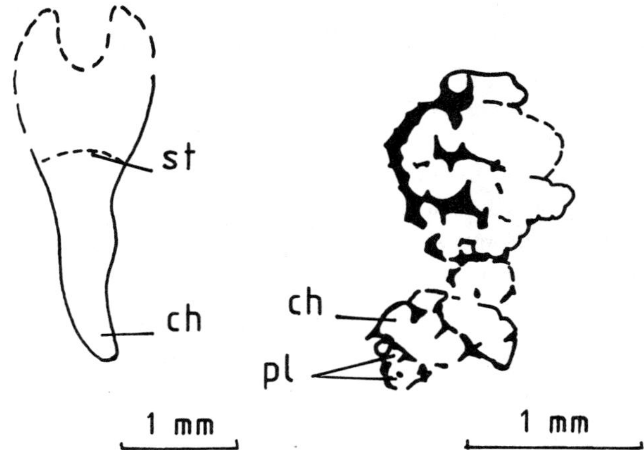

Fig. 35. – Cup development of *Korovinella sajanica* (Yaworsky). Drawing of a longitudinal section through the juvenile cup, PIN 4321/71 ; F.R. Russia, Altay Sayan Fold Belt, Western Sayan ; Botomian stage (after Debrenne *et al.*, 1989b, Pl. XXXII, fig.8). Symbols as in Fig. 1.

Fig. 35. – *Développement du calice de* Korovinella sajanica *(Yaworsky). Dessin d'une section longitudinale d'un calice jeune, PIN 4321/71 ; R.F. Russie, Zone plissée de l'Altaï Saïan, Saïan occidental ; Botomien ; (d'après Debrenne* et al., *1989b, Pl. XXXII, fig. 8). Mêmes symboles qu'à la Fig. 1.*

Fig. 36. – Cup development of *Altaicyathus notabilis* Vologdin. Drawing of a longitudinal section through the juvenile cup (herein, Pl. XXXIV, fig. 9). Symbols as in Fig. 1.

Fig. 36. – *Développement du calice d'*Altaicyathus notabilis *Vologdin. Dessin d'une section longitudinale d'un calice jeune (ici, Pl. XXXIV, fig. 9). Mêmes symboles qu'à la Fig. 1.*

Botomian stage ; 1 specimen (Pl. XXXI, fig. 3). A porous inner wall and taeniae pierced by a single pore appear at a cup diameter of 0.8 mm ; pore size : 0.075 mm, lintel thickness : 0.04 mm. Calicles begin their development at a cup diameter of 0.9 mm. For a cup of 1.2 mm in diameter, calicle width is 0.125-0.175 mm, with a lintel thickness of 0.04 mm. The cup is widened significantly at a diameter of 2.2 mm. Calicles occupy a subhorizontal position and are widened up to 0.3-0.4 mm at a diameter of 5.6 mm. A second pore row is developed in facets at the same stage. The lintel thickness is 0.05 mm. The outer wall is probably rudimentary at all the above mentioned stages but is later covered by a pellis.

1-2. KAZACHSTANICYATHIDA

1-2-1. KAZACHSTANICYATHINA

Korovinella sajanica (Yaworsky, 1932) ; Western Sayan, Altay Sayan Fold Belt ; **Botomian** stage ; 2 specimens (Fig. 35). The initial chambers (0.75 mm in diameter) are absolutely empty. Their walls are not tabular. Pillars appear late, in chambers of the same diameter. The inner wall and the tabular outer wall are formed at a cup diameter of approximately 3.1 mm. *Aptocyathus* ? sp. (Debrenne *et al.*, 1989b, Pl. XXXII, fig. 8) can also be a young stage of this species with the appearance of the inner wall at a cup diameter of 0.9 mm.

Korovinella fistulata (Konjuschkov, 1967) (= *Kazachstanicyathus*) ; Agyrek Mount, central Kazakhstan ; **Botomian** stage ; 4 specimens (Pl. XXXIV, fig. 4, 5). The initial chambers are hollow, elongated ; they form a chain-like, gradually widened, structure. The wall is not tabular since tabulae are flat. The smallest diameter of the chamber observed is 0.23 mm. The pillars appear in chambers at a cup diameter of 0.98 mm. The outer wall, tabular, is developed at the diameter of 1.43 mm. The inner wall appears at approximately 3.1 mm.

1-2-2. ALTAICYATHINA

Altaicyathus notabilis Vologdin, 1932 ; Altay Mountains and Western Sayan, Altay Sayan Fold Belt ; **Botomian** stage ; 5 specimens (Fig. 36 ; Pl. XXXIV, fig. 1, 9). The cups have a thalamid growth pattern from the beginning of their development. The first chambers are rather ball-shaped, without central cavity, at a diameter of 0.26-0.47 mm. The pillars in the chambers are always present; they grow downwards from the chamber ceiling. Lately, during the cup growth, the chambers are rather mattress-like, larger in width than in height (0.2 mm × 6 mm). Sporadic chimneys can appear at any time and evolve into central cavities of a massive modular form.

Altaicyathus sp.; Galena Canyon, Nevada and Tatonduk River, Alaska; **Botomian** stage (Pl. XXXIV, fig. 6-8). It has the same growth pattern as *A. notabilis*. The first chimney is already seen at a cup diameter of 1.3 mm.

Altaicyathus vologdini (Yaworsky, 1932); Eastern Sayan, Altay Sayan Fold Belt; **Botomian** stage; 4 specimens. As a whole, the growth pattern of *A. vologdini* is very similar to that of other species of *Altaicyathus*, except for the development of astrorhizae instead of chimneys in the adult cups. The first chambers are ball-shaped with a diameter of 0.45 mm, the last ones, being mattress-like, reach 0.16 × 0.85 mm in size.

2. COMMENTS ON ONTOGENY

There are two main growth patterns in the cup ontogeny of the **Irregulares**. The first and more typical one is "**septal**" (I) (Fig. 37a). It is characteristic of all archaeocyaths with different kinds of vertical plates (pseudosepta, taeniae, pseudotaenial and dictyonal network, calicles or syringes) in the intervallum. The term "septal" is proposed because of the similarity with the early cup ontogeny of the main stem of the **Regulares**, the order **Ajacicyathida**. The second growth pattern is "**thalamid**" (II) (Fig. 37b) which is known through all classes of the sponges with a rigid hypermineralized skeleton. The thalamid growth pattern is also characteristic of the early cup ontogeny of the order **Coscinocyathina** in regular archaeocyaths (Debrenne *et al.*, 1989b, 1990b; Zhuravlev, 1989a). A third pattern is "**korovinellid**" (III) (Fig. 37c).

I. General regularities are established through the study of septal growth pattern of **Archaeocyathida**:

1. All the archaeocyaths proceed through successive stages:

(1) an empty, subcylindrical or narrow conical one-walled cup;

(2) a two-walled cup with taeniae pierced by a single vertical pore row;

(3) a two-walled cup with typical multiporous taeniae.

The abrupt expansion of the cup usually coincides with the appearance of additional vertical pore rows in taeniae. The first stage of the cup development is comparable with the so-called "*Archaeolynthus*" and the second one to the "*Dokidocyathus*" stages of the **Regulares**. The distinction between **Regulares** and **Irregulares** is obvious at the third stage. In the **Regulares** there is a septal structure while in the **Irregulares** there is a taenial one, sometimes becoming complicated with a "syringocnemid" aspect [in the cup ontogeny of *Cambrocyathellus* and *Usloncyathus* (Zhuravleva, 1960a; Vologdin & Fonin, 1966; Okuneva & Repina, 1973), for instance]. The third stage usually last longest in irregular archaeocyaths having vertical plates in the intervallum.

There is no regularity in taenial pore shape and size at any stage.

Vesicles can be present in the one-walled stage of the cup growth. However, their appearance is not regular in different cups of the same species and is often related to the development of a secondary thickening. The dissepiment development is correlated with the gradient of the secondary thickening distribution.

There are no skeletal elements, except occasional vesicles, in the cup before the appearance of inner wall and taeniae.

Previous workers came to erroneous conclusions concerning the ontogeny of **Irregulares** in comparison with **Regulares**. For the first stage, Zhuravleva (1974) has established a centrifugal type of development of the inner wall and Fonin (1976, 1985) described "dictyonal" and "folial" types. In both cases, the figures observed were already of the third stage. They missed the first two: the empty cup and the radial elements plus inner wall, which are also present in Regulares. "Dictyonal" and "folial" stages are occasional sections (not precisely orientated) of intervallar elements with or without

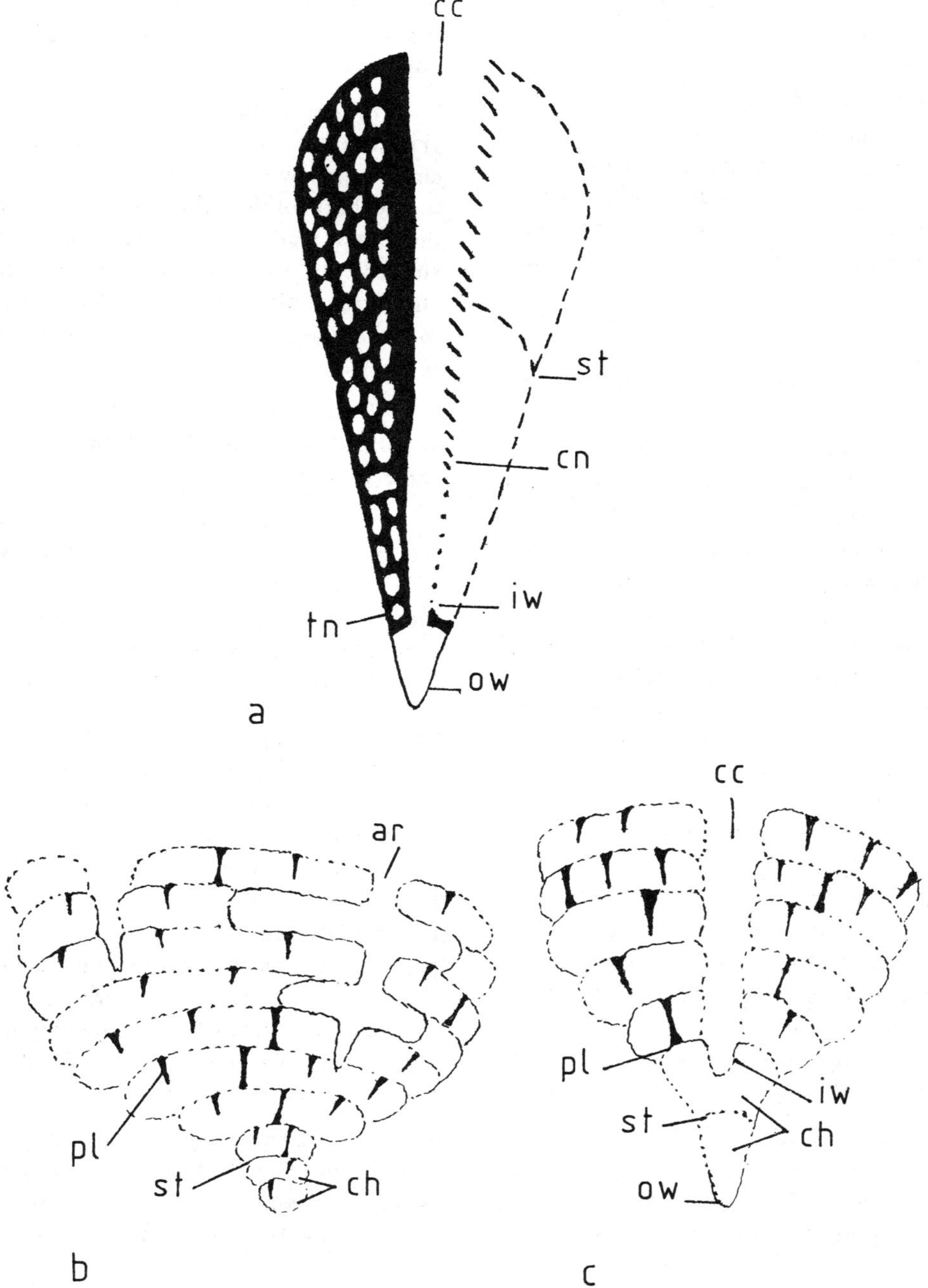

Fig. 37. – General scheme of the cup development in the different orders and suborders : a – Archaeocyathida, b – Altaicyathina, c – Kazachstanicyathina. Symbols as in Fig. 1.

Fig. 37. – *Schéma général du développement du calice dans les différents ordres et sous-ordres : a – Archaeocyathida, b – Altaicyathina, c – Kazachstanicyathina. Mêmes symboles qu'à la Fig. 1.*

secondary thickening. A "tubular" type (Fonin, 1985) is completely hypothetical.

2. In the course of development, taeniae persist till the mature stage. Such structures are usually described as "struts" (Gravestock, 1984) or "curved taeniae" (Fonin, 1985), though taeniae rapidly evolve into pseudosepta (*Cambrocyathellus, Tollicyathus*), into pseudotaenial network (*Archaeocyathus, Graphoscyphia*) or into calicles (*Kechikacyathus, Keriocyathus*). The calicles can be reorganized into syringes (*Syringocnema, Pseudosyringocnema*).

Spines on intervallar elements appear at the same time as the elements themselves (*Spinosocyathus maslennikovae*).

3. In **Archaeocyathina** (*Claruscoscinus, Archaeocyathus, Metaldetes*), tabulae are formed at the end of the cup growth, because, in this group, their appearance is related to the outer wall development. In **Anthomorphina** (*Tollicyathus*) membrane tabulae are independent so they can appear at any stage, but always after taeniae. The tabular outer wall (*Claruscoscinus, Archaeosycon, Tabulacyathellus*) is a late structure in comparison with archaeocyaths with a true thalamid growth pattern (*Altaicyathus, Clathricoscinus*). The tabular inner wall is a very rare structure in the Irregulares (*Pycnoidocoscinus, Archaeosycon, Tabulacyathellus*). It is formed later than the tabular outer wall.

4. The outer wall is probably porous (simple) from the early beginning in **Loculicyathina** (*Cambrocyathellus, Neoloculicyathus*) but usually it is covered by a secondary thickening. In the bulk of the Irregulares, the outer wall is primarily nonporous in the early stages of cup development, except for exauli observed in *Archaeocyathus*. After a "non-porous" stage, rudimentary, basic simple, centripetal, compound or canalicular outer wall structures are developed directly. Only in the case of the compound wall, an incipient subdivision of pore openings can precede their complete subdivision (*Metacyathellus*), and the subdivision of canals begin with their stabilization (*Beltanacyathus*).

5. The inner wall is always porous (rudimentary or simple) from its point of origin. The appearance of canals or fused bracts always proceeds from the development of isolated bracts or/and spines. In the development of compound inner walls, the same trend (incipient – subdivided) is observed as for the outer walls.

6. As a whole, in the cup ontogeny of the **Irregulares**, the intervallar structures are stabilized earlier than wall structures, except for tabulae. But, in the bulk of **Irregulares**, tabulae are just part of the outer wall. If both walls are complicated, the structure of the outer wall is stabilized before the structure of the inner wall. However, it is difficult to conclude in favour of a rudimentary or a simple inner wall.

In conclusion, the general trend of the structure stabilization in the **Irregulares** appears to be the same as in the **Regulares.**

7. Specific characteristics are stabilized very late in comparison with the **Regulares**, at a diameter of 7-10 mm in cups with simple inner wall (*Tollicyathus, Anthomorpha, Paracoscinus, Cellicyathus, Protopharetra, Archaeopharetra, Gatagacyathus*) and at a diameter of 10-20 mm in cups with a complicated inner wall (*Archaeocyathus, Sigmofungia, Metaldetes, Jugalicyathus, Warriootacyathus, Beltanacyathus*). In **Loculicyathina** only (*Cambrocyathellus, Neoloculicyathus*), the specific characteristics are stabilized as early as at the cup diameter of 2-3 mm. The indirect sign of specific characteristic stabilization can be the beginning of budding in **Loculicyathina**, the complete development of nonporous pseudosepta in **Anthomorphina** (except for *Anthomorpha*) and the appearance of the first tabula in **Archaeocyathina** and **Anthomorpha**. It is difficult to establish the duration of stabilization in species of archaeocyaths with calicles or syringes.

II. In archaeocyaths with a korovinellid growth pattern, the initial chambers are empty (*Korovinella*) or, in thalamid growth pattern, contain vertical rods (*Altaicyathus*). The chambers are elongated in the first case or rather ball-like in the second. The whole cup ontogeny just consists of the accretion of chambers of comparable morphology. No regularity in the appearance of chimneys and astrorhizae is observed.

3. INTEGRATION AND MODULARITY

Most archaeocyaths were clearly solitary organisms. They generally bore only one functional unit and showed comparatively poor regenerative abilities (Rozanov & Gangloff, 1979) ; they frequently highly developed the sense of individuality. Some archaeocyaths attain a sphinctozoan grade (multichambered forms) or a chaetetid grade (forms with calicles). When archaeocyaths, sphinctozoans and chaetetids are considered as a whole, they show a range of integration from solitary forms (archaeocyaths) through pseudomodular (sphinctozoans) to fully integrated modular forms (Stromatoporoids and chaetetids). Archaeocyaths themselves show a range of integrated types from solitary to stromatoporoid and chaetetids-grade form as stated above. Skeletal integration provides mechanical strength, stability and larger individual sizes. Integration also reduces extreme incompatibility between individuals (Pl. XXXVII) Pl. XXXVIII fig. 1-2, Fig. 3 and allows coexisting forms to encrust.

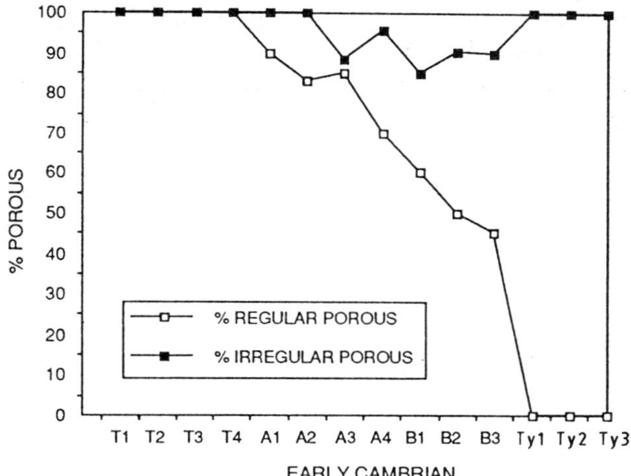

Fig. 38. – Number, per zone, of regular and irregular genera with porous septa as percentage of total genera. Compare with the changes in modularity within these groups over the same time period shown in Fig. 39B ; (after Wood *et al.*, 1992, Fig. 22).

Fig. 38. – *Nombre, par zone, des genres réguliers et irréguliers à cloisons poreuses en pourcentage du nombre total de genres. Comparer avec le changement dans la modularité de ces mêmes groupes, pendant la même période de temps (ci-dessous Fig. 39B) ; (d'après Wood* et al., *1992, Fig. 22).*

There is some indications that modular grades have been derived paedomorphologically from solitary ones (Debrenne & Wood, 1990). The **Early Cambrian** *Polythalamia* has morphological similarities with chambered juvenile stages of coscinocyathine archaeocyaths. A number of cambrian chaetetid-grade forms (e.g. *Zunyicyathus grandus*) also bear a resemblance with the indifferentiated juvenile tissue of **Irregulares**, suggesting again a paedomorphic origin. Only archaeocyaths which bore septal porosity developed modularity, suggesting the need for an initially well integrated soft tissue. On the other hand, the lost of porosity of septa and/or taeniae increased the compartmentation and strengthened the individuality (Fig. 38). Solitary genera have been more numerous than modular forms, both types changing diversity in unison, except during the **Toyonian**. After a peak in diversity during the **Botomian**, there is an outstanding decline during the late **Botomian-Toyonian** (Fig. 39a). There is a broad trend towards an increasing proportion of modular forms over time (Fig. 39b). Modular forms appear in the **Regulares** during the **Tommotian 3** and reach 100 % at the middle of **Toyonian**. The **Irregulares** show two peaks (Fig. 39c), one in the **Tommotian 2** followed by a more gradual trend from the **Atdabanian 3** to the end of **Early Cambrian**. The

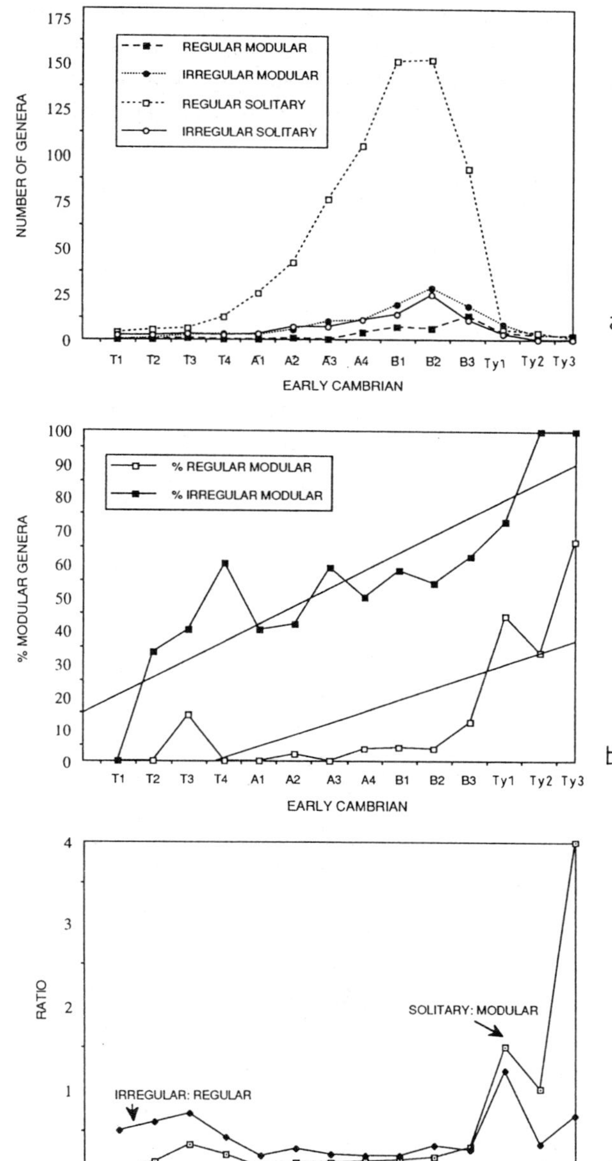

Fig. 39. – Development of modularity in archaeocyaths through the Early Cambrian.

a – distribution of solitary and modular genera of regular and irregular archaeocyaths per zone ;
b – percentage of modular genera per zone ;
c – ratio of modular to solitary genera, with a comparison of the ratio of irregular to regular genera (after Wood *et al.*, 1992, Fig. 7-9).

Fig. 39. – *Développement de la modularité chez les archéocyathes à travers le Cambrien inférieur.*

a – répartition des genres solitaires et modulaires chez les archéocyathes réguliers et irréguliers par zone ;
b – pourcentage des genres modulaires par zone ;
c – rapport des genres modulaires aux genres solitaires, avec comparaison du rapport des genres irréguliers aux réguliers (d'après Wood et al., *1992, sous presse, Fig. 7-9).*

increasing in the proportion of archaeocyaths which are modular is directly function of the increasing integration of modular and budding types. Archaeocyaths show a trend of increasing modularity during the latter half of the **Early Cambrian** (Fig. 39b.c) reaching 100 % at the **Toyonian**. Any future finding of **Middle** and **Upper Cambrian** archaeocyaths are predicted to be modular.

V. SYSTEMATICS

CHAPTER V
SYSTEMATICS OF THE IRREGULARES

This chapter states the principles of classification of irregular archaeocyaths and discusses the associated problems of the division of the archaeocyaths into regular and irregular. The definitions of taxa and the determinations of the genera are given for the group.

1. PRINCIPLES OF CLASSIFICATION

In a previous book (Debrenne *et al.*, 1989b), the following features involved in classification of the **Regulares** are outlined :

1 – Morphology.
2 – Development of the cup.
3 – Regularities of the homologous variability.
4 – Estimation of evolutionary trends in the group.
5 – Peculiarities of the stratigraphic distribution.
6 – Palaeogeographic spreading.
7 – Interpretation of a possible functional role of the skeletal elements.
8 – Recognition of the taxonomic significance of the features developing in parallel in all groups.

1-1. MORPHOLOGY

Morphological data allow the subdivision of all archaeocyaths into six groups : **Monocyathida, Ajacicyathida, Coscinocyathida, Tabulacyathida**, among the **Regulares** ; **Archaeocyathida** and **Kazachstanicyathida**, among the **Irregulares**.

Ajacicyathida and **Archaeocyathida** have an archaeocyathan pattern of skeleton growth, **Coscinocyathida**, a thalamid one and **Kazachstanicyathida**, a transitional one between thalamid and stromatoporoid. It is difficult to recognize the growth pattern of **Monocyathida** and **Tabulacyathida** because caracteristic features are insufficient. At the same time, a one-walled cup of **Monocyathida** with pelta may be considered as a morphologically initial growth pattern.

Coscinocyathida and **Kazachstanicyathida** differ by the presence of septa in mature cups in the former and by pillars only in the latter. Moreover, **Altaicyathina** have no independent central cavity formed by the retrosiphonate inner wall, while the outer wall has a very simple but specific morphology of *Altaicyathus*-type. Morphological diversity of the outer and inner walls in **Coscinocyathida**, although with some deviations, is within the limits of the morphology found in other regular archaeocyaths.

The skeletal growth pattern of **Archaeocyathida** and **Ajacicyathida** is very similar and is determined by vertical plate-like elements, although the diversity of these structures is greater in **Archaeocyathida**. Besides pseudosepta which resemble septa of the **Ajacicyathida**, they have taeniae, pseudotaenial and dictyonal networks, or tube-like elements (calicles and syringes) developed from plate-like ones. On the other hand, the wall structure is more diversified and complicated in **Ajacicyathida**. Analogies in wall structures may be found in both groups (for instance, tumuli = pustulae, microporous sheath of *Erbocyathus*-type = compound wall, etc.) which proves their functional

Tab. V. – Homological series of irregular archaeocyaths
Tab. V. – *Séries homologues chez les archéocyathes irréguliers*

ORDER — A R C H A E O[CYATHA]

OUTER WALL	INTERVALLUM / INNER WALL (level)	LOCULI-CYATHINA pseudosepta	ANTHO-MORPHINA pseudosepta	ARCHAEOCYATHINA taeniae	taeniae	pseudotaeniae	dictyonal
tabellar	III						
tabellar	II						545
tabellar	I						
subdivided canals (H)	III						
subdivided canals (H)	II			549			
subdivided canals (H)	I			?548	?547		
canals (G)	III						
canals (G)	II	552		550			
canals (G)	I	551					
pustular (D)	III						
pustular (D)	II						
pustular (D)	I	509					
compound (C)	III				543 542		
compound (C)	II			540.541			
compound (C)	I				537 536.539	534.538 569 535	
centripetal (B)	III				531		
centripetal (B)	II				530.532	529.533	
centripetal (B)	I				527 524	526 525	528
simple (A)	compound III			523	?520		
simple (A)	bracts canals II	508	512	519	521		?522.546
simple (A)	simple I	122 503.505 506 501 502 504 ?507	510.511	514	162 515.517	?516	513 518.544

…YATHIDA						KAZACHSTANICYATHIDA	
…CTYOFAVINA		SYRINGOCNEMIDINA				KAZACHSTA-NICYATHINA	ALTAI-CYATHINA
CALICLE		SYRINX				CHAMBER (pillars)	
			563				
			565				
?555							
		562	560	561	564		
	556		559	558			
							566
						567	
557	554				558	568	

similarity. But even in cases where the same terms are used (simple wall, bracts, canals), they do not designate quite the same elements. On the whole, the wall structure in **Archaeocyathida** and **Kazachstanicyathida** is simpler than that of **Ajacicyathida** or **Coscinocyathida** ; there are no really complicated elements (such as various microporous sheaths).

Lubischew (1963) subdivided all features in two groups :

1) architectonic (general body plan and growth pattern)

2) structural (minor features of structure). Architectonic features are more significant for the systematics.

Different structures of the secondary calcareous skeleton are more characteristic of **Archaeocyathida** than of other groups of archaeocyaths. Unfortunately, no peculiarities of these structures can be used for the purpose of the systematics as shown in Chapter III.

1-2. DEVELOPMENT OF THE CUP

The data on the cup development are well consistent with the notion of division of irregular archaeocyaths into two groups according to their skeletal growth pattern.

Kazachstanicyathida develop by the way of addition of new chambers similar in shape (Fig. 37b, c). In the chambers, pillars appear either simultaneously (*Altaicyathus*) or sequentially (*Korovinella*). **Archaeocyathida** undergo a longer and more complex mode of development (Fig. 37a). It is noteworthy that the two initial stages of their development, the hollow one-walled cup and the two-walled cup with septa, are similar to the "*Archaeolynthus*" and "*Dokidocyathus*" stages of **Ajacicyathida**. Differences begin only at the third stage, when taeniae are formed. All the diverse structures of the intervallum of **Archaeocyathida**, including calicles, are developed from taeniae. As for syringes, they derive from calicles.

The order of stabilization of features in the different skeletal elements of **Archaeocyathida** (intervallum – outer wall – inner wall) is similar in **Irregulares** and two-walled regular archaeocyaths ; it is then possible to determine the weight of these features for establishing the archaeocyathan taxonomic hierarchy.

Thus, all the data obtained above on the morphology and development of the skeleton allow us to divide all irregular archaeocyaths into two groups : **Archaeocyathida** with an archaeocyathan growth pattern and a septal type of development, **Kazachstanicyathida** with a transitional skeleton growth pattern, between thalamid and stromatoporoid and with, respectively, a thalamid-to-korovinellid type of development. Within these groups, subordinate taxa can be distinguished according to the structure of intervallum (I), to the outer wall morphology (II), and to peculiarities of the inner wall (III).

1-3. PATTERNS OF HOMOLOGOUS VARIATION

The law of homologous series in hereditary variation was worked out by Vavilov (1922). It was applied to genera of regular archaeocyaths by Rozanov (Rozanov & Missarzhevsky, 1966 ; Rozanov, 1973, 1974 ; Lipina & Rozanov, 1973) and the history of this application is documented in Debrenne *et al.* (1990b). The Vavilov's law postulates that relative species and genera have a regularity of phenotypical characters. It means that the number of features in a given group of organisms is limited, so that the whole set of characters of a still unfound form can be predicted. The **Regulares** present an excellent example of the Vavilov's concept : the first Rozanov's table of homologous variability (1966) forecasted many genera of regular archaeocyaths which were lately found in various localities and described by different specialists.

The table of homologous variability of irregular genera of archaeocyaths is given here for the first time (Tab. V).

The homologous features include diverse types of outer and inner walls and of intervallar structures.

For instance, a pustular outer wall occurs in **Loculicyathina** and **Syringocnemidina**, a centripetal one in **Archaeocyathina, Dictyofavina** and **Syringocnemidina**, an inner wall with bracts/canals in most of the suborders, etc. Besides, the homologous variability of **Irregulares** displays some similarities with that of **Regulares**, emphasized here by using the same symbols, for comparable structures, as in the previous book (Debrenne *et al.*, 1990b, Tab. VIII). In the same time, the table of homologous variability may serve as a key for the determination of genera and as a prognosis for new ones. It does not mean that every empty box of the table will be filled up in future, but that any new genus found and described will find its place in the table.

Recently, Meyen (1978, 1990), who has shown the application of Vavilov's laws to fossil plants, put forwards a concept of "refrain". The term "refrain" means a repeating polymorphic set (RPS) ; "recurrence" is preferred here because of the use of "refrain" in musical terminology. According to Meyen, every "refrain" exhibits an invariant form of transformation. Recurrences are the regular succession of modalities shown by the same homologous part (meron) in different taxa which are similar by symmetrical transformation. The existence of recurrences can be attributed to a certain inherited genotypic unity. They can be easily established at any taxonomic distance in taxa of quite different environmental requirements and owing to diverse evolutionary trends (Meyen, 1978). They correspond to the identical variability in each Vavilov's rows. In the case of archaeocyaths, there are several levels of recurrences : at the suborder level, recurrences of

outer wall structures – at the superfamily level, recurrences of the inner wall structures – at the generic level, recurrences of intervallar and tabular structures. In addition, recurrences of high level include all the lower level recurrences. Some recurrences could be represented by successive vectors, corresponding to a certain order in the appearance of structures during the skeletal ontogeny : simple pores – bracts – canals at the inner wall in each branch of the archaeocyath stem for instance ; such a sequence composes a morphocline.

Discrete and transitional elements may be distinguished among homologous characters. For instance, outer wall elements are discrete because morphological transitions joining in pairs the features of any types of wall (simple and centripetal, centripetal and compound, etc.) are not observed. Intervallar elements are transitional. It is very difficult to recognize distinct morphological boundaries between pseudosepta and taeniae, pseudotaenial and dictyonal networks. The inner wall structures as well are transitional elements. If differences between a compound and an annular inner wall are evident enough, then it is not so simple to discern bracts, annuli and canals, in irregular archaeocyaths, the ontogenic development of which being also continuous.

The earliest stabilized elements in the cup development are morphologically more discrete, confirming the above determined hierarchy.

1-4. ESTIMATION OF EVOLUTIONARY TRENDS IN THE GROUP

Rozanov (1961, 1963, 1973, 1974) was the first to pay attention to certain trends in the archaeocyath evolution. In regular archaeocyaths, he established the process of "oligomerization" of the outer wall porous system and of "compensation" (appearance of compensative elements, such as microporous sheaths, etc.).

The compensative process is considered here in its broader sense : formation of any structure that reduces the pore surface on the outer wall. Thus, such types of walls as the centripetal, compound, pustular and all walls with canals, are considered as compensative. It is now possible to consider compensative elements *sensu* Rozanov (1973) as morphologically discrete and appearing all at once.

The oligomerization process is more difficult to demonstrate in irregular archaeocyaths, not because of its absence, but because of difficulties in the diagnosis of the species. This process in **Irregulares** has been well analysed ; it is mainly based on data given by Gravestock (1984) for archaeocyaths

of South Australia. The older form, (assemblage I), *Beltanacyathus digitus* Grav., is characterized by the presence of 3-13 rows of canals per intersept in the outer wall (with a diameter of 0.36-0.41 mm). The younger forms *B. biserialis* (Grav.) and *B. wirrialpensis* (Taylor) are characterized by the presence of respectively 4-6 canals (diameter : 0.36-0.51 mm) and 4-8 canals (diameter : 0.41-0.73 mm) per intersept. Thus, there is a phenomenon of oligomerization of the outer wall porous system in the lineage of *Beltanacyathus* : a decrease in the number of pores and a corresponding widening of their diameter. The above mentioned phenomena are thought to be involved in the development of the aquiferous system provided by choanocyte chambers (Zhuravlev, 1989 ; Debrenne *et al.*, 1989b ; 1990b).

Reduction of septal porosity is a common process in regular archaeocyaths (Rozanov *in* Jegorova *et al.*, 1976 ; Gravestock, 1984). It may be traced either within a family (appearance of genera with non-porous septa), or within genera and even species (Rozanov *in* Jegorova *et al.*, 1976). Reduction of septal porosity is also observed in irregular archaeocyaths, but on a less significant scale (Fig. 38), because the appearance of non-porous septa (taeniae) is not typical of the evolutionary irregular archaeocyaths trends.

The reduction of septal porosity leads to the separation of relatively independent areas and thus, to the organism's reduced integration, while the reduction in lintel surface corresponds to a more integrated organism. This integration, in its turn, favours a more modular mode of growth (Wood *et al.*, 1991). As a result, an abundance of modular forms among irregular archaeocyaths is observed (Fig. 4), including most integrated massive and encrusting modular organizations, which are not known among Regulares.

As previously said, most archaeocyaths were clearly solitary organisms. They generally bore only one functional unit and showed comparatively poor regenerative abilities (Rozanov & Gangloff, 1979) ; they frequently highly developed the sense of individuality. Some archaeocyaths attain a sphinctozoan thalamid grade (multichambered forms) or a chaetetid grade (forms with calicles). When archaeocyaths, sphinctozoans and chaetetids are considered as a whole, they show a range of integration from solitary forms (archaeocyaths) through pseudomodular (sphinctozoans) to fully integrated modular forms (stromatoporoids and chaetetids).

The increasing in the proportion of archaeocyaths which are modular is directly function of the increasing integration of modular and budding types. Archaeo-cyaths show a trend of increasing modularity during the latter half of the **Lower Cambrian** reaching 100 % at the **Toyonian**. Any future findings of **Middle** and **Upper Cambrian** archaeocyaths are predicted to be modular. The modular pattern esta-blished for archaeocyaths is consistent with Jackson's model (1985).

Another typical trend in irregular archaeocyaths is the shift of living tissue to the periphery and the upper part of the cup. The position of the living tissue in the cup is precisely marked by vesicles (see Chapter III) and therefore, can easily be restored. The intervallar structures in irregular archaeocyaths ("bifurcated" taeniae, calicles, syringes) provided a reliable support for soft tissue filling the uppermost millimetres of the cup and, evidently, even slightly passed beyond the top of it (Fig. 4). The latter phenomenon is also substantiated by the presence of astrorhizae in irregular archaeocyaths ; astrorhizae were developed in the living tissue which covered the skeleton (Boyajian & LaBarbera, 1987 ; Wood, 1987). In regular archaeocyaths, the living tissue entirely filled the intervallum, down to the bottom. The earliest **Tommotian** irregular archaeocyaths have only pseudosepta or a simple dictyonal network in the intervallum ; by the middle **Atdabanian**, they already have advanced taeniae and calicles, and by the lower **Botomian**, syringes.

Neoteny is another characteristic feature of archaeocyaths (Debrenne & Wood, 1990). There is some indications that modular grades have derived by paedomorphism from solitary ones. *Polythalamia* has also morphological similarities with chambered juveniles stages of **Coscinocyathina** (see Fig. 23 and Pl. XXXVIII, fig. 7)

Hydrodynamic qualities of the archaeocyathan skeleton are improved, not only in the differentiation of structures such as astrorhizae, chimneys and mamelons, but also of typical archaeocyathan skeletal elements. Formations of annular structures are especially characteristic : the annular structures include not only annuli, scales and fused bracts, but also annular canals (in the wall of an *Ethmophyllum*-type), communicating canals connected by pores in every horizontal row, etc. In irregular archaeocyaths, the annular structures are formed either from bracts (Pl. XXVI, fig. 4, 5b, 7), or from canals (Pl. XXVII, fig. 3c ; Pl. XXX, fig. 6). Such structures contribute to the oxygenation of a turbulent flow in the central cavity and to the evacuation of used waters out of the cup.

All the above mentioned trends in the evolution of archaeocyaths are closely interrelated, as tentatively proposed in Fig. 41. The shift of soft tissue to the periphery of the cup in irregular archaeocyaths leads to the development of better integrated structures in the intervallum, thus favouring the prevalence of modularization over individualization. In **Regulares**, the water flow fed the body through the entire porous system of the cup (Fig. 4). In **Irregulares**, the living tissue was restricted to the uppermost part of the cup and the water flow is less dependent on the porous system. Consequently, the process of oligomerization-compensation was not so well developed in irregular archaeocyaths and, therefore, there are not so many types of outer walls as in **Regulares**. Nevertheless, as the hydrodynamic laws are the same for regular and irregular archaeocyaths, similar types of inner wall are observed in both groups. Regular archaeocyaths, with their deep penetration of soft tissue into the intervallum were much less integrated, and their aquiferous system more dependent of the porous system of the skeleton. These peculiarities may help to explain the basic differences between **Ajacicyathida** and **Archaeocyathida.**

The order of element stabilization during the development of the cup, reflects the principal trends in the evolution of the whole group :

I – intervallum, with the shift of the living tissue towards the top ;

II – outer wall, with the process of oligomerization–compensation ;

III – inner wall, with the hydrodynamic features of the skeleton.

This, indirectly, confirms the validity of taxonomic weightings proposed for different skeletal structures, with a view to the construction of a natural system of the archaeocyath taxonomy.

1-5. PECULIARITIES OF STRATIGRAPHIC DISTRIBUTION

Stratigraphic distribution of irregular archaeocyath genera is shown in Tab. VI. The most ancient **Tommotian** genera have only pseudosepta in the intervallum, and are morphologically closest to regular archaeocyaths. Later in the **Tommotian**, forms with a regular dictyonal network in the intervallum appear. From the middle **Atdabanian** only, genera with "branching" taeniae and calicles appeared. Forms with syringes and with a thalamid growth pattern arose in the **Botomian.**

The stratigraphic order of appearance of genera with pseudosepta – calicles – syringes, repeats the order of appearance of these structures during cup development. Thus, the assumption of an affinity between all these forms is also based on stratigraphic data.

The revision of species composition within irregular archaeocyathan genera is carried out on the basis of the new morphological classification proposed herein. It is also substantiated by stratigraphic informations concerning the similar stratigraphic position of the same genera in different regions. These stratigraphic results are obtained not only by archaeocyathan dating but also by other faunal groups, described in more detail. Relatively accurate data come from the following sections : Western Canada (Voronova *et al.*, 1987), U.S.A. (Signor & Mount, 1986 ; Signor *et al.*, 1987 ; Debrenne *et al.*, 1990a), Mexico (Stewart *et al.*, 1984 ; McMenamin, 1985 ; Debrenne *et al.*, 1989a), Sardinia (Pillola, 1990) ; South Australia (Bengtson *et al.*, 1990 ; Jell *et al.*, 1990 ; Zhuravlev & Gravestock, in press) ; non biostratigraphic methods may also be used (Kirschvink *et al.*, 1991 ; Magaritz *et al.*, 1991), but only where calibrated by tested biostratigraphic indices.

Tab. VI. – Stratigraphic and geographic distribution of irregular archaeocyathan genera
Tab. VI. – *Répartition stratigraphique et géographique des genres d'archéocyathes irréguliers*

	T1	T2	T3	T4	A1	A2	A3	A4	B1	B2	B3	Ty1	Ty2	Ty3
Agastrocyathus						○ ●	●							
Alaskacoscinus										▬				
Alconeracyathus						○	○	○	○					
Altaïcyathus										▬				
Antarcticocyathus														€3 →
Anthomorpha									○	▬ ○				
Archaeocyathus					?	? ●	●	●	●	●	▬	● ○	▬ ○	○
Archaeopharetra						●	●	●	●	▬ ●	?			
Archaeosycon										▬	▬	▬		
Ardrossacyathus										●				
Arrythmocricus										▬	▬			
Ataxiocyathus										●				
Auliscocyathus								●		▬ ●				
Beltanacyathus						?	●	●	●					

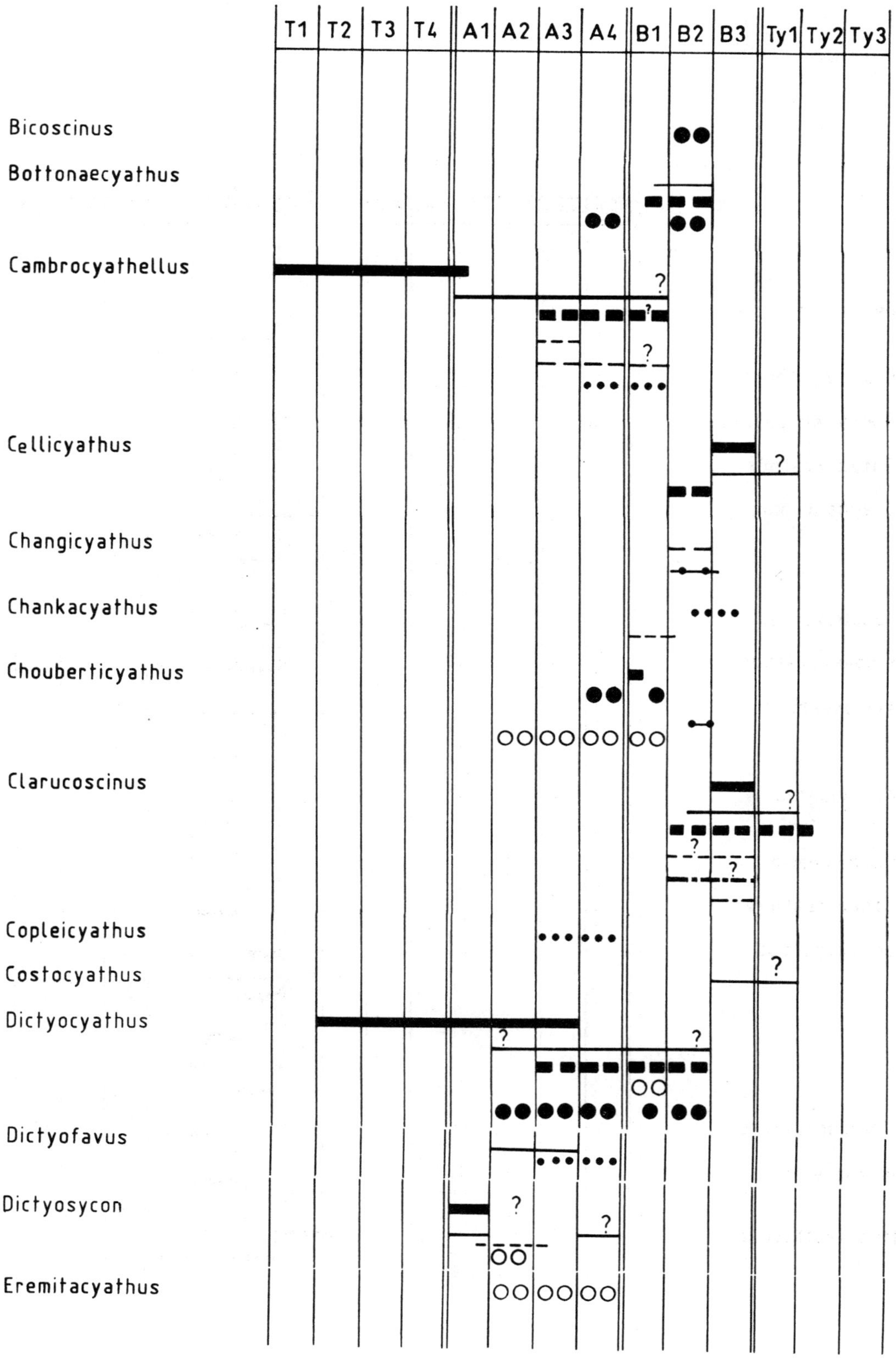

T1 T2 T3 T4 A1 A2 A3 A4 B1 B2 B3 Ty1 Ty2 Ty3
Bicoscinus
Bottonaecyathus
Cambrocyathellus
Cellicyathus
Changicyathus
Chankacyathus
Chouberticyathus
Clarucoscinus
Copleicyathus
Costocyathus
Dictyocyathus
Dictyofavus
Dictyosycon
Eremitacyathus

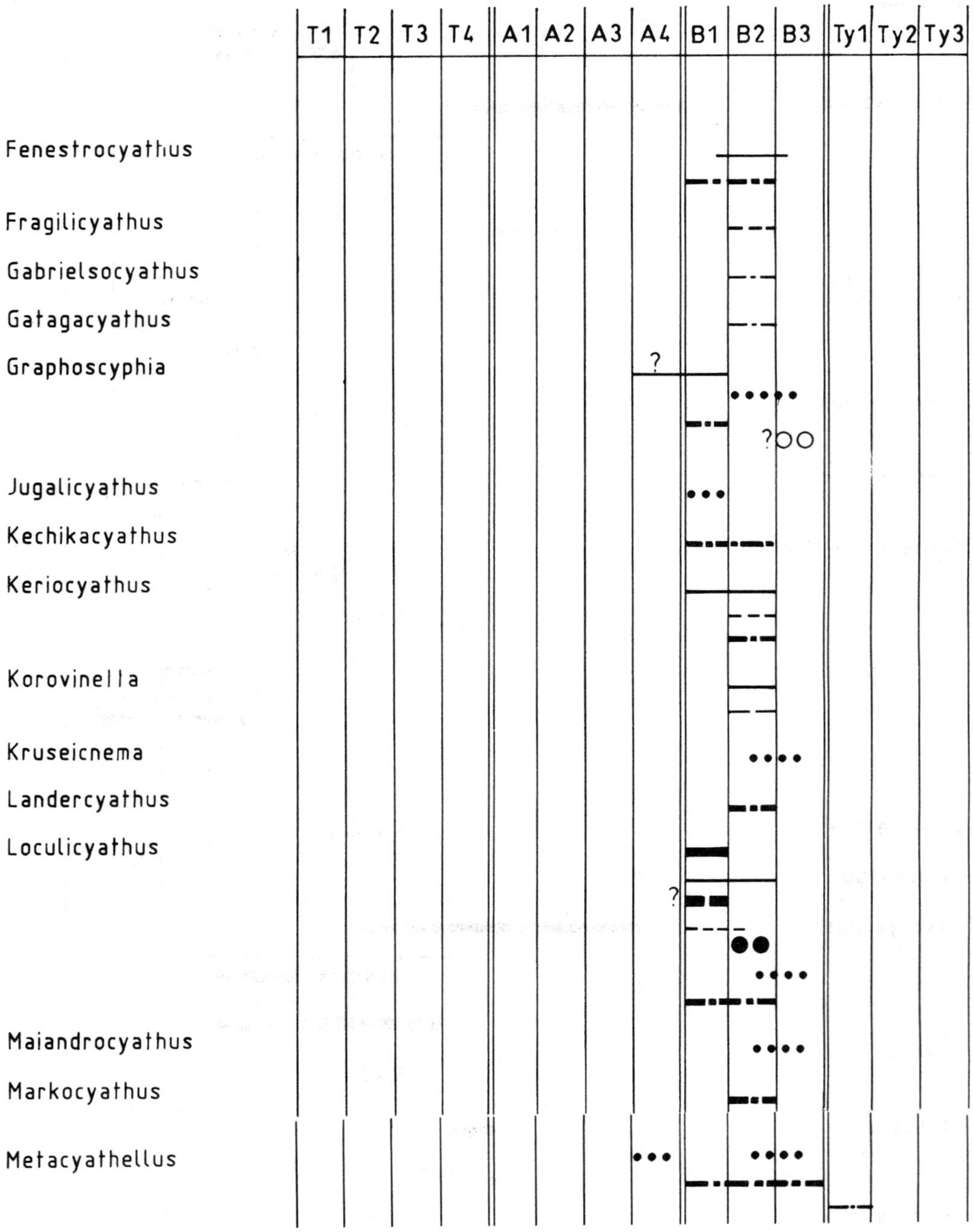

T1 T2 T3 T4 A1 A2 A3 A4 B1 B2 B3 Ty1 Ty2 Ty3
Fenestrocyathus
Fragilicyathus
Gabrielsocyathus
Gatagacyathus
Graphoscyphia
?
?○○
Jugalicyathus
Kechikacyathus
Keriocyathus
Korovinella
Kruseicnema
Landercyathus
Loculicyathus
?
Maiandrocyathus
Markocyathus
Metacyathellus

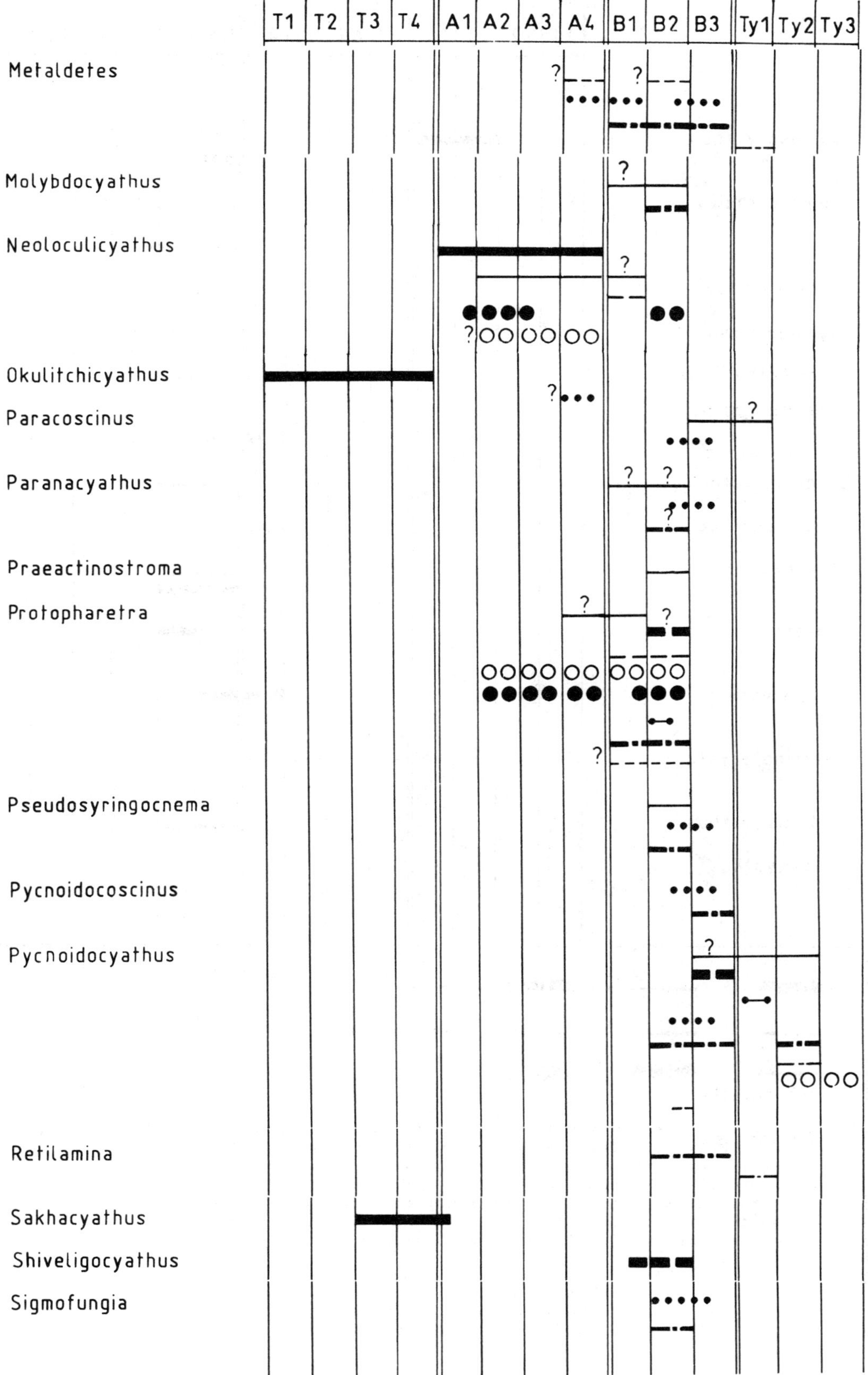

T1 T2 T3 T4 A1 A2 A3 A4 B1 B2 B3 Ty1 Ty2 Ty3
Metaldetes
Molybdocyathus
Neoloculicyathus
Okulitchicyathus
Paracoscinus
Paranacyathus
Praeactinostroma
Protopharetra
Pseudosyringocnema
Pycnoidocoscinus
Pycnoidocyathus
Retilamina
Sakhacyathus
Shiveligocyathus
Sigmofungia

1: Siberian Platform and Kolyma basin; 2: Altay Sayan Fold Belt; 3: Tuva, Mongolia and Transbaikal; 4: Far East, 5: Urals, Kazakhstan and Middle Asia; 6: Western North America (Cordillera) and Koryakiya; 7: Eastern North America (Appalachian Mts) and Greenland; 8: Australia, Antarctica and South Africa; 9: China; 10: North Africa (Morocco); 11: Western Europe (Spain, France, Italy, Germany).

T1 - T4   : subdivisions of Tommotian stage
A1 - A4   : subdivisions of Atdabanian stage
B1 - B4   : subdivisions of Botomian stage
Ty1 - Ty3 : subdivisions of Toyonian stage

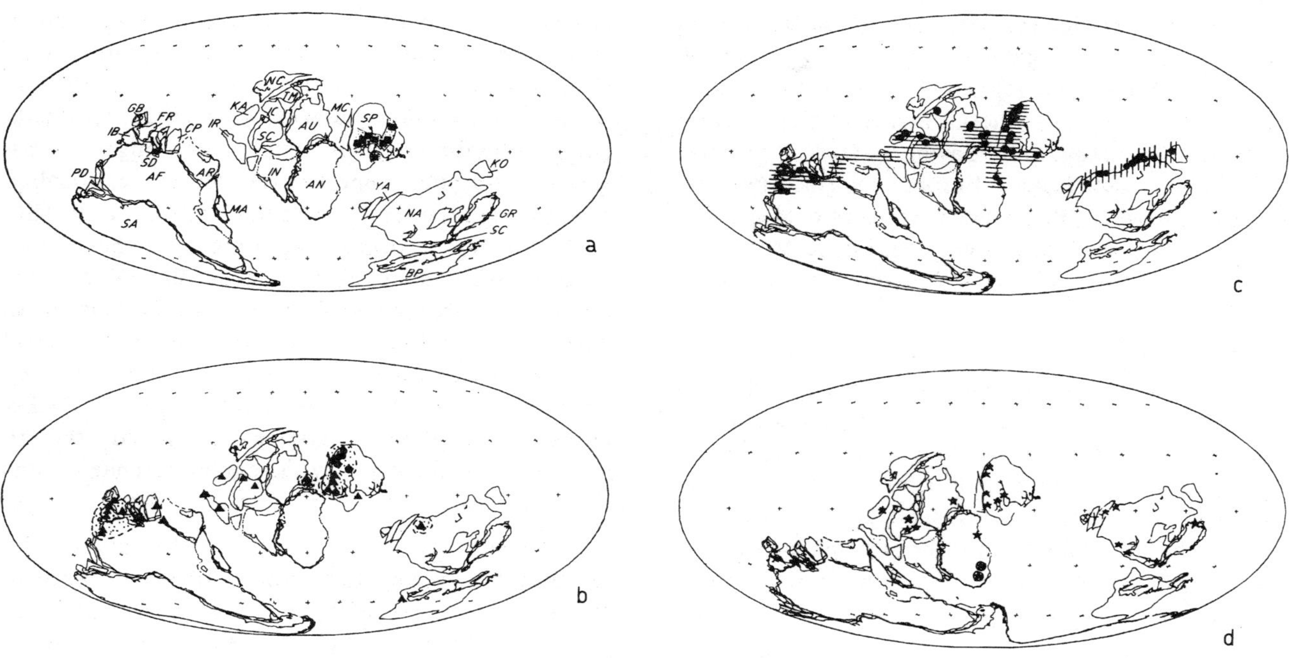

Fig. 40. – Palaeogeographic distribution of archaeocyaths in the Lower Cambrian on the maps built by J.L. Kirschvink on palaeomagnetic
data :
a – Tommotian age ; the Anabar-Sinsk Facies Region of the Siberian Platform is dotted as the centre of origin ;
b – Atdabanian age : Lower Atdabanian occurrences are shown by segments ; late Atdabanian by triangles, centres of diversification are
dotted ;
c – Botomian age : American-Koryakian Province is shown by vertical hachures, Afro-Siberian-Antarctic Province by horizontal hachures ;
d – Toyonian age ; Toyonian occurrences are shown by stars ; Middle and Upper Cambrian by stars in circles.
North American Plates : NA – North America, GR – Greenland, YA – Yaki block of northern Mexico, Sc – Scotland ;
Gondwana fragments : AF – Africa, SA – South America, AR – Arabia, MA – Madagascar, GB – Great Britain, FR – France, IB –
Iberia, SD – Sardinia, CP – Carpatheans, PD – Piemont Terrane, AU – Australia, SC – South China, IC – Indo-China, TM – Tarim
block, KA – Kazakhstan block, IR –Iran, IN – India ;
Siberian Plate : SP – Siberian Platform, MC – Manchuria part of North China ; KO – Koryakia ; BP – Baltic Platform.

Fig. 40. – *Répartition paléogéographique des archéocyathes au Cambrien inférieur d'après des cartes établies par J. Kirschvink sur des
données paléomagnétiques :*
a – Tommotien ; la région de faciès Anabar-Sinsk de la Plate-forme sibérienne, centre d'origine, est marquée par des pointillés ;
*b – Atdabanien ; les gisements Atdabanien inférieur sont marqués par des traits ; ceux de l'Atdabanien supérieur par des triangles, les
centres de diversification en pointillés ;*
*c – Botomien ; la province américano-koryakienne est marquée par des hachures verticales, la province afro-sibéro-antarctique par des
hachures horizontales ;*
*d – Toyonien ; les gisements toyoniens sont marqués par des étoiles, ceux du Cambrien moyen et supérieur par des étoiles dans des
cercles.*
Plaque nord-américaine : NA – Amérique du Nord, GR – Groenland, YA – Yaqui (Mexique septentrional), Sc – Ecosse.
*Fragments gondwaniens : AF – Afrique, SA – Amérique du Sud, AR – Arabie, MA – Madagascar, GB – Grande Bretagne, FR – France,
IB – Ibérie, SD – Sardaigne, CP – Carpathes, PD – Piémont, AU – Australie, SC – Chine méridionale, IC – Indochine, TM – Tarim,
Ka – Kazakhstan, IR – Iran, AN – Antarctique, IN – Inde.*
*Plaque sibérienne : SP – Plate-forme sibérienne, MC – Mandchourie (partie de la Chine septentrionale). KO – Koryakia ; BP – Plate-forme
balte.*

1-6. PALAEOGEOGRAPHIC SPREADING

The palaeogeographic distribution of irregular archaeocyaths was not well known previously. Their distribution appears to be more uniform than that of the **Regulares** (Tab. VI). Only several West-European (including Morocco), South-Australian, North–American and Far East genera can be called endemic. Among
them, however, there are also genera (*Bicoscinus, Ataxiocyathus*, and some others), which are only known
from a single specimen. Their "endemicity" can, probably, be accounted for by inadequately described material.

On the whole, the existence of the four main centres of diversification outlined by Rozanov (1980a, b), based on regular archaeocyaths is confirmed (Fig. 40a, c) : Siberia, including the Siberian Platform and the Altay Sayan Fold Belt ; North Africa and southeastern Europe ; North America ; Australia. A possible independent centre of diversification, the Far East (eastern part of the Mongolia-Okhotsk Fold Belt), was pointed out by Beljaeva (1987).

Appearance of archaeocyaths with, in the outer wall, canals (*Warriootacyathus*) and later, subdivided canals (*Beltanacyathus, Ataxiocyathus, Maiandrocyathus*), is restricted entirely to the Australian centre of diversification. In spite of a restricted geographic distribution of their species, this type (or types) of wall might be considered, for the systematics, equivalent to any other type of wall existing in widespread genera.

The present investigations demonstrate that biogeographic provincialism in irregular archaeocyaths is more weakly expressed than in regular archaeocyaths. The percentage of endemic genera during the **Botomian** stage (the time of a maximum manifestation of endemicity) in Morocco and Europe, is 22.2 %, in Australia and Antarctica 20.6 %, in North America 37.9 % ; Zhuravlev (1986) has given, for **Regulares**, respectively : 35.5 % – 43.1 % – 61.5 %. Endemicity among irregular archaeocyaths is obviously about half of the endemicity among the **Regulares**. Several conclusions proceed from these observations. Firstly, irregular archaeocyaths constitute a more concentrated group than the regular ones. That substantiates the assumption that there is only a main group of **Irregulares**, **Kazachstanicyathida** being subordinate. This latter order might be assigned, with the same degree of conventionality, either to regular or to irregular archaeocyaths. Secondly, in North America, the irregular archaeocyaths predominate over regular archaeocyaths. Hence, the division by archaeocyaths of the **Early Cambrian** basins into provinces (American-Koryakian and Afro-Siberian-Antarctic provinces) suggested by Zhuravlev (1984, 1986) and since accepted by other authors (Gangloff, 1990) is confirmed, though not so prominently, by irregular archaeocyaths (Fig. 40a, d).

The centres of origin are also characterized by the presence of peculiar forms difficult to place in the system of classification : *Eremitacyathus* in Spain, *Retilamina* in North America, *Maiandrocyathus* in Australia, for example. This is not a surprising fact, however : Vavilov (1932, in 1987) noted an increased content of unusual forms in primary centres which are characterized by a greater genetic potentiality.

An insignificant endemicity among irregular archaeocyaths permits us to outline a more reliable and even more detailed correlation of the **Lower Cambrian** rocks on the basis of the succession of irregular archaeocyath assemblages (Zhuravlev, 1990a).

1-7. INTERPRETATION OF A POSSIBLE FUNCTIONAL ROLE OF SKELETAL ELEMENTS

The functional role of the different skeletal elements has been previously analysed (Debrenne *et al.*, 1989b ; 1990b). In the present book, special attention has been dedicated to the functional role of those secondary skeletal elements (Chapter III) especially well developed in irregular archaeocyaths. The morphology of the secondary calcareous skeleton, though formed by the organism itself, is not particular to species and depends on different conditions. Thus, the peculiarities of the secondary calcareous skeleton have no systematic significance ; nor do astrorhizae, mamelons and chimneys : their appearance is related to environmental hydrodynamic conditions (Hartman, 1983 ; Boyajian & LaBarbera, 1987).

1-8. TAXONOMIC SIGNIFICANCE OF ARCHAEOCYATH FEATURES

It is postulated here that homologous elements of the skeleton, in all archaeocyaths, have an equivalence in systematics. In this respect, the outer wall is characteristic for the definition of superfamilies in both **Regulares** and **Irregulares** (Tab. V).

If our interpretation of the combination of morphologic, ontogenetic, stratigraphic and palaeobiogeographic data is correct, then the evolution, among archaeocyaths, of higher taxa (orders and suborders) is divergent (in Darwin's sense), and of lower ones (superfamilies, families, genera and species) is parallel (in Vavilov's sense) (Fig. 41). But if we consider sponges as a whole, parallel evolution is observed already at the class level, and divergent evolution, at the level of the entire phylum.

1-9. TENTATIVE OUTLINE OF THE DEVELOPMENT
OF THE ORDER ARCHAEOCYATHIDA

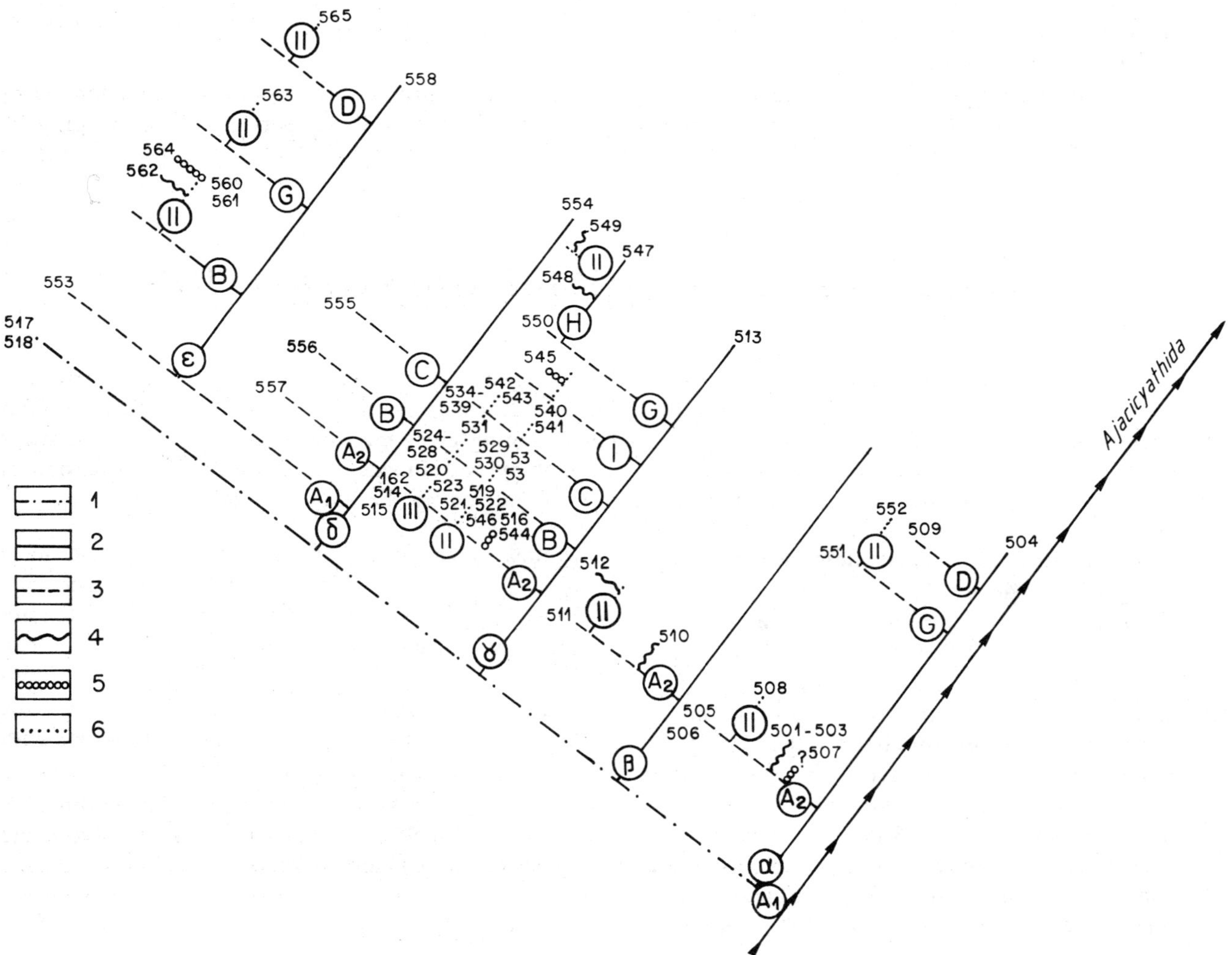

Fig. 41 – Tentative outline of the development of the Archaeocyathida.
1 – shift of the living tissue to the periphery and the upper part of the cup, 2 – oligomerization, 3 – compensation, 4 – compartmentation (reduction of septal porosity), 5 – modularity, 6 – improvement of hydrodynamic qualities.
Numbers and letters, cf. Table V.

Fig. 41. – *Esquisse d'un développement des Archéocyathes :*
1 – déplacement du tissu vivant vers la périphérie et la partie supérieure du calice, 2 – oligomérisation, 3 – compensation, 4 – cloisonnement, 5 – modularité, 6 – amélioration des qualités hydrodynamiques.
Mêmes nombres et lettres que Tableau V.

2. BASIC FEATURES FOR SYSTEMATICS

Taxonomic categories among irregular archaeocyaths are established according to the following features (Tab. V) :

— growth pattern of the cup (architectonics) = characteristic of the orders ;
— the cup development and intervallar architectonics = characteristic of the suborders ;
— the outer wall structure = characteristic of the superfamily ;
— the inner wall structure = characteristic of the family ;
— the intervallar structure, including porosity, the number of pores per intersept in the outer or inner wall (one opposite to several), structure of the tabulae, minor peculiarities of the walls (incipient/complete subdivision, shape of canals) = characteristic of the genera ;
— the presence of supplementary elements (spines, bracts), shape, size, arrangement and the number of pores in all the skeletal elements, thickness of all skeletal elements and different coefficients (septal, intervallar) = characteristic of the species.

It should be borne in mind that such characteristics as shape, size and number of pores, thickness of skeletal elements and different coefficients are much more variable in the **Irregulares** than in the **Regulares**. It is necessary to have a large set of specimens in thin sections to fix the limits of the specific variability.

3. DIFFICULTIES OF SPECIES IDENTIFICATION

Difficulties of species identification in irregular archaeocyaths are caused by the method used for their study, that is, thin sections. There are two localities (Shivelig-Khem River in Tuva, and Ajax Mine in South Australia) and a few finds in other regions, where chemical etching gives the possibility to observe and study the whole cup. In other cases, we have to infer the morphology and dimensions of the cup by observations of separate sections which unfortunately were not usually orientated by the author of the species.

The first difficulties encountered when describing irregular archaeocyaths, are connected with a very lengthened development of the cup. Specific features can be established only when the diameter of the cup reaches 10-20 mm, and only in **Loculicyathina**, at 2-3 mm. All other sections of a smaller diameter differ significantly either in the size of elements or in morphology. Gravestock (1984) double diagnoses for early and for adult stages of the same species. However, because of the great similarity of early stages in very different species and even at the sub-ordinal level of irregular archaeocyaths, such a description is of little importance. Unfortunately, new species have been based on sections of very small diameter, in many publications. For instance, in Fonin's (1985) monograph, almost all the species defined as *Retecyathus, Rudicyathus, Adaecyathus, Protopharetra* and *Vertocyathus* are only undifferentiated young stages of cups of **Irregulares.**

The second problem encountered is due to thick secondary calcareous layers in irregular archaeocyaths. Such formations greatly distort the morphology and sizes of the primary skeleton elements. Even when the structures of the primary skeleton are discernible from secondary layering, it is difficult to restore their initial construction. Without taking into consideration differences between the elements of the primary and secondary skeleton, all species with secondary skeleton have been described as *Archaeocyathus* and *Adaecyathus*, while forms without secondary layering were assigned to *Retecyathus* and *Maturocyathus* respectively (Fonin, 1985).

And, the third, but not the least difficulty in the determination of irregular archaeocyath species lies in the great variation in size and shape for all skeletal elements.

To partly avoid a distortion of information on specific features, it is necessary, at least, to have longitudinal and transverse sections of the same cup, as well as tangential sections of all its elements. It is also advisable to have a large enough sampling for the study of population, taking into account the sympatric nature of archaeocyaths, and to give separate measurements of all the specimens of the sample.

Because these precautionary measures were not taken previously, all authors have made mistakes in definition and description of irregular archaeocyaths. This has resulted in a huge amount of unserviceable descriptions and invalid taxa (Tab. IX)

It is hoped that the present work will contribute to the establishment of a strict methodology in the study of irregular archaeocyaths.

4. DISTINCTIONS BETWEEN THE IRREGULARES AND THE REGULARES

This problem involves three aspects : functional, morphological and systematic differences.

In functional terms, they are two quite different groups. The analysis of distribution of the secondary calcareous skeleton in the irregular archaeocyath cup reveals that the living tissue occupied only the uppermost millimetres of the intervallar volume, and sometimes simply covered the top of the cup. Thus, the metabolism was less connected with wall porosity, and the soft tissue needed a stronger basis of support. Hence we observe a simplification of the wall structure and a more complex intervallar structure. Consequently, the aquiferous system was evidently variable and comparable in this respect with that of spicular sponges. This assumption is also substantiated by the analysis of archaeocyath interactions (see also Chapter VI). When a foreign individual grows around an archaeocyathan cup, irregular archaeocyaths survived, as a rule, and regular ones died (Pl. XXXVII, fig. 5, 6). This suggests that irregular archaeocyaths reacted like, for example, hexactinellids, and although oscula might be obscured on one side of the body they could use those of the other side. Such reaction was impossible in regular archaeocyaths whose aquiferous system was, probably, highly correlated with the skeletal porosity (Zhuravlev, 1989b, 1990b) which accounts for its complex nature. Transference of the main filter functions to the wall porosity, was due to the presence of living tissue in the whole intervallum of regular archaeocyaths.

The morphology of the archaeocyath skeleton reflects the organization of their soft tissue. The difference in the repartition of living tissues in **Regulares** and **Irregulares**, as explained above, leads to an evident distinction between the two groups which are easily distinguishable from one another. Only the earliest (**Tommotian** forms) and the latest (**Toyonian** forms) provide some exceptions. For instance, the genus *Robustocyathus* was usually assigned to the regular archaeocyaths (Zhuravleva, 1960a ; Rozanov, 1973 ; Voronin, 1979), but after revision the type species of this genus – *Archaeocyathus robustus* Vologdin – must be assigned to *Cambrocyathellus* (**Loculicyathina**). In Voronin's (1979) monograph, *Robustocyathus* is included among regular archaeocyaths in Ajacicyathidae but such forms as *Robustocyathus similiseptus* Voron., should rather be placed in *Cambrocyathellus*. Some **Atdabanian** forms, the **Loculicyathina**, are also rather hard to identify as irregular archaeocyaths. For instance, *Neoloculicyathus* was primarily described among the **Regulares** (Voronin, 1974, 1979). In a previous work, (Debrenne *et al.*, 1989b ; 1990b), *Mikhnocyathus* was assigned to regular archaeocyaths, and the exclusion of *Robustocyathus* from the **Regulares** was placed under discussion. Now all these three genera are definitively assigned to irregular archaeocyaths of the suborder **Loculicyathina**, on the basis of the morphological and ontogenic data.

Among the **Toyonian** forms, some regular **Erbocyathoidea** seem rather enigmatic, to wit : *Syringocyathus* and its synonyms – *Schiderticyathus, Bosceculcyathus* and others, which often have been considered as irregular archaeocyaths (Krasnopeeva, 1959 ; Beljaeva *et al.*, 1975). The intervallar elements of this genus resemble the syringes of **Syringocnemidina**. However, in this case too, the data on cup development and possibility of parallel evolution were not quite taken into account. In both cases the intervallum is built by more or less hexagonal tubes with finely porous facets. But in *Syringocnema* and allied forms, they are developed from calicles, while in *Syringocyathus* they derive from septa. It is noteworthy that these like new structures arose in regular archaeocyaths only in the **Toyonian**, on the eve of their extinction, like heteromorphs in ammonites.

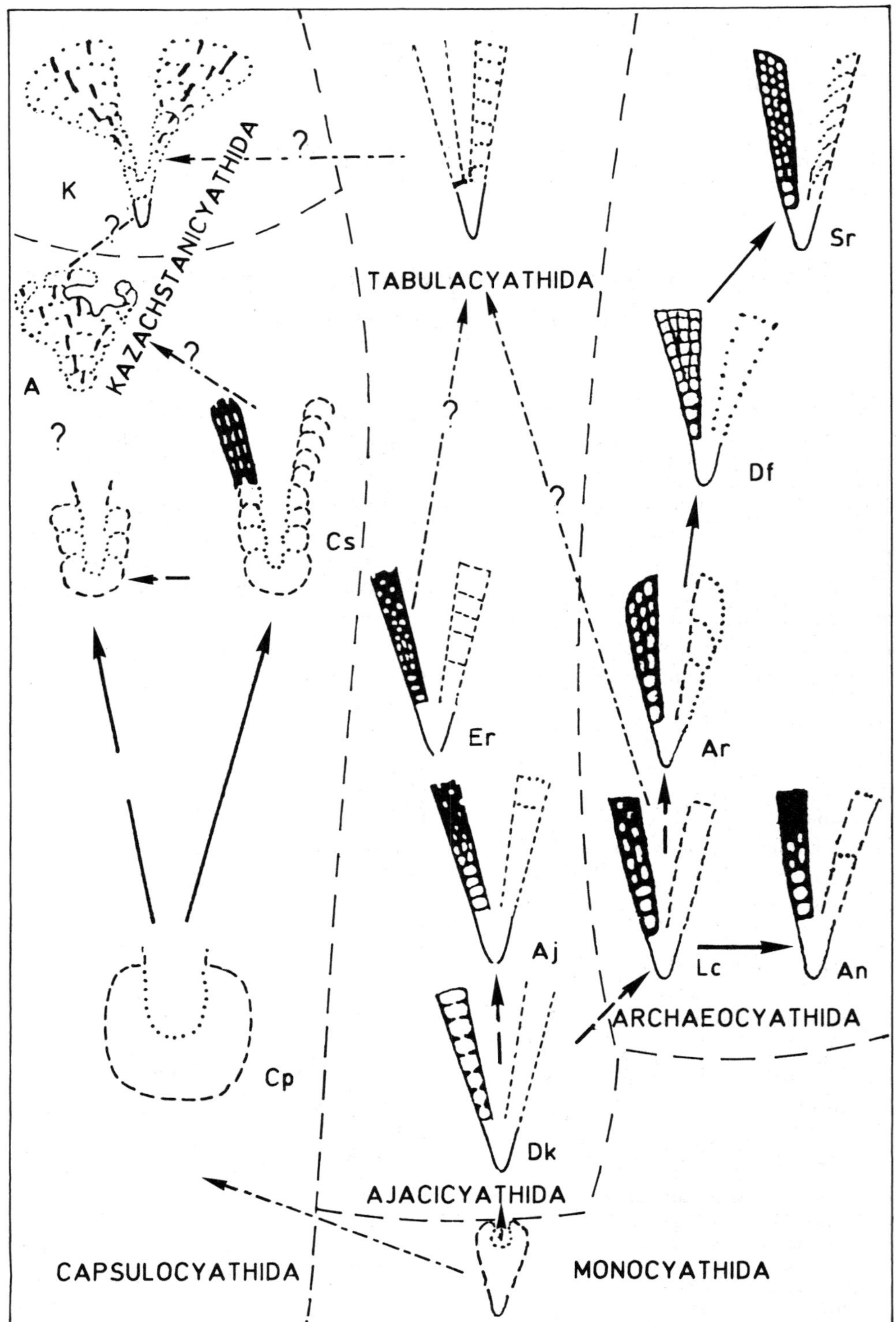

Fig. 42. – Possible relations of archaeocyathan suborders : A – Altaicyathina, Aj – Ajacicyathina, An – Anthomorphina, Ar – Archaeo-cyathina, Cp – Capsulocyathina, Cs – Coscinocyathina, Df –Dictyofavina, Dk – Dokidocyathina, Er – Erismacoscinina, K – Kazachsta-nicyathina, Ln – Loculicyathina, Sr – Syringocnemidina.
Continuous arrows show relations confirmed by ontogenetic and stratigraphic data, stroke arrows – by ontogenetic data only ; dotted arrows mean proposed relations.

Fig. 42. – *Relations possibles entre les sous – ordres d'archéocyathes : A – Altaicyathina, Aj – Ajacicyathina, An – Anthomorphina, Ar – Archaeocyathina, Cp – Capsulocyathina, Cs – Coscinocyathina, Df – Dictyofavina, Dk – Dokidocyathina, Er – Erismacoscinina, K – Kazachstanicyathina, Ln – Loculicyathina, Sr – Syringocnemidina.*
Les flèches continues correspondent à des relations confirmées par les données ontogéniques et stratigraphiques, les flèches interrompues à des données basées seulement sur les données ontogéniques ; les flèches en pointillé sont des relations supposées.

Tab. VII. – Recent systems of archaeocyaths
Tab. VII. – *Classifications récentes des archéocyathes*

Hill, 1972	Rozanov, 1984	Zhuravleva, Miagkova, 1987	Debrenne *et al.*, 1989b, 1990b herein
		k. Inferiobionta	—
		s/k. Archaeata	—
ph. Archaeocyatha	ph. Archaeocyatha	ph. Archaeocyatha	ph. Porifera
—	cl. Euarchaeocyatha	s/ph. Euarchaeocyatha	cl. Archaeocyatha
cl. Regulares	s/cl. Regularis		—
—	—	cl. Monocyathea	—
o. Monocyathida	o. Monocyathida	o. Monocyathida	o. Monocyathida
s/o. Monocyathina	s/o. Monocyathina	s/o. Monocyathina	—
s/o. Globosocyathina	s/o. Globosocyathina	—	—
s/o. Capsulocyathina	s/o. Capsulocyathina	s/o. Capsulocyathina	
		cl. Regularia	—
o. Ajacicyathida	o. Ajacicyathida	o. Ajacicyathida	o. Ajacicyathida
s/o. Dokidocyathina	s/o. Dokidocyathina	s/o. Dokidocyathina	s/o. Dokidocyathina
s/o. Ajacicyathina	s/o. Ajacicyathina	s/o. Ajacicyathina	s/o. Ajacicyathina
s/o. Nochoroicyathina	s/o. Nochoroicyathina	—	
			s/o. Erismacoscinina
s/o. Coscinocyathina	s/o. Coscinocyathina	s/o. Coscinocyathina	
s/o. Putapacyathina	s/o. Putapacyathina	s/o. Putapacyathina	o. Tabulacyathida
			o. Coscinocyathida
			s/o. Capsulocyathina
			s/o. Coscinocyathina
cl. Irregulares	s/cl. Irregularis	cl. Irregularia	—
o. Thalassocyathida	o. Thalassocyathida	o. Rhizacyathida	—
—	o. Archaeosyconida	o. Archaeosyconiida	—
—	s/o. Chouberticyathina	s/o. Chouberticyathina	—
—	s/o. Dictyocyathina	s/o. Dictyocyathina	—
	s/o. Archaeosyconina	s/o. Archaeosyconiina	—
o. Archaeocyathida	o. Archaeocyathida	o. Archaeocyathida	o. Archaeocyathida
s/o. Archaeocyathina	s/o. Archaeocyathina	s/o. Archaeocyathina	s/o. Archaeocyathina
s/o. Archaeosyconina			—
—	s/o. Bicyathina	—	—
o. Syringocnemidida	o. Syringocnematida	o. Syringocnematida	s/o. Syringocnemidina
—	—	—	s/o. Loculicyathina
			s/o. Anthomorphina
			s/o. Dictyofavina
o ?. Kazakhstanicyathida	o. Kazakhstanicyathida	—	o. Kazachstanicyathida
			s.o. Kazachstanicyathina
			s.o. Altaicyathina
		s/ph. Aphrosalpingata	—
—	cl. Aphrosalpingoida	cl. Aphrosalpingoida	—
—	o. Aphrosalpingida	o. Aphrosalpingida	—
—	o. Palaeoschadida	—	—

k. – kingdom, s/k. – subkingdom, ph. – phylum, s/ph. – subphylum,
cl. – class, s/cl. – subclass, o. – order, s/o. suborder,
sp/f. – superfamily, f. – family, s/f. subfamily.

Systematic division of regular and irregular archaeocyaths is a most difficult problem. The data on cup development suggest that **Ajacicyathida**, which is the main order of regular archaeocyaths, and **Archaeocyathida**, the order uniting most of the irregular ones, are closer to each other than **Coscinocyathida** to the former, and **Kazachstanicyathida** to the latter. At the same time, **Monocya-thida** may be considered ancestral equally for all of them (Fig. 42). We believe that it would be more reasonable to divide **Archaeocyatha** immediately into the orders of **Monocyathida, Ajacicyathida, Tabulacyathida, Coscinocyathida, Archaeocyathida, Kazachstanicyathida**, without distinguishing any superorder taxon.

5. ANALYSIS OF IRREGULAR ARCHAEOCYATHA SYSTEMATICS

5-1. PREVIOUS SYSTEMATIC TABLES

At least, five independent variants have been previously established (Tab. VII, VIII). Krasnopeeva (1953, 1969, 1980) considered that all **Irregulares** have tubes in their intervallum (class **Syringoidea**), while all one-walled archaeocyaths were initial stages of development of the two-walled cups. Zhuravleva (1960a), by analogy with her **Regulares** systematics, distinguished among **Irregulares** : one-walled cups (order **Rhizacyathida**), tubular intervallum (**Syringocnematida**) and two-walled cups (**Archaeocyathida**) themselves subdivided into forms without tabulae (**Archaeocyathina**) or with tabulae (**Archaeosyconiina**). This proposal was adopted in the Treatise (Hill, 1972) with the nomenclatural change of **Rhizacyathida** into **Thalassocyathida** (see below). Debrenne (1970, 1974a) has used the combination of intervallar elements and made an attempt to establish homologous series as in **Regulares**. Later, Fonin, (1976, 1981, 1985) and Gravestock (1984) used the data about cup ontogeny but, surprisingly, came to different results.

In **Irregulares** systematics (Tab. VIII), the errors which have been pointed out in **Regulares** are even more prominent. They result from the method of investigation by the use of thin sections which do not represent the whole individual but only cuts, often randomly orientated, or fragments of cups.

Debrenne *et al.* (1989b, 1990b) have pointed out that all the described species of "**Globosocyathina**" were oblique sections of monocyathins with peltae, and that many species of **Ajacicyathida** were described twice : once with pectinate tabulae (**Nochoroicyathina**), the second time without (**Ajacicyathina**). In **Irregulares**, the intervallar structures being more complicated than in **Regulares**, we have the absolute necessity of modelling the three dimensional architecture of each cup to avoid misinterpretations. Another problem is the interpretation of juveniles. Krasnopeeva (1969) has considered one-walled cups always as initial stages of two-walled cups. Hill (1972) has doubt on the real existence of *Rhizacyathus* as an independent genus ; she changed **Rhizacyathida** into **Thalassocyathida** for that reason [unfortunately *Thalassocyathus* is also invalid (Fonin, 1985)]. Gravestock (1984) showed, on Australian material, that many one-walled or even two-walled irregular cups are juveniles of various genera of **Irregulares**. Same observations have been made in the Siberian material on *Bicyathus* or *Rhi-zacyathus* which are, in fact, young stages of *Cambrocyathellus* and *Neoloculicyathus*. In plate XII (fig. 3, 4) are pictures of cross sections of juvenile *Archaeopharetra irregularis* Taylor which could be taken for *Chouberticyathus*.

Adult one-walled regular archaeocyaths are always distinguishable from juveniles with one wall by characteristic features. On the contrary, all one-walled irregular archaeocyaths, and even some two-walled, are identical in size and morphology to the initial stage of the **Irregulares** present in the same locality. For instance, Fonin (1985, Fig. 23) has established the ontogeny of *Anthomorpha sisovae* (Vologdin) with the stages "*Batchatocyathus*", "*Archaeopharetra*", "*Bicyathus*", "*Protopharetra*", and "*Vertocyathus*". The cases of "*Bicyathus*" and of "*Archaeopharetra*" has been already discussed above ; "*Batchatocyathus*" (= *Cysticyathus tunicatus*) is not an archaeocyath (Debrenne *et al.*, 1990b). Numerous "species" of *Protopharetra* (*faceta, modesta, palliata*) and of *Vertocyathus* (*ramosus, sparsus, reduncus*) have been described in Ulug Shangan

Tab. VIII. – Recent systems of irregular archaeocyaths

Tab. VIII. – *Classifications récentes des archéocyathes irréguliers*

Hill, 1972	Fonin, 1976-1985	Herein
cf. Irregulares	cl. Irregularia	—
o. Thalassocyathida	o. Rhizacyathida	—
f. Bacatocyathidae	f. Batchatocyathidae	—
—	f. Usloncyathidae	
o. Archaeocyathida	o. Archaeocyathida	o. Archaeocyathida
s/o. Archaeocyathina	s/o. Archaeocyathina	s/o. Archaeocyathina
—	s/o. Bicyathina	—
f. Bicyathidae	f. Bicyathidae	—
	sp/f. Archaeocyathacea	sp/f. Archaeocyathoidea
f. Archaeocyathidae	f. Archaeocyathidae	f. Archaeocyathidae
	s/f. Archaeocyathinae	—
	s/f. Rudicyathinae	—
		f. Archaeopharetridae
		f. Archaeosyconiidae
		sp/f. Tabellaecyathoidea
f. Tabellaecyathidae	f. Tabellaecyathidae	f. Tabellaecyathidae
f. Protopharetridae	—	—
f. Protocyclocyathidae		—
f. Archaeofungiidae	f. Archaeofungiidae	—
f. Sigmofungiidae		—
		sp/f. Beltanacyathoidea
		f. Beltanacyathidae
—		f ?. Maiandrocyathidae
		sp/f. Warriootacyathoidea
		f. Warriootacyathidae
f. Flindersicyathidae	f. Flindersicyathidae	—
	s/f. Flindersicyathinae	—
	s/f. Vertocyathinae	
	sp/f. Metacyathacea	sp/f. Metacyathoidea
f. Metacyathidae	f. Metacyathidae	f. Metacyathidae
	s/f. Metacyathinae	—
	s/f. Metacoscininae	
f.Copleicyathidae		f. Copleicyathidae
		f. Jugalicyathidae
f. Anthomorphidae	f. Anthomorphidae	
	s/f. Anthomorphinae	—
	s/f. Shiveligocyathinae	
f. Archaeopharetridae	f. Archaeopharetridae	
—	o. Dictyocyathida	—
—	s/o. Dictyocyathina	—
		sp/f. Dictyocyathoidea
f. Dictyocyathidae	f. Dictyocyathidae	f. Dictyocyathidae
	s/f. Dictyocyathinae	—
	s/f. Claruscyathinae	—
		f. Claruscoscinidae
		f. Usloncyathidae
	f. Salanycyathidae	—
f. Prismocyathidae	f. Prismocyathidae	—
—	s/o. Chouberticyathina	—
	sp/f. Chouberticyathacea	—
	f. Chouberticyathidae	—
—		
s/o. Archaeosyconina	s/o. Archaeosyconina	—
f. Archaeosyconidae	f. Archaeosyconidae	
	f. Tabulacyathellidae	—
	f. Korovinellidae	
f. Tabulacyathidae		—
f. Dictyocoscinidae		—
f. Metacoscinidae		—
f. Pycnoidocoscinidae		
—	—	s/o. Anthomorphina
		sp/f. Anthomorphoidea
		f. Anthomorphidae
		f. Shiveligocyathidae

Hill, 1972	Fonin, 1976-1985	Herein
o. Syringocnemidida	o. Syringocnemidida	s/o. Syringocnemidina
		sp/f. Syringocnemidoidea
f. Syringocnemididae	f. Syringocnemididae	f. Syringocnemididae
f. Syringocoscinidae		—
		f. Tuvacnemididae
		sp/f. Auliscocyathoidea
		f. Auliscocyathidae
		sp/f. Fragilicyathoidea
		f. Fragilicyathidae
		sp/f. Kruseicnemoidea
		f. Kruseicnemididae
		s/o. Dictyofavina
		sp/f. Dictyofavoidea
		f. Dictyofavidae
		sp/f. Keriocyathoidea
		f. Keriocyathidae
		sp/f. Gatagacyathoidea
		f. Gatagacyathidae
—	—	s/o. Loculicyathina
		sp/f. Loculicyathoidea
		f. Loculicyathidae
		f. Eremitacyathidae
		sp/f. Chankacyathoidea
		f. Chankacyathidae
		f. Tchojacyathidae
		sp/f. Sakhacyathoidea
		f. Sakhacyathidae
o ?. Kazakhstanicyathida		o. Kazachstanicyathida
f. Kazakhstanicyathidae		s/o. Kazachstanicyathina
		f. Korovinellidae
		s/o. Altaicyathina
		f. Altaicyathidae

River (Tuva) gathering, the locality where the specimens of *Anthomorpha sisovae* (Vol.) came from. A complete similarity in size and morphology is observed between the alleged "species" and the ontogenetic stages of *Anthomorpha sisovae*.

Phylogenetic schemes has been built on such premises, and it was considered that the first stages (one wall and a full inner cavity) must be the older **Archaeocyatha**, assumption which is not supported by the examination of **Tommotian Irregulares.**

Another problem is connected to the presence/absence of tabulae in irregular archaeocyaths. Sometimes, like in *Metacyathellus caribouensis* (Hand.) or *Pycnoidocoscinus serratus* (Kaw. & Okul.) re-described by Zhuravlev (*in* Voronova *et al.*, 1987) from Canada, the tabulae are scarce and similar to the outer wall. The chance of missing such structure in transverse thin section is great ; consequently twin-genera have been established : *Sig-*

mofungia – Palmericyathellus, Metaldetes – Metacoscinus, Archaeocyathus – Claruscyathus for instance, the synonymy of which needs to be established (see Chapter VI).

Forms with frequent tabulae do not constitute a single group : in *Altaicyathus* (Fig. 35, Pl. XXXIV, fig. 1, 9) the cup development begins with a spherical chamber with pillars, while in *Korovinella* it begins with a one-walled cup with tabula (Fig. 36 ; Pl. XXXIV, fig. 5), differences which substantiate the distinction of **Kazachstanicyathina** and **Altaicyathina** (see Chapter IV). This kind of skeletal pattern is also observed in different orders of sponges (Reitner, 1987). On the other hand, in *Paracoscinus* and similar forms, tabulae appear later than the other intervallar elements (Pl. VIII, fig. 5), the cup development is similar to these of normal **Archaeocyathida** and comparable with the one of **Ajacicyathida.**

5-2. COMMENTS ON THE PRESENT SYSTEMATIC TABLE

Syringocnemidida is lowered to suborder rank within the order **Archaeocyathida** because their representatives have similar initial stages of development. Suborders **Anthomorphina** *nom. transl.* (*pro* **Anthomorphida** Okul., 1935), **Loculicyathina** *nom. transl.* (*pro* **Loculicyathida** Zhur., 1955) and **Dictyofavina** subor. nov. are also put in **Archaeocyathida.**

This order includes now five suborders which differ from each other in the architecture of their intervallum :

Loculicyathina : pseudosepta and, very rarely, independent plate tabulae

Anthomorphina : pseudosepta and membrane tabulae

Archaeocyathina : pseudosepta, taeniae, pseudotaenial network, dictyonal network and segmented tabulae

Dictyofavina : calicles

Syringocnemidina : syringes

The orders previously distinguished are all synonyms of **Archaeocyathida** (see Chapter VI).

During our revision (Chapter VI, 3-8) we have examined almost all the type-species and more than half of all the other species (marked by asterisks in Table IX). Out of 174 genera of irregular archaeocyaths, 70 are considered as valid, and out of 526 species, only 276. Out of the remaining species, some are transferred in **Ajacicyathida** and some in different other groups of sponges (*Bottonaecyathus*) or coelenterata (*Cysticyathus*). The others, except for *nomen dubium* and *nomen nudum* are considered as synonyms.

Several categories are distinguished among invalid genera : junior objective synonyms (jos), junior subjective synonyms (jss), preoccupied names (p. n.) and *nomen nullum* (n.nul.) (see synonymy lists in Chapter VI).

Some genera, previously considered as **Irregulares**, could be either **Regulares**, as for the genus *Hupecyathus*, now included in **Tabulocyathida**, according to its intervallar architecture, or as non **Archaeocyatha** (non arch.), as for the genera : *Binatocyathus*, *Bottonaecyathus*, *Cysticyathus*, *Matthewcyathus* and *Tanchocyathus*.

Bottonaecyathus from the **Botomian** of Altay Sayan Fold Belt and Morocco, differs sharply from archaeocyaths of the same localities by the nature of its preservation. *Binatocyathus* and *Tanchocyathus*, described by Vologdin (1963) (**Middle Cambrian**, Siberian Platform) are known by imperfect drawings of thin sections and, probably, are of algal nature. *Cysticyathus* (Zhuravleva, 1955a) from the **Tommotian** of Siberian Platform, presents a microstructure similar with the one of *Khasaktia*, problematic coelenterata, (Debrenne *et al.*, 1990c), and different from archaeocyath microstructure. *Matthewcyathus* Okulitch, 1940 (**Toyonian**, Labrador) is probably of non organic nature.

Nomina dubia (n.d) might be divided into four categories :

1. – genera the type-species of which have thick layers of secondary skeleton, completely obscuring the features of the primary skeleton [*Adaecyathus* (Fonin *in* Zhuravlev *et al.*, 1983), *Septocyathus* (Vologdin, 1937b), *Sphinctocyathus* (Zhuravleva, 1960a), *Tubocyathus* (Vologdin, 1937b)].

2. – genera in which the type-species has been described on fragments and/or on sections of juvenile cups [*Arthrocyathus* (Vologdin, 1977), *Bacatocyathus* (Vologdin, 1940b), *Bicyathus* (Vologdin,1939), *Monstricyathus* (Vologdin, 1977), *Pinacocyathus* (Bedford R. & W.R., 1934), *Potekhinocyathus* (Vologdin, 1957b), *Rhizacyathus* (Bedford R. & J., 1939), *Terektigocyathus* (Vologdin, 1962b) and *Thalassocyathus* (Vologdin, 1967b)]. They might be lower parts of any **Archaeocyathida.**

3. – secondary calcareous skeleton elements described as independent organisms [*Exocyathus* (Bedford R. & J., 1937), *Metaldetimorpha* (Bedford R. & J., 1937), *Tersia* (Vologdin, 1931) and *Tersiella* (Vologdin, 1962a)].

4. – genera the type-species of which is based on insufficient material for establishing a correct diagnosis ; the type-specimens are generally lost, preventing any revision [*Araneocyathus* (Vologdin, 1940a), *Archaeofungiella* (Zhuravleva *in* Zhautikov *et al.*, 1976), *Beticocyathus* (Simon, 1939), *Dendrocyathus* (Okulitch & Roots, 1947), *Echinocyathus* (Termier H. & G. 1950), *Gorskinocyathus* (Vologdin, 1960), *Labyrinthocyathus* (Yaroshevitch, 1962), *Protocyclocyathus* (Vologdin, 1955) and *Serligocyathus* (Vologdin, 1959b)].

The synonymy of families and of higher categories derived from the above discussion and is presented Chapter VI.

6. CLASSIFICATION OF IRREGULARES

6-1. LISTS OF IRREGULAR GENERA

6-1-1. ALPHABETIC LIST OF IRREGULAR GENERA

Nb	GENUS	AUTHOR	DATE
536	Agastrocyathus	DEBRENNE	1964
541	Alaskacoscinus	DEBR.GANG.A.ZHUR	1990
162	Alconeracyathus	PEREJÓN	1973
566	Altaicyathus	VOLOGDIN	1932
507	Antarcticocyathus	DEBR.& ROZ.	1984
510	Anthomorpha	BORNEMANN	1884
529	Archaeocyathus	BILLINGS	1861
525	Archaeopharetra	BEDF.& BEDF.	1936
531	Archaeosycon	TAYLOR	1910
502	Ardrossacyathus	BEDFORD R.& J.	1937
533	Arrythmocricus	DEBR. & JAMES	1981
548	Ataxiocyathus	DEBRENNE	1974
558	Auliscocyathus	DEBRENNE	1974
549	Beltanacyathus	BEDF.& BEDF.	1936
567	Bicoscinus	DEBRENNE	1977
504	Cambrocyathellus	ZHURAVLEVA	1960
515	Cellicyathus	DEBR.& A.ZHUR	1990
542	Changicyathus	DEBR.& A.ZHUR	1990
551	Chankacyathus	JAKOVLEV	1959
517	Chouberticyathus	DEBRENNE	1964
519	Claruscoscinus	HANDFIELD	1971
534	Copleicyathus	BEDFORD R.& J.	1937
553	Dictyofavus	GRAVESTOCK	1984
513	Dictyocyathus	BORNEMANN	1891
528	Dictyosycon	ZHURAVLEVA	1960
508	Eremitacyathus	DEBRENNE	1977
546	Fenestrocyathus	HANDFIELD	1971
563	Fragilicyathus	BELJAEVA	1969
537	Gabrielsocyathus	DEBRENNE	1964
555	Gatagacyathus	DEBR & A.ZHUR	1992
544	Graphoscyphia	DEBRENNE	1974
540	Jugalicyathus	GRAVESTOCK	1984
557	Kechikacyathus	DEBR.& A.ZHUR	1992
556	Keriocyathus	DEBR.& GANG.	1990
568	Korovinella	RADUGIN	1960
565	Kruseicnema	DEBR.GRAV.A.ZHUR	1990
522	Landercyathus	DEBR.& GANG.	1990
501	Loculicyathus	VOLOGDIN	1931
547	Maiandrocyathus	DEBRENNE	1974
527	Markocyathus	DEBRENNE	1989
539	Metacyathellus	DEBR & A.ZHUR	1990
543	Metaldetes	TAYLOR	1910
518	Molybdocyathus	DEBR.& GANG.	1990
172	Mikhnocyathus	MASLOV	1957
506	Neoloculicyathus	VORONIN	1974
505	Okulitchicyathus	ZHURAVLEVA	1960
514	Paracoscinus	BEDF.& BEDF.	1936
502	Paranacyathus	BEDF.& BEDF.	1937
524	Protopharetra	BORNEMANN	1884
561	Pseudosyringocnema	HANDFIELD	1971
523	Pycnoidocoscinus	BEDF.& BEDF.	1936
530	Pycnoidocyathus	TAYLOR	1910
516	Retilamina	DEBR & JAMES	1981
509	Sakhacyathus	DEBR & A.ZHUR	1990
512	Shiveligocyathus	MISSARZHEVSKY	1961
532	Sigmofungia	BEDF.& BEDF.	1936
535	Spinosocyathus	ZHURAVLEVA	1960
569	Spirillicyathus	BEDF.& BEDF.	1937
526	Spirocyathella	VOLOGDIN	1939
521	Stevocyathus	DEBRENNE	1989

Nb	GENUS	AUTHOR	DATE
560	Syringocnema	TAYLOR	1910
564	Syringothalamus	DEBR.GANG.A.ZHUR	1990
538	Tabulacyathellus	MISSARZHEVSKY	1964
545	Taeniaecyathellus	ZHURAVLEVA	1960
552	Tchojacyathus	ROZANOV	1960
511	Tollicyathus	S.TCHERNYSHEVA	1960
559	Tuvacnema	DEBR.& A.ZHUR.	1990
520	Usloncyathus	FONIN	1966
550	Warriootacyathus	GRAVESTOCK	1984
562	Williamicyathus	A.ZHURAVLEV	1987
554	Zunyicyathus	DEBR.KRUSE.ZHANG	1992

6-1-2. NUMERICAL LIST OF IRREGULAR GENERA

Nb	GENUS	AUTHOR	DATE
162	Alconeracyathus	PEREJÓN	1973
172	Mikhnocyathus	MASLOV	1957
501	Loculicyathus	VOLOGDIN	1931
502	Paranacyathus	BEDFORD R.& J.	1937
503	Ardrossacyathus	BEDFORD R.& J.	1937
504	Cambrocyathellus	ZHURAVLEVA	1960
505	Okulitchicyathus	ZHURAVLEVA	1960
506	Neoloculicyathus	VORONIN	1974
507	Antarcticocyathus	DEBR. & ROZ.	1984
508	Eremitacyathus	DEBRENNE	1977
509	Sakhacyathus	DEBR. & A.ZHUR	1990
510	Anthomorpha	BORNEMANN	1884
511	Tollicyathus	S.TCHERNYSHEVA	1960
512	Shiveligocyathus	MISSARZHEVSKY	1961
513	Dictyocyathus	BORNEMANN	1891
514	Paracoscinus	BEDF.& BEDF.	1936
515	Cellicyathus	DEBR. & A.ZHUR	1990
516	Retilamina	DEBR. & JAMES	1981
517	Chouberticyathus	DEBRENNE	1964
518	Molybdocyathus	DEBR.& GANG.	1990
519	Claruscoscinus	HANDFIELD	1971
520	Usloncyathus	FONIN	1966
521	Stevocyathus	DEBRENNE	1989
522	Landercyathus	DEBR.& GANG.	1990
523	Pycnoidocoscinus	BEDF.& BEDF.	1936
524	Protopharetra	BORNEMANN	1884
525	Archaeopharetra	BEDF.& BEDF.	1936
526	Spirocyathella	VOLOGDIN	1939
527	Markocyathus	DEBRENNE	1989
528	Dictyosycon	ZHURAVLEVA	1960
529	Archaeocyathus	BILLINGS	1861
530	Pycnoidocyathus	TAYLOR	1910
531	Archaeosycon	TAYLOR	1910
532	Sigmofungia	BEDF.& BEDF.	1936
533	Arrythmocricus	DEBR. & JAMES	1981
534	Copleicyathus	BEDF.& BEDF.	1937
535	Spinosocyathus	ZHURAVLEVA	1960
536	Agastrocyathus	DEBRENNE	1964
537	Gabrielsocyathus	DEBRENNE	1964
538	Tabulacyathellus	MISSARZHEVSKY	1964
539	Metacyathellus	DEBR & A.ZHUR	1990
540	Jugalicyathus	GRAVESTOCK	1984
541	Alaskacoscinus	DEBR.GANG.A.ZHUR	1990
542	Changicyathus	DEBR.GANG.A.ZHUR	1990
543	Metaldetes	TAYLOR	1910
544	Graphoscyphia	DEBRENNE	1974
545	Taeniaecyathellus	ZHURAVLEVA	1960
546	Fenestrocyathus	HANDFIELD	1971
547	Maiandrocyathus	DEBRENNE	1974
548	Ataxiocyathus	DEBRENNE	1974

Nb	GENUS	AUTHOR	DATE
549	Beltanacyathus	BEDF.& BEDF.	1936
550	Warriootacyathus	GRAVESTOCK	1984
551	Chankacyathus	JAKOVLEV	1959
552	Tchojacyathus	ROZANOV	1960
553	Dictyofavus	GRAVESTOCK	1984
554	Zunyicyathus	DEBR.KRUSE ZHANG	1992
555	Gatagacyathus	DEBR & A.ZHUR	1992
556	Keriocyathus	DEBR .& GANG.	1990
557	Kechikacyathus	DEBR. & A.ZHUR	1992
558	Auliscocyathus	DEBRENNE	1974
559	Tuvacnema	DEBR. & A.ZHUR.	1990
560	Syringocnema	TAYLOR	1910
561	Pseudosyringocnema	HANDFIELD	1971
562	Williamicyathus	A.ZHURAVLEV	1987
563	Fragilicyathus	BELJAEVA	1969
564	Syringothalamus	DEBR. & GANG.	1990
565	Kruseicnema	DEBR.GRAV.A.ZHUR	1990
566	Altaicyathus	VOLOGDIN	1932
567	Bicoscinus	DEBRENNE	1977
568	Korovinella	RADUGIN	1960
569	Spirillicyathus	BEDF.& BEDF.	1937

6-1-3. SYNONYMY LIST OF IRREGULAR GENERA

GENUS	AUTHOR	DATE	JSS OF
Andalusicyathus	PEREJÓN	1976	Alconeracyathus
Urdacyathus	PEREJÓN&MORENO	1978	Alconeracyathus
Abakanicyathus	KONJUSCHKOV	1964	Altaicyathus
Cambrostroma	VLASOV	1961	Altaicyathus
Praeactinostroma	V.KHALFINA	1960	Altaicyathus
Batenevia	KRASNOPEEVA	1961	Archaeocyathus
Bijacyathus	KRASNOPEEVA	1978	Archaeocyathus
Claruscyathus	VOLOGDIN	1932	Archaeocyathus
Eucyathus	SIMON	1939	Archaeocyathus
Flindersicyathus	BEDF.& BEDF.	1937	Archaeocyathus
(Pararetecyathus)	YUAN & ZHANG	1978	Archaeocyathus
Retecyathus	VOLOGDIN	1932	Archaeocyathus
Sanxiacyathus	YUAN & ZHANG	1978	Archaeocyathus
Spirocyathus	HINDE	1889	Archaeocyathus
Syringsella	KRASNOPEEVA	1961	Archaeocyathus
Vadimocyathus	KASHINA	1979	Archaeocyathus
Dictyocoscinus	BEDF.& BEDF.	1936	Archaeopharetra
Flindersicoscinus	DEBRENNE	1970	Archaeopharetra
Hawkercyathus	GRAVESTOCK	1984	Archaeopharetra
Salanycyathus	FONIN	1982	Archaeopharetra
Pustulacyathellus	DEBR. & GANG.	1987	Archaeosycon
Dzhagdycyathus	BELJAEVA	1975	Ardrossacyathus
Egiinocyathus	FONIN	1983	Ardrossacyathus
Bayleicyathus	GRAVESTOCK	1984	Beltanacyathus
Fridaycyathus	GRAVESTOCK	1984	Beltanacyathus
(Parvuscyathus)	FONIN	1982	Cambrocyathellus
Ramuscyathus	FONIN	1982	Cambrocyathellus
Robustocyathus	ZHURAVLEVA	1960	Cambrocyathellus
Arisacyathus	KASHINA	1979	Claruscoscinus
Maturocyathus	FONIN	1985	Claruscoscinus
Costocyathus	FONIN	1985	Claruscoscinus
Prismocyathus	FONIN	1960	Dictyocyathus
Spongiosicyathus	ZHURAVLEVA	1968	Dictyocyathus
Prismocyathellus	FONIN	1990	Dictyocyathus
Kazachstanicyathus	KONJUSCHKOV	1967	Korovinella
Bedfordcyathus	VOLOGDIN	1957	Metaldetes
Cambrocyathus	OKULITCH	1937	Metaldetes
Metacoscinus	BEDF.& BEDF.	1934	Metaldetes
Metacyathus	BEDF.& BEDF.	1934	Metaldetes
Metafungia	BEDF.& BEDF.	1934	Metaldetes
Metethmophyllum	OKULITCH	1943	Metaldetes

GENUS	AUTHOR	DATE	JSS OF
Praefungia	DEBRENNE	1974	Metaldetes
Zolacyathus	VOLOGDIN	1962	Mikhnocyathus
Lermontovaecyathus	KORSHUNOV	1972	Okulitchicyathus
Volvacyathus	DEBRENNE	1960	Protopharetra
Archaeofungia	TAYLOR	1910	Pycnoidocyathus
Batenevicyathus	YAROSHEVITCH	1962	Pycnoidocyathus
Voznesenskicyathus	RODIONOVA	1967	Shiveligocyathus
Palmericyathellus	DEBRENNE	1970	Sigmofungia
Aruntacyathus	KRUSE	1980	Spirocyathella
Cambronanus	FONIN	1963	Taeniaecyathellus
Karakolocyathus	KONJUSCHKOV	1972	Taeniaecyathellus
Tabellaecyathus	FONIN	1963	Taeniaecyathellus
Nellicyathus	FONIN	1964	Tollicyathus
Rudicyathus	FONIN	1983	Tollicyathus
Vertocyathus	FONIN	1985	Tollicyathus
Cavocyathus	FONIN	1966	Usloncyathus
Falsocyathus	FONIN	1966	Usloncyathus
Nostrocyathus	FONIN	1966	Usloncyathus

6-1-4. LIST OF IRREGULAR NOMINA DUBIA

GENUS	AUTHOR	DATE	
Adaecyathus	FONIN	1983	n.d.
Araneocyathus	VOLOGDIN	1940a	n.d.
Archaeofungiella	ZHURAVLEVA	1976	n.d.
Arthrocyathus	VOLOGDIN	1977	n.d.
Bacatocyathus	VOLOGDIN	1940	n.d.
Beticocyathus	SIMON	1939	n.d.
Bicyathus	VOLOGDIN	1939	n.d.
Dendrocyathus	OKUL.& ROOTS	1947	n.d.
Echinocyathus	TERMIER H.& G.	1950	n.d.
Exocyathus	BEDF.& BEDF.	1937	n.d.
Gorskinocyathus	VOLOGDIN	1960	n.d.
Labyrinthocyathus	YAROSHEVITCH	1962	n.d.
Metaldetimorpha	BEDF.& BEDF.	1937	n.d.
Monstricyathus	VOLOGDIN	1977	n.d.
Pinacocyathus	BEDF.& BEDF.	1934	n.d.
Potekhinocyathus	VOLOGDIN	1957	n.d.
Protocyclocyathus	VOLOGDIN	1955	n.d.
Rhizacyathus	BEDF.& BEDF.	1939	n.d.
Septocyathus	VOLOGDIN	1937	n.d.
Serligocyathus	VOLOGDIN	1959	n.d.
Sphinctocyathus (Sphinctocyathus)	ZHURAVLEVA	1960	n.d.
Tersia	VOLOGDIN	1962	n.d.
Terektigocyathus	VOLOGDIN	1931	n.d.
Tersiella	VOLOGDIN	1962	n.d.
Thalassocyathus	VOLOGDIN	1957	n.d.
Tubocyathus	VOLOGDIN	1937	n.d.

6-1-5. LIST OF IRREGULAR NOMINA NUDA

GENUS	AUTHOR	DATE	
Argunicyathus	FONIN	1985	n.nud.
Bijacoscinus	KRASNOPEEVA	1978	n.nud.
Spirocyathellus	FONIN	1982	n.nud.

6-1-6. LIST OF IRREGULAR NOMINA NULLA

GENUS	AUTHOR	DATE	
Archeocyathus	BILLINGS	1861	n. nul.
Batchatocyathus	ZHURAVLEVA	1960	n. nul.
Batchatocyathus	VOLOGDIN	1956	n. nul.
Kazakhstanicyathus	HILL	1972	n. nul.
Loculocyathus	VOLOGDIN	1937	n. nul.
Potechinocyathus	VOLOGDIN	1959	n. nul.
Sigmoifungia	BEDF.& BEDF.	1936	n. nul.
Spiralicyathus	BEDF.& BEDF.	1937	n. nul.
Sygmofungia	KRASNOPEEVA	1955	n. nul.
Terectigocyathus	ZHUR.KON.ROZ.	1964	n. nul.
Tubicyathus	VOLOGDIN	1940	n. nul.
Tubulocyathus	VOLOGDIN	1956	n. nul.

6-1- 7. LIST OF IRREGULAR PREOCCUPIED NAMES

GENUS	AUTHOR	DATE	
Paracyathus	BEDF.& BEDF.	1936	p.n.

6-1-8. LIST OF NON ARCHAEOCYATH GENERA

GENUS	AUTHOR	DATE	
Binatocyathus	VOLOGDIN	1963	non Archaeocyatha
Bottonaecyathus	RODIONOVA	1967	non Archaeocyatha
Cysticyathus	ZHURAVLEVA	1955	non Archaeocyatha
Matthewcyathus	OKULITCH	1940	non Archaeocyatha
Tanchocyathus	VOLOGDIN	1963	non Archaeocyatha

6-1-9. LIST OF NON IRREGULAR ARCHAEOCYATHS

GENUS	AUTHOR	DATE	
Hupecyathus	DEBRENNE	1964	Tabulacyathida

7. IRREGULAR ARCHAEOCYATH SYSTEMATICS

New systematics for the archaeocyaths previously considered as irregular, and assigned to a class **Irregulares** is proposed. Diagnosis are revised for orders and genera. The list of synonyms comprises only the original literature. The stratigraphic and geographic distribution is shown on Table VI. Letters and figures in brackets indicate a corresponding cell or column of Table V. The collection number of the holotype for the type species is given. The synonyms are excluded from the species composition but listed Table IX. Each genus is illustrated by plates and/or figures in text.

Phylum Porifera Grant, 1872

Class **Archaeocyatha** Bornemann, 1884

[nom. correct. Vologdin, 1937b (ex **Archaeocyathinae** Bornemann, 1884)].

Definition :

Marine sponges with a calcareous porous skeleton and no spicules. Generally they develop an archaeocyath growth pattern or, more rarely, a thalamid or a chaetetid growth pattern. The primary microstructure of the skeleton is microgranular (irregular). The primary composition is magnesium calcite. The skeleton is elaborated by an organic (collagen) template. The living tissues occupy the intervallum or only the upper part of it and cover the surface ; they form a thin layer screening the outer and the inner wall and eventually overlaying the bottom of the central cavity. The aquiferous system presents different degrees of complexity : from asconoid (one wall) to leuconoid for the majority of archaeocyaths. The aquiferous system is supported by the porous system of the skeleton, which functions as a primary filter. The water flow, with nutrients, enters through the pores of the outer wall and tabulae, then penetrates into the choanocytes chambers and is exhaled through the inner wall pores (exhalant canals) in the central cavity or in the astrorhizae from where it is ejected outside. Reproduction is sexual or vegetative ; the larvae might be oviparoid ; in vegetative reproduction, several types of modular forms are observed : scissiparity, external and interparietal budding or individualization of new aquiferous units. The pinacoderm and the choanoderm might be syncitial.

The class is divided into six orders : **Monocyathida, Ajacicyathida, Coscinocyathida, Archaeocyathida, Tabulacyathida** and **Kazachstanicyathida**.

7-1 ORDER ARCHAEOCYATHIDA OKULITCH, 1935

[nom.correct. Zhuravleva, 1949 (ex **Archaeocyathina** Okulitch, 1935)]

Anthomorphina Okul., 1935, p. 90 (order)
Syringocnemina Okul., 1935, p. 90 (order)
Spirocyathina Bedf. & Bedf., 1936, p. 13 (order)
Metacyathina Bedf. & Bedf., 1936, p. 16 (order)
Dictyocyathina Bedf. & Bedf., 1937, p. 37 (order)
Archaeosyconiida Zhur., 1949, p. 8
Loculicyathida Zhur., 1955a, p. 9
Rhizacyathida Zhur., 1955b, p. 629
Araneocyathida Vol., 1961, p. 182
Thalassocyathida Vol., 1961, p. 177
Chouberticyathida Debr., 1970, p. 25
Archaeopharetrida Debr., 1970, p. 26
Metaldetida Debr., 1970, p. 25
Paranacyathida Debr., 1970, p. 25
Paracoscinida Debr., 1970, p. 25

Diagnosis :

This order is characterized by an archaeocyathan growth pattern : two-walled cups with a septal type of development (taenial, pseudoseptal, pseudotaenial and dictyonal types of construction, calicles and syringes). Tabulae, connected with the outer wall or independent, can be present. **Archaeocyathida** are single or modular ; all known types of modular forms are observed. Living tissues occupy only the upper part of the intervallum and its surface.

Remarks :

The types of the orders **Anthomorphida, Syringocnemidida, Metacyathida, Dictyocyathida, Archaeosyconiida, Loculicyathida, Araneocyathida, Chouberticyathida, Archaeopharetrida, Paranacyathida** and **Paracoscinida** have a similar growth pattern and a similar type of cup development ; therefore they are considered as synonyms of **Archaeocyathida**. *Spirocyathus,* type of **Spirocyathida**, being a junior subjective synonym of *Archaeocyathus* (Simon, 1939) and *Metacyathus,* type of **Metacyathida**, a junior subjective synonym of *Metaldetes* (Debrenne, 1969a), **Spirocyathida** and **Metacyathida** are synonyms of **Archaeocyathida.** **Rhizacyathida** and **Thalassocyathida** being only fragments of initial parts of cups belonging to different **Archaeocyathida** are not valid orders and put in synonymy with **Archaeocyathida**.

SUBORDER LOCULICYATHINA ZHURAVLEVA, 1954

[nom. correct. & transl. herein (ex **Loculocyathida** Zhur.1954)]
(= **Paranacyathida** Debrenne, 1970, p. 25)

Diagnosis :

Intervallum with only pseudosepta ; synapticulae and tabulae are very rare. There are pseudocolonial or more seldom solitary forms. The pseudocolonies are formed by interparietal budding.

A. OUTER WALL SIMPLE (*Cambrocyathellus*-type)
Superfamily Loculicyathoidea Zhuravleva, 1954

[nom. transl. herein (ex **Loculicyathidae** Zhur., 1954)]

I – INNER WALL SIMPLE

Family Loculicyathidae Zhuravleva, 1954
   (= **Robustocyathidae** Debr., 1964, p. 140 ; **Paranacyathidae** Debr., 1970, p. 38 ; **Ardrossacyathidae**
   Grav., 1984, p. 109) *Loculicyathus* Vol., 1931
   Paranacyathus Bedf. & Bedf., 1937
   Ardrossacyathus Bedf. & Bedf., 1937 (= *Dzhagdycyathus* Bel., 1975 ; *Egiinocyathus* Fonin, 1983)
   Mikhnocyathus Maslov, 1957 (= *Zolacyathus* ? Vol. 1962) *Cambrocyathellus* Zhur., 1960 (= *Robustocy-*
   athus Zhur.,1960 ; *Ramuscyathus* Fonin, 1982 ; *Parvuscyathus* Fonin, 1982)
   Okulitchicyathus Zhur., 1960 (= *Lermontovaecyathus* Korsh., 1972)
   Neoloculicyathus Voron., 1974
   Antarcticocyathus ? Debr., Roz. & Webers, 1984

II – INNER WALL WITH CANALS

Family Eremitacyathidae Debrenne *in* Zamarreño & Debrenne, 1977
   Eremitacyathus Debr., 1977

Remark :

The inner wall has longitudinal plates, without transverse partitions, forming continuous canals along the whole height of the cup.

D. OUTER WALL PUSTULAR

Superfamily Sakhacyathoidea Debrenne & A. Zhuravlev, 1990
[nom. transl. herein (ex **Sakhacyathidae** Debrenne & A. Zhuravlev, 1990)]

I – INNER WALL SIMPLE

Family Sakhacyathidae Debrenne & A. Zhuravlev, 1990
   Sakhacyathus Debr. & A. Zhur., 1990

G. OUTER WALL WITH CANALS

Superfamily Chankacyathoidea Jakovlev, 1959
[nom. transl. herein (ex **Chankacyathidae** Jakovlev, 1959)]

I – INNER WALL SIMPLE

Family Chankacyathidae Jakovlev, 1959
   Chankacyathus Jak., 1959

II – INNER WALL WITH BRACTS/CANALS

Family Tchojacyathidae Debrenne & A. Zhuravlev, fam. nov.
Tchojacyathus Roz., 1960

SUBORDER ANTHOMORPHINA OKULITCH, 1935

[nom. transl. herein (ex **Anthomorphida** Okulitch, 1935)]
(= **Araneocyathida** Okulitch, 1935, p. 182)

Diagnosis :

Intervallum with pseudosepta and independent membrane tabulae. Solitary and pseudocolonial forms. The pseudocolonies are formed by external budding.

A. OUTER WALL SIMPLE *(Anthomorpha-type)*

Superfamily Anthomorphoidea Okulitch, 1935
[nom. transl. herein (ex **Anthomorphidae** Okulitch, 1935)]

I – INNER WALL SIMPLE

Family Anthomorphidae Okulitch, 1935
(= **Araneocyathidae** Vol., 1956, p. 878 ; **Serligocyathidae** Vol., 1959b, p. 670 ; **Rudicyathinae** Fonin, *in* Zhuravlev *et al.*, 1983a, p. 26 ; **Vertocyathinae** Fonin, 1985, p. 110)
Anthomorpha Born., 1884
Tollicyathus S.Tcher., 1960 (= *Nellicyathus* Fonin, 1964 ; *Rudicyathus* Fonin, 1983 ; *Vertocyathus* Fonin, 1985)

II – INNER WALL WITH BRACTS/CANALS

Family Shiveligocyathidae Fonin, 1983
[nom. transl. herein (ex **Shiveligocyathinae** Fonin, 1983)]
Shiveligocyathus Miss., 1961 (= *Voznesenskicyathus* Rod.,1967)

SUBORDER ARCHAEOCYATHINA OKULITCH, 1935

[nom. transl. Zhuravleva, 1960a (ex **Archaeocyathida** Okulitch, 1935)]
(= **Metacyathida** Bedf. & Bedf., 1936, p. 16 ; **Dictyocyathida** Bedf. & Bedf., 1937, p. 37 ; **Archaeosyconiida** Zhur., 1949, p. 8 ; **Rhizacyathida** Zhur., 1955b, p. 629 ; **Chouberticyathida** Debr., 1970, p. 25 ; **Archaeopharetrida** Debr., 1970, p. 25 ; **Metaldetida** Debr., 1970, p. 25 ; **Paracoscinida** Debr., 1970, p. 25)

Diagnosis :

Intervallum with pseudosepta, taeniae, pseudotaenial or dictyonal network and segmented tabulae. Branching pseudocolonies by external budding and/or longitudinal subdivision ; encrusting modular types formed by the development of new central cavities.

A. OUTER WALL SIMPLE (BASIC OR RUDIMENTARY)

Superfamily Dictyocyathoidea Taylor, 1910
[nom. transl. herein (ex **Dictyocyathidae** Taylor, 1910)]

I – INNER WALL SIMPLE

Family Dictyocyathidae Taylor, 1910
(= **Prismocyathidae** Fonin, 1960, p. 725 ; **Paracoscinidae** Debr., 1970, p. 38 ; **Chouberticyathidae** Debr., 1974a, p. 192 ; **Graphoscyphiidae** Debr., 1974a, p. 204).

114

Dictyocyathus Born., 1891 (= *Prismocyathus* Fonin, 1960 ; *Spongiosicyathus* Zhur., 1968 ; *Prismocyathellus* Fonin, 1990)
Paracoscinus Bedf. & Bedf., 1936
Chouberticyathus Debr., 1964
Alconeracyathus Perejón, 1973 (= *Andalusicyathus* Perejón, 1976 ; *Urdacyathus* Perejón & Moreno, 1978)
Graphoscyphia Debr., 1974
Retilamina ? Debr. & James, 1981
Cellicyathus Debr. & A. Zhur., 1990
Molybdocyathus Debr. & Gang., 1990

II – INNER WALL WITH BRACTS/CANALS

Family *Claruscoscinidae* Debr. & A. Zhur., fam. nov.
Fenestrocyathus Handf., 1971
Claruscoscinus Handf., 1971 (= *Arisacyathus* Kash., 1979 ; *Maturocyathus* Fonin, 1985 ; *Costocyathus* Fonin, 1985)
Stevocyathus Debr., 1989 ;
Landercyathus ? Debr. & Gang., 1990

III – INNER WALL COMPOUND

Family *Usloncyathidae* Fonin *in* Vologdin & Fonin, 1966
(= **Pycnoidocoscinidae** Debrenne, 1970, p. 40)
Usloncyathus Fonin, 1966 (= *Cavocyathus* Fonin, 1966 ; *Falsocyathus* Fonin, 1966 ; *Nostrocyathus* Fonin, 1966)
Pycnoidocoscinus Bedf. & Bedf., 1936

B. OUTER WALL CENTRIPETAL

Superfamily *Archaeocyathoidea* Hinde, 1889
[nom. transl. Fonin, 1985 (= ex **Archaeocyathidae** Hinde, 1889)]

I – INNER WALL SIMPLE

Family *Archaeopharetridae* Bedford & Bedford, 1936
(= **Dictyocoscinidae** Bedf. & Bedf., 1936, p. 14 ; **Protopharetridae** Vol., 1957c, p. 209 ; **Archaeopharetridae** Debr., 1970, p. 29 ; **Flindersicoscinidae** Debr., 1974a, p. 246 ; **Salanycyathidae** Fonin, *in* Voronin *et al.*, 1982, p. 95 ; **Spirillicyathidae** Grav., 1984, p. 111 ; **Hawkercyathidae** Grav., 1984, p. 115)
Protopharetra Born., 1884 (*Volvacyathus* Debr., 1960)
Archaeopharetra Bedf. & Bedf., 1936 (= *Dictyocoscinus* Bedf. & Bedf., 1936 ; *Flindersicoscinus* Debr., 1970 ; *Salanycyathus* Fonin, 1982 ; *Hawkercyathus* Grav., 1984)
Spirocyathella Vol., 1939 (= *Aruntacyathus* Kruse, 1980) *Dictyosycon* Zhur., 1960 (= *Sphinctocyathus* Zhur., 1960) *Markocyathus* Debr., 1989.

II – INNER WALL WITH BRACTS/CANALS

Family *Archaeocyathidae* Hinde, 1889
(nom. correct. Taylor, 1910 pro **Archaeocyathinae** Hinde, 1889) (= **Spirocyathidae** Taylor, 1910, p. 105 ; **Sigmofungiidae** Bedf. & Bedf., 1936, p. 16 ; **Flindersicyathidae** Bedf. & Bedf., 1939, p. 78 ; **Pycnoidocyathidae** Okul., 1950, p. 394 ; **Archaeofungiidae** Vol., 1962b, p. 90 ; **Vadimocyathidae** Kash., *in* Osadchaja *et al.*, 1979, p. 161 ; **Claruscyathinae** Fonin, *in* Zhuravleva & Fonin, 1983, p. 49)

Archaeocyathus Billings, 1861 (= *Spirocyathus* Hinde, 1889 ; *Claruscyathus* Vol., 1932 ; *Retecyathus* Vol., 1932 ; *Flindersicyathus* Bedf. & Bedf., 1937 ; *Eucyathus* Simon, 1939 ; *Syringsella* Krasn., 1961 ; *Batenevia* Krasn., 1961 ; *Sanxiacyathus* Yuan & Zhang, 1977 ; *Bijacyathus* Kras., 1978 ; *Pararetecyathus* Yuan & Zhang, 1978 ; *Vadimocyathus* Kash., 1979)
Pycnoidocyathus Taylor, 1910 (= *Archaeofungia* Taylor, 1910 ; *Batenevicyathus* Yarosh., 1962)

Sigmofungia Bedf. & Bedf., 1936 (= *Palmericyathellus* Debr. 1970)
Arrythmocricus Debr. & James, 1981

III – INNER WALL COMPOUND

Family Archaeosyconiidae Zhuravleva, 1949
   Archaeosycon Taylor, 1910 (= *Pustulacyathellus* Debr. & Gang., 1987)

C. OUTER WALL COMPOUND

Superfamily Metacyathoidea Bedford & Bedford, 1934
[nom. transl. Fonin, *in* Zhuravleva & Fonin 1983 (ex **Metacyathidae** Bedf. & Bedf., 1934)]

I – INNER WALL SIMPLE

Family Copleicyathidae Bedford & Bedford, 1937 (= **Tabulacyathellidae** Fonin, *in* Voronin *et al.*, 1982, p. 86)
   Copleicyathus Bedf. & Bedf., 1937
   Spinosocyathus Zhur., 1960
   Agastrocyathus Debr., 1964
   Gabrielsocyathus Debr., 1964
   Tabulacyathellus Miss., 1964
   Metacyathellus Debr. & A. Zhur., 1990

II – INNER WALL WITH BRACTS/CANALS

Family Jugalicyathidae Gravestock, 1984
   Jugalicyathus Grav., 1984
   Alaskacoscinus Debr., Gang. & A. Zhur., 1990

III – INNER WALL COMPOUND

Family Metacyathidae Bedford & Bedford, 1934
   (= **Metacoscinidae** Bedf. & Bedf., 1936, p. 18 ; **Cambrocyathidae** Okul., 1937, p. 25 ; **Metaldetinae** Debr., 1964, p. 218 ; **Metafungiidae** Debr., 1974a, p. 216)
   Metaldetes Taylor, 1910 (= *Metacyathus* Bedf. & Bedf.,1934 ; *Metacoscinus* Bedf. & Bedf., 1934 ; *Metafungia* Bedf. & Bedf., 1934 ; *Cambrocyathus* Okul., 1937 ; *Bedfordcyathus* Vol., 1957 ; *Metethmophyllum* Okul., 1943 ; *Praefungia* Debr., 1974)
   Changicyathus Debr. & A. Zhur., 1990

G. OUTER WALL WITH CANALS

Superfamily Warriootacyathoidea superfam. nov.

II – INNER WALL WITH BRACTS/CANALS

Family Warriootacyathidae fam.nov.
   Warriootacyathus Grav., 1984

H. OUTER WALL WITH SUBDIVIDED CANALS

Superfamily Beltanacyathoidea Debrenne, 1970
[nom. transl. Gravestock, 1984 (ex **Beltanacyathidae** Debr., 1970)]

I – INNER WALL SIMPLE

Family Maiandrocyathidae Debrenne, 1974
   Maiandrocyathus Debr., 1974
   Ataxiocyathus Debr., 1974

II – INNER WALL WITH BRACTS/CANALS

Family Beltanacyathidae Debrenne, 1970
    Beltanacyathus Bedf. & Bedf., 1936 (= *Bayleicyathus* Grav., 1984 ; *Fridaycyathus* Grav., 1984)

I. OUTER WALL TABELLAR

Superfamily *Tabellaecyathoidea* Fonin, 1963
[nom. transl. herein (ex **Tabellaecyathidae** Fonin, 1963)]

II – INNER WALL WITH BRACTS/CANALS

Family Tabellaecyathidae Fonin, 1963 (= **Taeniaecyathellidae** Kon., 1972, p. 142 ; **Karakolocyathidae** Kon., 1972, p. 142)
    Taeniaecyathellus Zhur., 1960 (= *Tabellaecyathus* Fonin, 1963 ; *Cambronanus* Fonin, 1963 ; *Karakolo-cyathus* Kon., 1972)

SUBORDER DICTYOFAVINA DEBRENNE & A. ZHURAVLEVA, 1992

Diagnosis :

    Intervallum with calicles. Branching pseudocolonies formed by external budding ; massive modular types, formed by the development of new central cavities.

A. OUTER WALL SIMPLE (OR RUDIMENTARY)

Superfamily *Dictyofavoidea* Debrenne & A. Zhuravlev, 1992

I – INNER WALL SIMPLE

Family Dictyofavidae Debrenne & A. Zhuravlev, 1992
    Dictyofavus Grav., 1984
    Zunyicyathus Debr., Kruse & Zhang, 1991
    Kechikacyathus Debr. & A. Zhur., 1992

B. OUTER WALL CENTRIPETAL

Superfamily *Keriocyathoidea* Debrenne & Gangloff, *in* Debrenne *et al.*, 1990a
[nom. transl. herein (ex **Keriocyathidae** Debrenne & Gangloff *in* Debrenne *et al.*, 1990a]

I – INNER WALL SIMPLE

Family Keriocyathidae Debrenne & Gangloff, *in* Debrenne *et al.*, 1990a
    Keriocyathus Debr. & Gang., 1990

C. OUTER WALL COMPOUND

Superfamily *Gatagacyathoidea* Debrenne & A. Zhuravlev, 1992

I – INNER WALL SIMPLE

Family Gatagacyathidae Debrenne & A. Zhuravlev, 1992
    Gatagacyathus Debr. & A. Zhur., 1992

SUBORDER SYRINGOCNEMIDINA OKULITCH, 1935

[nom. transl. Krasnopeeva, 1980 (ex **Syringocnemidida** Okulitch, 1935)]

Diagnosis :

    Intervallum with syringes. Branching pseudocolonies formed by longitudinal subdivision.

A. OUTER WALL SIMPLE (OR RUDIMENTARY)

Superfamily Auliscocyathoidea Debrenne & A. Zhuravlev, superfam. nov.

I – INNER WALL SIMPLE

Family Auliscocyathidae Debrenne & A. Zhuravlev, fam. nov. *Auliscocyathus* Debr., 1974

B. OUTER WALL CENTRIPETAL

Superfamily Syringocnemidoidea Taylor, 1910
[nom. transl. herein (ex Syringocnemididae Taylor, 1910)]

I – INNER WALL SIMPLE

Family Tuvacnemididae Debrenne & A. Zhuravlev, 1990
Tuvacnema Debr. & A. Zhur., 1990

II – INNER WALL WITH BRACTS/CANALS

Family Syringocnemididae Taylor, 1910 (= **Pseudosyringocnemididae** Debr.,1975)
Syringocnema Taylor, 1910
Pseudosyringocnema Handf., 1971
Williamicyathus ? A. Zhur., 1987
Syringothalamus Debr., Gang. & A. Zhur., 1990

D. OUTER WALL PUSTULAR

Superfamily Kruseicnemidoidea Debrenne & A. Zhuravlev, 1990
[nom. transl. herein (ex **Kruseicnemididae** Debrenne & A. Zhuravlev, 1990)]

II – INNER WALL WITH BRACTS/CANALS

Family Kruseicnemididae Debrenne & A. Zhuravlev, 1990
Kruseicnema Debr., Grav. & A. Zhur., 1990

G. OUTER WALL WITH CANALS

Superfamily Fragilicyathoidea Beljaeva, 1975
[nom. transl. herein (ex **Fragilicyathidae** Beljaeva *in* Beljaeva *et al.*,1975]

II – INNER WALL WITH BRACTS/CANALS

Family Fragilicyathidae Beljaeva *in* Beljaeva *et al.*, 1975
Fragilicyathus Bel., 1969

7-2. ORDER KAZACHSTANICYATHIDA KONJUSCHKOV, 1967

Diagnosis :

Archaeocyaths with a thalamid type of cup development and a stromatoporoid growth pattern. Solitary or modular. Massive modular types are formed by individualisation of modules around new central cavities. The skeleton is multichambered, the chambers are subspherical and mattress-like in shape. The chambers contain pillars.

SUBORDER KAZACHSTANICYATHINA Konjuschkov, 1967

[nom. transl. herein (ex **Kazachstanicyathida** Konjuschkov, 1967)]

Diagnosis :

The initial chambers are hollow, elongated. Pillars are developed in the successive chambers. Inner wall invaginal.

A. OUTER WALL SIMPLE (Altaicyathus-type)

I – INNER WALL SIMPLE

Family Korovinellidae V. Khalfina, 1960 (= **Kazachstanicyathidae** Kon.,1967, p. 106)
   Korovinella Radugin, 1960 (= *Kazachstanicyathus* Kon., 1967) ;
   Bicoscinus Debr., 1977

SUBORDER ALTAICYATHINA SUBORD. NOV.

Diagnosis :

The initial chambers are subspherical ; pillars are present since the initial chamber. Massive modular forms are formed by a development of astrorhizal system and chimneys surrounded by new modules.

A. OUTER WALL SIMPLE (Altaicyathus-type)

I – INNER WALL SIMPLE

Family Altaicyathidae fam. nov.
   Altaicyathus Vol., 1932 (= *Abakanicyathus* Kon., 1964 ; *Cambrostroma* Vlasov, 1961 ; *Praeactinostroma* V. Khalfina, 1960)

8. DIAGNOSES OF GENERA

536 – *AGASTROCYATHUS* DEBRENNE, 1964
Pl. XX, fig. 7a-c

Agastrocyathus : Debrenne, 1964, p. 209.

Type species : *Protopharetra gregaria* Debrenne, 1961 (pro *Metafungia chouberti* Term. & Term., 1950, n.d.). MNHN M80138. **Lower Cambrian, Atdabanian (Amouslekian)**, Jbel Taissa, Morocco.

Diagnosis : Outer wall compound with incipient subdivision of intervallar cells ; inner wall simple rudimentary. In the intervallum there are taeniae with rare synapticulae.

Specific composition : *gregaria* (Debr., 1961) ; *crassimuralis* (Debr., 1964).

Systematic position : Copleicyathidae, Archaeocyathina.

541 – *ALASKACOSCINUS* DEBRENNE, GANGLOFF & A. ZHURAVLEV, 1990
Pl. XXII, fig. 2, 6

Alaskacoscinus : Debrenne, Gangloff & A.Zhuravlev *in* Debrenne & A.Zhuravlev, 1990, p. 300.

Type species : A. *tatondukensis* Debrenne, Gangloff & A. Zhuravlev, 1990. UA 2534-2535. **Lower Cambrian, Botomian**, Tatonduk River, Alaska, U.S.A.

Diagnosis : Outer wall compound, completely subdivided, tabular ; inner wall tabular, with one row of pores per intersept, covered with flexed bracts. In the intervallum there are irregularly porous pseudosepta and irregularly spaced segmented tabulae with subdivided pores.

Specific composition : *tatondukensis* Debr., Gang. & A. Zhur., 1990.

Systematic position : Jugalicyathidae, Archaeocyathina.

162 – *ALCONERACYATHUS* PEREJON, 1973
Pl. III, fig. 2, 3

Alconeracyathus : Perejón, 1973, p. 185.
Andalusicyathus : Perejón, 1976a, p. 17-18.
Urdacyathus : Perejón & Moreno, 1978, p. 201.

Type species : *Archaeocyathellus andalusicus* Simon, 1939. Senior synonym of *melendezi* Perejón, 1973, previously type species of *Alconeracyathus*. Senck. Mus. XXVI. 173a. **Lower Cambrian, Atdabanian,** Las Ermitas, Cordoba, Spain.

Diagnosis : Outer wall basic simple ; inner wall simple with one or several rows of pores per intersept. Intervallum with coarsely porous taeniae, some synapticulae, and rare segmented tabulae.

Remarks : The type species of the three genera listed in the synonymy come from the same locality and are based on insufficient material. The species *melendezi*, first choice of type for *Alconeracyathus*, is, evidently, synonym of *Andalusicyathus* which is an irregular. Consequently, *Alconeracyathus* should be removed from the **Ajacicyathida** where it was previously housed (Perejón, 1973 ; Debrenne *et al.*, 1989b). A section of *Alconeracyathus* with tabulae was assigned by Perejón (1976b) to *Flindersicoscinus*.

Specific composition : *andalusicus* (Simon, 1939) [= *melendezi* Perejón, 1973] ; *pradoannus* (Perejón & Moreno, 1978).

Systematic position : **Dictyocyathidae, Archaeocyathina.**

566 – *ALTAICYATHUS* VOLOGDIN, 1932
Fig. 10, 35 ; Pl. XXXIV, fig. 1, 2, 6-9 ;
Pl. XXXVIII, fig. 5

Altaicyathus : Vologdin, 1932, p. 26-27.
Praeactinostroma : Khalfina, 1960, p. 147.
Cambrostroma : Vlasov, 1961, p. 29.
Abakanicyathus : Konjuschkov, *in* Zhuravleva *et al.*, 1964, p. 127.

Type species : *A. notabilis* Vologdin, 1932. Lectotype CNIGRm. 182/2957. **Lower Cambrian, Botomian,** Lebed' River, Altay Mountains, F.R. Russia.

Diagnosis : Outer wall simple of *Altaicyathus*-type, formed by lintels connecting the distal ends of pillars ; inner wall simple. Chimneys and astrorhizae could be developed on the surface. Intervallum of thalamid type (successive porous chambers connected by vertical pillars).

Remarks : *Actinostroma vologdini* Yaworsky, type species of *Praeactinostroma*, is figured, in the original work (Yaworsky, 1932) and later, by section cut perpendicularly to the skeleton growth. The study of the type collection and of topotypical material from the Kazyr River, eastern Sayan, demonstrates the identity of structure between *Praeactinostroma* and *Altaicyathus*. *Cambrostroma* is only *Altaicyathus* with secondary skeleton development. Additional thin sections made in the type specimens of *Altaicyathus notabilis* show that the

"longitudinaly elongated inner ribs" described by Konjuschkov (1964) in *Abakanicyathus karakolensis* are the sections of pillars radiating at a small angle from the inner wall.

Specific composition : *notabilis* Vol., 1932 [= *karakolensis* (Kon., 1964)] ; *rossicus* (Vlasov, 1961) ; *stromatoporoides* (Kon., 1972) ; *veronicae* (Bel., 1969) ; *vologdini* (Yaworsky, 1932).

Systematic position : **Altaicyathidae, Altaicyathina.**

507 – *ANTARCTICOCYATHUS* DEBRENNE & ROZANOV, 1984
Pl. II, fig. 7, 8

Antarcticocyathus : Debrenne & Rozanov, *in* Debrenne *et al.*, 1984, p. 298.

Type species : *A. webersi* Debrenne & Rozanov, 1984. USNM 333901. **Upper Cambrian,** Ellsworth Mountains, Antarctica.

Diagnosis : Outer wall simple ; inner wall simple with one row of pores per intersept. Intervallum with coarsely porous pseudosepta.

Specific composition : *webersi* Debr. & Roz., 1984.

Systematic position : **Loculicyathidae ?, Loculicyathina ?.**

510 – *ANTHOMORPHA* BORNEMANN, 1884
Pl. IV, fig. 1-4 ; Pl. V, fig. 1, 5, 7, 8.

Anthomorpha : Bornemann, 1884, p. 705.

Type species : *A. margarita* Bornemann, 1887. Halle University, 897a. **Lower Cambrian, Botomian,** Nebida Formation, Sardinia, Italy.

Diagnosis : Outer wall simple of *Anthomorpha*-type, built by lintels joining the adjacent pseudosepta, sometimes divided by additional lintels giving one or several rows of pores. Microporous membranes, similar to the structure of the tabulae could appear. Inner wall of the same type as the outer wall. In the intervallum there are non porous radial pseudosepta and occasional, thin, porous membrane tabulae. The septa are non porous even in the early stages.

Specific composition : *margarita* Born., 1887 [= *florea* Debr., 1964, = *pistrini* ? Debr., 1964] ; *immanis* Debr., 1964 ; *robusta* ? Bel. ; 1975 ; *sisovae* Vol., 1940 [= *rackovskii* Vol., 1940].

Systematic position : **Anthomorphidae, Anthomorphina.**

529 – *ARCHAEOCYATHUS* BILLINGS, 1861
Pl. XII, fig. 7 ; Pl. XIV, fig. 1-5 ; Pl. XV, fig. 1-7 ; Pl. XVI, fig. 1, 2, 6-8 ; Pl. XVIII, fig. 3 ;

120

Pl. XXXV, fig. 2, 3 ; Pl. XXXVI, fig. 1-3 ;
Pl. XXXVII, fig. 4.

Archeocyathus : Billings, 1861, p. 4.
Archaeocyathus : Walcott, 1886, p. 75.
Spirocyathus : Hinde, 1889, p. 136.
Claruscyathus : Vologdin, 1932, p. 25.
Retecyathus : Vologdin, 1932, p. 20.
Flindersicyathus : Bedford R. & J., 1937, p. 28.
Eucyathus : Simon, 1939, p. 29.
Batenevia : Krasnopeeva, 1961, p. 249.
Sanxiacyathus : Yuan & Zhang, 1978, p. 8.
Syringsella : Krasnopeeva, 1961, p. 248.
Bijacyathus : Krasnopeeva, 1978, p. 78.
Retecyathus (Pararetecyathus) : Yuan & Zhang,
    1978, p. 139.
Vadimocyathus : Kashina, *in* Osadchaja *et al.*,
    1979, p. 161.

Type species : *A. atlanticus* Billings, 1861. GSC 369.
Lower Cambrian, Toyonian, Forteau Formation, Anse
au Loup, Labrador, Canada.

Diagnosis : Outer wall centripetal ; inner wall with one
row of steep canals per intersept. In the intervallum
there are coarsely porous pseudotaeniae, synapticulae
and occasional centripetal segmented tabulae.

Remarks : The most ancient described genus has the
largest number of synonyms. The reasons are series of
misinterpretations of the skeletal structures as for
Archaeopharetra (sea discussion below). The spelling
of the name with the diphtong "ae" was fixed by Walcott in 1886, and, since then, is used by all the scientists. He chose the type of *Archaeocyathus* out of the
three species described by Billings : *atlanticus, ming-
anensis, profundus*. Hinde (1889) did not agree with this
choice and considered *profundus* as the type species of
Archaeocyathus and *atlanticus* the type species of his
new genus *Spirocyathus*. Thus, *Spirocyathus* is a junior
objective synonym of *Archaeocyathus*.

Since the holotype of *A. atlanticus* has thick secondary
skeleton, its inner wall was interpreted by most of the
scientists as a wall with canals. Cups without secondary
layers were named *Retecyathus* and cups with a even
thicker wall than *atlanticus* were named *Sanxiacyathus*
and *Retecyathus (Pararetecyathus)*.

No mention of tabula was made neither in the original description (Billings, 1861) nor in the following ones
(Walcott, 1886 ; Okulitch, 1943). Then, sections with
tabulae were distinguished in the genus *Claruscyathus*
(and its objective synonym *Eucyathus*). The present
study of topotype material of *atlanticus* has shown presence of tabulae (Pl. XV, fig. 2) but very sporadic as
in the type species of "*Claruscyathus*" (Pl. XV, fig. 5,
6) and of *Sanxiacyathus*.

The centripetal wall of *Archaeocyathus* was described
either as simple or as microporous or as double (*Syringsella, Batenevia, Bijacyathus, Vadimocyathus*).

The interpretation of the inner wall structure with bracts
and canals depends, to a great extend, on the age of
the cup. *Flindersicyathus* with well developed canals
has not to be distinguished from *Archaeocyathus*.

Specific composition : *atlanticus* Billings, 1861 [= *dun-
bari* (Okul., 1943)] ; *arborensis* Okul., 1954 [=
borealis ? Okul., 1955], *raymondi* Okul., 1935 ; *birjus-
sense* (Zhur, 1964) ; *chengkouensis* (Yuan, 1980)[=
tubus Yuan, 1980] ; *chikinevae* (Kash., 1979) ; *compactus* Fonin, 1985 ; *cribrus* (Grav., 1984) ; *cumfundus*
Vol., 1932 [= *altaicus* Kras. 1960 ; *laqueus* (Vol.,
1932) ; *microporosus* S. Tcher., 1966 ; *ynyrgensis* (Kras.
1961)] ; *decipiens* (Bedf. & Bedf., 1937) ; *kusmini*
(Vol., 1932) [= *regularis* Kras., 1960] ; *laceratus* Fonin,
1985 ; *monstruosus* (Fonin, 1985) ; *naturalis* Fonin,
1985 ; *nitidus* (Yuan & Zhang, 1977) [= *communis*
(Yuan & Zhang, 1977) ; *hubeiensis* (Yuan & Zhang,
1977), *typus* (Yuan & Zhang, 1977)] ; *okulitchi* (Zhur.
1960) ; *operosus* (Zhur., 1955) ; *pellisi* (Kras., 1961) ;
radiatus (Taylor, 1910) ; *rete* (Taylor, 1910) ; *selivers-
tovae* (Jazmir, 1975) ; *serus* (Fonin, 1985) ; *sigmoideus*
Kras., 1960 ; *speciosus* (Bedf. & Bedf., 1934) ; *validus*
Yuan, 1980 ; *wanfusiensis* (Yuan, 1978) ; *yanjiaoensis*
(Yuan, 1974) [= *shixiqiaoensis* (Yuan, 1974)] ; *yichangensis* Yuan & Zhang, 1977.

Systematic   position :   **Archaeocyathidae,   Archaeocyathina.**

525 – *ARCHAEOPHARETRA* BEDFORD R. & W.R., 1936

Fig. 29-31 ; Pl. IX, fig. 4 ; Pl. XII, fig. 1-6,9,10 ;
Pl. XVI, fig. 5

Archaeopharetra : Bedford R. & W.R., 1936,
    p. 17.
Dictyocoscinus : Bedford R. & W.R., 1936, p. 14.
Flindersicoscinus : Debrenne, 1970, p. 246.
Salanycyathus : Fonin *in* Voronin *et al.*, 1982,
    p. 95.
Hawkercyathus : Gravestock, 1984, p. 115.

Type species : *Dictyocyathus irregularis* Taylor, 1910.
SAM T1590 (senior synonym of *typica* Bedf. & Bedf.,
1936, previously type species of *Archaeopharetra*).
Lower Cambrian, Botomian, Ajax Limestone, Ajax
Mine, Flinders Ranges, South Australia.

Diagnosis : Outer wall centripetal ; inner wall simple with
one row of pores per intertaenial space. Intervallum
with coarsely porous pseudotaeniae, occasional centripetal segmented tabulae.

Remarks : The case of *Archaeopharetra* is typical of
archaeocyaths with a centripetal outer wall. Different
species of this genus were described with a simple outer
wall (*Archaeopharetra*), with carcass and microporous
sheath (*Salanycyathus*), or centripetal (*Hawkercyathus*).
Cups with tabulae were placed in separate genera
(*Dictyocoscinus* or *Flindersicoscinus*). The pseudotaenial structure of the intervallum was interpreted
either as dictyonal (*Salanycyathus*) or taenial (*Hawkercyathus*).

Specific composition : *irregularis* (Taylor, 1910) [= *bel-
tana* (Bedf. & Bedf., 1936) ;) ; *quadruplex* (Bedf. &
Bedf., 1936) ; *typica* (Bedf. & Bedf., 1936)] ; *bureinskii*
(Bel., 1984) ; *insculpta* (Grav., 1984) ; *itmatiensis* (Bel.,

1975) ; *lepida* (Yuan & Zhang, 1981) [= *intexta* (Yuan & Zhang, 1981)] ; *marginata* (Fonin, 1982) [= *diserta* (Fonin, 1982) ; *gracilis* (Fonin, 1982) ; *ordinata* (Fonin, 1982)] ; *orientalis ?* (Bel., 1984) ; *pauciseptata* (Gordon, 1920) ; *subradiata* (Vol., 1931) ; *tabulata* (Bedf. & Bedf., 1937) ; *yarbili* (Rod., 1967) ; *yavorskii* (Vol., 1931).

Systematic position : **Archaeopharetridae, Archaeocyathina.**

531 – *ARCHAEOSYCON* TAYLOR, 1910
Pl. XIX, fig. 1-5, 7 ; Pl. XXXVII, fig. 5

Archaeosycon : Taylor, 1910, p. 111.
Pustulacyathellus : Debrenne & Gangloff *in* Voronova *et al.*, 1987, p. 41– 42.

Type species : *Archaeocyathus billingsi* Walcott, 1886. USNM 15302. **Lower Cambrian, Toyonian,** Forteau Formation, Anse au Loup, Labrador, Canada.

Diagnosis : Outer wall centripetal, tabular ; inner wall compound formed by wall carcass and tabulae. In the intervallum there are coarsely porous taeniae. The development of centripetal segmented tabulae is here regular.

Remarks : *Pustulacyathellus* Debrenne & Gangloff *in* Voronova *et al.* 1987, was distinguished from *Archaeosycon* by outpocketting of the outer wall. But studies of new material coming from different regions of North America, including the type locality, have shown that this feature is not constant and inconsistantly changes with the cup growth (Pl. XIX, fig. 4).

Specific composition : *billingsi* (Walcott, 1886) [= *vesiculosum* Okul., 1943] ; *copulatus* (Debr. & Gang., 1987).

Systematic position : **Archaeosyconiidae, Archaeocyathina.**

503 – *ARDROSSACYATHUS* BEDFORD R. & J., 1937
Pl. I, fig. 8a,b

Ardrossacyathus : Bedford R. & J., 1937, p. 31.
Dzhagdycyathus : Beljaeva *in* Beljaeva *et al.*, 1975, p. 102.
Egiinocyathus : Fonin, 1983, p. 12.

Type species : *A. endotheca* Bedford R. & J., 1937. PU 86766. **Lower Cambrian, Botomian,** Parara Limestone, Ardrossan, Yorke Peninsula, South Australia.

Diagnosis : Outer wall simple of *Cambrocyathellus*-type ; inner wall with simple pores, several rows per intersept. Intervallum with straight pseudosepta, sparsely porous to porous.

Remarks : The present diagnosis is based on new topotypical material (Zhuravlev & Gravestock, in press) ; it differs from the previous data (Gravestock, 1984).

Dzhagdycyathus and *Egiinocyathus* were initially placed in **Anthomorphidae.** However, they do not have membrane tabulae nor membranes in the outer wall pores. Canals in the outer wall pores of *Dzhagdycyathus* and in both walls of *Egiinocyathus* are connected with the development of secondary calcareous skeleton.

Specific composition : *endotheca* Bedf. & Bedf., 1937 ; *crinitus* (Bel., 1975) ; *ornatus* (Fonin, 1983) [= *porosus* (Fonin, 1983) ; *stratosus* (Fonin, 1983)].

Systematic position : **Loculicyathidae, Loculicyathina.**

533 – *ARRYTHMOCRICUS* DEBRENNE & JAMES, 1981
Pl. XIII, fig. 6 ; Pl. XVIII, fig. 2, 4, 5

Arrythmocricus : Debrenne & James, 1981, p. 368.

Type species : *A. kobluki* Debrenne & James. GSC 62123. **Lower Cambrian, Toyonian,** Forteau Formation, Fox Cove, Labrador, Canada.

Diagnosis : Outer wall centripetal ; inner wall with fused bracts, one opening per intertaenial space. Intervallum with pseudotaenial network and synapticulae.

Specific composition : *kobluki* Debr. & James, 1981 ; *macdamensis* (Handf., 1971).

Systematic position : **Archaeocyathidae, Archaeocyathina.**

548 – *ATAXIOCYATHUS* DEBRENNE, 1974
Pl. XXVII, fig. 2a,b ; Pl. XXX, fig. 1a,b, 2

Ataxiocyathus : Debrenne, 1974b, p. 172.

Type species : *Paranacyathus grandis* Bedford R. & J., 1937. PU 86821. **Lower Cambrian, Botomian,** Ajax Limestone, Ajax Mine, Flinders Ranges, South Australia.

Diagnosis : Outer wall massive, which may be interpreted as made of subdivided canals ; inner wall with one row of simple pores per intersept. Intervallum with sparsely porous pseudosepta.

Specific composition : *grandis* (Bedf. & Bedf., 1937) ; *cortex* (Bedf. & Bedf., 1937).

Systematic position : **Maiandrocyathidae ?, Archaeocyathina.**

558 – *AULISCOCYATHUS* DEBRENNE, 1974
Pl. XXX, fig. 1a,b, 2

Auliscocyathus : Debrenne, 1974, p. 198.

Type species : *Spirocyathus multifidus* Bedford R. & W.R., 1936. SAM P950– 81. **Lower Cambrian, Botomian,** Ajax Limestone, Ajax Mine, Flinders Ranges, South Australia.

Diagnosis : Outer wall and inner wall simple rudimentary. In the intervallum there are subhorizontal radial tubes (syringes), with a square section, and one pore per facet.

122

Specific composition : *multifidus* (Bedf. & Bedf., 1936) ; *alterius* ? (Rod., 1967) ; *arcuatus* Grav., 1984 ; *irregularis* (Taylor, 1910) ; *quartus* (Rod., 1967).

Systematic position : **Auliscocyathidae, Syringocnemidina.**

549 – *BELTANACYATHUS* BEDFORD R. & J., 1936
Fig. 33 ; Pl. XXVII, fig. 3a-c, 4 ; Pl. XXXV, fig. 4.

Beltanacyathus : Bedford R. & J., 1936, p. 23.
Fridaycyathus : Gravestock, 1984, p. 125.
Bayleicyathus : Gravestock, 1984, p. 131.

Type species : *Archaeocyathus wirrialpensis* Taylor, 1910 (senior synonym of *B. ionicus* Bedford R. & W.R., 1936 by original designation). SAM 1581A-E. **Lower Cambrian, Atdabanian**, Wilkawillina Limestone, Wirrealpa, Flinders Ranges, South Australia.

Diagnosis : Outer wall with subdivided canals ; inner wall with one row of oblique straight canals orientated upwards with a steep angle. Intervallum with sparsely porous pseudosepta, and rare segmented tabulae with canals.

Remarks : The three genera, considered here as synonyms, differ by the thickness of the inner wall or by the arrangement of the canal rows of the outer wall (Gravestock, 1984) ; their cup development are similar and the differences observed are only of specific value.

Specific composition : *wirrialpensis* (Taylor, 1910) [= *ionicus* Bedf. & Bedf., 1936] ; *biserialis* Grav., 1984 ; *bowmanni* (Grav, 1984) ; *digitus* Grav., 1984 ; *diversus* (Grav., 1984).

Systematic position : **Beltanacyathidae, Archaeocyathina.**

567 – *BICOSCINUS* DEBRENNE, 1977
Pl. XXXIV, fig. 10

Bicoscinus : Debrenne, 1977, p. 127.

Type species : *B. sdzuyi* Debrenne, 1977. MNHN M80058. **Lower Cambrian, Botomian,** Jebilets, Morocco.

Diagnosis : Outer wall non perforate (rudimentary ?) ; inner wall simple. In the intervallum there are regularly spaced horizontal structures delimiting successive vertical chambers.

Specific composition : *sdzuyi* Debr., 1977.

Systematic position : **Korovinellidae, Kazachstanicyathina.**

504 – *CAMBROCYATHELLUS* ZHURAVLEVA, 1960
Pl. II, fig. 1-6, 10 ; Pl. III, fig. 1 ; Pl. XXXVIII, fig. 2,3.

Cambrocyathellus : Zhuravleva, 1960a, p. 285.
Robustocyathus : Zhuravleva, 1960a, p. 133.
Ramuscyathus (*Ramuscyathus*) : Fonin *in* Voronin *et al.*, 1982, p. 101.
Ramuscyathus (*Parvuscyathus*) : Fonin *in* Voronin *et al.*, 1982, p. 103.

Type species : *C. tschuranicus* Zhuravleva, 1960. CSGM 205/147. **Lower Cambrian, Tommotian,** Pestrotsvet Formation, Lena River, Yakutia, F.R. Russia.

Diagnosis : Outer wall simple of *Cambrocyathellus*-type ; inner wall simple, with one row of pores per intersept. In the intervallum there are porous pseudosepta.

Remarks : Zhuravleva (1960a) established two new genera, *Cambrocyathellus*, with *tschuranicus* as type species, placed among the irregular archaeocyaths and *Robustocyathus*, with the type species *robustus*, placed among the regular archaeocyaths. Restudying the assumed topotypical material from the Anabar Region, where *robustus* was originally collected, and examining carefully Vologdin's illustrations (1937a) lead to the conclusion that *Robustocyathus* and *Cambrocyathellus* are synonyms, both having an identical morphology and a similar cup development [already noticed by Voronin (1979)] characteristic of **Archaeocyathida.** Since 1960, most of the species assigned to *Robustocyathus* were **Regulares** (Zhuravleva *et al.*, 1969 ; Debrenne & Voronin, 1971 ; etc.). They must be transfered to *Rotundocyathus* Vologdin 1960a, in the **Ajacicyathida.** Some of them, however, must stay within *Cambrocyathellus*. *Ramuscyathus* Fonin (*in* Voronin *et al.*, 1982) is identical to *Cambrocyathellus*, which was erroneously considered by Fonin as a synonym of *Paranacyathus*.

Specific composition : *tschuranicus* Zhur., 1960 ; *alternus* (Grav., 1984) ; *artus* (Fonin, 1982)[= *foraminosus* (Fonin, 1982)] ; *communis* (Fonin, 1982) [= *optimus* (Fonin, 1982) ; *reticulatus* (Fonin, 1982) ; *vadosus* (Fonin, 1982)] ; *uberis* (Fonin, 1982) ; *kundatus* (Zhur., 1964) ; *pannonicus* (Fonin, 1982) ; *parvulus* (Vol., 1940) ; *petrovskii* (Kon., 1968) [= *uralensis* (Kon., 1968)] ; *prochoriensis* Okun., 1969 ; *proximus* (Fonin, 1983) ; *robustus* (Vol., 1937) ; *similiseptus* (Voron., 1979) ; *spinosus* (Grav., 1984) ; *tuberculatus* (Vol., 1940) [= *minutus* (Vol., 1940)] ; *zhautikovi* (Zhur., 1976).

Systematic position : **Loculicyathidae, Loculicyathina.**

515 – *CELLICYATHUS* DEBRENNE & A. ZHURAVLEV, 1990
Pl. VIII, fig. 1-4 ; Pl. XIX, fig. 5

Cellicyathus : Debrenne & A. Zhuravlev, 1990, p. 300.

Type species : *Maturocyathus ornatus* Fonin, 1985. PIN 1915/280. **Lower Cambrian, Botomian,** Tannu-Ola Ridge, Tuva, F.R. Russia.

Diagnosis : Outer wall basic simple, tabular, with several pores per intersept ; inner wall simple tabulate, with one row of pores per intersept. In the intervallum there are coarsely porous taeniae, sometimes linked with synapticulae and simple porous segmented tabulae.

Specific composition : *ornatus* Fonin, 1985 ; *kuliki* (Vol., 1940) ; *secundus* ? (Kash, 1979).

Systematic position : **Dictyocyathidae, Archaeocyathina.**

542 – *CHANGICYATHUS* DEBRENNE & A. ZHURAVLEV, 1990
Pl. XXIV, fig. 3, 4

Changicyathus : Debrenne & A. Zhuravlev, 1990, p. 301.

Type species : *Cambrocyathellus tenuicaulus* Zhang & Yuan, 1985. IPN 17f10/14/82277, **Lower Cambrian, Botomian,** Xiannudong Formation, Nanzhen, China.

Diagnosis : Outer wall compound completely subdivided ; inner wall compound with incipient subdivisions. In the intervallum there are taeniae and segmented compound tabulae.

Specific composition : *tenuicaulus* (Zhang & Yuan, 1985) [= *shaanxiensis* (Zhang & Yuan, 1985) ; *nanjiangensis* (Zhang & Yuan, 1985)].

Systematic position : **Metacyathidae, Archaeocyathina.**

551 – *CHANKACYATHUS* JAKOVLEV, 1959
Fig. 17a,b

Chankacyathus : Jakovlev, 1959, p. 91.

Type species : *C. strachovi* Jakovlev, 1959. ? PGO "Dalgeologia" section lost. **Lower Cambrian, Botomian,** Dmitrievka Formation, Khanka Massif, Far East, F.R. Russia.

Diagnosis : Outer wall with canals covered with bracts (geniculate) ; inner wall simple. In the intervallum there are sparsely porous pseudosepta.

Specific composition : *strachovi* Jak., 1959 [= *zhuravlevae* Okun., 1973].

Systematic position : **Chankacyathidae, Loculicyathina.**

517 – *CHOUBERTICYATHUS* DEBRENNE, 1964
Fig. 5 ; Pl. VI, fig. 1a,b.

Chouberticyathus : Debrenne, 1964, p. 208.

Type species : *C. clatratus* Debrenne, 1964. SGM Ki140. **Lower Cambrian, Botomian** (Timghitian), Tizi Oumeslema, Morocco.

Diagnosis : Outer wall imperforate (? simple rudimentary) ; inner wall simple, with one row of pores per intertaenial space. Intervallum with coarsely porous taeniae.

Specific composition : *clatratus* Debr., 1964, *daopingensis* (Zhang & Yuan, 1984), *lepidus* (Fonin, 1982).

Systematic position : **Dictyocyathidae, Archaeocyathina.**

519 – *CLARUSCOSCINUS* HANDFIELD, 1971
Fig. 9 ; Pl. VIII, fig. 6, 7 ; Pl. XIX, fig. 6, 7.

Claruscoscinus : Handfield, 1971, p. 74.
Arisacyathus : Kashina *in* Osadchaja *et al.* 1979, p. 166.
Maturocyathus : Fonin, 1985, p. 114.
Costocyathus : Fonin, 1985, p. 119.

Type species : *billingsi* Vologdin, 1940. Holotype not known. **Lower Cambrian, Toyonian,** Western Sayan, F.R. Russia.

Diagnosis : Outer wall basic simple, linked with the up-turning of the tabular structures ; inner wall with one row of pores per intersept. In the intervallum there are straight, irregularly porous pseudosepta and irregularly spaced simple segmented arched tabulae.

Remarks : Kashina (in Osadchaja *et al.*, 1979) distinguished *Arisacyathus* from *Claruscoscinus* by the presence of a microporous sheath in the outer wall and by S-shaped canals in the inner wall. But the microporous sheath is not a real one as it corresponds to the overlapping of an upper segment of the outer wall on a lower one. The inner wall has bracts rather than canals, as in *Claruscoscinus*. Fonin (1985) put *Claruscoscinus* within **Regulares**, but placed its type species *billingsi* among the composition of its irregular genus *Maturocyathus*, which consequently must be considered as a synonym of *Claruscoscinus*. The distinction of *Costocyathus* is based by Fonin (1985) on the presence of a complex outer wall, which is in fact the result of the superposition of several overlapping segments of a simple outer wall.

Specific composition : *billingsi* (Vol., 1940) [= *diligens* (Kash., 1979) ; *makarovi* (Fonin, 1985) ; *solidus* (Vol., 1940)] ; *dentocanis* (Okul., 1943) ; *dignus* (Rod., 1967) ; *fritzi* (Handf., 1971) ; *ketzaensis* ? (Kaw. & Okul., 1957) ; *mactus* (Fonin, 1985) ; *poolensis* (Kaw. & Okul., 1957) [= *tubicornis* (Kaw. & Okul., 1957)] ; *uniporus* ? Handf., 1971.

Systematic position : **Claruscoscininae, Archaeocyathina.**

534 – *COPLEICYATHUS* BEDFORD R. & J., 1937
Pl. XXI, fig. 3, 4, 6

Copleicyathus : Bedford R. & J., 1937, p. 29.

Type species : *C. confertus* Bedford R. & J., 1937. PU 86741-283. **Lower Cambrian, Atdabanian,** Ajax Limestone, Paint Mine, Flinders Ranges, South Australia.

Diagnosis : Outer wall compound subdivided ; inner wall simple with several rows of pores per intersept. In the intervallum there is a pseudotaenial network.

Specific composition : *confertus* Bedf. & Bedf., 1937 ; *scottensis* Grav., 1984 ; *furca* (Bedf. & Bedf., 1937)[= *cymosus* Grav., 1984].

Systematic position : **Copleicyathidae, Archaeocyathina.**

513 – *DICTYOCYATHUS* BORNEMANN, 1891
Pl. VI, fig. 2, 4a,b ; Pl. VII, fig. 4, 7

Dictyocyathus : Bornemann, 1891, p. 500.
Prismocyathus : Fonin, 1960, p. 725.
Spongiosicyathus : Zhuravleva *in* Datsenko *et al.*, 1968, p. 174.
Prismocyathellus : Fonin, 1990, p. 152.

Type species : *Coscinocyathus verticillus* Bornemann, 1886 (senior synonym of *tenerrimus* Born., 1891, first choice of type species of *Dictyocyathus*). Halle University, 899c. **Lower Cambrian, Botomian,** Nebida Formation, Sardinia, Italy.

Diagnosis : Outer wall basic simple ; inner wall simple, with one row of pores per intersept. In the intervallum is a dictyonal network (a synapticula at every angle of septal pore).

Remarks : *Prismocyathus,* a dictyonal archaeocyath, (Fonin, 1981 ; 1990) was distinguished by the presence of tubuli in the central cavity (Fonin, 1960), but these structures are part of the secondary skeleton (see chapter III – 2) and could not be taken as generic characteristics. *Prismocyathellus* Fonin 1990 has the same inner thickenings and differs from *Prismocyathus* only by the arrangement of pores in the dictyonal network, a character which changes during the cup growth. The type species of *Spongiosicyathus* Zhuravleva 1968, *translucidus,* has a skeleton dissolved and replaced by sparry calcite. It was interpreted by Hill as made of spicules, while in fact it is only the result of a diagenetic process. This interpretation is reinforced by the observation of specimen with incompletly replaced skeleton (Pl. X, fig. 3 ; Pl. XXVI, fig. 1).

Specific composition : *verticillus* Born., 1886 [= *perdixi* (Debr., 1964) ; *tenerrimus* (Born., 1891)] ; *arctus* Debr., 1964 ; *bobrovi* Korsh., 1972 ; *circulus* ? Debr., 1964 ; *confertus* Fonin, 1982 ; *impletus* Debr., 1964 ; *longispinosus* (A. Zhur., 1988) ; *neptunensis* Wood *et al.*, 1992 ; *praesignis* (Fonin, 1960) [= *verisimilis* (Fonin, 1960)] ; *salairicus* ? Vol., 1940 ; *stipatus* Debr., 1964 ; *tenuis* ? Debr., 1964 ; *translucidus* Zhur., 1960.

Systematic position : **Dictyocyathidae, Archaeocyathina.**

553 – *DICTYOFAVUS* GRAVESTOCK, 1984

Dictyofavus : Gravestock, 1984, p. 98.

Type species : *D. obtusus* Gravestock, 1984, p. 98. SAM P21666. **Lower Cambrian, Atdabanian,** Wilkawillina Gorges, Flinders Ranges, South Australia.

Diagnosis : outer and inner walls simple rudimentary. Intervallum infilled by calicles, hexagonal in cross section, with several pore rows per facet.

Specific composition : *obtusus* Grav.,1984 ; *araneosus* (Grav.1984) ; *polycoela* ? Vol. 1940.

Systematic position : **Dictyofavidae, Dictyofavina.**

528 – *DICTYOSYCON* ZHURAVLEVA, 1960
Pl. X, fig. 2-4

Sphinctocyathus (*Dictyosycon*) : Zhuravleva, 1960a, p. 307.

Type species : *Sphinctocyathus* (*Dictyosycon*) *gravis* Zhuravleva, 1960, p. 307. CSGM 205/169. **Lower Cambrian, Atdabanian,** Pestrotsvet Formation, Lena River, Yakutia, F.R. Russia.

Diagnosis : Outer wall centripetal ; inner wall simple rudimentary. In the intervallum, there is a dictyonal network and occasional simple or centripetal segmented tabulae.

Specific composition : *gravis* Zhur., 1960 [= *tatijanae* (Zhur., 1968)] ; *radiatus* (Zhur., 1964).

Systematic position : **Archaeopharetridae, Archaeocyathina.**

508 – *EREMITACYATHUS* DEBRENNE, 1977
Pl. III, fig. 4 a-c

Eremitacyathus : Debrenne *in* Debrenne & Zamarreño, 1977, p. 55.

Type species : *E. fissus* Debrenne, 1977. MNHN M84016. **Lower Cambrian, Atdabanian,** Las Ermitas, Spain.

Diagnosis : Outer wall simple of *Cambrocyathellus*-type ; inner wall with vertical pillars bearing regular denticules, forming a continuous hole as an opening in the central cavity. The thickness of these vertical shafts permits to compare them with canals. In the intervallum there are porous pseudosepta with some synapticulae.

Specific composition : *fissus* Debr., 1977 ; *toledani* ? (Perejón, 1976).

Systematic position : **Eremitacyathidae, Archaeocyathina.**

546 – *FENESTROCYATHUS* HANDFIELD, 1971
Pl. XXVI, fig. 1-8

Fenestrocyathus : Handfield, 1971, p. 72.

Type species : *F. complexus* Handfield, 1971. GSC 25388. **Lower Cambrian, Botomian,** Sekwi Formation, GSC locality 73873, Northwest Territories, Canada.

Diagnosis : Outer wall basic simple ; inner wall with one row of pores per intersept and fused bracts. Intervallum with a dictyonal network.

Remark : additional formations on the inner wall spines may occur instead of bracts in some cups (Tab. XXVI, fig. 8).

Specific composition : *complexus* Handf., 1971.

Systematic position : Claruscoscinidae, Archaeocyathina.

563 – *FRAGILICYATHUS* BELJAEVA, 1969
Fig. 15

Fragilicyathus : Beljaeva, 1969, p. 98.

Type species : *F. zhuravlevae* Beljaeva, 1969. PGO "Dalgeologia", ex. lost. **Lower Cambrian, Botomian,** Gerbikan horizon, Mel'kan River, Dzhagdy Ridge, Far East, F.R. Russia

Diagnosis : Outer wall with small straight canals ; inner wall with one row of bended canals per syrinx opening. In the intervallum there are hexagonal highly-porous syringes.

Specific composition : *zhuravlevae* Belj., 1969.

Systematic position : Fragilicyathidae, Syringocnemidina.

537 – *GABRIELSOCYATHUS* DEBRENNE, 1964
Pl.XXI, fig. 1,2,5

Gabrielsocyathus : Debrenne, 1964, p. 248.

Type species : *Metacoscinus gabrielsensis* Okulitch, 1955. GSC 12357. **Lower Cambrian, Botomian,** Atan Group, McDame Lake area, British Columbia, Canada.

Diagnosis : Outer wall compound completely subdivided ; inner wall simple with several pores per intertaenial space. Intervallum with porous taeniae, rare synapticulae and segmented tabulae of a simple structure.

Specific composition : *gabrielsensis* (Okul., 1955) [= *deasensis* (Okul., 1955)].

Systematic position : Copleicyathidae, Archaeocyathina.

555 – *GATAGACYATHUS* DEBRENNE & A. ZHURAVLEV, 1992
Pl. XXIX, fig. 2

Gatagacyathus : Debrenne & Zhuravlev, (1992).

Type species : *G. mansyi* Debrenne & A. Zhuravlev, 1992, GSC 69284. **Lower Cambrian, Botomian,** Rosella Formation, Kechika River, British Columbia, Canada.

Diagnosis : Outer wall compound with incipient pore subdivision ; inner wall simple rudimentary. In the intervallum there are hexagonal calicles.

Specific composition : *mansyi* Debr. & A Zhur., 1992.

Systematic position : Gatagacyathidae, Dictyofavina.

544 – *GRAPHOSCYPHIA* DEBRENNE, 1974
Fig. 24a-c ; Pl. XXV, fig. 1-4

Graphoscyphia : Debrenne, 1974a, p. 205.

Type species : *Protopharetra graphica* Bedford R. & W.R., 1934. BMNH S4170. **Lower Cambrian, Botomian,** Ajax Limestone, Ajax Mine, Flinders Ranges, South Australia.

Diagnosis : Outer wall simple basic with several pore rows per intersept ; inner wall simple with one row of pores per intersept. Dictyonal regular network in the intervallum.

Specific composition : *graphica* Bedf. & Bedf., 1934 ; *circliporus* (Bedf. & Bedf., 1937) ; *contracta* ? (Hill, 1965) ; *ramosa* Debr., 1989.

Systematic position : Dictyocyathidae, Archaeocyathina.

540 – *JUGALICYATHUS* GRAVESTOCK, 1984
Fig. 13, 19 ; Pl. XXII, fig. 7

Jugalicyathus : Gravestock, 1984, p. 114.

Type species : *J. tardus* Gravestock, 1984. SAM 21747. **Lower Cambrian, Botomian,** Ajax Limestone, Mt Scott Range, Flinders Ranges, Australia.

Diagnosis : Outer wall compound with incipient subdivisions of intervallar cells ; inner wall with one row of oblique canals per intersept. Intervallum with sparsely porous pseudosepta.

Specific composition : *tardus* Grav., 1984.

Systematic position : Jugalicyathidae, Archaeocyathina.

557 – *KECHIKACYATHUS* DEBRENNE & A. ZHURAVLEV, 1992
Fig. 34 ; Pl. XXVIII, fig. 3, 4

Kechikacyathus : Debrenne & Zhuravlev, (1992).

Type species : *Kechikacyathus natlaensis* Debrenne & A. Zhuravlev, 1992. Holotype : GSC 90166. **Lower Cambrian, Botomian** stage, Sekwi Formation ; Mackenzie Mountains, Northwest Territories, Canada.

Diagnosis : The intervallum is built by hexagonal calicles. The outer wall is centripetal. The inner wall is simple rudimentary.

Specific composition : *nathaensis* Debr. & Zhur. 1992.

Systematic position : Keriocyathidae, Dictyofavina.

556 – *KERIOCYATHUS* DEBRENNE & GANGLOFF, 1990
Pl. XXVIII, fig. 7 ; Pl. XXIX, fig. 1, 6 ; Pl. XXXVII, fig. 9

Keriocyathus : Debrenne & Gangloff *in* Debrenne *et al.,* 1990a, p. 93.

Type species : *K. arachnaius* Debrenne & Gangloff, 1990. USNM 443557. **Lower Cambrian, Toyonian,** Battle Mountains, Nevada, USA.

Diagnosis : Outer wall centripetal ; inner wall simple. The intervallum consists of vertical square tubes (calicles), bearing one pore per side.

Specific composition : *arachnaius* Debr. & Gang., 1990 ; *gerbicanica* ? (Bel., 1975).

Systematic position : **Keriocyathidae, Dictyofavina.**

568 – *KOROVINELLA* RADUGIN, 1960
Fig. 36 ; Pl. XXXIV, fig. 3-5

Korovinella : Radugin *in* Khalfina, 1960, p. 161-162.
Kazachstanicyathus : Konjuschkov, 1967, p. 106.

Type species : *Clathrodictyon sajanicum* Yaworsky, 1932. CNIGRm 4ab/4070. **Lower Cambrian, Botomian** ; Western Sayan, F.R. Russia.

Diagnosis : The outer wall and the inner wall are simple, of *Altaicyathus*-type. Intervallum consist of vertical successive chambers, regularly infilled by pillars. Cup ontogeny have a korovinellid pattern.

Specific composition : *sajanica* (Yaworsky, 1932) ; *fistulata* (Kon., 1967).

Systematic position : **Korovinellidae, Kazachstanicyathina.**

565 – *KRUSEICNEMA* DEBRENNE, GRAVESTOCK & A. ZHURAVLEV, 1990
Pl. XXXII, fig. 2, 5

Kruseicnema : Debrenne, Gravestock & A. Zhuravlev, *in* Debrenne & Zhuravlev, 1990, p. 301.

Type species : *Syringocnema gracilis* Gordon, 1920. BMNH S8457-8. **Lower Cambrian, Botomian**, from a dredging in Weddell Sea, Antarctica.

Diagnosis : Outer wall pustular ; inner wall with one canal per tube. In the intervallum there are hexagonal syringes bearing several pores per facet.

Specific composition : *gracilis* (Gordon, 1920).

Systematic position : **Kruseicnemididae, Syringocnemidina.**

522 – *LANDERCYATHUS* DEBRENNE & GANGLOFF, 1990
Pl. X, fig. 1a,b

Landercyathus : Debrenne & Gangloff *in* Debrenne *et al.*, 1990a, p. 91.

Type species : *L. lewandowskii* Debrenne & Gangloff, 1990. USNM 443571. **Lower Cambrian, Toyonian**, Battle Mountains, Nevada, USA.

Diagnosis : Outer wall simple ; inner wall with one oblique canal per intervallum aperture. This canal often penetrates through the intervallum. The intervallum is of dictyonal type.

Specific composition : *lewandowskii* Debr. & Gang., 1990.

Systematic composition : **Claruscoscinidae ?, Archaeocyathina.**

501 – *LOCULICYATHUS* VOLOGDIN, 1931
Pl. I, fig. 1-3 ; Pl. XXXVII, fig. 7

Loculicyathus : Vologdin, 1931, p. 54.

Type species : *L. tolli* Vologdin, 1931. Lectotype CNIGRm 58a/2956. **Lower Cambrian, Botomian**, Kameshki, Eastern Sayan, F.R. Russia.

Diagnosis : Outer wall simple with several rows of pores per intersept ; inner wall simple, with one row of pores per intersept. Intervallum with straight radial pseudosepta, sparsely porous.

Specific composition : *tolli* Vol., 1931 ; *bornemanni* Kras., 1937 [= *proprius* Zhur., 1955] ; *lectus* ? Jazmir, 1975 ; *legitimus* (Korsh., 1974) ; *membranivestites* Vol., 1932 ; *polycladus* Debr. 1989 ; *simplex* (Debr., 1974) ; *vologdini* Okun., 1973.

Systematic position : **Loculicyathidae, Loculicyathina.**

547 – *MAIANDROCYATHUS* DEBRENNE, 1974
Pl. XXVII, fig. 1a,b

Maiandrocyathus : Debrenne, 1974a, p. 235.

Type species : *Metacoscinus insigne* Bedford R. & W.R., 1936. SAM P 986-(167-168). **Lower Cambrian, Botomian**, Ajax Limestone, Ajax Mine, South Australia.

Diagnosis : Outer wall with subdivided canals ; inner wall simple with pores irregular in shape, 1-2 per intersept. In the intervallum, taeniae with a net-like porosity.

Remarks : Insufficient material does not allow an exact interpretation of the outer wall : it is presumably the extreme degree of the development of protrusions in subdivided canals, forming a microporous sheath.

Specific composition : *insigne* (Bedf. & Bedf., 1936).

Systematic position : **Maiandrocyathidae, Archaeocyathina.**

527 – *MARKOCYATHUS* DEBRENNE, 1989
Pl. XIII, fig. 1-3

Markocyathus : Debrenne *in* Debrenne *et al.*, 1989a, p. 165.

Type species : *M. clementensis* Debrenne, 1989. MNHN M83096. **Lower Cambrian, Botomian**, Puerto Blanco Formation, Cerro Clemente, Sonora, Mexico.

Diagnosis : Outer wall centripetal ; inner wall simple with several pores per intertaenial space. In the intervallum there are taeniae and irregularly spaced segmented centripetal tabulae.

Specific composition : *clementensis* Debr., 1989.

Systematic position : **Archaeopharetridae, Archaeocyathina.**

539 – *METACYATHELLUS* DEBRENNE & A. ZHURAVLEV, 1990
Fig. 32 ; Pl. XXIII, fig. 1, 2 ; Pl. XXXVII, fig. 8

Metacyathellus : Debrenne & A. Zhuravlev, 1990, p. 302.

Type species : *Metaldetes ? caribouensis* Handfield, 1971. GSC 25367. **Lower Cambrian, Botomian**, Sekwi Formation, GSC locality 73870, Northwest Territories, Canada.

Diagnosis : The outer wall is compound with completely subdivided pores ; the inner wall has 1-2 rows of simple pores per intertaenial space. Taeniae are straight, with coarse to fine pores. The outer wall may form segmented compound tabulae in the intervallum.

Specific composition : *caribouensis* (Handf., 1971) ; *argentus* (Okul., 1935) ; *lairdi* (Hill, 1964) ; *simpliporus* (Debr. & James, 1981) ; *strictus* (Grav., 1984).

Systematic position : **Copleicyathidae, Archaeocyathina.**

543 – *METALDETES* TAYLOR, 1910
Pl. XXIII, fig. 3-5 ; Pl. XXIV, fig. 1a,b, 2 ; Pl. XXXVIII, fig. 1,4

Metaldetes : Taylor, 1910, p. 15.
Metafungia : Bedford R. & W.R., 1934, p. 4.
Metacyathus : Bedford R. & W.R., 1934, p. 5.
Metacoscinus : Bedford R. & W.R., 1934, p. 6.
Cambrocyathus : Okulitch, 1937, p. 251.
Metethmophyllum : Okulitch, 1943, p. 79.
Bedfordcyathus : Vologdin, 1957c, p. 182.
Praefungia : Debrenne, 1974a, p. 228.

Type species : *M. cylindricus* Taylor, 1910. SAM T1592 A. **Lower Cambrian, Botomian**, South Australia.

Diagnosis : Outer wall compound subdivided ; inner wall compound with several pores per intersept. In the intervallum, relatively straight porous taeniae ; synapticulae abundant in early stages, rare in adult cups ; some scarce segmented compound tabulae may occur.

Remarks : The revision of the type material of *Cambrocyathus profundus* (Billings) by Debrenne & James (1981), established the presence of subdivided pores in both walls. The same characteristic was also found in *Metafungia*. *Metacoscinus* is, only, the form where tabulae were found. The species *taylori*, type species of *Metacyathus*, is evidently a junior synonym of *Metaldetes dissepimentalis* (Taylor) (Debrenne, 1974a). Secondary thickenings surround the inner wall of *Metethmophyllum*, recalling canals. Vesicular tissue invade the intervallum of *Bedfordcyathus*, while there are none in *Praefungia*. The development of secondary skeleton is not a generic feature (cf. chapter III – 2).

Specific composition : *cylindricus* Taylor, 1910 ; *dispersus* Debr., 1974 ; *dissepimentalis* (Taylor, 1910) [= *conicus* Bedf. & Bedf., 1934 ; *irregularis* (Bedf. & Bedf., 1934) ; *taylori* (Bedf. & Bedf., 1934)] ; *ellipticus ?* Kaw. & Okul., 1957 ; *ferulae* Grav., 1984 ; *fischeri* (Handf., 1971) ; *fortiseptatus* (Hill, 1965) ; *gracilis* Grav., 1984 ; *incohatus*, Grav., 1984 ; *meeki* (Walcott, 1891) ; *plicatus* Gordon, 1920 ; *profundus* Billings, 1861 [= *amourensis* (Okul., 1943) ; *dissepimentalis* (Okul., 1943) ; *labradorensis* (Okul., 1943) ; *loupensis* (Okul., 1943) ; *orthoconicus* (Okul, 1943)] ; *ramulosus* (Bedf. & Bedf., 1937) ; *retesepta* (Taylor, 1910) [= *reteseptatum* (Bedf. & Bedf., 1934)] ; *reticulatus* (Bedf. & Bedf., 1934) ; *spiralis* Bedf. & Bedf., 1936 ; *superbus* Bedf. & Bedf., 1936.

Systematic position : **Metacyathidae, Archaeocyathina.**

172 – *MIKHNOCYATHUS* MASLOV, 1957
Pl. V, fig. 6a,b

Mikhnocyathus : Maslov, 1957, p. 307.
Zolacyathus : Vologdin, 1962c, p. 10.

Type species : *M. zolaensis* Maslov, 1957, PIN 2038(1), **Lower Cambrian, Atdabanian**, Argun River Basin, Eastern Transbaikal, F.R. Russia.

Diagnosis : Both walls are simple with several rows of pores per intersept ; the outer wall is of *Cambrocyathellus*-type. In the intervallum there are coarsely porous pseudosepta and rare plate tabulae.

Remarks : This genus was previously assigned to the **Regulares**. On the base of ontogenetic development, it is now placed in **Irregulares**.

Specific composition : *zolaensis* Maslov, 1957

Systematic position : **Loculicyathidae, Loculicyathina.**

518 – *MOLYBDOCYATHUS* DEBRENNE & GANGLOFF, 1990
Pl. VI, fig. 3 ; Pl. VII, fig. 2, 5, 6

Molybdocyathus : Debrenne & Gangloff *in* Debrenne *et al.*, 1990a, p. 92.

Type species : *M. juvenilis* Debrenne & Gangloff, 1990. USNM 443573. **Lower Cambrian, Toyonian**, Battle Mountains, Nevada, USA.

Diagnosis : Outer wall imperforate to simple rudimentary ; the inner wall has one row of pores per intertaenial space. In the intervallum there is a regular dictyonal network.

Specific composition : *juvenilis* Debr. & Gang., 1990.

Systematic position : **Dictyocyathidae, Archaeocyathina.**

506 – *NEOLOCULICYATHUS* VORONIN, 1974
Fig. 25 ; Pl. I, fig. 4, 5 ; Pl.XXXV, fig. 5, 6

Neoloculicyathus : Voronin, 1974, p. 134.

Type species : *N. primus* Voronin, 1974. PIN 2742-4. **Lower Cambrian, Atdabanian**, Bazaikha River, Eastern Sayan, F.R. Russia.

Diagnosis : Outer wall simple of *Cambrocyathellus*-type ; inner wall simple, with more than one row of pores per intersept. In the intervallum, straight porous pseudosepta.

Remarks : As Voronin in 1974 has assigned *Loculicyathus* to irregular archaeocyaths, a new name was created to house the regular forms ; unfortunately, the new genus *Neoloculicyathus*, with its abundant dissepiments and a typical **Archaeocyathida** development, is, also, an **Irregulares**.

Specific composition : *primus* Voron., 1974 ; *abadiei* (Debr., 1959) ; *bourcarti* (Debr., 1964) ; *chabakovi* (Kon., 1968) ; *dissepimentalis* ? (Latin, 1961) ; *grandis* (Grav., 1984) ; *magnus* Debr., 1978 ; *pachyderma* ? (Latin, 1961) ; *sibiricus* (Sund., 1986).

Systematic position : **Loculicyathidae, Loculicyathina**.

505 – *OKULITCHICYATHUS* ZHURAVLEVA, 1960
Pl. I, fig. 7a,b ; Pl. III, fig. 5

Okulitchicyathus : Zhuravleva, 1960a, p. 281.
Lermontovaecyathus : Korshunov, 1972, p. 59.

Type species : *Ajacicyathus discoformis* Zhuravleva, 1955. P.I.N. 1161. **Lower Cambrian, Tommotian**, Pestrotsvet Formation, Lena River, Yakutia, F.R. Russia

Diagnosis : Outer wall and inner wall simple, with several row of pores per interseptum. In the intervallum there are straight porous pseudosepta, with a mesh-like porosity, rare tabulae and few or no synapticulae. Its morphotype is a large flat disc.

Remarks : *Lermontovaecyathus* comes from the same area than *Okulitchicyathus* ; it was placed by Korshunov (1972) in **Ajacicyathida**. In the original diagnosis interseptal plates are noticed : they correspond to taenial structures and then, *Lermontovaecyathus* has no difference with *Okulitchicyathus*.

Specific composition : *discoformis* (Zhur., 1960) ; *amplus* ? (Grav., 1984).

Systematic position : **Loculicyathidae, Loculicyathina**.

514 – *PARACOSCINUS* BEDFORD R. & W.R., 1936
Fig. 26 ; Pl. VIII, fig. 5 ; Pl. IX, fig. 2, 3 ; Pl. XXXI, fig. 4

Paracoscinus : Bedford R. & W.R., 1936, p. 18.

Type species : *P. mirabile* Bedford R. & W.R., 1936. SAM P 988. **Lower Cambrian, Botomian**, Ajax Limestone, Ajax Mine, Flinders Ranges, South Australia.

Diagnosis : Outer wall basic simple ; inner wall simple, with several rows of pores per intersept. In the intervallum, straight finely porous pseudosepta and numerous segmented tabulae of the same porosity.

Specific composition : *mirabile* Bedf. & Bedf., 1936 ; *tschernyschevae* ? (Kras., 1961).

Systematic position : **Dictyocyathidae, Archaeocyathina**.

502 – *PARANACYATHUS* BEDFORD R. & J., 1937
Pl. I, fig. 6a,b

Paracyathus : Bedford R. & W.R., 1936, p. 17.
Paranacyathus : Bedford R. & J., 1937, p. 34.

Type species : *Paracyathus parvus* Bedford R. & W.R., 1936. SAM P992. **Lower Cambrian, Botomian**, Ajax Limestone, Ajax Mine, Flinders Ranges, South Australia.

Diagnosis : Outer wall simple of *Cambrocyathellus*-type with 1 or 2 vertical rows of pores ; inner wall with 1 or 2 rows of simple pores per intersept. Intervallum with radial sparsely porous pseudosepta.

Remarks : The preoccupied generic name *Paracyathus* Bedf.& Bedf., 1936 (non *Paracyathus* Edwards & Haime, 1848) was changed into *Paranacyathus* (Bedf.& Bedf., 1937).

Specific composition : *parvus* (Bedf. & Bedf., 1936) ; *canadensis* (Handf., 1971) ; *regularis* Bedf. & Bedf., 1937 ; *sarmaticus* Debr., 1974.

Systematic position : **Loculicyathidae, Loculicyathina**.

524 – *PROTOPHARETRA* BORNEMANN, 1884
Fig. 11, 24d, 27, 28 ; Pl. XI, fig. 1-6 ; Pl. XII, fig. 8

Protopharetra : Bornemann, 1884, p. 705.
Volvacyathus : Debrenne, 1960, p. 118.

Type species : *P. polymorpha* Bornemann, 1886. Holotype non localized, topotype MNHN M84120. **Lower Cambrian, Botomian**, Nebida Formation, Cuccuru Contu, Sardinia, Italy.

Diagnosis : Outer wall centripetal ; inner wall simple, with one row of pores per intertaenial space. In the intervallum there are coarsely porous taeniae and rare synapticulae.

Remarks : *Volvacyathus* differs from *Protopharetra* only by the special distribution of vesicles in the cup (Debrenne, 1960 ; 1964).

Specific composition : *polymorpha* Born., 1886 [= *laxa* Born., 1886] ; *arcybata* Debr. & Gang., 1990 ; *bigoti* Debr., 1958 ; *calurosa* (Perejón, 1973) ; *crassa* Vol., 1940 ; *densa* Born., 1886 ; *duplex* (Debr. & Jiang, 1989) ; *gemmata* (Debr., 1964) [= *proteus* Debr., 1960, non *proteus* Born., 1886 ; *bourgini* Debr., 1964] ;

dissuta (Debr., 1964) ; *hupei* Debr., 1964 ; *jinding-shanensis* Yuan, 1974 ; *junensis*, A. Zhur., 1987 ; *protea* (Born., 1887) [= disouta (Debr., 1964)] ; *radiata* Born., 1886 [= *vesiculosa* Born., 1886] ; *rotunda* Rod., 1967 ; *taissensis* (Debr., 1958) [= *concentrica* Debr., 1958].

Systematic position : **Archaeopharetridae, Archaeocyathina.**

561 – *PSEUDOSYRINGOCNEMA* HANDFIELD, 1971
Pl. XXXI, fig. 3 ; Pl. XXXII, fig. 1, 6, 7 ; Pl. XXXIII, fig. 1, 2

Pseudosyringocnema : Handfield, 1971, p. 76.

Type species : *P. uniporus* Handfield, 1971. GSC 25392. **Lower Cambrian, Botomian,** Atan Group, GSC locality 68956, Yukon, Canada.

Diagnosis : Outer wall centripetal ; inner wall with bended canals, one per syrinx. In the intervallum there are hexagonal syringes pierced by one row of pores per horizontal facet and several rows per lateral facet.

Specific composition : *uniporus* Handf., 1971 ; *eleganta* (Vol., 1940) [= *minuta* Vol., 1940] ; *uniserialis* (Hill, 1965).

Systematic position : **Syringocnemididae, Syringocnemidida.**

523 – *PYCNOIDOCOSCINUS* BEDFORD R. & W.R., 1936
Pl. IX, fig. 1a-d

Pycnoidocoscinus : Bedford R. & W.R., 1936, p. 19.

Type species : *P. pycnoideum* Bedford R. & W.R., 1936. SAM P990. **Lower Cambrian, Botomian,** Ajax Limestone, Ajax Mine, Flinders Ranges, South Australia.

Diagnosis : Outer wall simple basic with numerous pores ; inner wall compound consisting of wall carcass and additional sheath formed by tabulae. In the intervallum there are finely porous pseudosepta and segmented tabulae with retiform porosity.

Specific composition : *pycnoideum* Born., 1887 ; *serratus* ? (Kaw. & Okul., 1957).

Systematic position : **Usloncyathidae, Archaeocyathina.**

530 – *PYCNOIDOCYATHUS* TAYLOR, 1910
Pl. XII, fig.11, 12 ; Pl. XVI, fig. 4 ; Pl. XVII, fig. 2, 4, 5 ; Pl. XVIII, fig. 1a,b

Pycnoidocyathus : Taylor, 1910, p. 132.
Archaeofungia : Taylor, 1910, p. 131.
Batenevicyathus : Yaroshevitch, 1962, p. 117.

Type species : *P. synapticulosus* Taylor, 1910. SAM T1557 A-C. **Lower Cambrian, Botomian,** Ajax Limestone, Ajax Mine, Flinders Ranges, South Australia.

Diagnosis : Outer wall centripetal ; inner wall with one steep canal per intersept. In the intervallum there are porous taeniae and synapticulae at the base ; taeniae become progressively less porous, more radial and without synapticulae.

Remarks : *Archaeofungia* and *Pycnoidocyathus* were established in the same work (Taylor, 1910). The main difference consist in a smooth outer shape (*Archaeofungia*) in opposition with a folded one (*Pycnoidocyathus*). *Archaeofungia* was used, for a long time, to regroup regular archaeocyaths with synapticulae and simple walls. Debrenne (1969) and Voronin (1970-1975) showed that it must be considered as an **Irregulares**. Reexamination of the type species *Archaeofungia ajax* shows that the outer wall is centripetal and that *A. ajax* is a young stage of *Pycnoidocyathus synapticulosus*. *Batenevicyathus* is a cup with walls thickened by the development of secondary skeleton.

Specific composition : *synapticulosus* Taylor, 1910 [= *ajax* Taylor, 1910 ; *ptychophragma* Taylor, 1910] ; *ceratodictyoides* ? (Raymond, 1931) ; *ecdemus* Debr. & Kruse, 1986 ; *eminetus* Debr., 1989 ; *erbiensis* (Zhur., 1955) [= *angustus* (Fonin, 1985) ; *cavus* Fonin, 1985 ; *grandis* (Yarosh., 1966) ; *illaesus* (Fonin, 1985) ; *jaroschevitchi* (Kras., 1961) ; *zhuravlevae* (Yarosh., 1962)] ; *curvatus* (Yuan & Zhang, 1978) ; *hupehensis* (Chi, 1940) ; *kurunurjachensis* (Bel., 1990) [= *ariavkensis* (Bel., 1990)] *latiloculatus* (Hill, 1965) ; *major* Bedf. & Bedf., 1934 ; *necopinus* Fonin, 1985 ; *pearylandensis* Debr. & Peel, 1986 ; *sekwiensis* Handf., 1971 ; *simplex* Taylor, 1910 [= *maximipora* Bedf. & Bedf., 1934] ; *solidus* Kaw. & Okul., 1957, *vicinisepta* Bedf. & Bedf., 1936 [= *parvulus* Bedf. & Bedf., 1936].

Systematic position : **Archaeocyathidae, Archaeocyathina.**

516 – *RETILAMINA* DEBRENNE & JAMES, 1981
Pl. VII, fig. 1, 3 ; Pl. XXXVII, fig. 7

Retilamina : Debrenne & James, 1981, p. 70.

Type species : *R. amourensis* Debrenne & James, 1981. GSC 62/28. **Lower Cambrian, Toyonian,** Forteau Formation, Point Amour, Labrador, Canada.

Diagnosis : Patelliform cups, composed of thin sheet of skeletal elements arranged in dictyonal or more probable pseudotaenial pattern. The "upper wall" is interpreted as the "outer". It consists of a thick layer, perforated by pores, regularly arranged, but not at each intertaenial space. The pores are often covered by exaulos-like structures ("chimneys"). The "lower wall" is simple, rudimentary.

Remarks : *Retilamina* was originally described as an belonging to **Archaeocyatha**, but with uncertain position. The studies of new material (Debrenne *et al.*, 1989a ; Savarese & Signor, 1989) confirm the archaeocyathan affinities. Besides, other exaulos structures were found in normal archaeocyaths (Tab. XV, fig. 1). All these observations lead to the conclusion that *Retilamina* is an encrusting form of archaeocyath. Nevertheless, its position within **Dictyocyathidae** is still uncertain because it depends on the understanding of the respective positions of the walls.

Specific composition : *amourensis* Debr. & James, 1981 ; *debrennae* Savarese & Signor, 1989.

Systematic position : **Dictyocyathidae ?, Archaeocyathina.**

509 – *SAKHACYATHUS* DEBRENNE & A. ZHURAVLEV, 1990
Fig. 3 ; Pl. II, fig. 9

Sakhacyathus : Debrenne & A. Zhuravlev, 1990, p. 302.

Type species : *Paranacyathus subartus* Zhuravleva, 1960. CSGM 205/149. **Lower Cambrian, Tommotian,** Pestrotsvet Formation, Lena River, Yakutia, F.R. Russia.

Diagnosis : The outer wall bears pustulae, one row per intersept ; the inner wall is simple with several rows per intersept. In the intervallum there are sparsely porous pseudosepta.

Specific composition : *subartus* (Zhur., 1960).

Systematic position : **Sakhacyathidae, Loculicyathina.**

512 – *SHIVELIGOCYATHUS* MISSARZHEVSKY, 1961
Fig. 8

Shiveligocyathus : Missarzhevsky, 1961, p. 19.
Voznesenskicyathus : Rodionova *in* Zhuravleva *et al.*, 1967, p. 99.

Type species : *S. vesiculoides* Missarzhevsky, 1961. PIN (GIN 19/4/75 M). **Lower Cambrian, Botomian,** Shivelig-Khem River, Tannu-Ola Ridge, Tuva, F.R. Russia.

Diagnosis : Outer wall simple *Anthomorpha*-type ; inner wall with several canals per intersept, intercommunicating. In the intervallum there are sparsely porous pseudosepta and membrane tabulae.

Remarks : *Shiveligocyathus* and *Voznesenskicyathus* are based on the same species depending on the place of the section : through a tabula or in an intertabulum.

Specific composition : *vesiculoides* Miss., 1961 ; *florens* (Rod., 1967) ; *plenus* Fonin, 1985 [= *secundus* (Fonin, 1985)].

Systematic position : **Shiveligocyathidae, Anthomorphina.**

532 – *SIGMOFUNGIA* BEDFORD R. & W.R., 1936
Fig. 21 ; Pl. XVI, fig. 3 ; Pl. XVII, fig. 1, 3 ; Pl. XXII, fig. 5

Sigmofungia : Bedford R. & W.R., 1936, p. 16.
Palmericyathellus : Debrenne, 1970, p. 47.

Type species : *S. flindersi* Bedford R. & W.R., 1936. SAM P964. **Lower Cambrian, Botomian,** Ajax Limestone, Ajax Mine, Flinders Ranges, South Australia.

Diagnosis : Outer wall centripetal ; inner wall with one S-shaped canal per intersept. In the intervallum there are straight sparsely porous taeniae connected by numerous synapticulae and facultative centripetal segmented tabulae.

Remarks : *Palmericyathellus* corresponds to forms with tabulae.

Specific composition : *flindersi* Bedf. & Bedf., 1936 [= *tabularis* Bedf. & Bedf., 1937] ; *fragilis* Bedf. & Bedf., 1937 ; *undata* (Debr., 1989).

Systematic position : **Archaeocyathidae, Archaeocyathina.**

535 – *SPINOSOCYATHUS* ZHURAVLEVA, 1960
Pl. XX, fig. 1-6 ; Pl. XXII, fig. 1

Spinosocyathus : Zhuravleva, 1960a, p. 277.

Type species : *S. maslennikovae* Zhuravleva, 1960. CSGM 205/143. **Lower Cambrian, Tommotian,** Pestrotsvet Formation, Lena River, Yakutia, F.R. Russia.

Diagnosis : Outer wall compound with incipient pore subdivision, inner wall simple rudimentary. In the intervallum there are a pseudotaenial network and segmented compound tabulae.

Specific composition : *maslennikovae* Zhur., 1960 [= *sidorasi* Zhur., 1983 ; *dissimilis* (Roz. 1969)] ; *mongolicus* Fonin, 1982.

Systematic position : **Copleicyathidae, Archaeocyathina.**

569 – *SPIRILLICYATHUS* BEDFORD R. & J., 1937
Fig. 11, 24D ; Pl. XI, fig. 3 ; Pl. XII, fig. 8

Type species : *S. tenuis* Bedford R. & J., 1937. PU 86752-179. **Lower Cambrian, Botomian,** Ajax Limestone, Paint Mine, Flinders Ranges, South Australia.

Diagnosis : Outer wall compound subdivided ; inner wall simple with one or two vertical rows of pores per intersept. In the intervallum, there are pseudotaeniae reinforced by struts.

Specific composition : *tenuis* Bedf. & Bedf., 1937 ; *pigmentus* Bedf. & Bedf., 1937.

Systematic position : **Copleicyathidae, Archaeocyathina.**

526 – *SPIROCYATHELLA* VOLOGDIN, 1939
Pl. XIII, fig. 4, 5

Spirocyathella : Vologdin, 1939, p. 260.
Aruntacyathus : Kruse *in* Kruse & West, 1980, p. 172.

Type species : *S. kyslartauensis* Vologdin, 1939. Holotype lost. **Lower Cambrian, Botomian,** South Urals, F.R. Russia.

Diagnosis : Outer wall centripetal ; inner wall simple with several rows of pores per intersept. In the intervallum there are a pseudoseptal network and segmented centripetal tabulae.

Remarks : The genus was revised on topotypical material. *Aruntacyathus* was described with buttresses (Kruse & West, 1980) connecting taeniae and septa, not different from normal taenial structure.

Specific composition : *kyslartauensis* Vol., 1939 [= *uralensis* ? (Kon., 1964)] ; *cooperi* (Debr., 1975) ; *extrema* ? (Vol., 1940) ; *lata* (Vol., 1940) ; *microporosa* Debr. & Gang., 1990 ; *rossi* (Kruse, 1980), *spinosa* (Debr., 1989) ; *toddi* (Kruse, 1980).

Systematic position : **Archaeopharetridae, Archaeocyathina.**

521 – *STEVOCYATHUS* DEBRENNE, 1989
Pl. X, fig. 5

Stevocyathus : Debrenne *in* Debrenne *et al.*, 1989a, p. 166.

Type species : *S. elictus* Debrenne, 1989. MNHN M83100. **Lower Cambrian, Botomian**, Puerto Blanco Formation, Cerro Rajon, Sonora, Mexico.

Diagnosis : Outer wall basic simple ; inner wall with annular fused bracts, S-shaped and a single pore row per intersept. In the intervallum there are straight radial porous taeniae, connected by synapticulae ; occasional simple segmented tabulae.

Specific composition : *elictus* Debr., 1989.

Systematic position : **Claruscoscinidae, Archaeocyathina.**

560 – *SYRINGOCNEMA* TAYLOR, 1910
Pl. XXX, fig. 3, 6 ; Pl. XXXI, fig. 1, 2, 5, 6 ;
Pl. XXXII, fig. 3, 4

Syringocnema : Taylor, 1910, p. 153.

Type species : *S. favus* Taylor, 1910. SAM T1590-91. **Lower Cambrian, Botomian**, Ajax Limestone, Ajax Mine, Flinders Ranges, South Australia.

Diagnosis : Outer wall with centripetal arrangement of the porosity ; inner wall with one S-shaped canal per syrinx. In the intervallum are staggered hexagonal tubes (syringes), bearing several rows of rounded pores per facet.

Specific composition : *favus* Taylor, 1910.

Systematic position : **Syringocnemididae, Syringocnemidina.**

564 – *SYRINGOTHALAMUS* DEBRENNE, GANGLOFF & A. ZHURAVLEV, 1990
Pl. XXXIII, fig. 5, 6

Syringothalamus : Debrenne, Gangloff & Zhuravlev *in* Debrenne & Zhuravlev, 1990, p. 301.

Type species : *S. crispus* Debrenne, Gangloff & Zhuravlev, 1990. UCMP D6610. **Lower Cambrian, Botomian,** Palmetto Mountains, Nevada, USA.

Diagnosis : Outer wall with centripetal pore arrangement ; inner wall with simple canals covered with fused bracts, S-shaped. Intervallum filled up by staggered hexagonal tubes (syringes) with reticulate porosity of all facets.

Specific composition : *crispus* Debr. Gang. & A. Zhur., 1990.

Systematic position : **Syringocnemididae, Syringocnemidina.**

538 – *TABULACYATHELLUS* MISSARZHEVSKY, 1964
Fig. 14, Pl. XXII, fig. 1, 3, 4

Tabulacyathellus : Missarzhevsky *in* Repina *et al.*, 1964, p. 249.

Type species : *T. bidzhaensis* Missarzhevsky, 1964.(PIN 3455/10-247-31). **Lower Cambrian, Atdabanian,** Kuznetsky Alatau, F.R. Russia.

Diagnosis : Outer wall compound ; inner wall tabular with several simple pores per intertaenial space. In the intervallum there are pseudotaenial network and compound segmented tabulae.

Specific composition : *bidzhaensis* Miss., 1964 [= *brutus* (Fonin, 1982) ; = *barbarus* Fonin, 1982 ; = *argutus* Fonin, 1982].

Systematic position : **Copleicyathidae, Archaeocyathina.**

545 – *TAENIAECYATHELLUS* ZHURAVLEVA, 1960
Pl. XXV, fig. 5a,b,6 ; Pl. XXXVII, fig. 6

Taeniaecyathellus : Zhuravleva, 1960, p. 46.
Tabellaecyathus : Fonin, 1963, p. 15.
Cambronanus : Fonin, 1963, p. 19.
Karakolocyathus : Konjuschkov, 1972, p. 142.

Type species : *T. semenovi* Zhuravleva, 1960. CSGM 273/7. **Lower Cambrian, Botomian** ; Karakol River, Western Sayan, F.R. Russia.

Diagnosis : Outer wall tabellar ; inner wall with several canals per interseptum. In the intervallum, there is a dictyonal network.

Remarks : *Cambronanus* is only a modular form of *Taeniaecyathellus*.

Specific composition : *semenovi* Zhur., 1960 ; *multicavitatus* (Fonin, 1963) ; *tectus* Fonin, 1963 [= *mirus* (Fonin, 1963) ; *loculatus* (Kon., 1972) ; *totus* (Fonin, 1963)].

Systematic position : **Tabellaecyathidae, Archaeocyathina.**

552 – *TCHOJACYATHUS* ROZANOV, 1960
Fig. 18a,b

Tchojacyathus : Rozanov, 1960a, p. 46.

Type species : *T. validus* Rozanov, 1960. PIN (GIN 78/3448). **Lower Cambrian, Atdabanian,** Altay Mountains, F.R. Russia.

Diagnosis : Outer wall and inner wall with bended canals, one per intersept. In the intervallum there coarsely porous pseudosepta.

Specific composition : *validus* Roz., 1960.

Systematic position : **Tchojacyathidae, Loculicyathina.**

511 – *TOLLICYATHUS* S. TCHERNYSHEVA, 1960
Pl. V, fig. 2-4a,b

Tollicyathus : S. Tchernysheva, 1960, p. 128.
Nellicyathus : Fonin, 1964 *in* Repina *et al.*, p. 247.
Rudicyathus : Fonin *in* Zhuravlev *et al.*, 1983, p. 87.
Vertocyathus : Fonin, 1985, p. 110.

Type species : *T. ischensis* S.Tchernysheva, 1960. "PGO Zapsibgeologiya" Novokuznetsk, F.R. Russia. **Lower Cambrian, Botomian,** Altay Mountains, F.R. Russia.

Diagnosis : Outer wall simple of *Anthomorpha*-type ; inner wall simple, with one row of pores per intersept. In the intervallum there are straight pseudosepta with pores localized near the outer wall. Thin membrane tabulae may sporadically occur. During the development of the cup, a stage of porous pseudosepta takes place.

Specific composition : *ischensis* S. Tcher. 1960 ; *bipartitus* ? (Vol., 1940) ; *camptophragma* (Vol., 1940) ; *nelliae* (Fonin, 1964) [= *arcanus* (Fonin, 1985) ; *ramosus* (Fonin, 1985) ; *reduncus* (Fonin, 1985) ; *sparsus* (Fonin, 1985)] ; *nodosus* (Fonin, 1985) ; *tersus* (Fonin, 1983).

Systematic position : **Anthomorphidae, Anthomorphina.**

559 – *TUVACNEMA* DEBRENNE & A. ZHURAVLEV, 1990
Pl. XXX, fig. 7 ; Pl. XXXIII, fig. 4

Tuvacnema : Debrenne & A. Zhuravlev, 1990, p. 301.

Type species : *Syringocnema tannuolensis* Rodionova, 1967. ? CNIGRm **Lower Cambrian, Botomian,** Tannu-Ola Ridge, Tuva, F.R. Russia.

Diagnosis : Outer wall with centripetally arranged pores ; inner wall simple with several rows of pores per syrinx. In the intervallum there are staggered hexagonal tubes (syringes) with all facets perforated by small widely separated pores.

Specific composition : *tannuolensis* (Rod., 1967).

Systematic position : **Tuvacnemididae, Syringocnemidina.**

520 – *USLONCYATHUS* FONIN, 1966
Pl. XXV, fig. 7 ; Pl. XXIX, fig. 4, 5

Usloncyathus : Fonin *in* Vologdin & Fonin, 1966, p. 188.
Cavocyathus : Fonin *in* Vologdin & Fonin, 1966, p. 189.
Falsocyathus : Fonin *in* Vologdin & Fonin, 1966, p. 189.
Nostrocyathus : Fonin *in* Vologdin & Fonin, 1966, p. 189.

Type species : *U. miculus* Fonin, 1966. PIN 2486/143. **Lower Cambrian, Atdabanian,** Argun River basin, Eastern Transbaikal, F.R. Russia.

Diagnosis : Outer wall basic simple ; inner wall simple compound. In the intervallum there are taeniae and synapticulae.

Remarks : All the genera established by Fonin (*in* Vologdin & Fonin, 1966) are based on sections of young stages of the only one genus *Usloncyathus* orientated differently along the cup.

Specific composition : *miculus* Fonin, 1966 [= *aculeatus* (Fonin, 1966) ; *merus* (Fonin, 1966) ; *obesus* Fonin, 1966 ; *perticosus* Fonin, 1966) ; *pusilus* (Fonin, 1966) ; *serus* Fonin, 1960 ; *vastulus* (Fonin, 1966)].

Systematic position : **Usloncyathidae, Archaeocyathina.**

550 – *WARRIOOTACYATHUS* GRAVESTOCK, 1984
Fig. 6, 16, 20 ; Pl. XXII, fig. 8

Warriootacyathus : Gravestock, 1984, p. 126.

Type species : *W. wilkawillinensis* Gravestock, 1984. SAM P21806-1. **Lower Cambrian, Atdabanian,** Wilkawillina Limestone, Wilkawillina Gorge, Flinders Ranges, South Australia.

Diagnosis : Outer wall consisting of numerous rows of short oblique pore canals. Inner wall made of long straight or slightly curved canals, one row per intersept directed steeply up. In the intervallum there are pseudosepta pierced by large oval pores.

Specific composition : *wilkawillinensis* Grav., 1984 ; *armillatus* Grav., 1984 ; *lucidus* Grav., 1984.

Systematic position : **Warriootacyathidae ?, Archaeocyathina.**

562 – *WILLIAMICYATHUS* A. ZHURAVLEV, 1987
Pl. XXXII, fig. 8 ; Pl. XXXIII, fig. 3, 7

Williamicyathus : A. Zhuravlev *in* Voronova *et al.*, 1987, p. 34.

Type species : *Syringocnema colvillensis* Greggs, 1959. GSC 14317. **Lower Cambrian, Botomian**, Maitlen Formation, Colville, Washington, USA.

Diagnosis : Outer wall crenulate, centripetal ; inner wall with one row of pores per tube covered with bracts. In the intervallum there are hexagonal syringes, finely porous on the lateral facets and coarsely porous on the horizontal ones. Toward the outer wall the horizontal facets lost their transverse lintels and the facet is open, so that the whole structure of tubes becomes taeniae-like.

Specific composition : *colvillensis* (Greggs, 1959).

Systematic position : Syringocnemididae ?, Syringocnemidina ?.

554 – *ZUNYICYATHUS* DEBRENNE, KRUSE & ZHANG 1992
Pl. XXVIII, fig. 1-5 ; Pl. XXIX, fig. 3

Zunyicyathus : Debrenne, Kruse & Zhang *in* Debrenne & al, 1992.

Type species : *Agastrocyathus grandus* Yuan & Zhang, 1981. NIGP. **Lower Cambrian, Botomian**, Yingzuiyan Formation, Shixiho, Chengkou, Sichuan Province, China.

Diagnosis : Outer and inner walls simple rudimentary. In the intervallum there are vertical square tubes with one pore per side (calicles).

Specific composition : *grandus* (Yuan & Zhang, 1981) [= *fuquanensis* Zhang & Yuan, 1984] ; *pianovskajae* (Zhur., 1970).

Systematic position : Dictyofavidae, Dictyofavina.

VI. STRATIGRAPHIC AND GEOGRAPHIC DISTRIBUTION

CHAPTER VI
STRATIGRAPHIC AND GEOGRAPHIC DISTRIBUTION
OF IRREGULAR ARCHAEOCYATHS

1. STRATIGRAPHIC AND GEOGRAPHIC DISTRIBUTION

In previous works (Debrenne *et al.*, 1989b, 1990b) the age and distribution of **Archaeocyatha** as a whole were presented on maps (Debrenne *et al.*, 1990b, Fig. 62, 68, herein Fig. 40a-d) and on correlation charts (ibid. Fig. 64, herein Fig. 43). The distribution of archaeocyaths assemblages was also given Fig. 63 (reproduced here in Fig. 44). No distinction can be made between irregular *versus* regular archaeocyath, as both groups are present together in most places. Nevertheless it can be noted that only **Irregulares** are present at the top of the **Toyonian** (Ty3) except for the superfamily **Erbocyathoidea** (3 genera) in Siberian Platform and Altay Sayan Mountains. It means that the **Irregulares** distribution corresponds to the general tables even better than the **Regulares** ones.

The stratigraphic and geographic distribution of irregular archaeocyath genera is plotted using the same basis as for regular archaeocyaths (Tab. VI). Eleven regions have been distinguished : 1 – Siberian Platform and Kolyma Basin, 2 – Altay Sayan Fold Belt, 3 – Tuva, Mongolia and Transbaikal, 4 – Far East, 5 – Urals, Kazakhstan and Middle Asia, 6 – Western North America (Cordillera) and Koryakia, 7 – Eastern North America (Appalachian Mts) and Greenland, 8 – Australia, Antarctica and South Africa, 9 – China, 10 – North Africa (Morocco), 11 – Western Europe (Spain, France, Italy, Germany). The time scale corresponds to the definitions given in "Stage subdivision of the Early Cambrian" (Rozanov & Sokolov, eds., 1984).

The specific composition of listed genera corresponds to the results obtained after the revisions carried out for this work, taking into account the proposed synonymies and the re-examination of each species classification.

The final results are presented Tab. IX.

Tab. IX. Revised systematic position of species assigned to the irregulares [1]
Tab. IX. *Position systématique révisée des espèces attribuées aux Irréguliers* [1]

Previous species name (1)	Previous generic name (2)	Here (3)
* abadiei Debr., 1959	Loculicyathus	Neoloculicyathus abadiei (Debr., 1959)
* aculeatus Fonin, 1966	Nostrocyathus (t.s.)	Usloncyathus miculus Fonin, 1966
acutatus Vol., 1957	Thalassocyathus	nomen dubium
* adhaesiva Vol., 1959	Tersia	nomen dubium
aenigmatus Rod., 1967	Flindersicyathus	Dictyocyathus praesignis (Fonin,1960)
* ajax Taylor, 1910	Archaeofungia (t.s.)	Pycnoidocyathus synapticulosus Taylor,1910
* altaicus Vol., 1932	Metaldetes	nomen dubium
altaicus Kras., 1960	Archaeocyathus	A. cumfundus (Vol., 1932)
alterius Rod., 1967	Dictyocyathus	Auliscocyathus ? alterius (Rod., 1967)
* alternus Grav., 1984	Loculicyathus	Cambrocyathellus alternus (Grav., 1984)
amgaensis Vol., 1963	Tanchocyathus (t.s.)	nomen dubium
* amourensis Okul., 1943	Cambrocyathus	Metaldetes profundus (Billings, 1865)
* amourensis Debr. & James, 1981	Retilamina (t.s.)	R. amourensis Debr. & James, 1981
* amplus Grav., 1984	Pycnoidocyathus	Okulitchicyathus ? amplus (Grav., 1984)
* andalusicus Simon, 1939	Archaeocyathellus	(t.s.) Alconeracyathus andalusicus (Simon, 1939)
angustus Vol., 1939	Bicyathus	nomen dubium
* angustus Fonin, 1985	Batenevicyathus	Pycnoidocyathus erbiensis (Zhur., 1955)
* arachnaius Debr. & Gang., 1990	Keriocyathus (t.s.)	K. arachnaius Debr. & Gang., 1990
* araneosus Grav., 1984	Agastrocyathus ?	Dictyofavus araneosus (Grav., 1984).
* arborensis Okul., 1954	Archaeocyathus	A. arborensis Okul., 1954
* arcana Fonin, 1985	Anthomorpha	Tollicyathus nelliae (Fonin, 1964)
* arctus Debr., 1964	Dictyocyathus	D. verticillus ? (Born., 1889)
* arcuatus Grav., 1984	Auliscocyathus	A. arcuatus Grav., 1984
* arcybata Debr. & Gang., 1990	Protopharetra	P. arcybata Debr. & Gang., 1990
argentus Okul., 1935	Archaeocyathus	Metacyathellus argentus (Okul., 1935)
* argutus Fonin, 1982	Tabulacyathellus	T. bidzhaensis Miss., 1964
ariavkensis Bel., 1990	Hawkercyathus	Pycnoidocyathus kurunurjachensis (Bel., 1990)
* armillatus Grav., 1984	Warriootacyathus	W. armillatus Grav., 1984
* articulatus Vol., 1977	Arthrocyathus (t.s.)	nomen dubium
* artus Fonin, 1982	Ramuscyathus (Ramuscyathus)	Cambrocyathellus artus (Fonin, 1982)
astraeiformis Rod., 1967	Bottonaecyathus (t.s.)	[B. condensus (Vol., 1940)]
* atlanticus Billings, 1861	Archaeocyathus (t.s.)	A. atlanticus Billings, 1861
* atreus Walcott, 1917	Archaeocyathus ?	nomen dubium
* australis Bedf. & Bedf., 1934	Exocyathus (t.s.)	nomen dubium
avesiculoides Perejón, 1975	Bicyathus	[Dokidocyathus ? avesiculoides (Perejón, 1975)]
baigolensis Vol., 1940	Rhizacyathus	nomen dubium
* barbarus Fonin, 1985	Tabulacyathellus	T. bidzhaensis Miss., 1964
bateniensis Vol., 1957	Potekhinocyathus (t.s.)	nomen dubium
bedfordi Vol., 1940	Bacatocyathus	nomen dubium
* beltana Bedf. & Bedf., 1936	Dictyocoscinus (t.s.)	Archaeopharetra irregularis (Taylor, 1910)
* beticus Simon, 1939	Beticocyathus (t.s.)	nomen dubium
* bidzhaensis Miss., 1964	Tabulacyathellus (t.s.)	T. bidzhaensis Miss., 1964
* bigoti Debr., 1958	Protopharetra	P. bigoti Debr., 1958
* billingsi Walcott, 1886	Archaeocyathus	(t.s.) Archaeosycon billingsi (Walcott, 1886)
billingsi Vol., 1940	Eucyathus	(t.s.) Claruscoscinus billingsi (Vol., 1940)
bipartita Vol., 1940	Protopharetra	nomen dubium
* birjussense Zhur., 1964	Syringocnema	Archaeocyathus birjussense (Zhur., 1964)
* biserialis Grav., 1984	Fridaycyathus (t.s.)	Beltanacyathus biserialis (Grav., 1984)
biseriatus Chi, 1940	Cambrocyathus	[Rasetticyathus ? biseriatus (Chi, 1940)]
* bizonalis Vol., 1977	Bacatocyathus	nomen dubium
bobrovi Korsh., 1972	Dictyocyathus	D. bobrovi Korsh., 1972

Previous species name (1)	Previous generic name (2)	Here (3)
* borealis Okul., 1955	Archaeocyathus	A. arborensis ? Okul., 1954
bornemanni Kras., 1937	Loculicyathus	L. bornemanni Kras., 1937
bourcarti Vol., 1939	Dictyocyathus	nomen dubium
* bourcarti Debr., 1964	Paranacyathus	Neoloculicyathus bourcarti (Debr., 1964)
* bourgini Debr., 1964	Protopharetra	P. gemmata Debr., 1964
* bowmani Grav., 1984	Bayleicyathus (t.s.)	Beltanacyathus bowmani (Grav., 1984)
* brutus Fonin, 1982	Tabulacyathus	Tabulacyathellus bidzhaensis Miss., 1964
bureinskii Bel., 1984	Metaldetes	Archaeopharetra bureinskii (Bel., 1984)
callosa Vol., 1940	Tersia	nomen dubium
* calurosus Perejón, 1973	Dictyocyathus	Protopharetra calurosa (Perejón, 1973)
camptophragma Vol. 1940	Retecyathus	Tollicyathus camptophragma (Vol., 1940)
camptotaeniae Vol., 1940	Spirocyathus	[Bottonaecyathus camptotaeniae (Vol., 1940)]
canadensis Okul., 1943	Exocyathus	nomen dubium
canadensis Okul., 1953	Syringocyathus	nomen dubium
* canadensis Handf., 1971	Loculicyathus	Paranacyathus canadensis (Handf., 1971)
caribouensis Handf., 1971	Metaldetes ?	(t.s.) Metacyathellus caribouensis (Handf., 1971)
cassiariensis Kaw. & Okul., 1957	Coscinocyathus	nomen dubium
* cavus Fonin, 1985	Pycnoidocyathus	P. erbiensis (Zhur., 1955)
* ceratodictyoides Raymond, 1931	Ethmophyllum	Pycnoidocyathus ? ceratodictyoides (Raymond, 1931)
cernyschevi Vol., 1940	Dictyocyathus	nomen dubium
chabakovi Kon., 1968	Loculicyathus	Neoloculicyathus chabakovi (Kon., 1968)
chairullinae Zhur., 1970	Metaldetes	Changicyathus chairullinae (Zhur., 1970)
* chengkouensis Yuan, 1980	Protopharetra	Archaeocyathus chengkouensis (Yuan, 1980)
chikinevae Kash., 1979	Vadimocyathus (t.s.)	Archaeocyathus chikinevae (Kash., 1979)
chingisiensis Zhur., 1976	Archaeofungiella (t.s.)	nomen dubium
* chouberti Termier H. & G., 1950	Metafungia	nomen dubium
cibus Vol., 1940	Loculicyathus	nomen dubium
* circliporus Bedf. & Bedf., 1937	Flindersicyathus	Graphoscyphia circliporus (Bedf. & Bedf., 1937)
circularis Yuan & Zhang, 1977	Retecyathus	Archaeocyathus yichangensis (Yuan & Zhang, 1977)
* circulus Debr., 1964	Dictyocyathus	D. ? circulus Debr., 1964
* clatratus Debr., 1964	Chouberticyathus (t.s.)	Ch. clatratus Debr., 1964
* clementensis Debr., 1989	Markocyathus (t.s.)	M. clementensis Debr., 1989
* columbianus Okul., 1943	Cambrocyathus	nomen dubium
colvillensis Greggs, 1959	Syringocnema	(t.s.) Williamicyathus colvillensis (Greggs, 1959)
communis Vol., 1940	Archaeocyathus	nomen dubium
* communis Yuan & Zhang, 1977	Retecyathus	Archaeocyathus nitidus (Yuan & Zhang, 1977)
* communis Fonin, 1982	Paranacyathus	Cambrocyathellus communis (Fonin, 1982)
* compactus Fonin, 1985	Archaeocyathus	A. compactus Fonin, 1985
* complexus Handf., 1971	Fenestrocyathus (t.s.)	F. complexus Handf., 1971
compositus Vol., 1940	Bacatocyathus	[Archaeolynthus compositus (Vol., 1940)]
* concentricus Debr., 1959	Protopharetra	P. taissensis (Debr., 1958)
condensus Vol., 1940	Spirocyathus	[Bottonaecyathus condensus (Vol., 1940)]
* confertus Bedf. & Bedf., 1937	Copleicyathus (t.s.)	C. confertus Bedf. & Bedf., 1937
* confertus Fonin, 1982	Dictyocyathus	D. confertus Fonin, 1982
congruens Vol., 1940	Loculicyathus	nomen dubium
* conicus Bedf. & Bedf., 1934	Metaldetes	M. dissepimentalis (Taylor, 1910)
constrictus Raymond, 1931	Spirocyathus	nomen dubium
* contractus Hill, 1965	Flindersicyathus	Graphoscyphia ? contracta (Hill, 1965)
* cooperi Debr., 1975	Andalusicyathus	Spirocyathella cooperi (Debr., 1975)
* copulatus Debr. & Gang., 1987	Pustulacyathellus (t.s.)	Archaeosycon copulatus (Debr. & Gang., 1987)
* cortex Bedf. & Bedf., 1937	Paranacyathus	Ataxiocyathus cortex (Bedf. & Bedf., 1937)
crassa Vol., 1940	Protopharetra	nomen dubium
* crassimuralis Debr., 1964	Dictyocyathus ?	Agastrocyathus crassimuralis (Debr., 1964)
crassimurus Vol., 1940	Bicyathus	nomen dubium

Previous species name (1)	Previous generic name (2)	Here (3)
crassus Fonin, 1990	Prismocyathellus	Dictyocyathus praesignis (Fonin, 1960)
* cribrus Grav., 1984	Pycnoidocyathus	Archaeocyathus cribrus (Grav., 1984)
* crinitus Bel., 1975	Dzhagdycyathus (t.s.)	Ardrossacyathus crinitus (Bel., 1975)
* crispus Debr.,Gang.& A.Zhur.,1990	Syringothalamus (t.s.)	S. crispus Debr., Gang. & A. Zhur., 1990
* cumfundus Vol., 1932	Claruscyathus (t.s.)	Archaeocyathus cumfundus (Vol., 1932)
* curvata Vol., 1959	Tersia	nomen dubium
* curvatus Yuan & Zhang, 1978	Retecyathus	Pycnoidocyathus curvatus (Yuan & Zhang, 1978)
curvus Vol., 1940	Araneocyathus	Tollicyathus curvus (Vol., 1940)
* cylindricus Taylor, 1910	Metaldetes (t.s.)	M. cylindricus Taylor, 1910
cylindricus Vol., 1940	Bicyathus	nomen dubium
cylindricus Vol., 1940	Loculocyathus	nomen dubium
* cymosus Grav., 1984	Copleicyathus	C. furca (Bedf. & Bedf., 1937)
* daopingensis Zhang & Yuan, 1984	Dictyocyathus	Chouberticyathus ? daopingensis (Zhang & Yuan, 1984)
* deasensis Okul., 1955	Metacoscinus	Gabrielsocyathus gabrielsensis (Okul., 1955)
debrenni Savarese & Signor, 1989	Retilamina	R. debrennae Savarese & Signor, 1989
* decipiens Bedf. & Bedf., 1937	Flindersicyathus	Archaeocyathus decipiens (Bedf. & Bedf., 1937)
* deformis Vol., 1932	Protopharetra	nomen dubium
* densa Born., 1886	Protopharetra	P. densa Born., 1886
* densiuscula Vol., 1959	Tersia	nomen dubium
densus Vol., 1940	Spirocyathus	nomen dubium
dentocanis Okul., 1943	Coscinocyathus	Claruscoscinus dentocanis (Okul., 1943)
* digitus Grav., 1984	Beltanacyathus	B. digitus Grav., 1984
dignus Rod., 1967	Claruscyathus	Claruscoscinus dignus (Rod., 1967)
* dilettata Osad., 1979	Sigmofungia	[Conannulofungia ? dilettata (Osad., 1979)]
diligens Kash., 1979	Arisacyathus (t.s.)	Claruscoscinus billingsi (Vol., 1940)
discoformis Zhur., 1955	Ajacicyathus	(t.s.) Okulitchicyathus discoformis (Zhur., 1955)
* disertus Fonin, 1982	Salanycyathus	Archaeopharetra marginata (Fonin, 1982)
* dismorpha Zhang & Yuan, 1984	Protopharetra	nomen dubium
* dispersa Debr., 1974	Metaldetes	M. dispersus Debr., 1974
* dissepimentalis Taylor, 1910	Archaeocyathus	Metaldetes dissepimentalis (Taylor, 1910)
* dissepimentalis Okul., 1943	Cambrocyathus	Metaldetes profundus (Billings, 1865)
dissepimentalis Latin, 1961	Loculocyathus	Loculicyathus ? dissepimentalis Latin, 1961
* dissimilis Roz., 1969	Dictyocyathus	Spinosocyathus maslennikovae Zhur., 1960
* dissutus Debr., 1964	Metaldetes ?	Protopharetra protea (Born. 1886)
* divaricatus Bedf. & Bedf., 1937	Ajacicyathus	[Aporosocyathus ? divaricatus (Bedf. & Bedf., 1937)]
* diversus Grav., 1984	Bayleicyathus	Beltanacyathus diversus (Grav., 1984)
doliaris Kon., 1967	Kazachstanicyathus	Korovinella fistulata (Kon., 1967)
donaldi Okul., 1948	Cambrocyathus	nomen dubium
* dubiosa Taylor, 1910	Protopharetra	nomen dubium
dunbari Okul., 1943	Protopharetra	Archaeocyathus atlanticus Billings, 1861
* duplex Debr. & Jiang, 1989	Spirillicyathus	Protopharetra duplex (Debr. & Jiang, 1989)
* ecdemus Debr. & Kruse, 1986	Pycnoidocyathus ?	P. ? ecdemus Debr. & Kruse, 1986
* elatus Vol., 1977	Bacatocyathus	[Archaeolynthus elatus (Vol., 1977)]
eleganta Vol., 1940	Syringocnema	Pseudosyringocnema eleganta (Vol. 1940)
* elictus Debr., 1989	Stevocyathus (t.s.)	S. elictus Debr., 1989
ellipticus Kaw. & Okul., 1957	Loculicyathus	Metaldetes ? ellipticus (Kaw. & Okul., 1957)
* elongata Vol., 1931	Protopharetra	nomen dubium
elongatus Vol., 1957	Thalassocyathus (t.s.)	nomen dubium
* eminetus Debr., 1989	Pycnoidocyathus	P. eminetus Debr., 1989
* endotheca Bedf. & Bedf., 1937	Ardrossacyathus (t.s.)	A. endotheca Bedf. & Bedf., 1937
erbiensis Zhur., 1955	Archaeocyathus	Pycnoidocyathus erbiensis (Zhur., 1955)
ertaschkaense Vol., 1939	Protopharetra	nomen dubium
ertashkensis Vol., 1940	Bicyathus	nomen dubium
evansi Okul., 1948	Archaeosycon	nomen dubium

Previous species name (1)	Previous generic name (2)	Here (3)
* extremadurensis Perejón, 1976	Chouberticyathus	nomen dubium
extremus Vol., 1940	Spirocyathus	Spirocyathella ? extrema (Vol., 1940)
* faceta Fonin, 1985	Protopharetra	nomen dubium
* falsus Fonin, 1966	Falsocyathus (t.s.)	Usloncyathus miculus Fonin, 1966
* favus Taylor, 1910	Syringocnema (t.s.)	S. favus Taylor, 1910
* ferulae Grav., 1984	Metaldetes	M. ferulae Grav., 1984
* filiformis Vol., 1931	Tersia (t.s.)	nomen dubium
* fischeri Handf., 1971	Ladaecyathus	Metaldetes fischeri (Handf., 1971)
* fissus Debr., 1964	Eremitacyathus (t.s.)	E. fissus Debr., 1977
fistulatus Kon., 1967	Kazachstanicyathus (t.s.)	Korovinella fistulata (Kon., 1967)
* flindersi Bedf. & Bedf., 1936	Sigmofungia (t.s.)	S. flindersi Bedf. & Bedf., 1936
* flindersi Bedf. & Bedf., 1937	Metaldetimorpha	nomen dubium
* florea Debr., 1964	Anthomorpha	A. margarita Born., 1886
florens Rod., 1967	Voznesenskicyathus (t.s.)	Shiveligocyathus florens (Rod., 1967)
* foraminosus Fonin, 1982	Ramuscyathus (Parvuscyathus)	Cambrocyathellus artus (Fonin, 1982)
* fortiseptatus Hill, 1965	Ladaecyathus	Metaldetes fortiseptatus (Hill, 1965)
* fragilis Bedf. & Bedf., 1936	Dictyocyathus	nomen dubium
* fragilis Bedf. & Bedf., 1937	Sigmofungia	S. fragilis Bedf. & Bedf., 1937
* fritzi Handf., 1971	Coscinocyathus	Claruscoscinus fritzi (Handf., 1971)
frondosus Vol., 1957	Loculicyathus	nomen nudum
* fuquanensis Zhang & Yuan, 1984	Agastrocyathus	Zunyicyathus grandus (Yuan & Zhang, 1980)
* furca Bedf. & Bedf., 1937	Protopharetra	Copleicyathus furca (Bedf. & Bedf., 1937)
* gabrielsensis Okul., 1955	Metacoscinus	(t.s.) Gabrielsocyathus gabrielsensis (Okul., 1955)
* gemmatus Debr., 1964	Volvacyathus ?	Protopharetra gemmata (Debr., 1964)
* georgievkiensis Vol., 1977	Thalassocyathus	Mikhnocyathus zolaensis Maslov, 1957
* gerbicanica Bel., 1975	Syringocnema ?	Keriocyathus ? gerbicanicus (Bel., 1975)
gorskinensis Vol., 1940	Gorskinocyathus (t.s.)	nomen dubium
goundafensis Termier H. & G.,1950	Echinocyathus (t.s.)	nomen dubium
* gracilis Gordon, 1920	Syringocnema	(t.s.) Kruseicnema gracilis (Gordon, 1920)
gracilis Vol., 1940	Loculicyathus	nomen dubium
* gracilis Fonin, 1982	Flindersicyathus	Archaeopharetra marginata (Fonin, 1982)
* gracilis Grav., 1984	Metaldetes	M. gracilis Grav., 1984
grandicaveata Vol., 1940	Protopharetra	nomen dubium
grandis Bedf. & Bedf., 1937	Paranacyathus	(t.s.) Ataxiocyathus grandis (Bedf. & Bedf., 1937)
* grandis Yarosh., 1966	Archaeocyathus	Pycnoidocyathus erbiensis (Zhur., 1955)
* grandis Grav., 1984	Ardrossacyathus	Neoloculicyathus grandis (Grav., 1984)
* grandus Yuan & Zhang, 1980	Agastrocyathus	(t.s.) Zunyicyathus grandus (Yuan & Zhang, 1980)
* graphica Bedf. & Bedf., 1934	Protopharetra	(t.s.) Graphoscyphia graphica (Bedf. & Bedf., 1934)
* gravis Zhur., 1960	Sphinctocyathus (Dictyosycon) (t.s.)	Dictyosycon gravis Zhur., 1960
* gravis Fonin, 1983	Adaecyathus (t.s.)	nomen dubium
* gregarius Debr., 1961	Protopharetra	(t.s.) Agastrocyathus gregarius (Debr., 1961)
* hubeiensis Yuan & Zhang, 1977	Sanxiacyathus (t.s.)	Archaeocyathus nitidus (Yuan & Zhang, 1977)
hupehensis Chi, 1940	Archaeocyathus	Pycnoidocyathus ? hupehensis (Chi, 1940)
* hupei Debr., 1964	Protopharetra	Dictyocyathus hupei (Debr., 1964)
* illaesus Fonin, 1985	Archaeocyathus	Pycnoidocyathus erbiensis (Zhur., 1955)
* immanis Debr., 1964	Anthomorpha	A. immanis Debr., 1964
* impletus Debr., 1977	Dictyocyathus ?	D. impletus Debr., 1977
* incohatus Grav., 1984	Metaldetes	M. incohatus Grav., 1984
* insculptus Grav., 1984	Hawkercyathus (t.s.)	Archaeopharetra insculpta (Grav., 1984)
* insigne Bedf. & Bedf., 1936	Metacoscinus	(t.s.) Maiandrocyathus insigne (Bedf. & Bedf., 1936)
* intextus Yuan & Zhang, 1981	Dictyocyathus	Archaeopharetra lepida (Yuan & Zhang, 1981)
inyoensis Okul., 1954	Syringocyathus	nomen dubium
* ionicus Bedf. & Bedf., 1936	Beltanacyathus (t.s.)	B. wirrialpensis (Taylor, 1910)
* irregularis Toll, 1899	Coscinocyathus	nomen dubium

Previous species name (1)	Previous generic name (2)	Here (3)
* irregularis Taylor, 1910	Dictyocyathus	Archaeopharetra irregularis (Taylor, 1910)
* irregularis Taylor, 1910	Spirocyathus	Auliscocyathus irregularis (Taylor, 1910)
irregularis Bedf. & Bedf., 1934	Metacyathus	Metaldetes dissepimentalis (Taylor, 1910)
irregularis Vol., 1940	Cyclocyathus	nomen dubium
ischensis S.Tcher., 1960	Tollicyathus (t.s.)	T. ischensis S. Tcher., 1960
isiti Korsh., 1972	Lermontovaecyathus (t.s.)	Okulitchicyathus discoformis (Zhur., 1955)
itmatiensis Bel., 1975	Flindersicyathus	Archaeopharetra itmatiensis (Bel., 1975)
jangudiana Vol., 1962	Spirocyathella	nomen nudum
jaroschevitchi Kras., 1961	Syringsella	Pycnoidocyathus erbiensis (Zhur., 1975)
* jindingshanensis Yuan, 1974	Dictyocyathus	Protopharetra jindingshanensis (Yuan, 1974)
* junensis A. Zhur., 1987	Protopharetra ?	P. junensis A. Zhur., 1987
* juvenilis Debr. & Gang., 1990	Molybdocyathus (t.s.)	M. juvenilis Debr. & Gang., 1990
kadyensis Vol., 1959	Araneocyathus	Tollicyathus sp.
karakolensis Kon., 1964	Abakanicyathus (t.s.)	Altaicyathus notabilis Vol., 1932
kazakevitshi Vol., 1940	Bacatocyathus (t.s.)	nomen dubium
ketzaensis Kaw. & Okul., 1957	Claruscyathus	Clarucoscinus ? ketzaensis (Kaw. & Okul., 1957)
* kijaicus Vol., 1977	Thalassocyathus	nomen dubium
kleninae Zhur., 1976	Dictyocyathus	nomen dubium
* kobluki Debr. & James, 1981	Arrythmocricus (t.s.)	A. kobluki Debr. & James, 1981
* kooktensis Zhur., 1965	Araneocyathus	[Ajacicyathus kooktensis (Zhur., 1965)]
korde Vol., 1963	Archaeocyathus	nomen dubium
kuliki Vol., 1940	Eucyathus	Cellicyathus kuliki (Vol., 1940)
kulikovi Zhur., 1983	Bacatocyathus	[Khasaktia vesicularis Sayutina, 1980)]
* kundatus Zhur., 1964	Okulitchicyathus ?	Cambrocyathellus kundatus (Zhur., 1964)
kurunurjachensis Bel.,1990	Batenevicyathus	Pycnoidocyathus kurunurjachensis (Bel., 1990)
* kusmini Vol., 1932	Retecyathus	Archaeocyathus kusmini (Vol., 1932)
kyslartauense Vol., 1939	Spirocyathella (t.s.)	S. kyslartauense Vol., 1939
* labradorensis Okul., 1943	Metethmophyllum	Metaldetes profundus (Billings, 1865)
* laceratus Fonin, 1985	Archaeocyathus	A. laceratus Fonin, 1985
* lairdi Hill, 1964	Bedfordcyathus	Metacyathellus lairdi (Hill, 1964)
laminosus Okul., 1948	Copleicyathus ?	nomen dubium
laqueata Vol., 1940	Protopharetra	nomen dubium
* laqueus Vol., 1932	Retecyathus (t.s.)	Archaeocyathus cumfundus ? (Vol., 1932)
laqueus Vol., 1940	Protopharetra	nomen dubium
* latiloculatus Hill, 1965	Flindersicyathus	Pycnoidocyathus latiloculatus (Hill, 1965)
latus Vol., 1940	Spirocyathus	Spirocyathella lata (Vol., 1940)
* laxa Born., 1886	Protopharetra	P. polymorpha Born. 1886
lectus Jazmir, 1975	Loculicyathus	L. ? lectus Jazmir, 1975
legitimus Korsh., 1974	Robustocyathus	Loculicyathus legitimus (Korsh., 1974)
* lepidus Yuan & Zhang, 1981	Dictyocyathus	Archaeopharetra lepida (Yuan & Zhang, 1981)
* lepidus Fonin, 1982	Dictyocyathus	Chouberticyathus lepidus (Fonin, 1982)
* levillaini Debr., 1964	Velicyathus (t.s.)	nomen dubium
* lewandowskii Debr.& Gang.,1990	Landercyathus (t.s.)	L. lewandowskii Debr. & Gang., 1990
loculatus Kon., 1972	Karakolocyathus (t.s.)	Taeniaecyathellus tectus (Fonin, 1963)
loculiformis Okul., 1955	Archaeocyathus	nomen dubium
longa Vol., 1940	Tersia	nomen dubium
longa Vol., 1957	Syringocnema	nomen nudum
* longispinosus A. Zhur., 1988	Spinosocyathus	Dictyocyathus longispinosus (A. Zhur., 1988)
* loupensis Okul., 1943	Cambrocyathus	Metaldetes profundus (Billings, 1865)
* lucidus Grav., 1984	Warriootacyathus	W. lucidus Grav., 1984
lukashevi Vol., 1959	Serligocyathus	nomen dubium
* macdonelli Bedf. & Bedf., 1936	Dictyocyathus	[Radiocyathus sp.]
* macdonelli Bedf. & Bedf., 1937	Archaeocyathus	nomen dubium
* mactus Fonin, 1985	Costocyathus (t.s.)	Claruscoscinus mactus (Fonin, 1985)

Previous species name (1)	Previous generic name (2)	Here (3)
magna Rod., 1967	Syringocnema	Tuvacnema tannuolensis (Rod., 1967)
* magnus Debr. F. & M., 1978	Neoloculicyathus	N. magnus Debr. F. & M., 1978
* magnus Fonin, 1982	Flindersicyathus	Cambrocyathellus communis (Fonin, 1982)
* major Bedf. & Bedf., 1934	Spirocyathus	Pycnoidocyathus major (Bedf. & Bedf., 1934)
* makarovi Fonin, 1985	Maturocyathus (t.s.)	Claruscoscinus billingsi (Vol., 1940)
mansyi Debr. & A.Zhur, 1992	Gatagacyathus (t.s.)	G. mansyi Debr. & A.Zhur., 1992
* margarita Born., 1886	Anthomorpha (t.s.)	A. margarita Born., 1886
* marginatus Fonin, 1982	Salanycyathus (t.s.)	Archaeopharetra marginata (Fonin, 1982)
* maslennikovae Zhur., 1960	Spinosocyathus(t.s.)	S. maslennikovae Zhur., 1960
* maximipora Bedf. & Bedf., 1934	Pycnoidocyathus	P. simplex Taylor, 1910
* maximus Vol., 1977	Bacatocyathus	[Dokidocyathus ? maximus (Vol., 1977)]
* mcdamensis Handf., 1971	Flindersicyathus	Arrythmocricus macdamensis (Handf., 1971)
meeki Walcott, 1891	Ethmophyllum	Metaldetes meeki (Walcott, 1891)
* meitanensis Yuan & Zhang, 1984	Sanxiacyathus	Archaeocyathus nitidus (Yuan & Zhang, 1977)
* membranivestites Vol., 1932	Loculocyathus	Loculicyathus membranivestites (Vol., 1932)
* meracus Fonin, 1985	Retecyathus	Tollicyathus sp.
* merus Fonin, 1966	Cavocyathus	Usloncyathus miculus Fonin, 1966
* microporosa Debr. & Gang.,1990	Spirocyathella ?	S. ? microporosa Debr. & Gang., 1990
microporosus S. Tcher., 1960	Archaeocyathus	A. cumfundus (Vol., 1932)
* miculus Fonin, 1966	Usloncyathus (t.s.)	U. miculus Fonin, 1966
minuta Vol., 1940	Syringocnema	Pseudosyringocnema eleganta (Vol. 1940)
minutus Vol., 1940	Loculicyathus	Cambrocyathellus tuberculatus (Vol., 1940)
minutus Vol., 1940	Bacatocyathus	nomen dubium
* mirabile Bedf. & Bedf., 1936	Paracoscinus (t.s.)	P. mirabile Bedf. & Bedf., 1936
mirus Fonin, 1963	Tabellaecyathus	Taeniaecyathellus tectus (Fonin, 1963)
* modesta Fonin, 1985	Protopharetra	Tollicyathus sp.
* mongolicus Fonin, 1982	Spinosocyathus	S. mongolicus Fonin, 1982
* monstruosus Fonin, 1985	Pycnoidocyathus	Archaeocyathus monstruosus (Fonin, 1985)
multicavitatus Fonin, 1963	Cambronanus (t.s.)	Taeniaecyathellus multicavitatus (Fonin, 1963)
* multifidus Bedf. & Bedf., 1936	Spirocyathus	(t.s.) Auliscocyathus multifidus (Bedf.& Bedf.,1936)
* nanjiangensis Zhang & Yuan, 1985	Cambrocyathellus	Changicyathus tenuicaulus (Zhang & Yuan, 1985)
* natlaensis Debr. & A.Zhur., 1992	Kechikacyathus (t.s.)	K. natlaensis Debr. & A.Zhur., 1992
naturalis Fonin, 1985	Archaeocyathus	A. naturalis Fonin, 1985
* necopinus Fonin, 1985	Batenevicyathus	Pycnoidocyathus necopinus (Fonin, 1985)
* nelliae Fonin, 1964	Nellicyathus (t.s.)	Tollicyathus nelliae (Fonin, 1964)
neptunensis Wood et al., 1992	Dictyocyathus	Dictryocyathus neptunensis, Wood et al., 1992
* nitidus Yuan & Zhang, 1977	Retecyathus	Archaeocyathus nitidus (Yuan & Zhang, 1977)
nodosa Vol., 1940	Tersia	nomen dubium
* nodosus Fonin, 1985	Retecyathus	Tollicyathus nodosus (Fonin, 1985)
* notabilis Vol., 1932	Altaicyathus (t.s.)	A. notabilis Vol., 1932
* obesus Fonin, 1966	Usloncyathus	U. miculus Fonin, 1966
obliquoseptatus Vol., 1963	Binatocyathus (t.s.)	nomen dubium
obliquus Okul., 1948	Eucyathus	nomen dubium
* obtusus Grav., 1984	Dictyofavus (t.s.)	D. obtusus Grav., 1984
* occidentalis Okul., 1943	Cambrocyathus	nomen dubium
* oimuranicus Zhur., 1960	Sphinctocyathus (Sph.)(t.s	nomen dubium
* okulitchi Zhur., 1960	Archaeosycon	Archaeocyathus okulitchi (Zhur., 1960)
operosus Zhur., 1955	Retecyathus	Archaeocyathus ? operosus (Zhur., 1955)
* optimus Fonin, 1982	Paranacyathus	Cambrocyathellus communis (Fonin, 1982)
* ordinatus Fonin, 1982	Salanycyathus	Archaeopharetra marginata (Fonin, 1982)
orientis Bel., 1984	Metaldetes	Archaeopharetra ? orientis (Bel., 1984)
* ornatus Fonin, 1983	Egiinocyathus (t.s.)	Ardrossacyathus ornatus (Fonin, 1985)
* ornatus Fonin, 1985	Maturocyathus	(t.s.) Cellicyathus ornatus (Fonin, 1985)
* orthoconicus Okul., 1943	Cambrocyathus	Metaldetes profundus (Billings, 1865)

Previous species name (1)	Previous generic name (2)	Here (3)
pachyderma Latin, 1961	Loculocyathus	Loculicyathus ? pachyderma Latin, 1961
pachynema Vol., 1940	Tersia	nomen dubium
* palliata Fonin, 1985	Protopharetra	Tollicyathus sp.
* pannonicus Fonin, 1982	Ramuscyathus(Parvuscyathus)(t.s)	Cambrocyathellus pannonicus (Fonin, 1982)
parvula Vol., 1940	Tersia	nomen dubium
* parvulus Bedf. & Bedf., 1936	Pycnoidocyathus	P. vicinisepta Bedf. & Bedf.,1936
parvulus Vol., 1940	Spirocyathus	Cambrocyathellus parvulus (Vol., 1940)
* parvus Bedf. & Bedf., 1936	Paracyathus (t.s.)	Paranacyathus parvus (Bedf. & Bedf., 1936)
* pauciseptatus Gordon, 1920	Archaeocyathus	Archaeopharetra pauciseptata (Gordon, 1920)
pavonoides Matthew, 1886	Archaeocyathus	[(t.s.) Matthewcyathus pavonoides (Matthew, 1886)]
* pearylandicus Debr. & Peel,1986	Archaeocyathus	Pycnoidocyathus pearylandicus (Debr. & Peel, 1986)
pedaschenkoi Vol., 1940	Septocyathus (t.s.)	nomen dubium
pellisi Kras., 1961	Batenevia (t.s.)	Archaeocyathus pellisi (Kras., 1961)
* perdixi Debr., 1964	Agastrocyathus	Dictyocyathus perdixi (Debr., 1964)
* perticosus Fonin, 1966	Usloncyathus	U. miculus Fonin, 1966
petrovskii Kon., 1968	Loculicyathus	Cambrocyathellus petrovskii (Kon., 1968)
pianovskajae Zhur., 1970	Spinosocyathus	Zunyicyathus pianovskajae (Zhur., 1970)
* pigmentum Bedf. & Bedf., 1937	Spirillicyathus	Spirillicyathus pigmentus (Bedf. & Bedf., 1937)
* pistrini Debr., 1964	Anthomorpha	A. margarita Born., 1886
* plenus Fonin, 1985	Shiveligocyathus	Sh. plenus Fonin, 1985
plexiformis Fonin, 1990	Prismocyathus	Dictyocyathus praesignis (Fonin, 1960)
* plicatus Gordon, 1920	Metaldetes	M. plicatus Gordon, 1920
* polycladus Debr., 1989	Paranacyathus	Loculicyathus polycladus (Debr., 1989)
polycoela Vol., 1940	Protopharetra	Dictyofavus polycoela (Vol., 1940)
* polymorpha Born., 1886	Protopharetra (t.s.)	P. polymorpha Born., 1886
* polysynapticulosus Korsh.,1969	Archaeofungia	[Sibirecyathus polysynapticulosus (Korsh., 1969)]
* poolensis Kaw. & Okul., 1957	Metacoscinus	Claruscoscinus ? poolensis (Kaw. & Okul., 1957)
* porosus Fonin, 1983	Dzhagdycyathus	Ardrossacyathus ornatus (Fonin, 1983)
pradoanus Perejón & Moreno, 1978	Urdacyathus (t.s.)	Alconeracyathus pradoanus (Perejón & Moreno, 1978)
* praesignis Fonin, 1960	Prismocyathus (t.s.)	Dictyocyathus praesignis (Fonin, 1960)
primus Vol., 1962	Terektigocyathus (t.s.)	nomen dubium
* primus Voron., 1974	Neoloculicyathus (t.s.)	N. primus Voron., 1974
primus Fonin, 1990	Prismocyathellus	Dictyocyathus praesignis (Fonin, 1960)
prochoriensis Okun., 1969	Cambrocyathellus	C. prochoriensis Okun., 1969
* profundus Billings, 1865	Archaeocyathus	Metaldetes profundus (Billings, 1865)
* prolatus Fonin, 1985	Adaecyathus	nomen dubium
proprius Zhur., 1955	Loculicyathus	L. bornemanni Kras., 1937
* proteus Born., 1886	Coscinocyathus	Protopharetra protea (Born., 1886)
* proteus Debr., 1960	Volvacyathus (t.s.)	Protopharetra gemmata (Debr., 1964) (homonymy)
* proteus Vol., 1977	Bacatocyathus	nomen dubium
* protractus Vol., 1977	Bacatocyathus	nomen dubium
* proximus Fonin, 1983	Ramuscyathus (Ramuscyathus)	Cambrocyathellus proximus (Fonin, 1983)
* ptychophragma Taylor, 1910	Pycnoidocyathus	P. synapticulosus Taylor, 1910
* pusilus Fonin, 1966	Cavocyathus (t.s.)	Usloncyathus miculus Fonin, 1966
* pycnoideum Bedf. & Bedf., 1936	Pycnoidocyathus (t.s.)	P. pycnoideum Bedf. & Bedf., 1936
* quadruplex Bedf. & Bedf., 1936	Dictyocyathus	Archaeopharetra irregularis (Taylor, 1910)
quartus Rod., 1967	Dictyocyathus	Auliscocyathus quartus (Rod., 1967)
* racemiferus Grav., 1984	Loculicyathus ?	[Davidicyathus racemiferus (Grav., 1984)]
rackovskii Vol., 1940	Araneocyathus (t.s.)	Anthomorpha ? sisovae (Vol., 1940)
* radiata Born., 1886	Protopharetra	P. radiata Born., 1886
* radiatus Taylor, 1910	Spirocyathus	Archaeocyathus radiatus (Taylor, 1910)
* radiatus Zhur., 1964	Sphinctocyathus	Dictyosycon radiatus (Zhur., 1964)
* radix Bedf. & Bedf., 1937	Rhizacyathus (t.s.)	nomen dubium
* ramosa Debr., 1989	Graphoscyphia	G. ramosa Debr., 1989

Previous species name (1)	Previous generic name (2)	Here (3)
* ramosus Fonin, 1985	Vertocyathus	Tollicyathus nelliae (Fonin, 1964)
* ramulosus Bedf. & Bedf., 1937	Metacyathus	Metaldetes ramulosus (Bedf. & Bedf., 1937)
ratus Vol., 1940	Araneocyathus	nomen dubium
raymondi Okul., 1935	Protopharetra	Archaeocyathus raymondi (Okul., 1935)
rectiporus Okul., 1948	Pycnoidococoscinus	nomen dubium
rectus Vol., 1940	Araneocyathus	nomen dubium
*reduncus Fonin, 1985	Vertocyathus (t.s.)	Tollicyathus nelliae (Fonin, 1964)
* regularis Bedf. & Bedf., 1937	Paranacyathus	P. regularis Bedf. & Bedf., 1937
regularis Okul., 1943	Exocyathus	nomen dubium
regularis Kras., 1960	Archaeocyathus	A. kusmini (Vol., 1932)
* regularis Debr., 1977	Bottonaecyathus	[B. regularis Debr., 1977]
* remotus Fonin, 1985	Tollicyathus	T. nelliae (Fonin, 1964)
* resimus Fonin, 1985	Retecyathus	Tollicyathus sp.
resseri Okul., 1943	Metethmophyllum	nomen dubium
* rete Taylor, 1910	Protopharetra	Archaeocyathus rete (Taylor, 1910)
* retesepta Taylor, 1910	Archaeocyathus	Metaldetes retesepta (Taylor, 1910)
* reteseptatum Bedf.& Bedf.,1934	Metacoscinus (t.s.)	Metaldetes retesepta (Taylor, 1910)
* reticulata Bedf. & Bedf., 1934	Metafungia (t.s.)	Metaldetes reticulatus (Bedf. & Bedf., 1934)
* reticulata Vol., 1959	Tersia	nomen dubium
* reticulatus Fonin, 1982	Paranacyathus	Cambrocyathellus communis (Fonin, 1982)
rhyacoensis Okul., 1948	Coscinocyathus	nomen dubium
robusta Bel., 1975	Anthomorpha	A. ? robusta Bel., 1975
robustus Vol., 1937	Archaeocyathus	Cambrocyathellus robustus (Vol., 1957)
* robustus Bedf. & Bedf., 1936	Dictyocyathus	[Dokidocyathus robustus (Bedf. & Bedf., 1936)]
rootsi Okul., 1947	Protopharetra	nomen dubium
* rossi Kruse, 1980	Aruntacyathus ?	Spirocyathella rossi (Kruse, 1980)
* rossicum Vlasov, 1961	Cambrostroma (t.s.)	Altaicyathus rossicus (Vlasov, 1961)
rotunda Rod., 1967	Protopharetra	P. rotunda Rod., 1967
* sajanicum Yaworsky, 1932	Clathrodictyon	(t.s.) Korovinella sajanica (Yaworsky, 1932)
salairicus Vol., 1940	Dictyocyathus	D. ? salairicus Vol., 1940
salairicus Vol., 1957	Loculicyathus	nomen nudum
* sampelayanus Hernandez, 1917	Dictyocyathus	nomen dubium
* sarmaticus Debr., 1974	Paranacyathus	P. sarmaticus Debr., 1974
* scottensis Grav., 1984	Copleicyathus	C. scottensis Grav., 1984
* scoulari Etheridge, 1890	Protopharetra	nomen dubium
*sdzuyi Debr., 1977	Bicoscinus (t.s.)	B. sdzuyi Debr., 1977
secundus Kash., 1979	Arisacyathus	Cellicyathus ? secundus (Kash., 1979)
* secundus Fonin, 1985	Voznesenskicyathus	Shiveligocyathus plenus Fonin, 1985
* sekwiensis Handf., 1971	Pycnoidocyathus	P. sekwiensis Handf., 1971
seliverstovae Jazmir, 1975	Retecyathus	Archaeocyathus seliverstovae (Jazmir, 1975)
* semenovi Zhur., 1960	Taeniaecyathellus (t.s.)	T. semenovi Zhur., 1960
septimus Okul., 1948	Cambrocyathus ?	nomen dubium
serratus Kaw. & Okul., 1957	Coscinocyathus	Pycnoidococoscinus ? serratus (Kaw. & Okul., 1957)
* serus Fonin, 1966	Usloncyathus	U. miculus Fonin, 1966
* serus Fonin, 1985	Retecyathus	Archaeocyathus serus (Fonin, 1985)
* shaanxiensis Zhang & Yuan, 1985	Cambrocyathellus	Changicyathus tenuicaulus (Zhang & Yuan, 1985)
* shixiqiaoensis Yuan, 1974	Retecyathus	Archaeocyathus yanjiaoensis (Yuan, 1974)
* sibiricus Sund., 1986	Ataxiocyathus	Neoloculicyathus sibiricus (Sund., 1986)
sidorasi Zhur., 1983	Spinosocyathus	S. maslennikovae Zhur., 1960
sigmoideus Kras., 1960	Archaeocyathus	A. sigmoideus Kras., 1960
* similiseptus Voron., 1979	Robustocyathus	Cambrocyathellus similiseptus (Voron., 1979)
* simplex Taylor, 1910	Dictyocyathus	[Alphacyathus simplex (Taylor, 1910)]
* simplex Taylor, 1910	Pycnoidocyathus	P. simplex Taylor, 1910
* simplex Debr., 1974	Ataxiocyathus	Loculicyathus simplex (Debr., 1974)

Previous species name (1)	Previous generic name (2)	Here (3)
* simpliporus Debr. & James, 1981	Metaldetes	Metacyathellus simpliporus (Debr. & James, 1981)
sinuatus Yang & Liu, 1990	Sanxiacyathus	?
sisovae Vol., 1940	Araneocyathus	Anthomorpha ? sisovae (Vol., 1940)
smolianinovae Vol., 1940	Tubocyathus (t.s.)	nomen dubium
* sokolovi Zhur., 1968	Archaeocyathus ?	[Sibirecyathus sokolovi (Zhur., 1968)]
solidus Vol., 1940	Eucyathus	Claruscoscinus billingsi ? (Vol., 1940)
solidus Kaw. & Okul., 1957	Pycnoidocyathus	P. solidus Kaw. & Okul., 1957
* sparsus Fonin, 1985	Vertocyathus	Tollicyathus nelliae (Fonin, 1964)
* speciosus Bedf. & Bedf., 1934	Spirocyathus	Archaeocyathus ? speciosus (Bedf. & Bedf., 1934)
* spicularis Bedf. & Bedf., 1934	Pinacocyathus (t.s.)	nomen dubium
* spinosa Debr., 1989	Batenevia	Spirocyathella spinosa (Debr., 1989)
* spinosus Grav., 1984	Paranacyathus	Cambrocyathellus spinosus (Grav., 1984)
* spiralis Bedf. & Bedf., 1936	Metaldetes	M. spiralis Bedf. & Bedf., 1936
* spriggi Bedf. & Bedf., 1937	Syringocnema	nomen dubium
sternerum Vol., 1937	Tersia	nomen dubium
* stipatus Debr., 1964	Dictyocyathus	D. stipatus Debr., 1964
strachovi Jakovlev, 1959	Chankacyathus (t.s.)	Ch. strachovi Jakovlev, 1959
* stratosus Fonin, 1983	Dzhagdycyathus	Ardrossacyathus ornatus (Fonin, 1983)
* strictus Grav., 1984	Pycnoidocyathus ?	Metacyathellus strictus (Grav., 1984)
stromatoporoides Kon., 1972	Tabulacyathus	Altaicyathus stromatoporoides (Kon., 1972)
* subartus Zhur., 1960	Paranacyathus	(t.s.) Sakhacyathus subartus (Zhur., 1960)
* subradiatus Vol., 1931	Spirocyathus	Archaeopharetra subradiata (Vol., 1931)
* superbus Bedf. & Bedf., 1934	Metaldetes	M. superbus Bedf. & Bedf., 1934
* synapticulosus Taylor, 1910	Pycnoidocyathus (t.s.)	P. synapticulosus Taylor, 1910
* syrinx Bedf. & Bedf., 1937	Archaeopharetra	nomen dubium
* tabularis Bedf. & Bedf., 1937	Sigmofungia	S. flindersi Bedf. & Bedf., 1936
* tabulatus Bedf. & Bedf., 1937	Flindersicoscinus (t.s.)	Archaeopharetra tabulata (Bedf. & Bedf., 1937)
taeniatus Okul., 1943	Archaeocyathus	nomen dubium
* taissensis Debr., 1958	Archaeocyathus	Protopharetra taissensis (Debr., 1958)
tannuolaicus Vol., 1962	Retecyathus	nomen nudum
tannuolensis Rod., 1967	Syringocnema	(t.s.) Tuvacnema tannuolensis (Rod., 1967)
* tardus Grav., 1984	Jugalicyathus (t.s.)	J. tardus Grav., 1984
* tatijanae Zhur., 1968	Archaeosycon	Dictyosycon gravis Zhur., 1960
* tatondukensis Debr., Gang. & A. Zhur., 1990	Alaskacoscinus (t.s.)	A. tatondukensis Debr., Gang. & A. Zhur., 1990
* taylori Bedf. & Bedf., 1934	Metacyathus (t.s.)	Metaldetes dissepimentalis (Taylor, 1910)
tectus Fonin, 1963	Taeniaecyathellus	T. tectus Fonin, 1963
tenerrimus Born., 1891	Dictyocyathus (t.s.)	D. verticillus (Born. 1886)
* tenuicaulus Zhang & Yuan, 1985	Cambrocyathellus	(t.s.) Changicyathus tenuicaulus (Zhang & Yuan, 1985)
* tenuis Bedf. & Bedf., 1937	Spirillicyathus (t.s.)	Spirillicyathus tenuis (Bedf. & Bedf., 1937)
* tenuis Bedf. & Bedf., 1937	Archaeopharetra	nomen dubium
tenuis Vol., 1940	Retecyathus	nomen dubium
* tenuis Debr., 1964	Dictyocyathus	D. ? tenuis Debr., 1964
* tersus Fonin, 1985	Rudicyathus (t.s.)	Tollicyathus tersus (Fonin, 1985)
* tianhebanensis Yuan & Zhang,1977	Archaeocyathus	A. yichangensis (Yuan & Zhang, 1977)
toddi Kruse, 1980	Aruntacyathus (t.s.)	Spirocyathella toddi (Kruse, 1980)
toledani Perejón, 1976	Pycnoidocyathus	Eremitacyathus ? toledani (Perejón, 1976)
* tolli Vol., 1931	Loculicyathus (t.s.)	L. tolli Vol., 1931
totus Fonin, 1963	Tabellaecyathus (t.s.)	Taeniaecyathellus tectus (Fonin, 1963)
* translucidus Zhur., 1960	Dictyocyathus	D. translucidus Zhur., 1960
tschernyschevae Kras., 1961	Claruscyathus	Paracoscinus ? tschernyschevae (Kras., 1961)
* tschuranicus Zhur., 1960	Cambrocyathellus (t.s.)	C. tschuranicus Zhur., 1960
tuberculatus Vol., 1940	Loculicyathus	Cambrocyathellus tuberculatus (Vol., 1940)
* tubicornis Kaw. & Okul., 1957	Coscinocyathus	Claruscoscinus ? poolensis (Kaw. & Okul., 1957)

Previous species name (1)	Previous generic name (2)	Here (3)
* tubiformis Vol., 1977	Monstricyathus (t.s.)	nomen dubium
* tubulosus Vol., 1977	Bacatocyathus	nomen dubium
* tubus Yuan, 1980	Retecyathus	Archaeocyathus chengkouensis (Yuan, 1980)
tunicatus Zhur., 1955	Cysticyathus (t.s.)	[C. tunicatus Zhur., 1955]
turpis Fonin, 1963	Cambronanus	Taeniaecyathellus multicavitatus (Fonin, 1963)
tuvaensis Vol., 1940	Dictyocyathus	nomen dubium
* typica Bedf. & Bedf., 1936	Archaeopharetra (t.s.)	A. irregularis (Taylor, 1910)
* typus Yuan & Zhang, 1977	Sanxiacyathus	Archaeocyathus nitidus (Yuan & Zhang, 1977)
* uberis Fonin, 1982	Flindersicyathus	Cambrocyathellus communis (Fonin, 1982)
* undatus Debr., 1989	Palmericyathellus	Sigmofungia undata (Debr., 1989)
unexpectans Okul. & Roots, 1947	Dendrocyathus (t.s.)	nomen dubium
* uniporus Handf., 1971	Pseudosyringocnema (t.s.)	P. uniporus Handf., 1971
* uniporus Handf., 1971	Erismacoscinus ?	Claruscoscinus ? uniporus (Handf., 1971)
* uniserialis Hill, 1965	Flindersicyathus	Pseudosyringocnema uniserialis (Hill, 1965)
uralensis Kon., 1964	Tabulacyathus	Spirocyathella ? kyslartauense ? Vol., 1939
uralensis Kon., 1968	Loculicyathus	Cambrocyathellus petrovskii (Kon., 1968)
* vadosus Fonin, 1982	Flindersicyathus	Cambrocyathellus communis (Fonin, 1982)
* validus Roz., 1960	Tchojacyathus (t.s.)	Tch. validus Roz., 1960
* validus Yuan, 1980	Archaeocyathus	A. validus Yan, 1980
* vastulus Fonin, 1966	Falsocyathus (t.s.)	Usloncyathus miculus Fonin, 1966
verisimilis Fonin, 1960	Prismocyathus	Dictyocyathus praesignis (Fonin, 1960)
veronicae Bel., 1969	Tabulacyathus	Altaicyathus veronicae (Bel., 1969)
* verticillus Born., 1886	Coscinocyathus	Dictyocyathus verticillus (Born., 1886)
* vesiculoides Miss., 1961	Shiveligocyathus (t.s.)	Sh. vesiculoides Miss., 1961
* vesiculosa Born., 1886	Protopharetra	P. radiata Born., 1886
vesiculosum Okul., 1943	Archaeosycon	A. billingsi (Walcott, 1886)
* vicinisepta Bedf. & Bedf., 1936	Pycnoidocyathus	P. vicinisepta Bedf. & Bedf., 1936
* vologdini Yaworsky, 1932	Actinostroma	Altaicyathus vologdini (Yaworsky, 1932)
* vologdini Bedf. & Bedf., 1939	Archaeopharetra	nomen dubium
vologdini Okun., 1973	Loculicyathus	L. vologdini Okun., 1973
* wanfusiensis Yuan, 1978	Retecyathus	Archaeocyathus wanfusiensis (Yuan, 1978)
* webersi Debr. & Roz., 1984	Antarcticocyathus (t.s.)	A. webersi Debr. & Roz., 1984
* wilkawillinensis Grav., 1984	Warriootacyathus (t.s.)	W. wilkawillinensis Grav., 1984
* wirrialpensis Taylor, 1910	Archaeocyathus	Beltanacyathus wirrialpensis (Taylor, 1910)
* yanjiaoensis Yuan, 1974	Protopharetra	Archaeocyathus yanjiaoensis (Yuan, 1974)
yarbili Rod., 1967	Flindersicyathus	Archaeopharetra yarbili (Rod., 1967)
* yavorskii Vol., 1931	Spirocyathus	Archaeopharetra yavorskii (Vol., 1931)
* yavorskii Vol., 1931	Dictyocyathus	nomen dubium
* yichangensis Yuan & Zhang, 1977	Archaeocyathus	A. yichangensis Yuan & Zhang, 1977
yidingshanensis Yang & Liu, 1990	Protopharetra	?
ynyrgensis Kras., 1961	Syringsella (t.s.)	Archaeocyathus cumfundus (Vol., 1932)
* yorkei Bedf. & Bedf., 1937	Metaldetimorpha (t.s.)	nomen dubium
zabaicalicus Vol., 1962	Loculicyathus	nomen nudum
zhautikovi Zhur., 1976	Metaldetes ?	Cambrocyathellus zhautikovi (Zhur., 1976)
zhuravlevae Yarosh., 1962	Batenevicyathus (t.s.)	Pycnoidocyathus erbiensis (Zhur., 1955)
zhuravlevae Bel., 1969	Fragilicyathus (t.s.)	F. zhuravlevae Bel., 1969
zhuravlevae Okun., 1973	Chankacyathus	Ch. strachovi Jak., 1959
zolaensis Maslov, 1957	Mikhnocyathus	M. zolaensis Maslov, 1957

1. Species studied by authors in the type material are marked by an asterisk (*). Species assigned now to Monocyathida, Ajacicyathida, Tabulacyathida and non archaeocyathan organisms are in square brackets.

t.s. – type species.

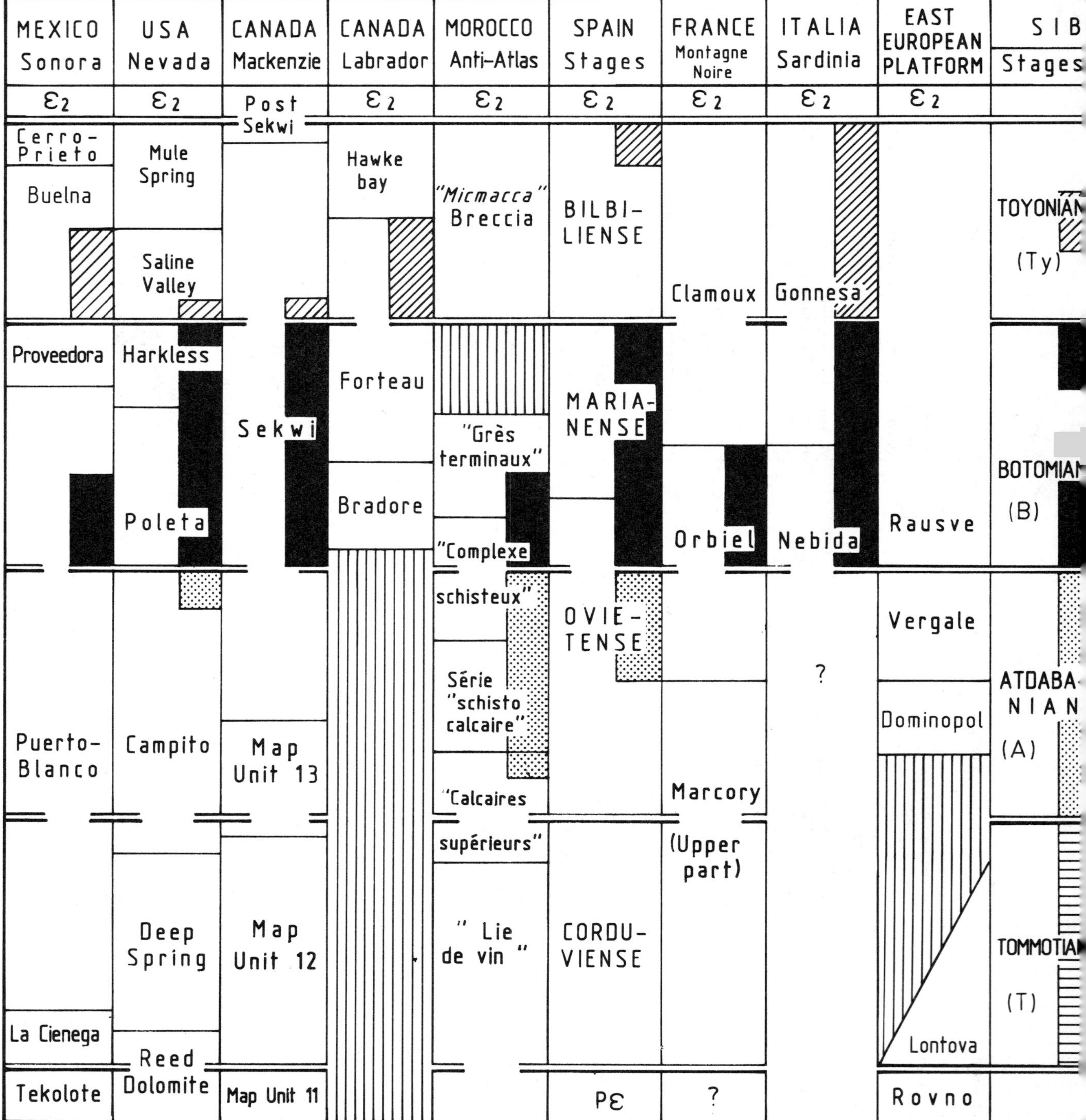

Fig. 43. – Correlation chart of the Lower Cambrian reference section of the Earth (after Debrenne *et al.*, 1990b, Fig.64, with corrections) :
1 – stage boundaries accepted in F.R. Russia,
2 – zonal and local subdivision boundaries,
3 – suggested boundaries,
4-8 – archaeocyathan assemblages : 4 – Tommotian, 5 – Early Atdabanian, 6 – Late Atdabanian, 7 – Botomian, 8 – Toyonian.

Fig. 43. – *Table de corrélation entre les sections de références du Cambrien inférieur mondial ; (d'après Debrenne* et al., *1990b, Fig.64, modifiée)*
1 – limites d'étages acceptées en R.F. Russie,
2 – limites de zones et subdivisions locales,
3 – limites proposées,
4-8 – assemblages d'archéocyathes : 4 – Tommotien, 5 – Atdabanien inférieur, 6 – Atdabanien supérieur, 7 – Botomien, 8 – Toyonien.

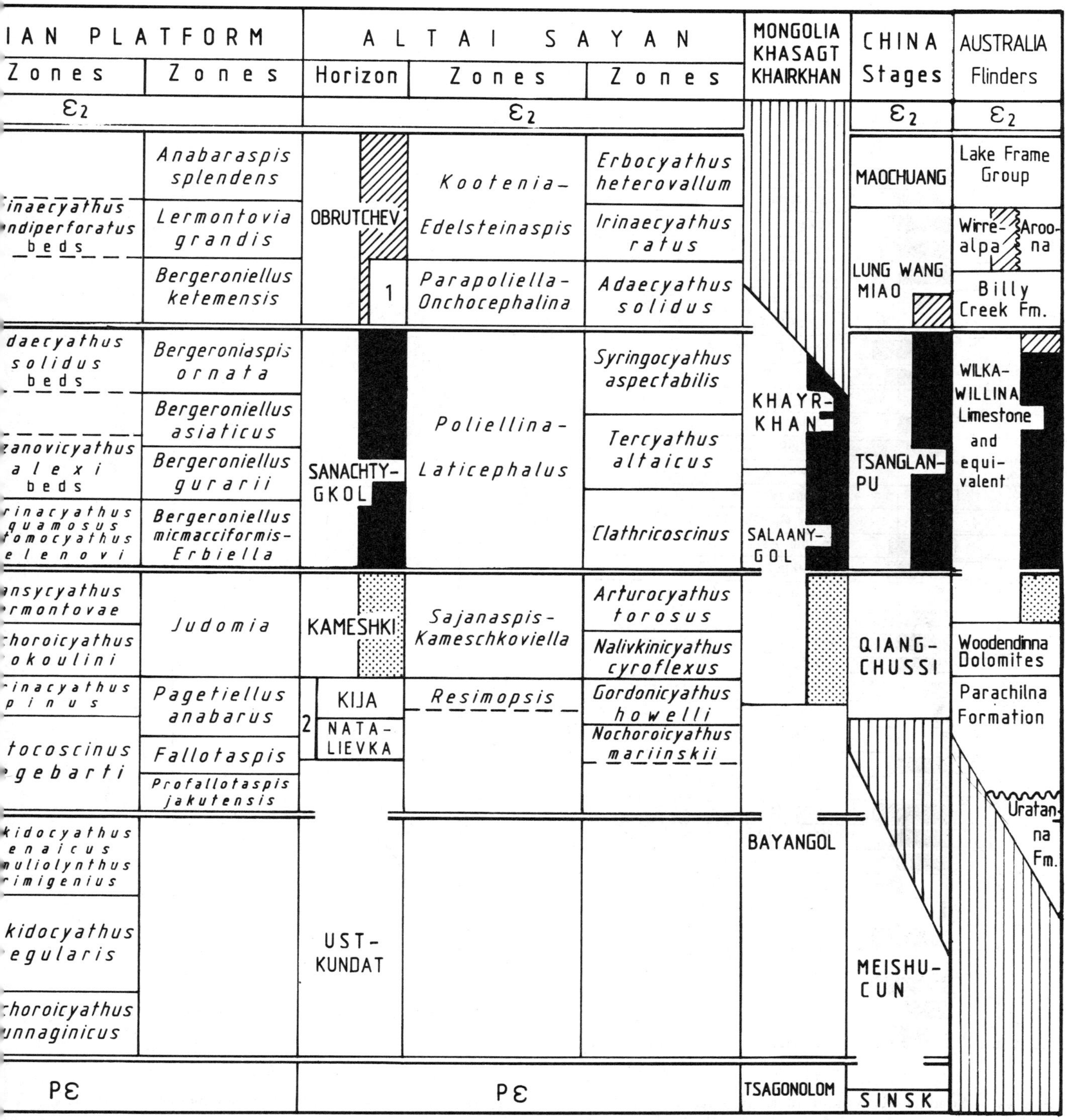

[Siber]IAN PLATFORM		ALTAI SAYAN			MONGOLIA KHASAGT KHAIRKHAN	CHINA	AUSTRALIA
Zones	Zones	Horizon	Zones	Zones		Stages	Flinders
$Є_2$		$Є_2$				$Є_2$	$Є_2$
[Ir]inaecyathus [i]ndiperforatus beds	Anabaraspis splendens	OBRUTCHEV	Kootenia– Edelsteinaspis	Erbocyathus heterovallum		MAOCHUANG	Lake Frame Group
	Lermontovia grandis			Irinaecyathus ratus			Wirre-alpa / Aroo-na
	Bergeroniellus ketemensis	1	Parapoliella– Onchocephalina	Adaecyathus solidus		LUNG WANG MIAO	Billy Creek Fm.
[A]daecyathus solidus beds	Bergeroniaspis ornata	SANACHTY-GKOL	Poliellina– Laticephalus	Syringocyathus aspectabilis	KHAYR-KHAN	TSANGLAN-PU	WILKA-WILLINA Limestone and equivalent
[...]zanovicyathus [...]alexi beds	Bergeroniellus asiaticus			Tercyathus altaicus			
	Bergeroniellus gurarii						
[...]rinacyathus [...]quamosus [...]tomocyathus [...]elenovi	Bergeroniellus micmacciformis– Erbiella			Clathricoscinus	SALAANY-GOL		
[...]ansycyathus [...]rmontovae	Judomia	KAMESHKI	Sajanaspis– Kameschkoviella	Arturocyathus torosus		QIANG-CHUSSI	Woodendinna Dolomites
[...]choroicyathus [...]okoulini				Nalivkinicyathus cyroflexus			
[...]rinacyathus [...]pinus	Pagetiellus anabarus	KIJA	Resimopsis	Gordonicyathus howelli			Parachilna Formation
[...]tocoscinus [...]gebarti	Fallotaspis	2 NATA-LIEVKA		Nochoroicyathus mariinskii			
	Profallotaspis jakutensis						
[...]kidocyathus [...]enaicus [...]nuliolynthus [...]rimigenius		UST-KUNDAT			BAYANGOL	MEISHU-CUN	Uratan-na Fm.
[...]kidocyathus [...]egularis							
[...]choroicyathus [...]unnaginicus							
$PЄ$		$PЄ$			TSAGONOLOM	SINSK	

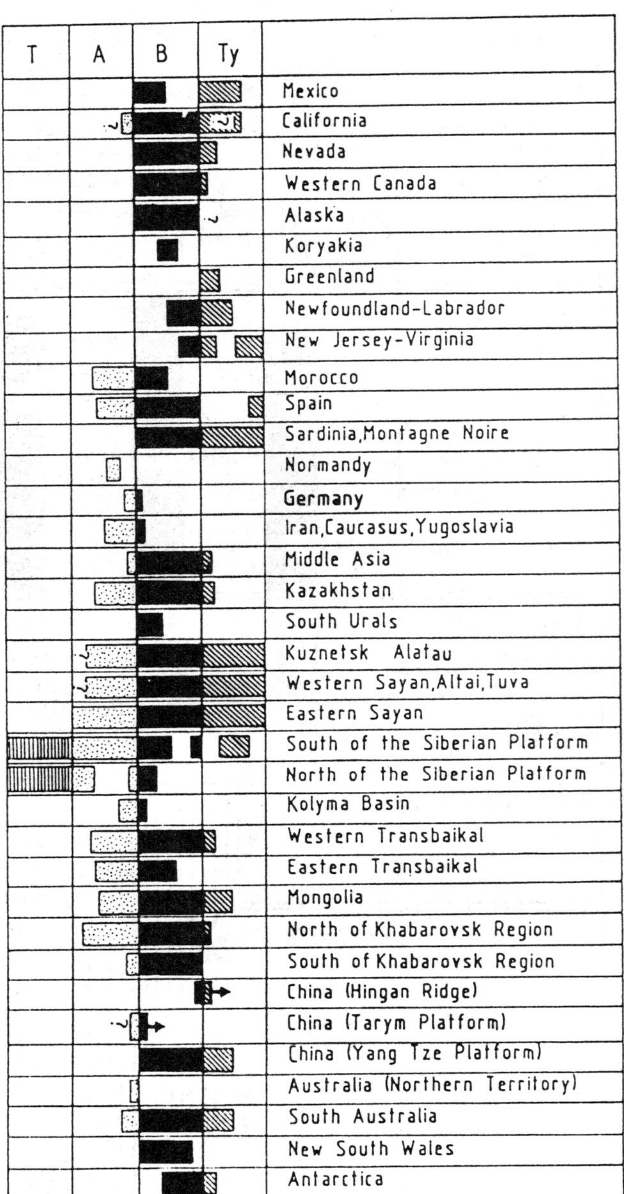

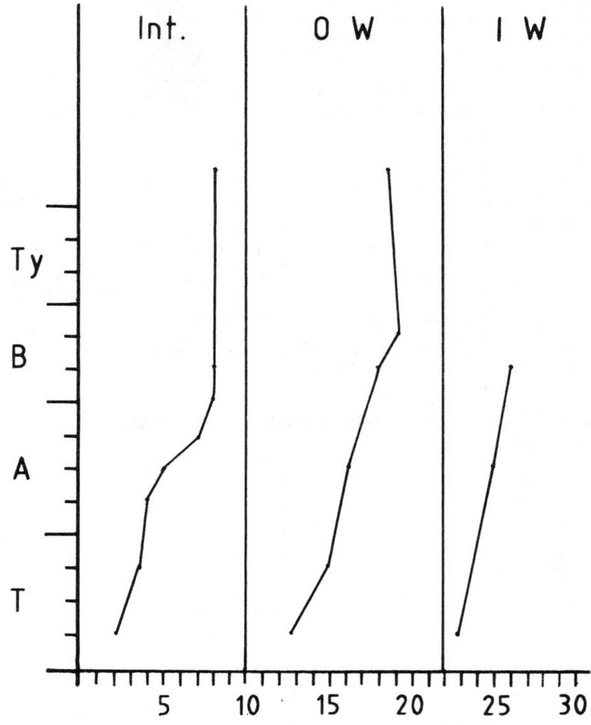

Fig. 44. – Stratigraphic position of archaeocyathan assemblages in different regions (from Debrenne *et al.*, 1990b, fig. 64 with corrections).
Symbols cf.Fig.43.
Fig. 44. – *Position stratigraphique des assemblages d'archéocyathes dans différentes régions (d'après Debrenne* et al. *1990b, Fig. 63, modifiée).*
Mêmes symboles qu'à la Fig.43.

Fig. 45. – Scheme of appearance of new morphologic features.
Fig. 45. – *Schéma de l'apparition des nouvelles structures morphologiques.*

2. CHRONOLOGY OF APPEARANCE
OF SKELETAL ELEMENTS

Shape of the cup :

B2	domal
T3	plate – like
T3	bowl – shaped
T1	conical to cylindroconical
T1	discoid
T2	dendroid pseudocolonies
A2	massive modular forms

Intervallar elements :

T1	porous pseudosepta
T1	porous taeniae
T2	dictyonal network
T3	non porous pseudosepta
B2	chambers and pillars
T3	pseudotaenial network
A2	hexagonal calicles

A4	tetragonal syringes
B1	tetragonal calicles
B2	hexagonal syringes

Outer wall :

T1	simple
T3	compound
T3	pustular
A3	canals
A1	centripetal
B1	tabellar
A3	subdivided canals
A4	geniculate

Inner wall :

T1	simple
A2	bracts and canals
A4	compound

Most features appeared during the **Tommotian** and **Early Atdabanian,** the most complicated forms at the beginning of **Botomian**. No new feature appeared after the **Middle Botomian** (Fig. 45).

3. PALAEOBIOGEOGRAPHY
OF IRREGULAR ARCHAEOCYATHS

The migration paths which have been established previously (Debrenne *et al.*, 1990b, Fig. 66-68), based on the totality of the group is not significantly different when only irregular archaeocyaths are considered : during the **Tommotian**, they were restricted to their area of appearance, the Siberian Platform (Fig. 40a). During the **Atdabanian**, they migrated towards the Altay Sayan Fold Belt. At the beginning of **Atdabanian**, they found their way to Western Europe and North Africa ; in the **Middle Atdabanian**, they reached Mongolia and, at the end of the **Atdabanian**, China and Australia ; the western part of America was attained at the very end of this age and at the beginning of **Botomian**. Eastern North America was not colonized before the middle of **Botomian** (Fig. 40c). The result of these migrations was the formation of new diversification centres (Altay Sayan, North Africa and southern Europe at the beginning of **Atdabanian**, Far East, Australia and western America at the end of **Atdabanian**) and the distinction of some specific geographic associations (Fig. 40b,c). For instance, during the **Botomian**, the acme of all **Archaeocyatha** and the time of their world wide distribution, some "provinces" can be recognized, based on irregular orders, suborders or superfamilies : the American-Koryakian "province" is characterized by **Syringocnemidina**, the northern margin of the Gondwana (Morocco, Spain, western Europe, middle Asia) by the **Anthomorphina**, the southern margin (Australia, Antarctica) by **Beltanacyathoidea** and **Metacyathoidea**. All the above taxa are also found in Altay Sayan Fold Belt and Far East. This suggests that the communications between the basins of Europe, Australia and North America were established through the Mongolia-Okhotsk Fold Belt (Zhuravlev, 1986). During the **Toyonian**, the archaeocyaths were drastically reduced in number and localities (Fig. 40d). In each region, archaeocyaths evolved into endemic species which disappear at their turn at the end of the **Toyonian**. Only the genus *Archaeocyathus* was present in most of the remaining niches of **Archaeocyatha** through the world.

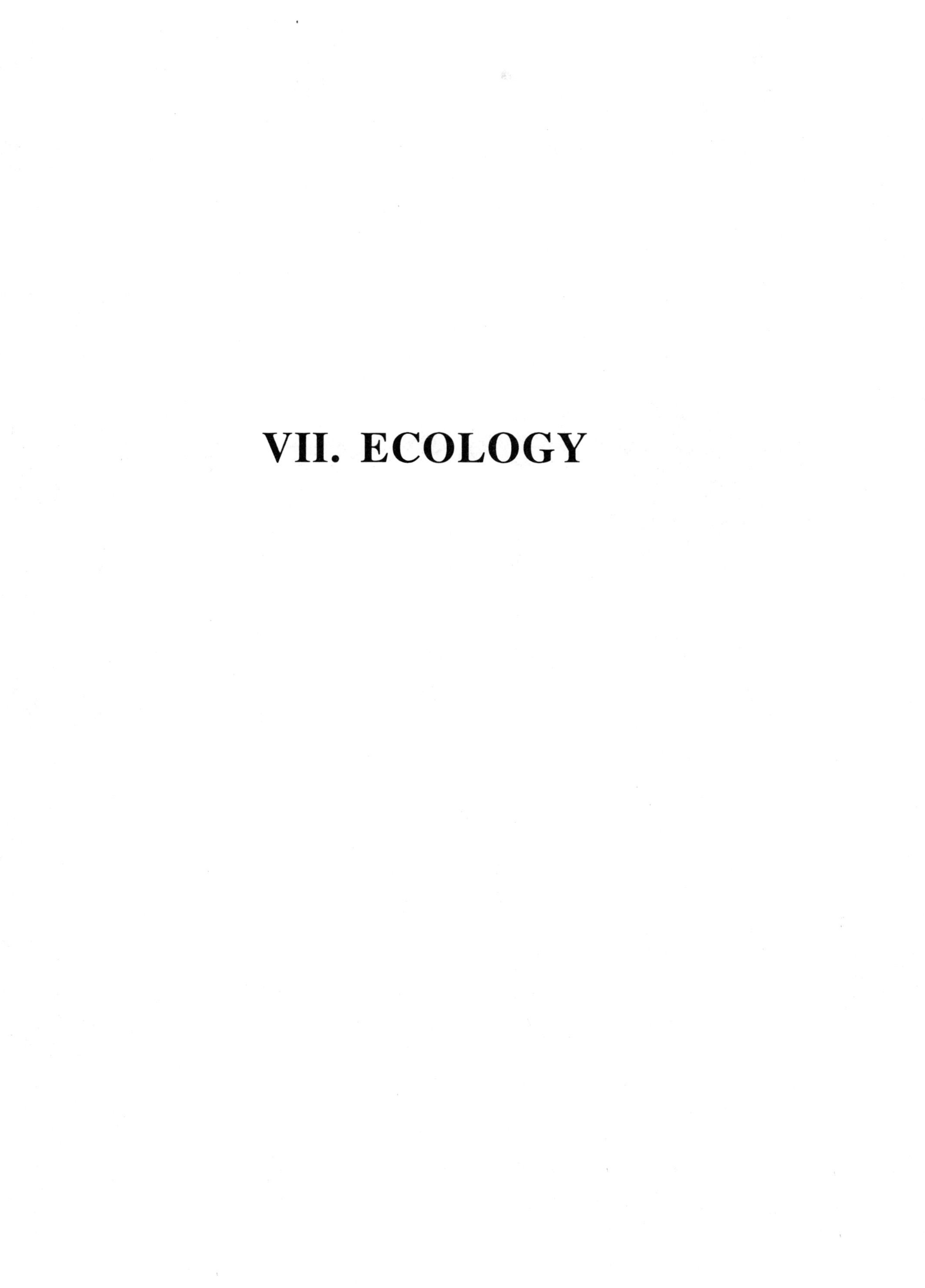

VII. ECOLOGY

CHAPTER VII
ECOLOGY OF ARCHAEOCYATHA

1. ARE EARLY CAMBRIAN BIOCONSTRUCTIONS TRUE REEFS ?

Archaeocyaths have been linked with reefs since 1885, when Hyatt considered the **Archaeocyatha** as the reef builders of the **Cambrian** times. Since, many authors have written about reefs and archaeocyaths.

Taylor (1910), in order to obtain an idea of the relative proportions of the various forms building up the **Cambrian** limestone of Ajax Mine (South Australia), made serial sections right through a specimen of the rock and noted all the fossils present, to compare their diversity with the abundance of organisms other than corals in the Great Barrier Reef. Okulitch (1955a), to the contrary, considered that archaeocyaths lived in large number on the calcareous sea bottoms, forming prairies of sessile benthos but not building topographically prominents reefs. In the mid fifties, Zhuravleva and Zelenov (1955) drew the attention to the peculiar taphonomy of **Archaeocyatha** which generally occurs in "accumulations" interpreted by the authors as "bioherms". They were the first to analyse the different chemical constituents of the bioherm and interbioherm rocks and to propose a classification into morphological types. They also noted that the association of algae and archaeocyaths was in variable proportions. Zhuravleva was the first scientist to begin a real investigation on archaeocyath ecology. Completing her first attempt, she distinguished five biohermal structures according to the shape and size of the bioherms. She has also studied the influence of depth, temperature, salinity and detrital inputs so that her work is still a reference for everyone who wants to investigate archaeocyath ecology. At about the same time Vologdin (1959d) proposed archaeocyaths as the "most ancient reef builders". Jazmir (1960, 1961) established a morphological classification of the bioherms according to geomorphological, tectonic and lithomorphological characteristics (lenticular bioherms, biolenses, biocupola, bioreefs). Zhuravleva (1966) gave a morphological classification of the bioherms based on the shape of the mounds (monolophoids, dilophoids) ; later (Zhuravleva, 1972) she

distinguished, within biohermal facies, massive bioherms, biostromes and taphostromes, according to the topography of the beds and the position of archaeocyaths within them. She followed the migration of the archaeocyath facies through the Siberian Platform during the **Lower Cambrian**, and made a very sound study of the specific composition of the different types. She is really the first author who understood how to lead research on archaeocyath ecology and gave very important results for further studies. In the seventies, new bioherms were investigated using these principles (Altay Sayan Fold Belt : Zadorozhnaya, 1974, 1976 ; Morocco : Debrenne, 1975 ; Spain : Zamarreño & Debrenne, 1977).

The second step in the studies of archaeocyath ecology was involved by the introduction of sedimentological investigations. It begins at the end of the seventies with the works of James and collaborators (James & Kobluk, 1978a ; Kobluk & James, 1979 ; James & Debrenne, 1980 ; Debrenne & James, 1981 ; James & Klappa, 1983). The problem was to determine if reef-like structures in the Cambrian can be considered analogous with or approaching to the sedimentological features of modern algal-coral reefs and to analyse the different components of the buildups : mud, cement, framework builders, associate builders, cavities, stromatactis, borings, etc... The first buildup assemblages to be studied in that way were the superbly exposed bioherms of the Forteau Formation of Labrador (James & Debrenne, 1980 ; Debrenne & James, 1981). The complex pattern of biological accretion, internal sedimentation, early lithification and biological destruction, which characterizes modern reefs and many fossil reefs, has been recognized in these archaeocyath rich patch-reefs. They did not develop into

156

massive ecologic reef because the archaeocyaths never developed the necessary large, massive hemispherical or encrusting skeleton. Reef mounds are composed primarily of archaeocyaths, *Renalcis*, *Epiphyton* and lime mud. The archaeocyath fauna is dominated by a highly plastic form *Metaldetes profundus* with a skeleton varying from sticks to cups, bowls and often saucer-shaped forms, linked by well developed buttresses. The distribution of the various archaeocyath taxa as well as the different morphotypes of *M. profundus* varies greatly from reef to reef and even from mound to mound within a single reef. The presence at the base of almost every mound of the domal-shaped *Retilamina* is the only sign of a zonation and can correspond to the stabilization stage of modern reefs. All these characters allow to consider the patch-reefs of Labrador similar to the basal pioneer accumulation of much younger **Early** and **Middle Palaeozoic** reefs.

Besides the bioherms, a biostrome layer was studied in comparison : the fauna is poorer, partly because most of the skeletons are larger cups and bowl-shaped forms of *M. profundus*, leaving less room for smaller forms. In the basal part however, the fauna includes almost an equal proportion of diverse archaeocyath species. Above the basal layer, the bulk of each unit is almost monospecific.

After this first work, archaeocyaths were, most of the time, studied not only from the point of view of systematics but also of ecology.

Studies in Sardinia (Gandin & Debrenne, 1984 ; Selg, 1986 ; Debrenne *et al.*, 1989c), in Nevada (Rowland & Gangloff, 1988), in Canada (Geldsetzer *et al.*), in Mexico (Debrenne *et al.*, 1989a), in North Nevada, Battle Mountains (Debrenne *et al.*, 1990a), in China (Debrenne *et al.*, 1991a), and in Australia (James & Gravestock, 1990 ; Debrenne & Gravestock,1990 ; Kennard, 1991) were focused on the conditions of settlement of the bioconstructions and on their position in relation to the sea-shore. The morphotypes of archaeocyaths (and not only their different species) are situated within the buildups and in their surroundings, showing a predominance of bowl-shaped forms (except at the base where saucer-shaped forms are often present) and of modular forms in the core of the construction, while sticks and cups are relatively more abundant in the interbeds (Gandin & Debrenne, 1984). Volumetric abundance has been calculated (Debrenne *et al.*, 1989a, 1990a) ; the relative biomass of the different species of the total population of a reef has been measured and figured on a graph (reproduced here

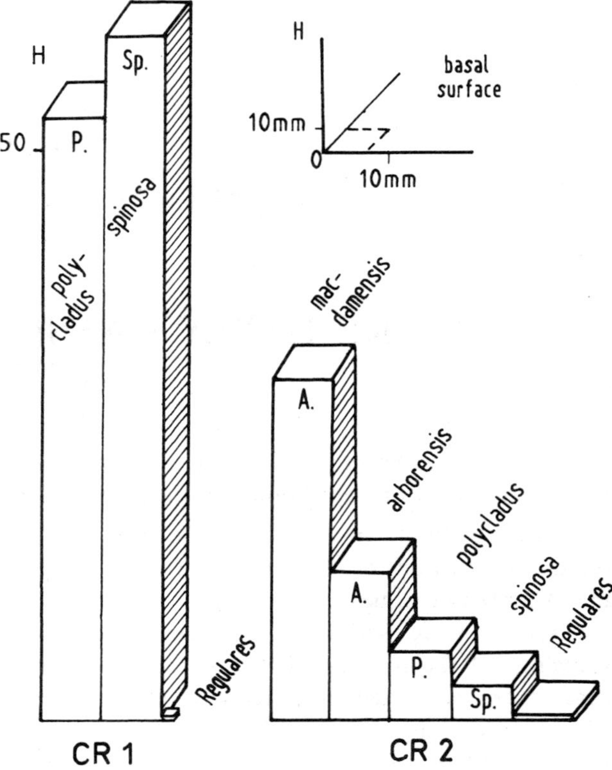

Fig. 46. – The relative biomass of the different species of the total population of a reef in the Botomian of Sonora, Mexico (after Debrenne *et al.*, 1989a, Fig. 7).

Fig. 46. – *Biomasse relative des différentes espèces de la population totale d'un récif botomien de Sonora, Mexique (d'après Debrenne* et al., *1989a, Fig.7).*

Fig. 46, 47). It evidently shows the amazing domination of **Irregulares**, even if the number of taxa of **Regulares** is higher.

Ecological zonation and community replacement have been investigated in the Poleta Formation of the western north American **Lower Cambrian** (Rowland & Gangloff, 1988) to determine if archaeocyath-algal bioconstructions can be considered as a true reef [i.e. conform to the four stages model (Walker & Alberstad (1975)] or a reef mound (not conform to the model). In term of this distinction, the **Lower Cambrian** mound-like buildups which do not display the sequence of replacement should be called reef-mound (James, 1983). Most of the **Cambrian** buildups are in this category. But Rowland and Gangloff have observed a community replacement sequence at the Stewart's Mill locality. However, the successive stages, in that case, involve different processes not directly analogous with ecological succession, and the arguments given by the authors as an example of a true reef may be not as strong as it seems at first sight.

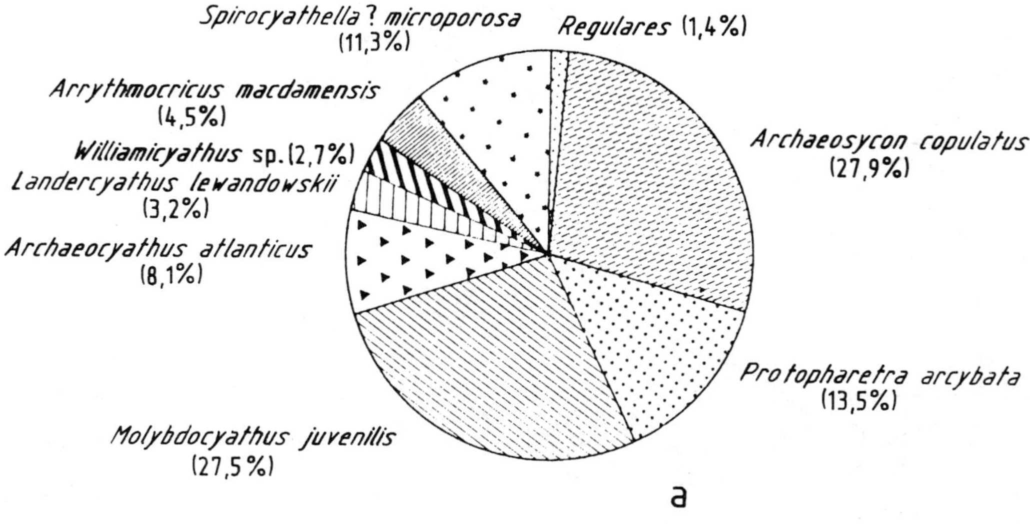

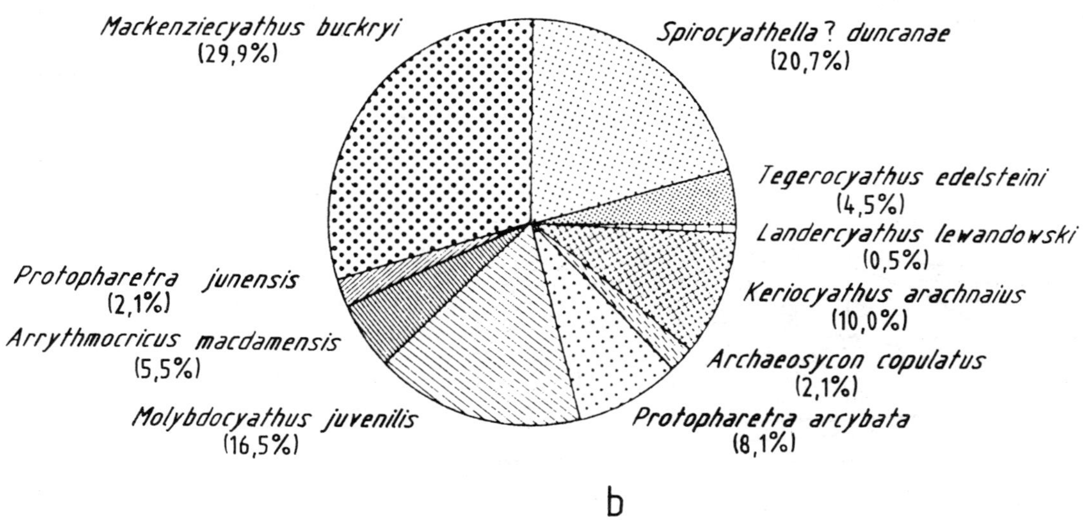

Fig. 47. – Faunal composition in the Botomian buildups of Nevada, U.S.A. : a – Galena Canyon archaeocyaths (Regulares are only 1.4 % of the population) ; b – Iron Canyon archaeocyaths (Regulares are up to 55.1 % of the population) ; [after Debrenne *et al.*, 1990a, Fig. 4-5].

Fig. 47. – *Composition faunique de bioconstructions botomiennes du Nevada (U.S.A.) : a – Galena Canyon (les réguliers représentent seulement 1,4 % de la population) ; b – Iron Canyon (les réguliers atteignent 55,1 % de la population) ; [d'après Debrenne* et al. *1990a, Fig.4-5].*

During the last two years, another impulse has been given by James who proposed now to quantify the studies, by carefully mapping the bioherm, measuring the volume of the different sedimentologic components (mud, cavities, cements, sedimentary structures), and counting the different biological components determined at the generic or specific level with their estimate biomass. Studies are being carried out presently on Australian material (James & Gravestock, 1990, herein Fig. 48, 49), Siberian material (James, Kruse, Gravestock, Zhuravlev, herein Fig. 50a,b) and Sardinian material (Debrenne, Gandin, Gravestock ; in prep.) Better understanding of the "reefs" constitution is expected.

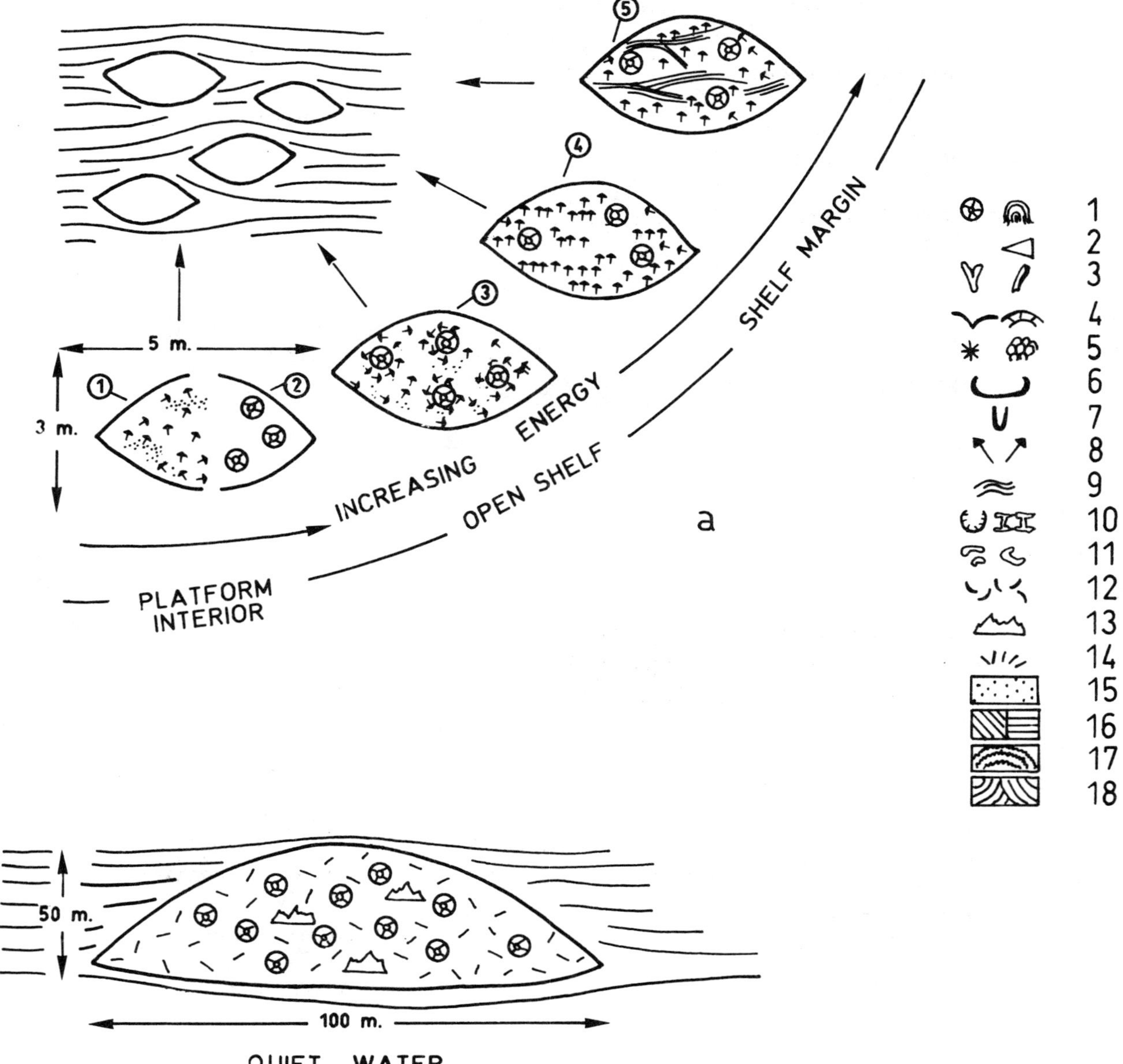

Fig. 48. – Upper Atdabanian calcimicrobes – archaeocyathan buildups of South Australia :

a – different types of buildups, their larger size and their energy spectrum : numbers in circle : 1 – calcimicrobe boundstone, 2 – archaeocyath boundstone, 3 – archaeocyath-*Renalcis* boundstone, 4 – *Epiphyton*-archaeocyath boundstone, 5– *Girvanella-Renalcis-Epiphyton* boundstone ;

b – shape and size of archaeocyath mud mounds ; (after James & Gravestock, 1990, Fig. 11).

Legend : 1 – archaeocyaths and archaeocyath-mud association, 2 – toppled cups in mud, 3 – *Cambrocyathellus*, 4 – *Okulitchicyathus*, 5 – *Renalcis* or *Renalcis*-archaeocyath-mud association, 6 – *Khasaktia*, 7 – *Hydroconus*, 8 – *Epiphyton*, 9 – *Girvanella*, 10 – radiocyath, 11 – cribricyath, 12 – spiculite, 13 – stromatactis, 14 – cement, 15 – internal sediment, 16 – peribiohermal sediment, 17 – stromatolite, 18 – cross-bedded oolitic sediment.

Fig. 48. – *Bioconstructions à calcimicrobes et archéocyathes de l'Atdabanien supérieur d'Australie :*

a – *différents types de bioconstructions, leur taille maximale et leur relations avec les variations d'énergie ; chiffres encerclés : 1 – boundstone à calcimicrobes, 2 – boundstone à archéocyathes, 3 – boundstone à archéocyathes et* Renalcis, 4 – *boundstone à archéocyathes et* Epiphyton, 5 – *boundstone à* Girvanella, Renalcis *et* Epiphyton.

b – *forme et taille des mud mounds à archéocyathes.*

Légende : 1 – archéocyathes ou associations à archéocyathes, 2 – calices renversés dans la boue, 3 – Cambrocyathellus, *4 –* Okulitchicyathus, *5 –* Renalcis, *archéocyathes et boue, 6 –* Khasaktia, *7 –* Hydroconus, *8 –* Epiphyton, *9 –* Girvanella, *10 – radiocyathes, 11 – cribricyathes, 12 – spiculite, 13 – stromatactis, 14 – ciment, 15 – sédiment interne, 16 – sédiment péribiohermal, 17 – stromatolite, 18 – sédiment oolithique à stratification entrecroisée.*

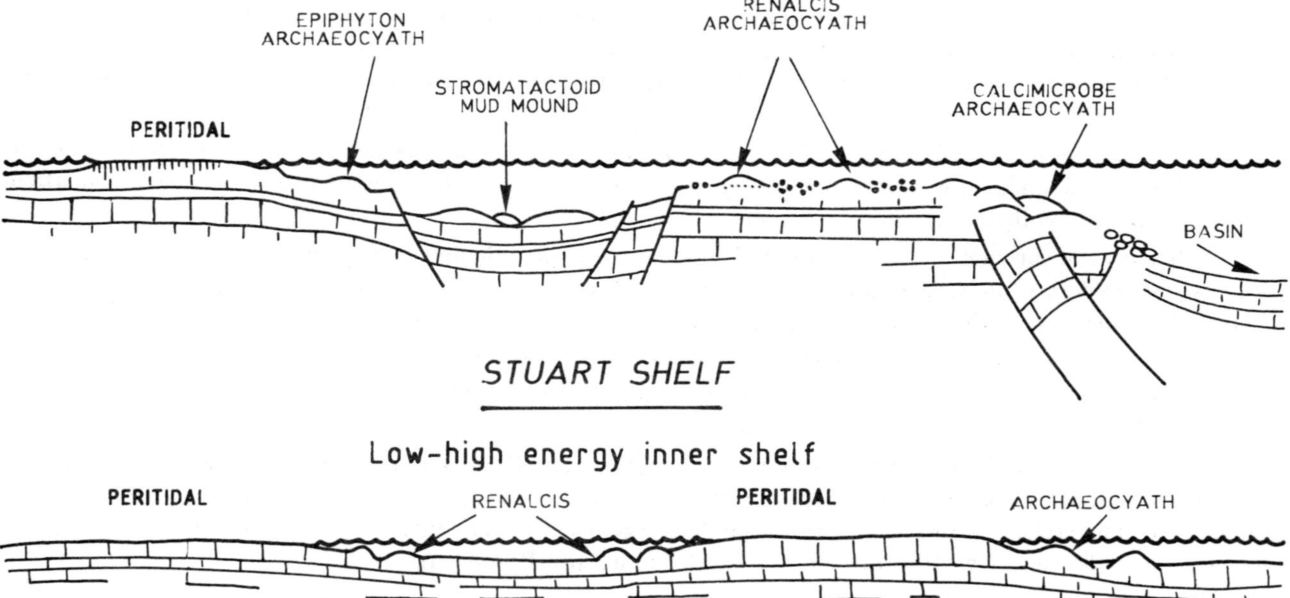

Fig. 49 – A conceptualized cross-section of the carbonate platform which formed the Stuart Shelf (South Australia) and continued into the Flinders Ranges during the Hawker Group deposition (Atdabanian – Botomian) with the interpreted location of different types of buildups (after James & Gravestock, 1990, Fig. 16).

Fig. 49. – *Conceptualisation d'une section à travers la plate-forme carbonatée formant le Stuart Shelf (Australie du Sud) et se continuant dans la chaîne des Flinders pendant le dépôt du Groupe de Hawker (Atdabanien – Botomien), avec interprétation de la position des différents types de bioconstructions (d'après James & Gravestock, 1990, Fig. 16).*

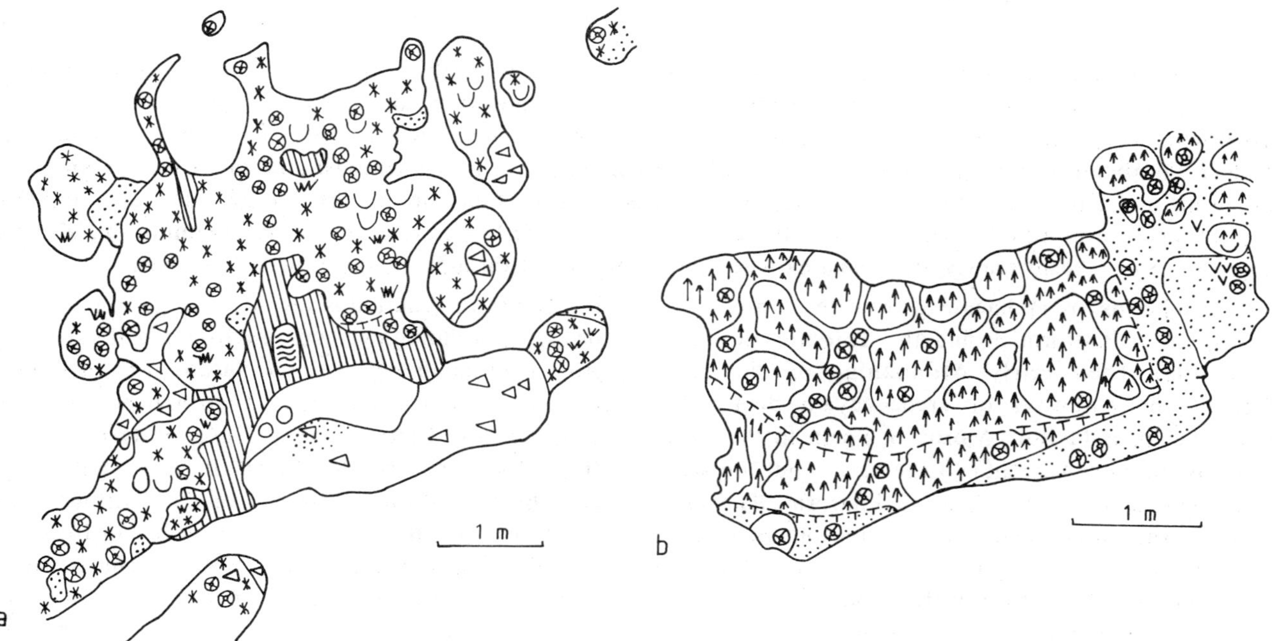

Fig. 50. – Maps of the lower Atdabanian Oymuran bioherms in the middle Lena River, Siberian Platform, F.R. Russia : a – *Renalcis*-dominated (low energy ?) ; b – *Epiphyton*-dominated (high energy ?) : (after James, Kruse & Zhuravlev, in prep.). Symbols cf Fig. 48.

Fig. 50. – *Cartes des biohermes de l'Atdabanien inférieur d'Oymuran, cours moyen de la Léna, Plate-forme sibérienne, R.F. Russie : a – Renalcis dominants (basse énergie ?) ; b – Epiphyton dominants (haute énergie ?) ; (d'après James, Kruse & Zhuravlev, en cours).* Mêmes symboles qu'à la Fig.48.

In conclusion, are archaeocyath-rich bioherms of the **Lower Cambrian** true reefs or not ?

1) They do not have a certain topographic relief even if there is no evidence of great primary relief : no steep seawards faces, no wave washed talus ; the only evidence is in the tidal channels often found with them.

2) They present complex pattern of biological accretion, mainly of calcimicrobes (*Renalcis, Epiphyton, Girvanella*) and archaeocyaths (often branching or forming extensive tersioid and exocyathoid buttresses), but also of occasional, sometimes abundant, coralomorphs (*Hydroconus, Tabulaconus, Khasaktia, Cysticyathus, Aploconus,* etc.).

3) As in younger reefs, they provide varied substrates for an associated reef dwelling fauna such as eocrinoid and helicoplacoid echinoderms, *Chancelloria,* sponges, molluscs, stenothecoids, trilobites, inarticulate brachiopods, hyolithes etc.

4) They have internal and external cavities filled by sediments and early cementation. Microboring activity is observed in some **Botomian** reefs of Sardinia (Gandin & Debrenne, 1984) and in Siberian Platform (Atashkin, 1984) ; endolithic sponges and macroborers are signalled in the Forteau Formation (James *et al*, 1977 ; Kobluk, 1985) ; to date, no traces of boring have been documented in earlier bioherms.

5) They do not develop the complete range of facies documented in younger reefs (with a possible, but not convincing exception of the Poleta buildups).

Zhuravleva (Zhuravleva, 1979 ; Zhuravleva & Miagkova, 1979) has proposed to name such a bioconstruction, a "rifoid". However, Savitskiy, Astashkin and their colleagues (Savitskiy, 1979 ; Atashkin, 1984) still believe that archaeocyaths and accompagnying organisms could build true reefs, according to their interpretation of the facies profile through the middle Lena and Botoma rivers.

Considering the arguments exposed above, it is proposed to follow James classification (1983) and to define the **Lower Cambrian** bioconstructions as reef-mounds.

2. IMPORTANCE
OF THE EARLY CAMBRIAN BIOCONSTRUCTIONS

The distribution of **Lower Cambrian** metazoan reefs is virtually coincident with the distribution of archaeocyaths. They are known from the lower part of the **Tommotian**, and persist to the upper part of the **Toyonian**. Recently, James *et al.* (1990), in opposition to the previous view on reef constructions through the **Lower Cambrian** (James & Debrenne, 1980 ; Rowland & Gangloff, 1988) demonstrated that **Lower Cambrian** bioherms are remarkably similar, in transgressive red argilaceous limestone facies, regardless of age, and that the earliest **Tommotian** bioherms of the Siberian Platform and the latest bioherms of the **Toyonian** of Labrador share the same basic plan which remains essentially unchanged throughout the Lower Cambrian.

Bioherms, as archaeocyaths, were restricted to the Siberian Platform during the **Tommotian** stage (Fig. 40a). Their **Early Atdabanian** development follows the pathways of archaeocyath dispersal : Altay Sayan Fold Belt, Morocco, Spain to the west – Mongolia and Australia to the east – but are still well developed on the Siberian Platform. The end of the **Atdabanian** marks the decreasing of extensive bioherm construction on the Siberian Platform (Fig. 40a,b). By the **Lower Botomian**, bioconstructions are known in Altay Sayan, Mongolia, Australia, Antarctica, North Africa and southwestern Europe, in America (Mexico, Nevada, California, Washington, Western Canada) and in the Far East. During the **Botomian**, buildups display a large range of fabrics, morphologies and environmental settings, from mud mounds (Australia, Sardinia) to cavernous reefs (Australia, Antarctica). **Toyonian** buildups are well developed (Altay Sayan, Tuva, eastern Canada) (Fig. 40d) but are developed in restricted areas, corresponding to the shrinking of the distribution of archaeocyaths, the decline of which began from the end of the **Botomian**. In the case of archaeocyaths, it is evident that their evolutionary patterns were in accordance with that of metazoan reefs (Zhuravlev, 1986) : they were decimated by the major extinction event at the end of the **Early Cambrian** (Debrenne, 1991). Considering the geographic distribution of archaeocyaths at the uppermost part of the **Botomian** and at the **Toyonian** (Fig. 44), it is possible to document, in the stratigraphic sequences, the drastic changes in sedimentation. The northwestern Gondwana margin (North Africa, Western Europe, Middle East) is reached by inputs of terrigenous material, replacing the previous carbonate deposits, at different times from the end of the **Botomian** to the beginning of the **Middle Cambrian**. Carbonate platforms were sinking ; there was an increasing in the turbidity of waters. All these phenomena are linked with major palaeotectonic events during the opening of the Iapetus and, more generally, to the disruption of the previous Precambrian Pangaea (Courjault-Radé *et al.*,1990). The synsedimentary tectonic activity also affected the northeastern part of the Gondwana margin (Middle and Far-East Asia i.e. Kazakhstan, Iran, South China, North China, Tibet, Korea). In this case, the carbonate persisted but with characteristics of deeper water deposits. Tensional events also took place within the southern margin (South America, Antarctica and Australia) at the **Early/Middle Cambrian** transition, inducing drastic changes of the sedimentation (volcanism, deepening of the sea or uplift). In the same time, synsedimentary tensional tectonic also affected Laurentia (North America) and Siberia, leading to deep-water conditions. In some other places (South China), the ten-

sional events may induced uplift reactions ; in this case, there was a persistence of shallow water carbonates but the change in latitude, inducing a climatic modification, made the environmental conditions unbearable for the development of archaeocyath reefs.

Thus, at the end of the **Early Cambrian** (**Upper Botomian** and **Toyonian**) a generalized tensile phase and drifting of the plates were observed, linked with the gradual disruption of the Precambrian Pangaea, mainly resulted in subsidence pulses and block-faulting processes disturbing all the previous global palaeogeographic and environmental conditions : bathymetry, turbidity, salinity. The drastic reduction in archaeocyath diversity and in reef development reflects the alteration of their environment. The demise of archaeocyaths corresponds to the disappearance of metazoan reefs for a long period. However, the reef building continued till the **Ordovician** (Geldsetzer *et al.*,1989) ; at least, on the Siberian Platform, the **Middle** and **Upper Cambrian** buildups are larger than the **Early Cambrian** ones (Atashkin, 1984). Nevertheless, in absence of **Archaeocyaths**, these bioconstructions are built only by calcimicrobes, trombolitic and stromatolitic fabrics, without participation of Metazoans. The ecological conditions for their establishment were less restricted than in **Lower Cambrian** (Fig. 51).

3. ARE ARCHAEOCYATHA REEF BUILDERS ?

It has been generally assumed that archaeocyaths were the first metazoans responsible of the building of **Lower Cambrian** reefs, preceding in this role the main biotic constituents of carbonate buildups through the **Phanerozoic** : sponges with calcareous skeleton (especially those with a stromatoporoid growth pattern) and later, corals, bryozoans and rudists.

Nevertheless, it rapidly becomes evident that calcimicrobes (*Renalcis*, *Epiphyton*, and, to some extend, *Girvanella*) were the most important component of the **Lower Cambrian** reefs. Except locally or in some mounds, archaeocyaths were less important in volume and where not responsible of the framework building. Moreover, Brasier (1976) was the first to conclude, after studying interactions between individuals within a reef mound, that the individuality of archaeocyaths was strongly expressed. That means that the cups were never tightly connected to each other in order to form a solid framework.

The level of integration among archaeocyaths is presently being re-examined (Wood *et al.*, in press) : archaeocyaths are mainly solitary aclonal organisms ; thus they were unable to achieve a great age or a large size and did not build encrusting morphologies or massive forms needed for reef building. Their highly developed sense of individuality and marked symmetry prevented the close contact of neighbouring individuals and made regeneration of destroyed tissues comparatively difficult. **Archaeocyaths** did gain modular and therefore clonal growth forms in the course of their history, through a breakdown of their individuality which allowed increasing

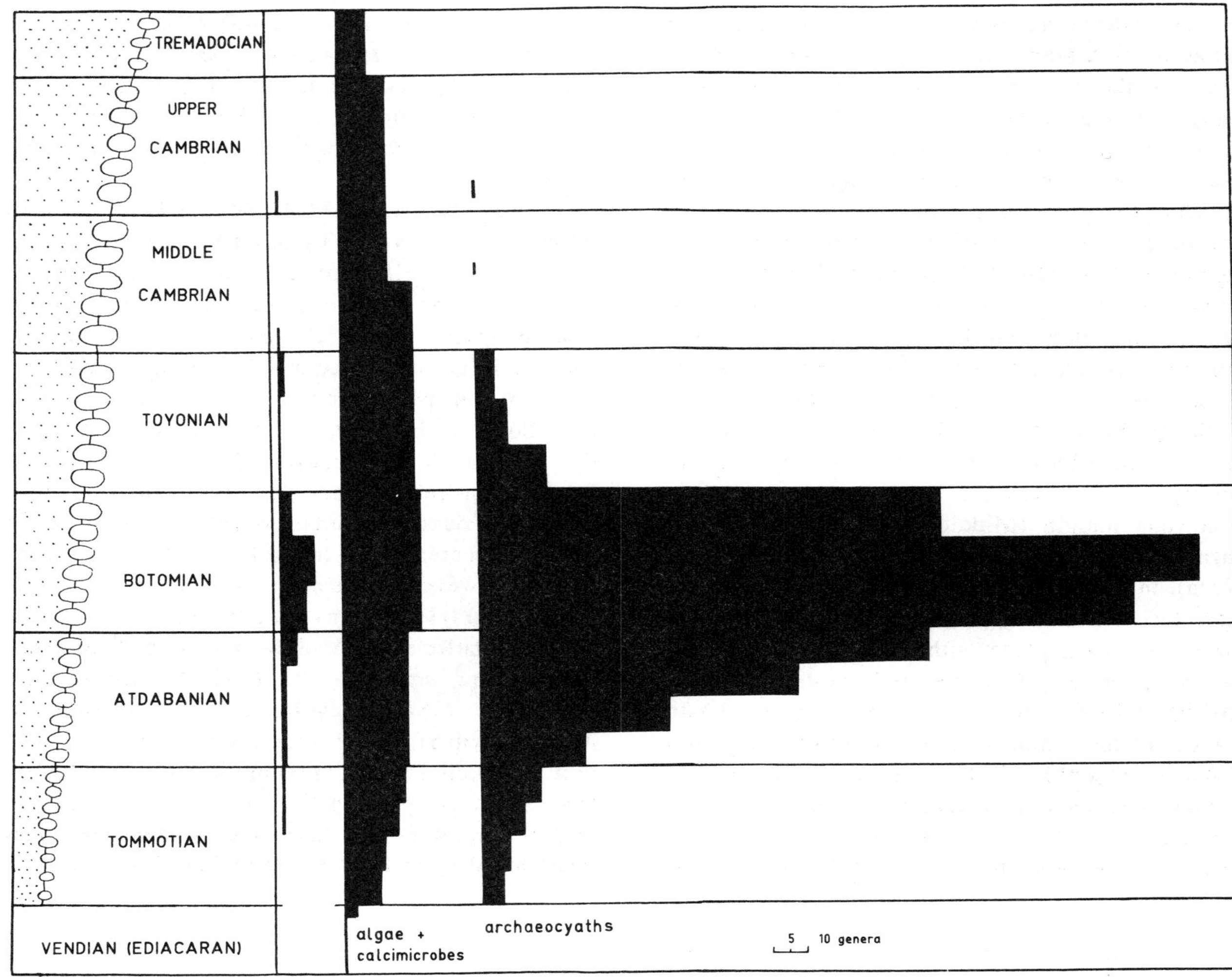

Fig. 51. – Distribution and approximate abundance of the main reef builders and inhabiting fauna and flora of the Lower Palaeozoic (Tommotian – Tremadocian).

Fig. 51. – *Répartition et abondance relative des principaux bioconstructeurs et des faune et flore associées durant le Paléozoïque inférieur (Tommotien – Trémadoc).*

integration ; that process may have occurred via neoteny. But as the bulk of archaeocyaths had a highly developed sense of individuality, they were unable to form a rigid reef framework. Palaeoecological analysis implies that they lived anchored to soft substrate in upper subtidal to sublittoral areas. Integration, if it was more developed, should have provided mechanical strength, stability, larger individual size, reduced extreme incompatibility between individuals and allowed coexisting forms to encrust. This grade, attained only in few archaeocyathan forms (*Altaicyathus*, *Korovinella*), was able to produce skeletons with a stromatoporoid organization which later constructed the first extensive framework reefs when they appeared in large numbers in the **mid-late Ordovician** and continued to dominate reef building during most of the **Palaeozoic.**

4. ARCHAEOCYATHAN INTERACTIONS

Brasier (1976) is the only author who published on archaeocyathan interactions. He concluded that archaeocyaths were highly individualized organisms having a destructive influence upon each other. However his conclusions were based mainly on the study of regular solitary archaeocyaths.

The following categories of interactions are recognized and described below :
1 – **Regulares / Regulares**
2 – **Regulares / Irregulares**
3 – **Irregulares / Irregulares**
4 – archaeocyaths / other synbiohermal sessile organisms.

4-1. REGULARES / REGULARES

Individuals of the same solitary species did not have any significant influence on each other, except for minor shape modification (Pl. XXXVII, fig. 2). Sometimes, defensive structures were developed between their secondary calcareous skeletons (Pl. XXXVII, fig. 1, 2). However, in the case of modular forms, parts of the individual, including the outer wall and intervallum, could be completely resorbed without any overall disturbance (Pl. XXXVII, fig. 3). The interactions of different solitary species were comprehensively described by Brasier (1976) who noted the abundant development of tersioid buttresses. Such buttresses usually destroyed adjacent foreign individuals if such individuals did not withdraw their soft tissue as shown by the development of vesicles or secondary thickenings (Pl. XXXVI, fig. 5). However, it is difficult to show which was the dominant form in such an interaction. Noteworthy, thalamid (sphinctozoan-like) archaeocyaths were very agressive to other individuals and their interactions were comparable with the interactions observed between **Regulares** and **Irregulares** (Pl. XXXVIII, fig. 7).

4-2. REGULARES / IRREGULARES

This produced the most dramatic kinds of interactions. The **Irregulares** easily encrusted regular cups when individuals were of equal size because of the reduced complexity (Pl. XXXVII, fig. 4). Irregular archaeocyaths could also impair the growth of regular by incrustation (Pl. XXXVII, fig. 9) or induce an alteration in skeleton formation [for instance, displacement of tabulae (Pl. XXXVII, fig. 7)]. In such a competition, the superiority of Irregulares over **Regulares** was presumably due to the possession of a more mobile aquiferous system (see Chapter V-4). After the contact, the irregular cup began to grow faster than the regular one and usually completely suppressed the later by, finally, obscuring it with secondary thickening (Pl. XXXVII, fig. 5, 6). Massive modular **Irregulares** were especially successful because of the considerable flexibility of their aquiferous system (Pl. XXXVIII, fig. 5).

4-3. IRREGULARES / IRREGULARES

Irregular archaeocyaths were more compatible with each other in spite of conspecific or non-conspecific interactions. Their relations may be interpreted as mutualism. In the case of a clonal species, they could form a large continuous clone (Pl. XXXVIII, fig. 1, 4). Interspecific interactions were not destructive either, but a secondary calcareous skeleton usually developed in the area of contact of both individuals (Pl. VII, fig. 1 ; Pl. XXXVII, fig. 8). These peculiarities made it possible for the **Irregulares** to compose up to 99 % of the total archaeocyathan population in bioherms (Debrenne *et al.*, 1990a) (Fig. 47).

4-4. ARCHAEOCYATHS / OTHER ORGANISMS

Coralomorphs (*Cysticyathus, Hydroconus,* etc.), radiocyaths, cribricyaths and calcimicrobes (*Renalcis, Epiphyton,* etc.) are common faunal components and appear to share the same ecological niche as archaeocyaths in **Lower Cambrian** build-ups.

Archaeocyaths – coralomorphs (Pl. XXI, fig. 1 ; Pl. XXXVIII, fig. 2) and archaeocyaths – radiocyaths (Pl. XXXVIII, fig. 3) show no hierarchy of interactions. All these organisms used each other as a substratum.

However, cribricyaths appear to considerably disrupt the growth of archaeocyaths (Pl. XXXVIII, fig. 5). Cribricyaths in such interactions resemble archaeocyathan parasites. This observation contradicts the opinion that cribricyaths may have been a kind of archaeocyathan dispersion form (Zhuravleva & Okuneva, 1981 ; Beljaeva, 1985 ; Zhuravleva & Beljaeva, 1990).

Archaeocyaths – calcimicrobes interactions are more difficult to estimate at the present because of the importance of hydrodynamic factors in the development of their communities (see earlier in this chapter).

On the whole, the problem of archaeocyathan interactions requires further studies. However, we can recognize their capability to different immune reactions which range from almost complete indifference to severe damages. Complete fusion is observed in the case of interactions of several modules of the same modular form (Pl. XXXVII, fig. 3), an antagonistic rejection is fixed in the case of interactions of individuals of the same species (Pl. XXXVII, fig. 1), and diverse types of responses are found in the case of interactions of different species : from non fusion (Pl. XXXVII, fig. 2) to acute rejection and damage (Pl. XXXVII, fig. 5, 9). Such a set of reactions strongly resembles the immune behaviour of demosponges in the cases of autografts, allografts and xenografts, respectively (van de Vyver & Buscema, 1991).

Noteworthy, the usual development in the area of contact of archaeocyathan individuals of the secondary calcareous skeletal layers (Pl. VII, fig. 1 ; Pl. XXXVII, fig. 8) resembles the formation of a collagen barrier between demosponge bodies (van Soest, 1987 ; van de Vyver & Buscema, 1991).

Such a diversity of responses reveals a high degree of archaeocyathan specificity and can be evidence that specific cell-mediated immunity arose very early in the evolution of the Metazoa.

5. ENVIRONMENTAL SETTING

Solitary, narrow conical to subcylindrical archaeocyaths occurred in a tranquil soft-bottom setting, while modular, branching phenotypes are characteristic of biohermal niches (Fig. 52d ; Pl. XXXVIII, fig. 2).

Thalamid archaeocyaths, like many **Palaeozoic** and **Mesozoic** sphinctozoans, were more often cavity dwellers (Fig. 23 ; Pl. XXXVIII, fig. 7).

Chaetetid and stromatoporoid archaeocyaths were probably baffles, despite their small sizes in comparison with the similar **Mesozoic** forms (Pl. XXVIII, fig. 5 ; Pl. XXXIV, fig. 23). Sheet-like forms were also baffles, and may constitute the core of the bioherm (fig. 52b).

The only multiserial encrusting form, *Retilamina,* (Pl. VII, fig. 1, 3 ; Pl. XXXVII, fig. 8) can be considered as encruster, but its lower surface would have to remain free in order to function. Despite this condition, *Retilamina* has plaid a significant role in the stabilization stage of the Labrador mounds (Debrenne & James, 1981 ; Hart, 1991).

All the above observations are in complete agreement with the present interpretation of the polyphyletic origin of chaetetids, **Mesozoic** sphinctozoans and stromatoporoids (Vacelet, 1985 ; Reitner & Engeser, 1985 ; Wood, 1987, 1991 ; Reitner, 1991 ; etc.). It emphasized the close relationships of the sponge growth pattern to the environmental setting.

6. PHYSICAL CONDITIONS
OF ARCHAEOCYATH DISTRIBUTION

6-1. Salinity

Archaeocyaths become rare to absent when salinitiy increased (in evaporitic environments, for example). This has been documented for the first time by Zhuravleva & Zelenov (1956) for the development of the **Tommotian** bioherms of the Lena River. Small archaeocyaths may survive in dolomitic limestones (lagoonal environment) within the "Dolomia Rigata" in Sardinia, but there they are very few, small and isolated, associated with algal oncoids. On the Siberian Platform also, they are reduced in diversity and biomass towards the saliniferous basin.

6-2. Temperature

Distribution of archaeocyathan localities (Fig. 40a-d) shows that they were restricted to intertropical areas, and that building of reefs needed an estimate temperature probably not below 25°C, by comparison with modern analogues. Moreover, the **Cambrian** period coincided with the thermoera (Chumakov, 1984) which is also confirmed by the glauconite data (Nikolaeva & Arkhipenko, 1981).

6-3. Bathymetry and water energy

The shallow water (upper subtidal to intertidal) life condition of the archaeocyaths is supported by the following observations :
— they are developed mainly in carbonate dominated lithofacies ;
— they are commonly associated with oolites and with bioclastic limestones ;
— they occur in association with siltstones and quartzites exhibiting oscillation and interference ripple marks and other tidal flat features, depicting a near shore setting ;
— they are associated with probable calcareous algae [*Bija* (*Solenopora* ?), *Hedstroemia*, radiocyaths]. Most calcareous algae are developed in the lower tidal to upper tidal environments and at about 20 m. deep ;
— they are interbedded with a variety of hemispheroid stromatolites, oncolites and thrombolites (Rowland, 1981 ; Wood & Zhuravlev, in prep.) (Fig. 52a) ;
— macroboring organisms have been found in patch-reefs of Labrador (James & Kobluk, 1978).

The depth zonation proposed by Zhuravleva and Zelenov (1955) and incorporated into the Treatise (Hill, 1972) and still occasionally cited for the development of archaeocyaths from 10 to 100 m is no longer accepted for normal archaeocyath — *Renalcis* – *Epiphyton* buildups. The use of algae as depth indicators has been refuted by Riding (1975) on the basis of uncertainties of growth limits and of taxonomic affinities. But latter, in the **Palaeozoic**, the same calcimicrobes coexisted with shallow water organisms (Flügel, 1977 ; Tsien & Dricot, 1977 ; Nordlund, 1986). The presence of dessication cracks together with the bioherms thought to be the deepest facies demonstrates the errors.

Studies recently carried out by R. Wood, A. Zhuravlev and Chimit Tseren, provided a good example of shallow water environment for the establishing of archaeocyaths. In Zuune-Art Mount section (Western Mongolia), several distinct cycles are observed : archaeocyath – radiocyath – calcimicrobe mounds, stromatolitic mounds and crossbedded oolitic sand pockets (Fig. 52a).

Debrenne *et al.* (1989a), after studying Mexican and Sardinian bioherms, suggest that *Renalcis* is more common on wave-swept shelf margin environments while *Epiphyton* settled on shelf-edge mud mound complexes ; *Girvanella* was more ubiquitous. More or less consistent data are given by James and Gravestock (1990) (Fig. 48a,b).

The study of different reef setting in Mexico (Debrenne *et al.*, 1989a) and South Australia (Alexander & Gravestock, 1990 ; James & Gravestock, 1990) shows that archaeocyaths lived in different sea shore environments (Fig. 49) :

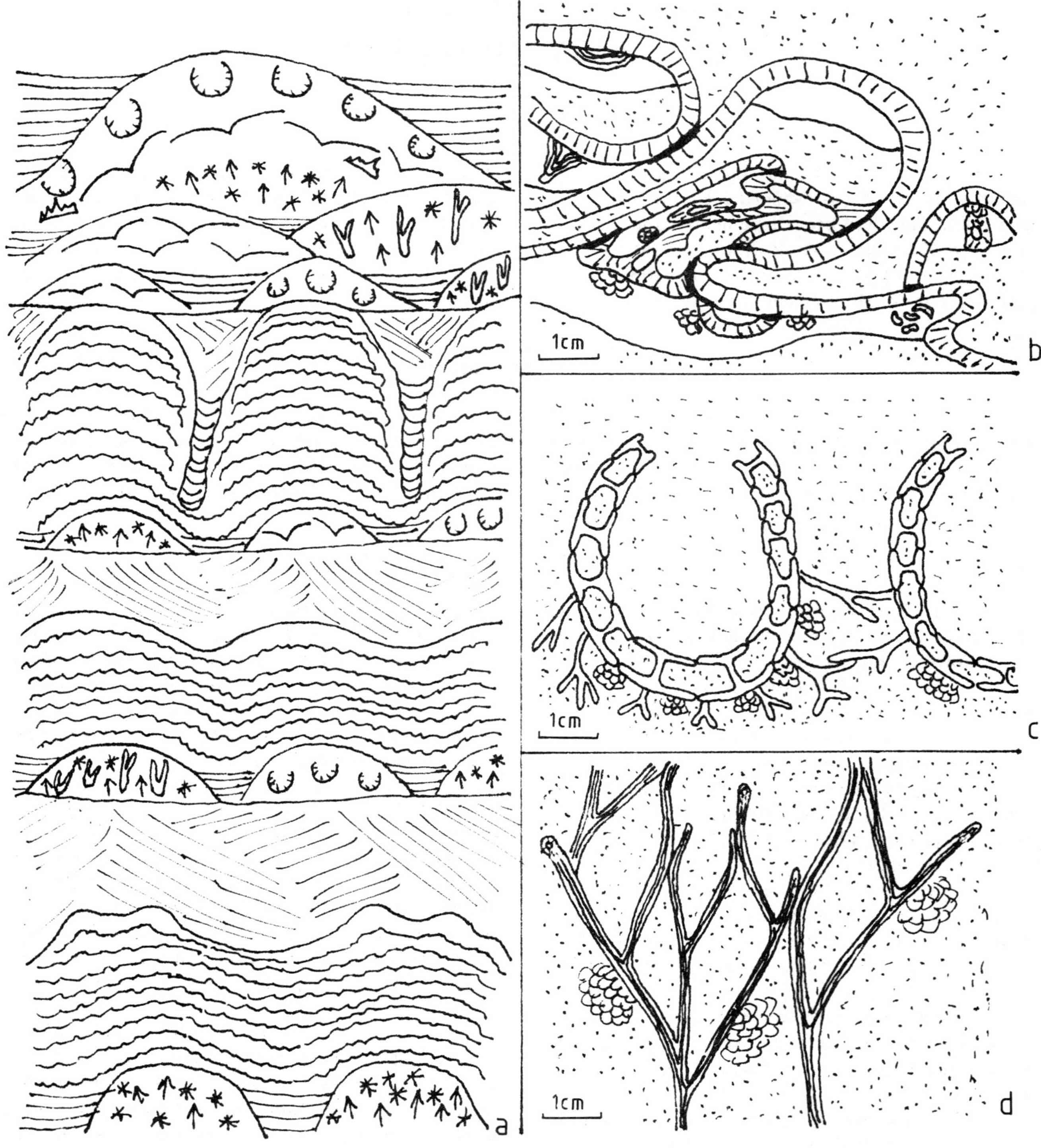

Fig. 52. – Upper Atdabanian shallow water buildups in Mongolia (Zuune-Arts Mounts) : a – general scheme, b – *Okulitchicyathus*-dominated association, c – radiocyathe (*Girphanovella*)-dominated association, d – *Cambrocyathellus*-dominated association (after Wood & Zhuravlev in prep.). Symbols cf. Fig. 48.

Fig. 52. – *Bioconstructions de l'Atdabanien supérieur de Mongolie (Monts Zuune-Arts) : a – schéma général, b – association à* Okulitchicyathus *dominants, c – association à radiocyathes* (Girphanovella) *dominants, d – association à* Cambrocyathellus *dominants, (d'après Wood & Zhuravlev, en cours). – Symboles cf. Fig. 48.*

a) wave resistant reefs, shallow agitated waters, as shown by the presence of high angle cross-bedding and *Skolithos* ichnofacies trace fossils in associated well-sorted quartz sandstones. They were formed in a tidally dominated shelf margin setting seaward of a carbonate barrier ;

b) lagoonal patch reefs and biostromes, intimately associated with oolite and oolite-skeletal cross-bedded grainstones containing well-developed marine cement, indicating a high energy setting. The bioconstruction has been formed in a back-shoal lagoonal setting, first as isolated patch-reefs, and then as a laterally continuous benthic community adjacent to an oolite shoal. This type of setting is known in Mexico (Debrenne *et al.*, 1989a), Nebida Formation of Sardinia (Gandin & Debrenne, 1984) and in the oolitic unit of Punta Manna Member, Sardinia (Selg, 1986 ; Debrenne *et al.*, 1989c).

In conclusion, archaeocyaths lived in normal salinity, warm and shallow waters in high to low energy environments (Fig. 48, 49, 52).

VIII. CONCLUSION

VIII. CONCLUSION

The main object of the present book is to provide scientists, devoted to archaeocyath studies, with a strong basis for systematics and an understanding of their biology. For that purpose, structural types of every skeletal element have been defined and their hierarchical relationships established by examination of the initial stages of development. The results obtained showed that the two main groups, **Ajacicyathida** and **Archaeocyathida**, have their first two stages of development in common, proving the unity of the **Archaeocyatha**, but that they diverge at the third stage, confirming the veracity of the two groups. The explanation of their biology is based on the interpretation of secondary skeletal function, determining the position of the living tissue and the mechanism of filtration. **Irregulares** (*s.l.*) are as useful as **Regulares** (*s.l.*) in biostratigraphy and palaeogeography, and more important in palaeoecology owing to their biomass.

Before closing this book, the authors would like to give some advices to specialists when they have to describe and determine species and genera of **Archaeocyatha**. It is hoped that the process of increasing the number of invalid latin names (which makes a dead burden on the dusty pages of folios) will stop. Even if one cannot find a method required for the study of holotypes in the International Code of Zoological Nomenclature, in the case of organisms like **Archaeocyatha** it is urgently recommended to use thin sections.

To describe a new archaeocyath species, thin sections must show the longitudinal, transverse and tangential structures of all skeletal elements and all these must be figured.

Only in this case will the archaeocyaths, and specially the **Irregulares** (*s.l.*), which were so often misinterpreted and misused in the past, provide reliable data for establishing a correlation chart of **Lower Cambrian** rocks, and provide a sound basis for biological reconstruction of these ancient organisms which have for so long remained enigmatic.

APPENDIX

Some differences can be observed in tables of homologous series published in the two editions of our previous book on regular archaeocyaths (Debrenne *et al.*, 1989b, Fig. 62 ; Debrenne *et al.*, 1990b, Tab. VIII).

Further work on type material validates the following genera : *Gerbicanaecyathus* Belj., 1969 (10) ; *Mirandocyathus* Belj., 1974 (16) ; *Cricopectinus* Debr., 1970 (169) ; *Crucicyathus* Grav., 1984 (171) ; *Polystillicidocyathus* Debr.,1959 (179) ; *Chabakovicyathus* Kon., 1964 (570). In the first edition, they were considered as synonyms or ascribed to uncertain forms.

New genera were added : *Davidicyathus* Debr., Roz. Zhur. 1990 (210) (for *Loculicyathus ? racemiferus* Grav., 1984) and *Hupecyathus* Debr. (228), previously considered as irregular.

Because of the synonymy of *Robustocyathus* Zhur., 1960 with *Cambrocyathellus* Zhur., 1960 and of *Joanaecyathus* Grav., 1984 with *Dailycyathus* Debr., 1970, their numbers were attributed respectively to *Siderocyathus* Debr. & Gang., 1990 (29) and to *Pilodicoscinus* Debr. & Jiang, 1989 (60).

Alconeracyathus Perejón, 1973 (162) and *Mikhnocyathus* Maslov, 1957 (172) were transfered from **Regulares** to **Irregulares**, but to avoid confusion, they keep the same number (herein, Tab. V).

New regular genera were established since the publication of the book on **Regulares** : *Polythalamia* Debr. & Wood, 1990 (571) which has to be referred to the suborder **Capsulocyathina**, family **Capsulocyathidae** and *Complicatocyathus* Yarosh., 1991 (572) to the suborder **Dokidocyathina**, family **Dokidocyathidae**. But the following genera, *Kashinaecyathus* Yarosh., 1990 and *Rimotabulathus* Yarosh. 1990 are not valid and must be put in synonymy respectively with *Bipallicyathus* A. Zhur., 1982 (200) and *Salairocyathus* Vol., 1940 (78), which occur in the same locality and share the same diagnostic features as the newly described forms, including slit-like pores in plate tabulae.

REFERENCES

ALEXANDER E.M. & GRAVESTOCK D.I. (1990). – Sedimentary facies in the Sellick Hill Formation, Fleurieu Peninsula, South Australia. *In* : The Evolution of a Late Precambrian-Early Palaeozoic Rift Complex : The Adelaide Geosyncline. J.B. Jago & P.S. Moore, eds. *Geol. Soc. Austral., Spec. Publ.*, 16, p. 269-289, 12 fig. ; Sydney.

ASTASHKIN V.A. (Ed.) (1984). – Geologiya i Perspektivy Neftegazonosnosti Rifovykh Sistem Kembriya Sibirskoy Platformy. (Geology and Oil-gas-bearing Prospections of Reef Systems in the Cambrian of the Siberian Platform). Leningrad : Nedra Publishing House, 181 p. (In Russian).

BALSAM W.L. & VOGEL S. (1973). – Water movement in Archaeocyathids : evidence and implications of passive flow in models. *J. Paleont.*, 47, 5, p. 979-984, 4 fig. ; Tulsa, Okl.

BASILE L.L., CUFFEY R.J. & KOSICH D.F. (1984). – Sclerosponges, pharetronids and sphinctozoans (relict cryptic hard-bodied Porifera) in the modern reefs of Enewetok Atoll. *J. Paleont.*, 58, 3, p. 636-650, 4 fig. ; Tulsa, Okl.

BAYFIELD W.L. (1845). – On the junction of the transition and primary rocks of Canada and Labrador. *Quart. J. Palaeont. Geol. Soc. London*, 1, p. 450-459 ; London.

BEDFORD R. & BEDFORD J. (1937). – Further notes on Archaeos (Pleospongia) from the Lower Cambrian of South Australia. *Mem. Kyancutta Mus. S. Austral.*, 4, p. 27-38, pl. XXVI-XLI ; Kyancutta, S.A.

BEDFORD R. & BEDFORD J. (1939). – Development and classification of Archaeos (Pleospongia). *Mem. Kyancutta Mus. S. Austral.*, 6, p. 67-82, pl. XLII-LII ; Kyancutta, S.A.

BEDFORD R. & BEDFORD W.R. (1934). – New species of Archaeocyathinae and other organisms from the Lower Cambrian of Beltana, South Australia. *Mem. Kyancutta Mus. S. Austral.*, 1, p. 1-7, pl. I-VI ; Kyancutta, S.A.

BEDFORD R. & BEDFORD W.R. (1936). – Further notes on Archaeocyathi (Cyathospongia) and other organisms from the Lower Cambrian of Beltana, South Australia. *Mem. Kyancutta Mus. South Austral.*, 2, p. 10-19, pl. VII-XX ; Kyancutta, S.A.

BEKLEMISHEV V.N. (1969). – Principals of Comparative Anatomy of Invertebrates : Vol. 1, Promorphology. University of Chicago Press, Chicago Trans. J.M. Mac Lennan.

BELJAEVA G.V. (1969). – Novye arkheotsiaty khrebta Dzhagdy (Dal'niy Vostok). [New archaeocyaths of the Dzhagdy Ridge (Far East)]. *In* : Biostratigrafiya i Paleontologiya Nizhnego Kembriya Sibiri i Dal'nego Vostoka (Lower Cambrian Biostratigraphy and Palaeontology of Siberia and the Far East). I.T. Zhuravleva, ed., p. 86-98, pl. 34-38. Moscow : Nauka Publishing House. (In Russian).

BELJAEVA G.V., LUCHININA V.A., NAZAROV B.B., REPINA L.N. & SOBOLEV L.P. (1975). – Kembriyskaya Fauna i Flora Khrebta Dzhagdy Ridge (Far Vostok). [Cambrian Fauna and Flora of the Dzhagdy Ridge (Far East)]. *Trudy Inst. geol. geofiz. Sibirsk. otdel. Akad. Nauk SSSR*, 226, p. 1-208, 14 fig., 51 pl. ; Novosibirsk. (In Russian).

BELJAEVA G.V. & NIKITINA N.P. (1984). – Sfinktozoa Dal'nego Vostoka. (Sphinctozoans of the Far East). *Dokl. Akad. Nauk SSSR*, 276(3), p. 711-713, 1 fig. ; Moscow. (In Russian).

BELJAEVA G.V. (1985). – Eshche o kribritsiatakh. (Again on cribricyaths). *In* : Problematiki Pozdnego Dokembriya i Paleozoya. (Problematics of the Late Precambrian and Palaeozoic). B.S. Sokolov & I.T. Zhuravleva eds. *Trudy Inst. geol. geofiz. Sibirsk. otdel. Akad. Nauk SSSR*, 632, p. 33-38, 1 fig., pl. XV-XVIII ; Novosibirsk. (In Russian).

BELJAEVA G.V. (1987). – Biogeografiya rannego kembriya Vostoka SSSR. (Early Cambrian biogeography of the USSR East). *In* : Evolyutsiya Geologicheskikh Protsessov Dal'nego Vostoka. (Evolution of the geological processes in the Far East), p. 41-64. Vladivostok : DVNTS Akad. Nauk SSSR. (In Russian).

BELJAEVA G.V. & ZHURAVLEVA I.T. (1990). – Stadiynost'v razvitii cribr i svyaz'ikh s arkheotsiatami. (Stages in the development of cribrs and their connection with archaeocyaths). *In* : Iskopaemye Problematiki SSSR. (Fossil Problematics of the USSR). B.S. Sokolov & I.T. Zhuravleva, eds, *Trudy Inst. geol. geofiz. Sirbirsk. otdel. Akad. Nauk SSSR*, 783, p. 13-18, 3 fig., pl. 7-10 ; Novosibirsk. (In Russian).

BENGTSON S., CONWAY MORRIS S., COOPER B.J., JELL P.A. & RUNNEGAR B.N. (1990). – Early Cambrian fossils from South Australia. *Mem. Ass. Australas. Palaeontols*, 9, p. 1-364, 218 fig. ; Sydney.

BILLINGS E. (1861). – New species of Lower Silurian fossils. *Geol. Surv. Canada*, 24 p., 25 fig. ; Montreal.

BILLINGS E. (1865). – Palaeozoic Fossils. Vol. 1. Containing descriptions and figures of new or little known species of organic remains from the Silurian rocks, 1861-1865. *Geol. Surv. Canada*. Montreal : Dawson Brothers, 426 p., 401 fig.

BIZZARINI F. & RUSSO F. (1986). – A new genus of Inozoa from S. Cassiano Formation (Dolomiti di Braies, Italy). *Mem. Sci. geol.*, 38, p. 129-135 ; Bologna.

176

BÖGER H. (1988). – Versuch über das phylogenetische System der Porifera. *Meyniana*, 40, p. 143-154, 1 fig., 1 Tab. ; Kiel.

BONDAREV V.I. (1982). – Arkhaeotsiaty kak pokazatel'-paleosredy basseyna obitaniya. (Archaeocyaths as an index of palaeoenvironment of the basin of inhabitation). *In* : Sreda i Zhizn'v Geologicheskom Proshlom : Paleolanshafty i Biofatsii. (Environment and Life in the Geological Past : Palaeolandscapes and Biofacies). O.A. Betekhtina & I.T. Zhuravleva, eds. *Trudy Inst. geol. geofiz. Sibirsk. otdel. Akad. Nauk SSSR*, 510, p. 143-148, 6 fig. ; Novosibirsk. (In Russian).

BORISSIAK A.A. (1919). – O drevneyshikh stroitelyakh morskikh rifov. (On the oldest marine reef builders). *Priroda*, 7-9, p. 315-328 ; Moscow. (In Russian).

BORNEMANN J.G. (1884). – Berichte über die Fortsetzung seiner Untersuchungen Cambrischen *Archaeocyathus* – Formen und verwandler Organismen von der Insel Sardinien. *Z. dscht. geol. Ges.*, 36, p. 702-706 ; Suttgart.

BORNEMANN J.G. (1886). – Die Versteinerungen des cambrischen Schichtensystems der Insel Sardinien nebst vergleichenden Untersuchungen über analoge Vorkomnisse aus andern Ländern. Abt. 1. *Acta Ksl. Leopold.-Carol. Dt. Akad. Naturforsch.*, 51(1), p. 1-148, pl. V-XXXIII ; Halle.

BORNEMANN J.G. (1891). – Die Verteinerungen des cambrischen Schichtensystems der Insel Sardinien. Abt. 2. *Acta Ksl. Leopold-Carol. Dt. Akad. Naturforsch.*, 56(3), p. 124-525, pl. XIX-XXVIII ; Halle.

BOYAJIAN G.E. & LABARBERA M. (1987). – Biomechanical analysis of passive flow of stromatoporoids-morphologic, paleoecologic and systematic implication. *Lethaia*, 20(3), p. 223-229, 4 fig. ; Oslo.

BRASIER M.D. (1976). – Early Cambrian intergrowths of archaeocyathids, *Renalcis*, and pseudostromatolites from South Australia. *Palaeontology*, 19(2), p. 223-245, 6 fig., pl. 35-37 ; London.

BROILI F. (1915). – Archaeocyathinae. *In* : K. von Zittel, Grundzüge der Paläontologie, 4th edit., p. 121. München, Berlin : Oldenbourg.

CHUMAKOV N.M. (1984). – The main glacial events of the past and their geological significance. *Izv. Akad. Nauk SSSR*, 7, p. 35-53 ; Moscow. (In Russian).

CLARKSON E.N.K. (1979). – Invertebrate Palaeontology and Evolution. London ; Boston ; Sydney : Allen & Unwin, 323 p.

COURJAULT-RADÉ P., DEBRENNE F., DORÉ F. & GANDIN A. (1990). – Timing and sedimentary modalities of archaeocyathan limestones deposition in Normandy (N. France), Montagne-Noire, Cévennes (S. France) and southwestern Sardinia (Italy). *In* : 3rd Internat. Symp. on the Cambrian System. Abstracts. L.N. Repina & A.Yu. Zhuravlev, eds, p. 83, Novosibirsk : IGIG SO Akad. Nauk SSSR.

CUIF J.-P. (1973). – Histologie de quelques Sphinctozoaires (Porifères) Triasiques. *Géobios*, 6(2), p. 115-125, 4 fig., pl. 8-10 ; Lyon.

DATSENKO V.A., ZHURAVLEVA I.T., LAZARENKO N.P., POPOV Yu. N. & TSCHERNYSHEVA N.E. (1968). – Biostratigrafiya i Fauna Kembriyskikh Otlozheniy Severo-Zapada Sibirskoy Platformy. (Biostratigraphy and Fauna of Cambrian Deposits of the North-West Siberian Platform). *Trudy nauch. – issled. Inst. Geol. Arktiki*, 155, p. 1-242, 65 fig., 23 pl., suppl. ; Leningrad. (In Russian).

DAWSON J.W. (1865). – On the structure of certain organic remains in the Laurentian limestones of Canada. *Canad. Natur. and Geologist and Proc. Natur. Hist. Soc. Montreal.* New. Ser., 2, p. 99-111, 127-128 ; Montreal.

DAWSON J.W. (1875). – The Dawn of Life ; Being the History of the Oldest Known Fossil Remains, and Their Relations to Geological Time and to Development of the Animal Kingdom. London : Hodder & Stoughton, 239 p.

DEBRENNE F. (1960). – Deux nouveaux genres d'Archaeocyathidés du Cambrien marocain. *C.R. somm. Soc. géol. Fr.*, 5, p. 118, 1 fig. ; Paris.

DEBRENNE F. (1964). – Archaeocyatha. Contribution à l'étude des faunes cambriennes du Maroc, de Sardaigne et de France. *Notes et Mém. Serv. géol. Maroc*, 179, p. 5-265, 2 vol., 69 fig., 52 pl. ; Rabat.

DEBRENNE F. (1969). – Lower Cambrian Archaeocyatha from the Ajax Mine, Beltana, South Australia. *Bull. Brit. Mus. (Nat. Hist.), Geol.*, 17, 7, p. 295-376, 12 fig., 18 pl. ; London.

DEBRENNE F. (1970). – A revision of Australian genera of Archaeocyatha. *Trans. Roy. Soc. S. Australia*, 94, p. 21-49, 2 pl. ; Sydney.

DEBRENNE F. & ZAMARREÑO I. (1970). – Sur la découverte d'archéocyathes dans le Cambrien du NW de l'Espagne. *Breviora geol. Asturica*, 14, 1, p. 1-11, 7 fig. ; Oviedo.

DEBRENNE F. & VORONIN Yu. I. (1971). – Znachenie poristosti peregorodok dlya klassifikatsii ayatsitsiatid. (The significance of the septal porosity for the classification of ajacicyathids). *Paleontol. Z.*, 3, p. 26-31, 1 pl. ; Moscow. (In Russian).

DEBRENNE F. (1974a). – Les Archéocyathes Irréguliers d'Ajax Mine (Cambrien inférieur, Australie du Sud). *Bull. Mus. nat. Hist. natur. Paris*, Sér. 3. (1973), 195, p. 195-258, 39 fig. ; Paris.

DEBRENNE F. (1974b). – K revizii roda *Paranacyathus* Bedf. R. & W.R., 1937 (To the revision of the genus *Paranacyathus* Bedf. R. & W.R., 1937). *In* : Biostratigrafiya i Paleontologiya Nizhnego Kembriya Evropy i Severnoy Azii. (Lower Cambrian Biostratigraphy and Palaeontology of Europe and Northern Asia). I.T. Zhuravleva & A.Yu. Rozanov, eds, p. 167-178, pl. XIX-XXII. Moscow : Nauka Publishing House. (In Russian).

DEBRENNE F. (1975). – Formations organogènes du Cambrien inférieur du Maroc. *In* : Drevnie Cnidaria, Tom II. (Ancient Cnidaria, vol. II). B.S. Sokolov, ed. *Trudy Inst. geol. geofiz. Sibirsk. otdel. AN SSSR*, 202, p. 19-24, 1 fig., 2 pl. ; Novosibirsk.

DEBRENNE F. (1977). – Archéocyathes du Jbel Irhoud (Jebilets, Maroc). *Bull. Soc. géol. et minér. Bretagne*, Sér. C, 7(2), p. 93-136, 8 fig., 14 pl. ; Rennes.

DEBRENNE F. & ROZANOV A. Yu. (1978). – Associations et interactions organiques chez les Archéocyathes (Cambrien inférieur). *C.R.somm. Soc. géol. Fr.*, 5, p. 235-237, 6 fig. ; Paris.

DEBRENNE F. (1980). – Phénomènes de croissance périodique chez les Archaeocyatha (fossiles du Cambrien inférieur). *Bull. Soc. Zool. France*, 105(2), p. 258-292, 4 fig. ; Paris.

DEBRENNE F. & JAMES N.P. (1981). – Reef-associated archaeocyathans from the Lower Cambrian of Labrador and Newfoundland. *Palaeontology*, 24(2), p. 343-378, 6 fig., pl. 48-55 ; London.

DEBRENNE F., ROZANOV A. Yu. & WEBERS G.F. (1984). – Upper Cambrian Archaeocyatha from Antarctica. *Geol. Mag.*, 121(4), p. 291-299, 6 fig. ; London.

DEBRENNE F. & VACELET J. (1984). – Archaeocyatha : is the sponge model consistent with their structural organisation ? *Paleontogr. Amer.*, 54, p. 358-369, 2 pl. ; Ithaca, N.Y.

DEBRENNE F. & PEEL V.S. (1986). – Archaeocyatha from the Lower Cambrian of Peary Land, central North Greenland. *Rapp. Gronl. geol. Unders.*, 132, p. 39-50, 8 fig. ; Copenhagen.

DEBRENNE F., GANDIN A. & ROWLAND S.M. (1989) [= Debrenne *et al.* 1989a]. – Lower Cambrian bioconstructions in Northwestern Mexico (Sonora). Depositional setting, paleoecology and systematics of archaeocyaths. *Géobios*, 22(2), p. 137– 195, 12 pl. ; Lyon.

DEBRENNE F., ZHURAVLEV A. Yu. & ROZANOV A.Yu. (1989) [= Debrenne *et al.* 1989b]. – Pravil'nye Arkheotsiaty (Regular Archaeocyaths). *Trudy Paleont. Inst. Akad. Nauk SSSR*, 233, p. 1-198, 70 fig., 32 pl. ; Moscow. (In Russian).

DEBRENNE F., GANDIN A. & PILLOLA G.L. (1989) [= Debrenne *et al.* 1989c]. – Biostratigraphy and depositional setting of Punta Manna Member type-section (Nebida Formation, Lower Cambrian, S.W. Sardinia, Italy). *Riv. It. Paleont. Strat.*, 94(4), 22 p., 5 pl., 6 fig. ; Milano.

DEBRENNE F. & ZHI-WEN JIANG (1989). – Archaeocyathan fauna from the Lower Cambrian of Yunnan (China). *Bull. Soc. géol. Fr.*, 1989 (8), V, 4, p. 819-828, 3 fig., 2 pl. ; Paris.

DEBRENNE F., GANDIN A. & GANGLOFF R.A. (1990) [= Debrenne *et al.* 1990a). – Analyse sédimentologique et paléontologie de calcaires organogènes du Cambrien inférieur de Battle Mountain (Nevada, U.S.A.). *Ann. Paléontol.*, 76(2), P. 73-119, 5 fig., 3 pl. ; Paris.

DEBRENNE F., ROZANOV A. Yu. & ZHURAVLEV A. Yu. (1990) [= Debrenne *et al.* 1990b]. – Archéocyathes Réguliers. *Cah. Paléont.*, Ed. du CNRS, Paris, p. 1-218, 68 fig., 32 pl.

DEBRENNE F. & GRAVESTOCK D.I. (1990). – Archaeocyatha from the Sellick Hill Formation and Fork Tree Limestone on Fleurieu Peninsula, South Australia. *In* : The Evolution of a Late Precambrian-Early Palaeozoic Rift Complex : The Adelaide Geosynclinal. J.B. Jago & P.S. Moore, eds, *Geol. Soc. Australia, Spec. Publ.*, 16, p. 290-309, 9 fig. ; Sydney.

DEBRENNE F., LAFUSTE J. & ZHURAVLEV A. (1990) [= Debrenne *et al.* 1990c]. – Coralomorphes et Spongiomorphes à l'aube du Cambrien. *Bull. Mus. natn. Hist. nat.*, *Paris*, 4e sér., 12, sect. C, n° 1, p. 17-39, 4 fig., 6 pl. ; Paris.

DEBRENNE F. & WOOD R.A. (1990). – A new Cambrian sphinctozoan sponge from North America, its relationship to archaeocyaths and the nature of early sphinctozoans. *Geol. Mag.*, 127(5), p. 435-443, 5 fig. ; London.

DEBRENNE F. & ZHURAVLEV A.Yu. (1990). – New irregular archaeocyath taxa. *Géobios*, 23(3), p. 299-305 ; Lyon.

DEBRENNE F., GANDIN A. & ZHURAVLEV A. Yu. (1991) [= DEBRENNE *et al.* 1991a]. – Paleoecological and sedimentological remarks on some Lower Cambrian sediments of the Yangtse platform (China). *Bull. Soc. géol. Fr.*, 162(3), p. 575-583, 6 fig., 3 pl. ; Paris.

DEBRENNE F., KRUSE P.D. & ZHANG SEN-GUI (1991) [= DEBRENNE *et al.*, 1991b]. – An asian compound archaeocyath. *Alcheringa*, 15, p. 285-291, 5 fig. ; Sydney.

DEBRENNE F. (1991). – Extinction of the Archaeocyatha. Historical biology, vol. 5, p. 95-106, 10 fig.

DEBRENNE F. & ZHURAVLEV A. Yu. (1992). – Les calicules, structure intervallaire chaetétide chez les Archéocyathes Irréguliers. *Géobios*, 25(6).

DOUVILLÉ H. (1915). – Les spongiaires primitifs. *Bull. Soc. géol. Fr.*, Sér. 4, 14, 6, p. 397-406 ; Paris.

ETHERIDGE R.J. (1890). – On some Australian species of the family Archaeocyathinae. *Trans. Proc. Rep. Roy. Soc. Austral.*, 13, p. 10-22, pl. II-III ; Sydney.

FINKS R.M. (1983). – Pharetronida : Inozoa and Sphinctozoa. *In* : Sponges and Spongiomorphs, Notes for a Short Course. T.W. Broadhead, ed., *Univ. Tennessee, Dept. Geol. Sci. Studies in Geology*, 7, p. 55-69, 4 fig. ; Knoxville, Ten.

FISHER D.C. & NITECKI M.H. (1982). – Problems in the analysis of Receptaculid affinities. *Proc. III N. Amer. Paleont. Convent. Montreal* (1982), 1, p. 1-6, 1 fig. ; Montreal.

FLÜGEL E. (1977). – Environmental models for Upper Palaeozoic benthic calcareous algal communities. *In* : Fossil Algae. E. Flügel, ed., Berlin, Springer Verlag, p. 346-385.

FONIN V.D. (1960). – O novom semeystve kembriyskikh Metatsiatid–Prismocyathidae Fonin, fam. n. (On the new family of Cambrian Metacyathids-Prismacyathidae Fonin, fam. n.). *Dokl. Akad. Nauk SSSR*, 135, p. 725-727, 1 fig. ; Moscow. (In Russian).

FONIN V.D. (1961). – O nekotorykh voprosakh morfologii tenial'nykh arkheotsiat. (On some questions of the morphology of taenial archaeocyaths). *Byull. Moskov. Obsc. Ispyt. Prir. Otdel. Geol.* 36(3), p. 149-150 ; Moscow. (In Russian).

FONIN V.D. (1963). – K poznaniyu tenial'nykh arkheotsiat Altae-Sayanskoy skladchatoy oblasti. (To the study of archaeocyaths of Altay-Sayan Fold Belt). *Paleontol. Z.*, 4, p. 14-29, 8 fig., pl. III ; Moscow (In Russian).

FONIN V.D. (1976). – K sistematike nepravil'nykh arkheotsiat (klass Irregularia). [To the systematics of irregular archaeocyaths (class Irregularia)]. *In* : Osnovnye Problemy Sistematiki Zhivotnykh. Tezisy Dokladov Soveshchaniya. (Main Problems of the Animal Systematics. Abstr. of the Meeting Rep.). V.N. Shimansky, ed., 7-9. Moscow : Paleontol. Inst. Akad. Nauk SSSR. (In Russian).

FONIN V.D. (1981). – Nekotorye itogi izucheniya diktional'nykh arkheotsiat. (Some results of the dictyonal archaeocyath study). *Byull. Mosk. Obsc. Ispyt. Prir. Otdel. geol.*, 56(4), p. 116 ; Moscow. (In Russian).

FONIN V.D. (1983). – Novye nepravil'nye arkheotsiaty iz nizhnekembriyskikh otlozheniy Severo-Zapadnoy Mongolii. (New irregular archaeocyaths from the Lower Cambrian strata of northwestern Mongolia). *In* : Novye Vidy Bespozvonochnykh Iskopaemykh Mongolia). (New species of Invertebrate Fossils of Mongolia). *Trudy Sovmest. Sovet.-Mongol. Paleont. Ekspeditsii*, 20, p. 11-14, pl. II ; Moscow. (In Russian).

FONIN V.D. (1985). – Tenial'nye Arkheotsiaty Altae-Sayanskoy Skladchatoy Oblasti. (Taenial Archaeocyaths of the Altay-Sayan Fold Belt). *Trudy Paleont. Inst. Akad. Nauk SSSR*, 209, p. 1-144, 34 fig., 32 pl. ; Moscow. (In Russian).

FONIN V.D. (1990). – Prizmotsiatidy nizhnego Kembriya Tuvy. (Prismocyathids of the Lower Cambrian from Tuva). *In :* Biostratigrafiya i Palaeontologiya Kembriya Severnoy Azii. (Cambrian Biostratigraphy and Palaeontology of the Northern Asia). L. N. Repina, ed., *Trudy Inst. geol. geofiz. Sibirsk. otded. Akad. Nauk SSSR*, 265, p. 147-158, 4 fig., pl. XIX-XXIII ; Novosibirsk. (In Russian).

FORD S.W. (1878). – Description of two new species of Primordial fossils. *Amer. J. Sci. Arts*. Ser. 3, 15 (86), p. 124-127, 1 text-fig. ; Tulsa, Okl.

FREITAS T. de (1987). – A Silurian sphinctozoan sponge from east-central Cornwallis Island, Canadian Arctic. *Canad. J. Earth Sci.*, 24 (4), p. 840-844, 3 fig. ; Ottawa.

GANDIN A. & DEBRENNE F. (1984). – Lower Cambrian bioconstructions in southwestern Sardinia (Italy). *Géobios, Mém. spec.*, 8, p. 231-240, 1 fig., 1 tab., 1 pl. ; Lyon.

GANGLOFF R.A. (1990). – An unusual archaeocyath assemblage from Alaska, tectonic and paleogeographic implications for the Lower Cambrian of western North America. *In :* 3rd Internat. Symp. on the Cambrian System (1-9 August 1990, Novosibirsk, USSR). Abstracts. L.N. Repina & A. Yu. Zhuravlev, eds, p. 97. Novosibirsk : IGIG SO AN SSSR.

GAUTRET P. (1985). – Organisation de la phase minérale chez *Vaceletia crypta* (Vacelet) démosponge, sphinctozoaire actuel. Comparaison avec des formes aragonitiques du Trias de Turquie. *Géobios*, 18(5), p. 553-562, 2 fig., 4 pl. ; Lyon.

GAUTRET P. (1986). – Utilisation taxonomique des caractères microstructuraux du squelette aspiculaire des spongiaires : Etude du mode de formation des microstructures attribuées au type sphérolitique. *Ann. Paléont. Vertébrés-Invertébrés*, 72(2), p. 75-110, 2 fig., 7 pl. ; Paris.

GAUTRET P. (1987). – Diagenetic and original non-fibrous microstructures within recent and Triassic hypercalcified sponges. *Rev. paléobiol.*, 6(1), p. 81-88, 7 fig. ; Genève.

GAUTRET P. & RAZGALLAH S. (1987). – Architecture et microstructure des chaetétides du Permien du Jebel Tebaga (Sud-Tunisie). *Ann. Paléont. Vertébrés-Invertébrés*, 73(2), p. 59-82, 4 fig., 5 pl. ; Paris.

GELDSETZER H.H.J., JAMES N.P. & TEBBUTT G.E. (Eds.) (1989). – Reefs, Canada and Adjacent Areas. *Canad. Soc. Petrol. Geologists Mem.* 13, p. 1-775 ; Ottawa.

GORDON W.T. (1920). – Cambrian organic remains from a dredging in Weddel Sea. *Trans. Roy. Soc. Edinburgh*, 7 : Scottish Antarctic Expedition 1902-1904, p. 681-714, 7 pl. ; Edinburgh.

GRABAU A. (1922). – Ordovician fossils from North China. *Paleont. Sinica.* Ser. B, 1, 1, p. 1-127, 20 fig., 9 pl. ; Beijing.

GRAVESTOCK D.I. (1983). – Structure and function of the exothecal tissue of *Somphocyathus coralloides* Taylor and allied regular Archaeocyatha. *Mem. Ass. Australas. Palaeontols*, 1, p. 67-74, 5 fig. ; Sydney.

GRAVESTOCK D.I (1984). – Archaeocyatha from lower parts of the Lower Cambrian carbonate sequence in South Australia. *Ibid.*, 2, p. 1-139, 64 fig. ; Sydney.

HANDFIELD R.C. (1971). – Archaeocyatha from the Mackenzie and Cassiar Mountains, Northwest Territories, Yukon Territory and British Columbia. *Bull. Geol. Surv. Canada*, 201, p. 1-119, 11 fig., 16 pl. ; Ottawa.

HANDFIELD R.C. & McKINNEY F.K. (1975). – Form and function in an atypical archaeocyathid. *J. Paleont.*, 49(5), N.S., p. 799-807, 3 fig., 2 pl. ; Tulsa, Okl.

HART S.F. (1991). – Archaeocyath interactions from the Forteau Formation, Labrador, Canada. *In* : VI. Internat. Symp. on Fossil Cnidaria including Archaeocyatha and Porifera. Abstracts, Münster, Westphalia, FRG, September 9-14, 1991. K. Oekentorp, ed., p. 27, 1 fig.

HARTMAN W.D., WENDT J.W. & WIEDERMAYER F. (1980). – Living and fossil Sponges. Notes for a Short Course. *Sedimenta*, 8, p. 1-274, Miami.

HARTMAN W.D. (1983). – Modern and ancient Sclerospongiae. *In* : Sponges and Spongiomorphs. Notes for a Short Course. T.W. Broadhead, ed., *Univ. Tennessee, Dept Geol. Sci. Studies in Geology*, 7, p. 116-129, 10 fig. ; Knoxville, Ten.

HERNANDEZ-PACHECO E. (1917). – La fauna primordial de la sierra de Cordoba. *Asoc. Española Prog. Cienc. Conf. Sec. VI Cienc. Nat.*, 2, p. 76-85.

HILL D. (1965) Archaeocyatha from Antarctica and a review of the phylum. *Sci. Rep. Trans-Antarct. Expedition 1955-1958, (Geol. 3)*, 10, p. 1-151, 25 fig., 12 pl.. ; London.

HILL D. (1972). – Archaeocyatha. *In* : Treatise on Invertebrate Paleontology. C. Teichert, ed., Boulder ; Lawrence : Univ. Kansas Press, Pt E, vol. 1, p. 1-158, 107 fig.

HINDE G.J. (1889). – On *Archaeocyathus* Billings, and on other genera, allied to or associated with it, from the Cambrian strata of North america, Spain, Sardinia, and Scotland. *Quart. J. Geol. Soc. London*, 45, p. 125-148, pl. 5 ; London.

HYATT A.L. (1885). – Cambrian reefs. Cruise of Arethusa. *Science*, 7, p. 384-386 ; Washington D.C.

HYMAN L.H. (1959). – The Invertebrates. New York ; London : Mac Grow-Hill, 873 p.

JACKSON J.B.C. (1985). – Distribution and ecology of clonal and aclonal benthic invertebrates. *In* : Population, Biology and Evolution of Clonal Organisms. J.B.C. Jackson, L.W. Buss & R.E. Cook, eds, p. 297-355. New Haven : Yale Univ. Press.

JAKOVLEV N.N. (1954). – K voprosu o syyazi mezhdu arkheotsiatami i korallami. (To the problem of archaeocyaths and corals relationship). *Dokl. Akad. Nauk SSSR*, 94, 4, p. 771-773. ; Moscow. (In Russian).

JAKOVLEV V.N. (1956). – O nekotorykh nepodcherknutykh osobennostyakh stroeniya *Archaeolynthus* Taylor i ego vozmozhnoy rodstvennoy svyazi s iglokozhimi. (On some overlooked peculiarities of *Archaeolynthus* Taylor and its possible affinity with echinoderms). *Dokl. Akad. Nauk SSSR*, 109 (4), p. 855-857, fig. 1. Moscow. (In Russian).

JAKOVLEV V.N. (1959). – *Chankacyathus strachovi* gen. et sp. nov. – pervyy predstavitel' novogo semeistva nizhnekembriyskikh arkheotsiat. (*Chankacyathus strachovi* gen. et sp. nov. is the first representative of a new Lower Cambrian archaeocyath family). *Soobshcheniya Dal'nevostochnogo filiala im. V.L. Komarova Sibirsk. otdel. Akad. Nauk SSSR*, 10, p. 91-93 ; Vladivostok. (In Russian).

JAMES N.P., KOBLUK D.R. & PEMBERTON S.G. (1977). – The oldest macroborings : Lower Cambrian of Labrador. *Science*, 197, p. 980-983, 3 fig. ; Washington D.C.

JAMES N.P. & KOBLUK D.R. (1978). – Lower Cambrian patch reefs and associated sediments : southern Labrador, Canada. *Sedimentology*, 25, p. 1-35, 12 fig ; Oxford.

JAMES N.P. & DEBRENNE F. (1980). – Lower Cambrian bioherms : Pioneer reefs of Phanerozoic. *Acta Palaeont. Polonica*, 25 (3/4), p. 655-668, 6 fig. ; Warszawa.

JAMES N.P. (1983). – Reefs. *In* : Carbonate depositional environments. P. Scholle, D.G. Bebout & C.H. Moore, eds, *Amer. Assoc. Petrol. Geologists Mem.*, 33, p. 345-440, 204 fig. ; Tulsa, Okl.

JAMES N.P. & KLAPPA C.F. (1983). – Pretrogenesis of Early Cambrian reef limestones, Labrador, Canada. *J. Sediment. Petrol.*, 53, 4, p. 1051-1096 ; Tulsa, Okl.

JAMES N.P. & GRAVESTOCK D.I. (1990). – Lower Cambrian shelf and shelf margin buildups, Flinders Ranges, South Australia. *Sedimentology*, 37, p. 455-480, 16 fig. ; Oxford.

JAMES N.P., KRUSE P.D. & ZHURAVLEV A.Yu. (1990). – Tommotian and Toyonian bioherms, the same basic plan. *In* : 3rd Internat. Symp. on the Cambrian System, Abstracts. L.N. Repina & A.Yu. Zhuravlev, eds, p. 118. Novosibirsk : IGIG SO AN SSSR.

JAZMIR M.M. (1960). – O prirode nizhnekembriyskikh biogermov poberezh'ya srednego techeniya r. Aldana. (On the nature of Lower Cambrian bioherms on the banks of the middle course of the Aldan river). *Uchenye Zapiski Saratovsk*. Universiteta, vol. 74, n. 7 p. 157-166, 7 fig. (in Russian).

JAZMIR M.M. (1961). – K voprosu o morfologo-geneticheskoy klassifikatsii biogermov. (To the problem of morphological genetical classification of bioherms). Material po Geologii i Doleznym Ickopaemym Buryatskoy ASSR. (Materials on geology and Mineral Resources of the Buryat ASSR). VI, p. 52-59, 4 fig. ; Ulan Ude.

JEGOROVA L.I., SHABANOV Yu. Ya., ROZANOV A. Yu., SAVITSKY V.E., TCHERNYSHEVA N.E. & SHISHKIN B.B. (1976). – Elanskiy i Kuonamskiy Fatsiostratotipy Nizhney Granitsy Srednego Kembriya Sibiri. (The Elanka and Kuonamka Facies Stratotypes of the Middle Cambrian Lower Boundary of Siberia). *Trudy Sibirsk. nauch.-issled. Inst. geol., geofiz. i miner. syr'ya*, 211, p. 3-167, 5 fig., 59 pl. ; Novosibirsk. (In Russian).

JELL P.A., GRAVESTOCK D.I. & ZHURAVLEV A. Yu. (1990). – Yorke Peninsula (South Australia) Lower Cambrian section : a key to China-Siberia correlation. *In* : 3rd Internat. Symp. on the Cambrian System. Abstracts, L.N. Repina & A. Yu. Zhuravlev, eds, Novosibirsk : IGIG SO AN SSSR.

KAWASE Y. & OKULITCH V.J. (1957). – Archaeocyatha from the Lower Cambrian of the Yukon Territory. *J. Paleont.*, 31(5), p. 913-930, pl. 109-113 ; Tulsa, Okl.

KENNARD J.M. (1991). – Lower Cambrian archaeocyathan buildups, Todd River Dolomite, northeast Amadeus Basin, Central Australia : sedimentology and diagenesis. *In* : Geological and Geophysical Studies in the Amadeus Basin, Central Australia. R.J. Korsch. & J.M. Kennard, eds, *Bull. Bur. Miner. Resour.*, 236, p. 195-225 ; Canberra.

KHALFINA V.K. (1960). – Stromatoporoidei iz kembriyskikh otlozheniy Sibiri. (Stromatoropoids from the Cambrian strata of Siberia). *In* : Materialy po Paleontologii i Stratigrafii Zapadnoy Sibiri. (Materials on Palaeontology and Stratigraphy of Western Siberia). L.L. Khalfin, ed., *Trudy Sibirsk. nauch.-issled. Inst. geol., geofiz. i miner. syr'ya. Ser. neftyanaya geol.*, 8, p. 79-83, pl. V-VII ; Novosibirsk. (In Russian).

KHALFINA V.K. & YAWORSKY V.I. (1967). – O drevneyshikh stromatoporoideyakh. (On the oldest stromatoporoids). *Paleont. Z.*, 3, p. 133-136 ; Moscow. (In Russian).

KIRSCHVINK J.L., MAGARITZ M., RIPPERDAN R.L., ZHURAVLEV A. Yu. & ROZANOV A. Yu. (1991). – The Precambrian-Cambrian boundary : Magnetostratigraphy and carbon isotopes resolve correlation problems between Siberia, Morocco and South China. GSA Today 1, p. 69-71, 87-91. Cambridge, Mass.

KOBLUK D.R. & JAMES N.P. (1979). – Cavity-dwelling organisms in Lower Cambrian patch reefs from southern Labrador. *Lethaia*, 12 (3), p. 293-218, 17 fig. ; Oslo.

KOBLUK D.R. (1985). – Biota preserved within cavities in Cambrian *Epiphyton* mounds, Upper Shady dolomite, southwestern Virginia. *J. Paleont.*, 595, p. 1158-1172, 11 fig. ; Tulsa, Okl.

KOLTUN V.M. (1988). – Razvitie individual'nosti i stanovlenie individa u gubok. (The development of individuality and the becoming of the individual in sponges). *In* : Gubki i Knidarii. Sovremennoe Sostoyanie i Perspektivy Issledovaniy. (Porifera and Cnidaria. Modern and Perspective Investigations). V.M. Koltun & S.V. Stepan'yants, eds, p. 24-34. Leningrad : Zool. Inst. Akad. Nauk SSSR, Leningrad.

KONJUSCHKOV K.N. (1967). – Novye dannye po arkheotsi-
atam gor Agyrek Severo-Vostochnogo Kazakhstana.
(New data on archaeocyaths of the Agyrek Mountains
of the northeastern Kazakhastan). *Trudy Vsesouz. geol.
Inst.*, N. ser., 129, p. 104-113, pl. I ; Alma-Ata. (In
Russian).

KONJUSCHKOV K.N. (1972). – Novye dannye po biostratigrafii kembriya i arckheotsiatam Zapadnogo Sayana.
(New data on the Cambrian biostratigraphy and archaeocyaths of Western Sayan). *In* : Problemy Biostratigrafii
i Paleontologii Nizhnego Kembriya Sibiri. (Problems of
the Lower Cambrian Biostratigraphy and Palaeontology
of Siberia). I.T. Zhuravleva, ed., p. 124-143, pl. XI-
XVII. Moscow : Nauka Publishing House. (In Russian).

KONJUSCHKOV K.N. (1978). – Istoricheskoe razvitie arkheotsiat i nekotorye voprosy ikh biologii. (Historical
development of archaeocyaths and some questions of
their biology). *Ezheg. Vsesoy. paleont. Obsc.*, 21, p. 12-
21. Leningrad : Nauka Publishing House. (In Russian).

KORSHUNOV V.I. (1972). – Biostratigrafiya i Arkheotsiaty
Nizhnego Kembriya Severo-vostoka Aldanskoy Ante-
klizy. (Lower Cambrian Biostratigraphy and Archaeocyaths of the Aldan Anteclise North-East). 128 p.,
5 fig., 24 pl. Yakutsk : Yakutian Publishing House. (In
Russian).

KRASNOPEEVA P.S. (1953). – Osobennosti kameshkovskogo
kompleksa arkheotsiat v fatsii effusivno-osadochnykh
otlozheniy na primere arkheotsiat zapadnoy chasti Tuvy.
(Peculiarities of the Kameshki archaeocyath assemblage
in the facies of effusive-clastic deposits on the example
of the western Tuva archaeocyaths). *In* : Materialy II
Nauchnoy Konferentsii TGU. (Proceedings of the II
Scientific Conference of the Tomsk State University).
Trudy Tomsk. Gosudarst. Univ., Ser. geol., 124, p. 51-
62, 4 pl. ; Tomsk. (In Russian).

KRASNOPEEVA P.S. (1959). – Arkheotsiaty gor Agyrek
Pavlodarskoy oblasti Kazakhskoy SSR. (Archaeocyaths
of the Agyrek Mountains of the Pavlodar Region,
Kazakh SSR). *Izv. Akad. Nauk Kazakhskoy SSR. Ser.
geol.*, 3(36), p. 3-10, 2 pl. ; Alma-Ata. (In Russian).

KRASNOPEEVA P.S. (1961). – Novye arkheostiaty iz obru-
chevskogo gorizonta Altae-Sayanskoy skladchatoy
oblasti. (New archaeocyaths from the Obruchev Horizon
of the Altay-Sayan Fold Belt). *In* : Materialy po Paleontologii i Stratigrafii Zapadnoy Sibiri. (Materials on the
Palaeontology and Stratigraphy of Western Siberia).
*Trudy Sibirsk. nauch.-issled. Inst. geol., geofiz. i miner.
syr'ya. Ser. neftyanaya geol.*, 15, p. 247-257, 6 pl. ;
Novosibirsk. (In Russian).

KRASNOPEEVA P.S. (1969). – Osnovnye osobennosti morfologii arkheotsiat. (Main peculiarities of the archaeocyath morphology). *In* : Biostratigraphiya i Paleontologiya
Nizhnego Kembriya Sibiri i Dal'nego Vostoka. (Lower
Cambrian Biostratigraphy and Palaeontology of Siberia
and the Far East). I.T. Zhuravleva, ed., p. 60-65,
pl. XXVI-XXIX. Moscow : Nauka Publishing House.
(In Russian).

KRASNOPEEVA P.S. (1978). – Printsipy estestvennoy klassifikatsii arkheotsiat (trubchatye arckheotsiaty). [Prin-
ciples of natural archaeocyath classification
(archaeocyaths with tubes)]. *In* : Stratigrafiya i Paleontologiya Sibiri i Urala. (Stratigraphy and Palaeontology
of Siberia and the Urals). A.R. Anan'ev, ed., p. 76-84,
3 pl. Tomsk : Tomskiy Gosudarst. Univ. (In Russian).

KRASNOPEEVA P.S. (1980). – Arkheotsiaty s trubkami v in-
tervallyume. Klass Syringoidae Krasnopeeva, 1953.
(Archaeocyaths with tubes in the intervallum. Class Syringoidae Krasnopeeva, 1953). *In* : Kembryi Altae-Sayanskoy Skladchatoy Oblasti. (Cambrian of the
Altay-Sayan Fold Belt). I.T. Zhuravleva, ed., p. 151-
160, 1 fig., pl. XXI-XXII. Moscow : Nauka Publishing
House. (In Russian).

KRUSE P.D. & WEST P.W. (1980). – Archaeocyatha of the
Amadeus and Georgina Basin. *J. Austral. Geol. and Geophys.*, 5(3), p. 165-181, 13 fig. ; Sydney.

KRUSE P.D. (1990). – Are archaeocyaths sponges or are
sponges archaeocyaths ? *In* : The Evolution of a Late
Precambrian-Early Palaeozoic Rift Complex : The
Adelaide Geosyncline. J.B. Jago & R.S. Moore, eds,
Geol. Soc. Austral., Spec. Publ., 16, p. 310-323, 9 fig. ;
Sydney.

LAFUSTE J. & DEBRENNE F. (1977). – Présence de deux
types de microstructures chez *Archaeocyathus atlanticus* Billings (Cambrien inférieur, Labrador, Canada).
Géobios, 10(1), p. 103-107, 2 fig., 1 pl. ; Lyon.

LIPINA O.A. & ROZANOV A.Yu. (1973). – O gomologi-
cheskoy izmenchivosti foraminifer i arkheotsiat. (On the
homologous variability of foraminifers and archaeocyaths). *In* : Problemy Paleontologii i Biostratigrafii Nizhnego Kembriya Sibiri i Dal'nego Vostoka. (Problems of
the Lower Cambrian Palaeontology and Biostratigraphy
of Siberia and the Far East). I.T. Zhuravleva, ed., *Trudy
Inst. geol. geofiz. Sibirsk. otdel. Akad. Nauk SSSR*, 49,
p. 13-30, 3 fig., pl. III-VI ; Novosibirsk. (In Russian).

LUBISCHEW A.A. (1963). – On some contradictions in
general taxonomy and evolution. *Evolution*, 17(4),
p. 414-430 ; Lawrence, Kan.

MARGARITZ M., KIRSCHVINK J.L., LATHAM A.J., ZHURAV-
LEV A.Yu. & ROZANOV A.Yu. (1991). – Precam-
brian/Cambrian boundary problem : Carbon isotope
correlations for Vendian and Tommotian time between
Siberia and Morocco. *Geology*, 19, p. 847-850, 2 fig. ;
Boulder, Colo.

MASLOV A.B. (1957). – O novom predstavitele semeystva
Ethmophyllidae Okulitch, 1943 iz kembriya Chitinskoy
oblasti s sokhranivshimsya vnutrennim organom. (On
the new representative of the family Ethmophyllidae
Okulitch, 1943 with a preserved inner organ, from the
Cambrian of Chita region). *Dokl. Akad. Nauk SSSR*,
117(2), p. 307-309, 2 fig. ; Moscow. (In Russian).

MASLOV A.B. (1958). – O sluchae fakul'tativnogo para-
zitizma u arkheotsiat. (On the case of the optional pa-
rasitism in archaeocyaths). *Dokl. Akad. Nauk SSSR*,
122(4), p. 699-701 ; Moscow. (In Russian).

McMENAMIN M.A.S. (1985). – Basal Cambrian small shelly
fossils from the La Ciénega Formation, northwestern
Sonora, Mexico. *J. Paleont.*, 59(6), p. 1414-1425,
6 fig. ; Tulsa, Okl.

MEEK F.B. (1868). – Preliminary notice of a remarkable
new genus of corals, probably typical of a new family,
forwarded for study by Prof. J.D. Whitney, from the

Silurian rocks of Nevada Territory. *J. Sci. Arts*, (2), 45, 133, p. 62-64 ; New Haven, Con.

MEGLITSKII N. (1851). – Geognostische Bemerkungen aus einer Reise in Ost-Sibirien im Jahre 1850. *Verh. Russ. Vaiserl. Miner. Ges.*, St Petersburg, p. 118-162, 8 fig.

MEYEN S.V. (1978). – Nomothetical plant morphology and the nomothetical theory of evolution : the need for cross-pollination. *Acta Biotheoritica*, 27, 7, p. 21-36 ; Leyden.

MEYEN S.V. (1990). – Netrivial'naya biologiya. (Notes on non trivial biology). *Z. Obsc. biol.*, 51, 1, p. 4-14 ; Moscow. (In Russian with an English abstract).

MISSARZHEVSKY V.V. (1961). – Rannekembriyskie arkheotsiaty basseyna r. Shivelig-Khem. (Early Cambrian archaeocyaths of the Shivelig-Khem river basin). *Paleont. Z.*, p. 19-23, pl. I ; Moscow. (In Russian).

NICHOLSON H.A. (1879). – A Manual of Palaeontology for the Use of Students with a General Introduction of the Principles of Palaeontology, 2nd ed. Vol. 1. Edinburgh ; London : W. Blackwood & Sons, 511 p.

NIKOLAEVA I.V. & ARKHIPENKO D.K. (eds.) (1981). – Mineralogiya i Geokhimiya Glaukonita. (Mineralogy and Geochimistry of Glauconite). *Trudy Inst. geol. geofiz., Sibirsk. otdel. Akad. Nauk SSSR*, 515, p. 3-110 ; Novosibirsk. (In Russian).

NORDLUND U. (1986). – The cyanophytic alga *Girvanella* in the Lower Ordovician of Hälludden, northern Öland, Sweden. *Geol. Fören. Stockholm Förh.*, 108, 1, p. 63-69 ; Stockholm.

OKULITCH V.J. (1935). – Cyathospongia – a new class of Porifera to include the Archaeocyathinae. *Trans. r. Soc. Canada*, Ser. 3, Sect. IV, 29, p. 75-106, 3 fig., 2 pl. ; Ottawa.

OKULITCH V.J. (1937). – Some changes in nomenclature of Archaeocyathi (Cyathospongia). *J. Paleont.*, 11, 3, p. 251-252 ; Tulsa, Okl.

OKULITCH V.J. (1940). – Revision of type Pleospongia from Eastern Canada. *Trans. r. Soc. Canada*, Ser. 3, Sect. IV, 34, p. 75-87, 3 pl. ; Ottawa.

OKULITCH V.J. (1943). – North American Pleospongia. *Geol. Soc. Amer. Spec. Pap.*, 48, p. 1-112, 19 fig., 18 pl. ; New York.

OKULITCH V.J. (1946a). – Exothecal lamellae of the Pleospongia. *Trans. r. Soc. Canada*, Ser. 3, Sect. IV, 40, p. 73-86 ; Ottawa.

OKULITCH V.J. (1946b). – Intervallum structure of *Cambrocyathus amourensis*. *J. Paleont.*, 20(3), p. 275-276, pl. 41 ; Tulsa, Okl.

OKULITCH V.J. & ROOTS E.F. (1947). – Lower Cambrian fossils from the Aitken Lake area, British Columbia. *Trans. r. Soc. Canada*, Ser. 3, Sect. IV, 41, p. 37-46, 1 pl. ; Ottawa.

OKULITCH V.J. & LAUBENFELS M.W. de (1953). – The systematic position of Archaeocyatha (Pleospongia). *J. Paleont.*, 17(3), p. 481-485 ; Tulsa, Okl.

OKULITCH V.J. (1955a). – Archaeocyatha. *In* : Moore R.C. (ed.) – Treatise on Invertebrate Paleontology. Univ. Kansas. Press, Lawrence, Kansas. Pt E, p. E1-E20, fig. 1-73.

OKULITCH V.J. (1955b). – Archaeocyatha from the McDame Area of northern British Columbia. *Trans. r. Soc. Canada*, Ser. 3, Sect. IV, 49, p. 47-63, 3 pl. ; Ottawa.

OKUNEVA O.G. (1969). – K biostratigrafii nizhnego kembriya Primor'ya (Spasskiy i Chernigovskiy rayony). [To the Lower Cambrian biostratigraphy of the Primor'e (Spassk and Chernigovka areas)]. *In* : Biostratigrafiya i Paleontologiya Nizhnego Kembriya Sibiri i Dal'nego Vostoka. (Lower Cambrian Biostratigraphy and Palaeontology of Siberia and the Far East). I.T. Zhuravleva, ed., p. 66-85, pl. XXX-XXXIII ; Moscow. (In Russian).

OKUNEVA O.G. & REPINA L.N. (1973). – Biostratigrafiya i Fauna Kembriya Primor'ya. (Biostratigraphy and Fauna of the Cambrian of the Primor'e). *Trudy Inst. geol. geofiz. Sibirsk. otdel. Akad. Nauk SSSR*, 37, p. 1-288, 104 fig., 46 pl. ; Novosibirsk. (In Russian).

ÖPIK A.A. (1976). – Cymbric Vale fauna of New South Wales and Early Cambrian biostratigraphy. *Bull. Bur. Resour. Geol. Geophys. Austral.*, 159, p. 1-78, 14 fig., 7 pl. ; Canberra.

OSADCHAYA D.V., KASHINA L.N., ZHURAVLEVA I.T., BORODINA N.P. *et al.* (1979). – Stratigrafiya i Arkheotsiaty Nizhnego Kembriya Altae-Sayanskoy Skladchatoy Oblasti. (Lower Cambrian Stratigraphy and Archaeocyaths of the Altay-Sayan Fold Belt), 216 p., 20 fig., 28 pl. Moscow : Nauka Publishing House. (In Russian).

PEREJÓN A. (1973). – Contribución al conocimiento de los Arqueociátidos de los yacimentos de Alconera (Badajoz). *Estud. geol.*, 29(2), p. 179-206, 2 fig., 7 pl. ; Madrid.

PEREJÓN A. (1976a). – Nuevas faunas de Arqueociatos del Cambrico inferior de Sierra Morena, (II). *Tecniterrae*, 9, p. 7-24, pl. 5-9 ; Madrid.

PEREJÓN A. (1976b). – Nuevos datos sobre los Arqueociatos de Sierra Morena. *Estud. geol.*, 32(1), p. 5-33, 6 pl. ; Madrid.

PEREJÓN A. & MORENO E. (1978). – Nuevos datos sobre la fauna de Arqueociatos y los facies carbonatades de la serie de los Campillos (Urda, Montes de Toledo orientales). *Ibid.*, 34(2), p. 193-204, 8 fig., 1 pl. ; Madrid.

PICKETT J. (1985). – *Vaceletia*, a living archaeocyathid. Hornibrook Symp., Christchurch, N.Z. (1985). *New Zealand Geol. Surv. Rc.*, 9, p. 468 ; Wellington.

PILLOLA G.L. (1990). – Lithologie and Trilobites du Cambrien inférieur du S.W. de la Sardaigne (Italie) : implications paléobiogéographiques. *C.R. Acad. Sci. Paris*, 310, sér. II, p. 321-328, 4 fig., 2 pl. ; Paris.

POSPELOV A.G. (1962). – K voprosu o sistematicheskom polozhenii arkheotsiat. (To the problem of archaeocyath affinity). *In* : Materialy po Geologii Zapadnoy Sibiri. Vyp. 63 : Novye Dannye po Paleontologii i Stratigrafii Zapadnoy Sibiri. (Materials on the Geology of Western Siberia. Issue 63 : New Data on the Palaeontology and Stratigraphy of Western Siberia). p. 11-13. Tomsk : Tomskiy Gosudart. Univ. (In Russian).

RAYMOND P.E. (1931). – Notes on invertebrate fossils with descriptions of new species. *Bull. Mus. Comp. Zool. Ser. geol.*, 55(5), p. 165-213 ; Cambridge, Mass.

REITNER J. & ENGESER T.S. (1985). – Revisien der Demospongier mit einem Thalamiden, aragonitischen Basalskelett und trabekulärer Interstruktur ("Sphinctozoa" pars). *Berliner Geowissenschaft. Abh.* (A), 60, p. 151-193 ; Berlin.

REITNER J. (1987). – A new calcitic sphinctozoan sponge belonging to the Demospongiae from the Cassian Formation (Lower Cambrian, Dolomites, Northern Italy) and its phylogenetic relationship. *Géobios*, 20(5), p. 571-589, 1 fig., 4 pl. ; Lyon.

REITNER J. & ENGESER T.S. (1987). – Skeletal structures and habitants of recent and fossil *Acanthochaetetes* (subclass Tetractinomorpha, Demospongiae, Porifera). *Coral Reefs*, 6(1), p. 13-18, 15 fig. ; Heidelberg, Berlin, Springer Verlag.

REITNER J. (1991a). – Phylogenetic aspects and new descriptions of spicule-bearing hadromerid sponges with a secondary calcareous skeleton (Tetractinomorpha, Demospongiae). *In* : Fossil and Recent Sponges. J. Reitner & H. Keupp, eds, p. 179-211. Berlin ; Heidelberg : Springer-Verlag.

REITNER J. (1991b). – Tetraxone spicules in Atdabanian Archaeocyatha ? On the oldest known demosponge tetractinellids. *In* : VI. Internat. Symp. on Fossil Cnidaria including Archaeocyatha and Porifera. Abstracts. Münster, Westphalia, FRG, September 9-14, 1991, K. Oekentorp, ed., p. 71.

REPINA L.N., KHOMENTOVSKY V.V., ZHURAVLEVA I.T. & ROZANOV A. Yu. (1964). – Biostratigrafiya Nizhnego Kembriya Sayano-Altayskoy Skladchatoy Oblasti. (Lower Cambrian Biostratigraphy of the Sayan-Altay Fold Belt), 365 p. Moscow : Nauka Publishing House. (In Russian).

REPINA L.N., LAZARENKO N.P., MESHKOVA N.P., KORSHUNOV V.I., NIKIFOROV N.I. & AKSARINA N.A. (1974). – Biostratigrafiya i Fauna Nizhnego Kembriya Kharaulakha (Khr. Tuora-Sis). (Lower Cambrian Biostratigraphy and Fauna of Kharaulakh (Tuora-Sis Ridge)). *Trudy Inst. geol. geofiz. Sibirsk. otdel. Akad. Nauk SSSR*, 235, p. 1-299, 15 fig., 51 pl. ; Novosibirsk. (In Russian).

RIDING R. (1975). – *Girvanella* and other algae as depth indicators. *Lethaia*, 8(2), p. 173-179 ; Oslo.

RIGBY J.K. & GANGLOFF R.A. (1987). – Phylum Archaeocyatha. *In* : Fossil Invertebrates. R.S. Boardman, A.H. Cheetham & A.J. Rowell, eds, p. 107-115. Palo Alto etc. : Blackwell Sci. Publ.

RIGBY J.K., FAN JIASONG & ZHANG WEI (1989). – Sphinctozoan sponges from the Permian reefs of South China. *J. Paleont.*, 63(4), p. 404-489, 20 fig. ; Tulsa, Okl.

ROEMER F. (1878). – Protokoll der April-Sitzung über *Archaeocyathus marianus* n. sp. *Z. dtsch. geol. Ges.*, 30, 2, p. 369-370 ; Stuttgart.

ROWLAND S.M. (1981). – Archaeocyathid reefs of the southern Great Basin, Western United States. *In* : Short papers for the 2nd Intern. Symp. on the Cambrian System, 1981. M.E. Taylor, ed., U.S. Dept. Interior Geol. Sur. Open-File Rept 81-743, p. 193-197, 3 fig. ; Golden, Colo.

ROWLAND S.M. & GANGLOFF R.A. (1988). – Structure and paleoecology of Lower Cambrian reefs. *Palaios*, 3, Reefs issue, p. 111-135, 18 fig. ; Tulsa, Okl.

ROWLAND S.M. (1989). – Archaeocyatha : Cambrian relicts of the Ediacara ? *In* : Amer. Assoc. Advancement Sci. Ann. Meeting, Boston (11-15 February 1988), Abstracts. AAAS Publ., Washington D.C., 87-30, p. 14.

ROZANOV A.Yu. (1960a). – O novykh predstavitelyakh arkheotsiat semeystva Dokidocyathidae. (On the new archaeocyath representatives of the family Dokidocyathidae). *Paleont. Z.*, 1960(3), p. 43-47, pl. 1 ; Moscow. (In Russian).

ROZANOV A.Yu. (1960b). – Sistematicheskoe znachenie obrazovaniy vnutrenney polosti arkheotsiat i individual'nogo razvitiya ikh kubkov. (Systematic significance of the archaeocyathan inner cavity structures and their individual cup development). *Byull. Moskov. Obsc. Ispytat. Prir. otdel. geol.*, 35(4), 151 ; Moscow. (In Russian).

ROZANOV A. Yu. (1961). – Nekotoye zakonomernosti evolutsii arkheotsiat. (Some regularities in archaeocyath evolution). *Ibid.*, 36(6), p. 118-119 ; Moscow. (In Russian).

ROZANOV A.Yu. (1963). – Nekotorye voprosy evolutsii pravil'nykh arkheotsiat. (Some questions of regular archaeocyath evolution). *Paleont. Z.*, 1963(1), p. 3-12, 5 fig. ; Moscow. (In Russian).

ROZANOV A.Yu. & MISSARZHEVSKY V.V. (1966). – Biostratigrafiya i Fauna Nizhnikh Gorizontov Kembriya. (Biostratigraphy and Fauna of the Cambrian Lower Horizons). *Trudy geol. Inst. Akad. Nauk SSSR*, 148 p., 68 fig., 13 pl. ; Moscow. (In Russian).

ROZANOV A.Yu., MISSARZHEVSKY V.V., VOLKOVA N.A., VORONOVA L.G., KRYLOV I.N., KELLER B.M., KOROLYUK I.K., LENDZION K., MICHNIAK R., PYCHOVA N.G. & SIDOROV A.D. (1969). – Tommotskiy Yarus i Problema Nizhney Granitsy Kembriya. (Tommotian Stage and the Cambrian Lower Boundary Problem). *Trudy geol. Inst. Akad. Nauk SSSR*, 206, p. 1-380, 79 fig., 55 pl. ; Moscow. (In Russian). English translation 1981 (M.E. Raaben ed.). New Delhi : Amerind Publishing Co. PVT. LTD.

ROZANOV A.Yu. (1973). – Zakonomernosti Morfologicheskoy Evolutsii Arkheotsiat i Voprosy Yarusnogo Raschleneniya Nizhnego Kembriya. (Regularities of Archaeocyathan Morphological Evolution and the Problems of the Lower Cambrian Stage Subdivision). *Trudy geol. Inst. Akad. Nauk SSSR*, 241, p. 1-164, 142 fig., 22 pl. ; Moscow. (In Russian).

ROZANOV A. Yu. (1974). – Homological variability of archaeocyathans. *Geol. Mag.*, 111(2), p. 107-120, 7 fig. ; London.

ROZANOV A. Yu. (1980a). – Tsentry proiskhozhdeniya kembriyskikh faun. (Centres of the Cambrian faunas' origin). *In* : Paleontologiya, Stratigrafiya. Mezhdunarodnyy Geologicheskiy Kongress, 26-ya Sessiya. Dokl. Sovet. Geol.. (Palaeontology, stratigraphy. Intern. Geol. Congr., 26th Session. Papers of the Soviet Geologists), p. 3O-34. Moscow : Nauka Publishing House. (In Russian).

ROZANOV A. Yu. (1980b). – Centers of origin of Cambrian fauna. *XXVI Congr. geol. Internat. Résumés.* 1, p. 181 ; Paris.

ROZANOV A.Yu. (1984). – Arkheotsiaty (Archaeocyatha). *In* : Spravochik po Systematike Iskopaemykh Organizmov (Taksony Otryadnoy i Vysshikh Grupp. [(Directory on Systematics of Fossil Organisms (Order and High Rank Taxons)]. L.P. Tatarinov & V.N. Shimansky, eds, p. 14-19. Moscow : Nauka Publishing House. (In Russian).

SAVARESE M. (1988). – Functional analysis of archaeocyathan skeletal morphology : implication for the group's paleobiology. *Geol. Soc. Amer.* Abstracts with Programs, 20 (7), p. 201 ; Boulder, Colo.

SAVARESE M. & SIGNOR P.W. (1989). – New archaeocyathan occurrences in the upper Harkless Formation (Lower Cambrian of Western Nevada). *J. Paleont.*, 63(5), p. 539-548, 7 fig. ; Tulsa, Okl.

SAVITSKY V.E. (ed.) (1979). – Geologiya Rifovykh Sistem Kembriya Zapadnoy Yakutii. (Geology of the Reef Systems in the Cambrian of Western Yakutia). *Trudy Sibirsk. nauch.-issled. Inst. geol., geofiz. miner. Syr'ya*, 270, 154 p. ; Novosibirsk. (In Russian).

SAYUTINA T.A. (1980). – Rannekembriyskoe semeystvo Khasaktiidae fam. nov. – vozmozhnye stromatoporaty. (Early Cambrian family Khasaktiidae fam. nov. – possible stromatoporoids). *Paleont. Z.*, 4, p. 13-28, 6 fig., pl. III-IV ; Moscow. (In Russian).

SELG M. von (1986). – Algen als Faziesindikatoren : Bioherme und Biostrome im Unter-Kambrium von SW-Sardinien. *Geol. Rundsch.*, 75/3, p. 693-702 ; Stuttgart.

SENOWBARI-DARYAN B. & SCHÄFER P. (1986). – Sphinctozoa (Kalkschwämme) aus den norischen Riffen von Sizilien. *Facies*, 14, p. 235-284, 9 fig., pl. 44-53 ; Erlangen.

SENOWBARI-DARYAN B. & RIGBY J.K. (1988). – Upper Permian sponges from Djebel Tebaga, Tunisia. *Facies*, 19, p. 171-250, 15 fig., pl. 22-40 ; Erlangen.

SIGNOR P.W. & MOUNT J.F. (1986). – Lower Cambrian stratigraphic paleontology of the White-Inyo Mountains of eastern California and Esmeralda County, Nevada. *In* : Natural history of the White-Inyo Range, eastern California and western Nevada and high altitude physiology. Univ. California, White Mountains Res., Stat. Symp. C.Z. Hall, Jr. & D.J. Young, eds, 1, p. 6-15, 2 fig. ; Bishop, Cal.

SIGNOR P.W., MOUNT J.F. & ONKEN B.R. (1987). – A pre-trilobite shelly fauna from the White-Inyo region of eastern California and western Nevada. *J. Paleont.*, 61(3), p. 425-438, 7 fig. ; Tulsa, Okl.

SIMON W. (1939). – Archaeocyathacea. I – Kritische Sichtung der Superfamilie. II – Die Fauna im Kambrium der Sierra Morena (Spanien). *Abh. Senckenberg. Naturforsch. Ges.*, 448, p. 1-87, Text-fig. 1-5, pl. 1-5 ; Frankfurt am Main.

SOEST R.W.M. van (1987). – Unique symbiotic octocoral-sponge association from Komodo. *Indo-Malaya Zool.*, 4, p. 27-32.

STAROBOGATOV Ya.I. (1984). – Vvedenie (Introduction). *In* : Spravochnik po Sistematike Iskopaemykh Organizmov (Taksony Otryadnoy i Vyschikh Grupp). [Directory of the Fossil Organisms Systematics (Order and High Rank Taxons)]. L.P. Tatarinov & V.N. Shimansky, eds, p. 6-8. Moscow : Nauka Publishing House. (In Russian).

STEWART J.H., McMENAMIN M.A.S. & MORALES-RAMIREZ J.M. (1984). – Upper Proterozoic and Cambrian rocks in the Caborca region, Sonora, Mexico. Physical stratigraphy, biostratigraphy, paleocurrent studies, and regional relations. *U.S. Geol. Surv. Prof. Pap.*, 1309, p. 1-36, 19 fig. ; New York.

SWINNERTON H.H. (1923). – Outlines of Palaeontology. London : E. Arnold and Co., 420 p.

TAYLOR T.G. (1908). – Preliminary note on Archaeocyathinae from the "Coral Reefs" of South Australia. *Rep. XI Meet. Austral. Ass. Adv. Sci. Adelaide* 1907, 11, p. 423-427, 2 pl., 8 fig. ; Adelaide.

TAYLOR T.G. (1910). – The Archaeocyathinae from the Cambrian of South Australia. *Mem. r. Soc. S. Austral.*, 2(2), p. 55-188, 51 fig., 16 pl. ; Adelaide.

TCHERNYSHEVA S.V. (1960). – *Tollicyathus* – novyy rod arkheotsiat (*Tollicyathus* – a new genus of archaeocyaths). *In* : Materialy po Paleontologii i Stratigrafii Zapadnoy Sibiri. (Materials on Palaeontology and Stratigraphy of Western Siberia). L.L. Khalfin, ed., *Trudy Sibirsk. nauch.-issled. Inst. geol., geofiz. i miner. Syr'ya, Ser. neftyanaya geol.*, 8, p. 77-78, pl. IV ; Novosibirsk. (In Russian).

TERMIER G. & TERMIER H. (1950). – Paléontologie marocaine. II – Invertébrés de l'ère Primaire. Fasc. I : Foraminifères, Spongiaires et Coelentérés. *Notes et Mém. Serv. géol. Maroc*, 73, p. 1-218, 51 pl. ; Rabat.

TERMIER H. & TERMIER G. (1968). – Evolution et biocinèse. Paris : Masson et Cie, 241 p.

TERMIER H. & TERMIER G. (1979). – Temps forts de l'évolution des Spongiaires. *In* : Colloq. Internat. C.N.R.S., N 291 ; Biologie des Spongiaires, p. 513-520, 5 fig. ; Paris.

TING T.H. (1937). – Revision der Archaeocyathinen. *N. Jb. Geol. Miner. Paläont.*, Abt. B, 78, p. 327-379, 12 fig., pl. IX-IXV ; Stuttgart.

TOLL E. von (1899). – Beiträge zur Kenntniss des sibirischen Kambrium. *Imp. Mem. Acad. Sci. St Petersbourg*, S. 8. Kl. phys.-math., 8(10), p. 1-57 ; St-Pétersbourg.

TSIEN H.H. & DRICOT E. (1977). – Devonian calcareous algae from the Dinant and Namur Basins, Belgium. *In* : Fossil Algae. p. 346-350. E. Flügel, ed., Berlin : Springer-Verlag, p. 346-350.

VACELET J. (1964). – Etude monographique de l'éponge calcaire pharétronide de Méditerranée, *Petrobiona* Vacelet & Levi. Les Pharétronides actuelles et fossiles. *Recl. Trav. Stn. mar. Endoume*, 50 (34), p. 1-125, 158 fig., 3 pl. ; Endoume.

VACELET J. (1985). – Coralline sponges and the evolution of Porifera. *In* : The Origins and Relationships of Lower Invertebrates. S. Conway Morris, J.D. George, R. Gibson & H.M. Platt, eds. *Systematics Assoc. Spec. Publ.*, 28, p. 1-13. Oxford : Clarendon Press.

VAN DE VYVER G. & BUSCEMA M. (1991). – Diversity of immune reaction in the sponge *Axinella polypoides*. *In :* 3rd Int. Sponge Conf. 1985, Woods Hole, p. 96-101, 8 fig.

VAVILOV N.I. (1922). – The law of homologous series in variation. *J. Genetics*, 12, p. 47-89 ; Bangalore.

VAVILOV N.I. (1987). – Process evolyutsii kul'turnykh rasteniy. (Evolutionary process of cultivated plants). *In :* Zakon Gomologicheskikh Ryadov v Nasledstvennoy Izmenchivosti. (Principle of Homologous Rows in the Inherited Variability), p. 214-223. Leningrad : Nauka Publishing House.

VLASOV A.N. (1961). – Kembriyskie stromatoporoidei. (Cambrian stromatoporoids). *Paleont. Z.*, 3, p. 22-32, pl. 1 ; Moscow. (In Russian).

VLASOV A.N. (1966). – K patologii skeleta kostsinotsiatid. (To a pathology of coscinocyathid skeleton). *Byull. Mosk. Obsc. Ispyt. Prir. otdel. geol.*, 51(6), p. 136 ; Moscow. (In Russian).

VOLOGDIN A.G. (1931). – Arkheotsiaty Sibiri. Vypusk I : Fauna i Flora Izvestnyakov Rayona d. Kameshki i ul. Bey-Buluk Minusinsko-Khakasskogo Kraya i Okamenelosti Izvestnyakov s r. Nihzney Tersi Kuznetskogo Okruga. (Siberian Archaeocyaths. Issue I : Fauna and Flora from Limestones of Kameshki Village Area and Bey-Buluk Area of Minusinsk-Khakassia Region and Fossils of Limestones from Nizhnyaya Ters' River of Kuznetsk Region), p. 1-104 (in Russian), p. 105-119 (in English), 44 fig., 24 pl. Moscow ; Leningrad : Geol. Izdat. Glavnogo Geol.-Razved. Upravleniya.

VOLOGDIN A.G. (1932). – Arkheotsiaty Sibiri. Vypusk 2 : Fauna Kembriyskikh Izvestnyakov Altaya. (Siberian Archaeocyaths. Issue 2 : Fauna from the Cambrian Limestones of Altay), p. 1-71 (in Russian), p. 73-95 (in English), 46 fig., 14 pl. Moscow ; Leningrad : Gos. Nauch.-Tekhnich. Geol.-Razved. Izdat.

VOLOGDIN A.G. (1936). – Istoriya issledovaniya, morfologiya i stratigraficheszkoe znachenie arkheotsiat. (The history of investigation, morphology and stratigraphic significance of archaeocyaths). *Problemy Sovetskoy Geologii*, 10, p. 917-918 ; Moscow. (In Russian).

VOLOGDIN A.G. (1937a). – Arkheotsiaty i vodorosli yuzhnogo sklona Anabarskogo massiva. (Archaeocyaths and algae of the Anabar Massif southern slope). *In :* Paleontologiya Sovetskoy Arktiki. (Palaeontology of soviet Arctic). Issue I. D.V. Nalivkin, ed., *Trudy vsesoj. Arktichesk. Inst.*, 91, p. 9-46 (in Russian), p. 46-62 (in English), 12 fig., 12 pl. Leningrad : Izdatel'stvo Glavsevmorputi.

VOLOGDIN A.G. (1937b). – Arkheotsiaty i rezultaty ikh izucheniya v SSSR (kratkaya svodka). [Archaeocyaths and the results of their study in USSR (a brief review)]. *Problemy Paleont.*, 2/3, p. 453-481 (in Russian), 481-500 (in English), 24 fig., 4 pl. Moscow : Moscow State Univ. Publishing House.

VOLOGDIN A.G. (1939). – Arkheotsiaty i Vodorosli Srednego Kembriya Yuzhnogo Urala. (Middle Cambrian archaeocyaths and algae of the South Urals). *Problemy Paleont.*, 5, p. 209-245 (in Russian), p. 245-276 (in English), 12 fig., 12 pl. Moscow : Moscow State Univ. Publishing House.

VOLOGDIN A.G. (1940a). – Arkheotsiaty i Vodorosli Kembriyskikh Izvestnayakov Mongolii i Tuvy. (Archaeocyaths and Algae from Cambrian Limestones of Mongolia and Tuva). Part I. *Trudy Mongol. Komissii Akad. Nauk SSSR*, 34, p. 1-200 (in Russian), p. 201-247 (in English), 23 fig., 54 pl. Moscow ; Leningrad : Izdatel'stvo Akad. Nauk SSSR.

VOLOGDIN A.G. (1940b). – Podtip Arkheotsiaty (Archaeocyatha). [Subphylum Archaeocyaths (Archaeocyatha)]. *In :* Atlas Rukovodyashchikh Form Iskopaemykh Faun SSSR. Tom 1 : Kembriy. (Atlas of index species of the USSR Fossil Faunas. Vol.1 : Cambrian). A.G. Vologdin, ed., p. 24-97, fig. 2-88, pl. II-XXXI. Moscow ; Leningrad : Gosgeolizdat. (In Russian).

VOLOGDIN A.G. & ZHURAVLEVA I.T. (1947). – Morfologiya pravil'nikh arkheotsiat. (Morphology of regular archaeocyaths). *In :* Referaty Nauchna-Issledovatel'skikh Rabot 3a 1945g. Otdeleniya Biol. Nauk Akad. Nauk SSSR, p. 227-228. Moscow ; Leningrad. (In Russian).

VOLOGDIN A.G. (1948). – K stroeniyu tela pravil'nykh arkheotsiat (po dannym izucheniya ostatkov *Archaeocyathus demboi* sp. nov.). [To the body structure of regular archaeocyaths (by the results of study on remains of *Archaeocyathus demboi* sp. nov.)]. *Izv. Akad. Nauk SSSR*, Ser. biol., 1, p. 93-100 ; Moscow. (In Russian).

VOLOGDIN A.G. (1955). – O kol'chatykh bezdnishchevykh arkheotsiatakh kembriya Severnoy Azii. (On the Cambrian archaeocyaths with annuli and without tabulae of northern Asia). *Dokl. Akad. Nauk SSSR*, 103(1), p. 141-143, 3 fig. ; Moscow. (In Russian).

VOLOGDIN A.G. (1956). – K klassifikatsii tipa Archaeocyatha. (To the classification of the phylum Archaeocyatha). *Dokl. Akad. Nauk SSSR*, 111, 4, p. 877-880 ; Moscow. (In Russian).

VOLOGDIN A.G. (1957a). – K stroeniyu vnutrennego organa arkheotsiat. (To the archaeocyath inner organ structure). *Dokl. Akad. Nauk SSSR*, 114(5), p. 1105-1108, 2 fig. ; Moscow. (In Russian).

VOLOGDIN A.G. (1957b). – Ob ontogeneze arkheotsiat. (On archaeocyath ontogeny). *Dokl. Akad. Nauk SSSR*, 117 (4), p. 697-700, 1 fig. ; Moscow. (In Russian).

VOLOGDIN A.G. (1957c). – Arkheotsiaty i ikh stratigraficheskoe znachenie. (Archaeocyaths and their stratigraphic significance). *Acta palaeont. sinica*, 5(2), p. 173-193 (in Chinese), p. 193-222 (in Russian), 22 pl. ; Beijing.

VOLOGDIN A.G. (1959a). – Tersiidy kembriyskikh otlozheniy Chitinskoy oblasti. (Tersiids from the Cambrian strata of Chita region). *Dokl. Akad. Nauk SSSR*, 124(5), p. 1133-1136, 2 fig. ; Moscow. (In Russian).

VOLOGDIN A.G. (1959b). – Verkhne-kembriyskiy arkheotsiato-korallovyy tsenoz khr. Tannu-Ola, Tuva. (Upper Cambrian archaeocyathan-coral coenose of the Tannu-Ola Ridge, Tuva). *Dokl. Akad. Nauk SSSR*, 129(3), p. 670-673, 4 fig. ; Moscow. (In Russian).

VOLOGDIN A.G. (1959c). – K onto-filogenezu arkheotsiat. (To the ontogeny and phylogeny of archaeocyaths). *Trudy Inst. Morfologii Zhivotnykh*, 27, p. 79-90, 11 fig. ; Moscow. (In Russian).

VOLOGDIN A.G. (1959d). – Drevneyshie stroiteli rifov. (The most ancient reef builders). *Priroda*, 11, p. 51-58, 4 fig., 2 pl. ; Moscow. (In Russian).

VOLOGDIN A.G. (1960). – O rode *Ajacicyathus* Bedford and Bedford, 1939 i sem. Ajacicyathidae Bedford and Bedford, 1939. (On the genus *Ajacicyathus* Bedford and Bedford, 1939 and the family Ajacicyathidae Bedford and Bedford, 1939). *Dokl. Akad. Nauk SSSR*, 130, 2, p. 421-424, 1 fig. ; Moscow. (In Russian).

VOLOGDIN A.G. (1961). – Arkheotsiaty i ikh stratigraficheskoe znachenie. (Archaeocyaths and their stratigraphic significance. *In* : Kembriyskaya Sistema, ee Paleogeografiya i Problema Nizhney Granitsy. Mezhdunarodnyy Geol. Kongress, 20-ya Sessiya, Dokl. Sovestk. Geologov. (Cambrian System, its Palaeogeography and the Lower Boundary Problem. Internat. Geol. Congress, 20th Session, Reports of Soviet Geologists), 3, p. 173-199, 2 fig., 1 pl. Acad. of Sci. of the USSR Publishing House, Moscow. (In Russian).

VOLOGDIN A.G. (1962a). – Tip Archaeocyatha. Arkheotsiaty. (Phylum Archaeocyatha. Archaeocyaths). *In* : Osnovy paleontologii : Gubki, Arkheotsiaty, Kishechnopolostnye, Chervi. (Treatise on Palaeontology : Sponges, Archaeocyaths, Coelenterates, Worms). B.S. Sokolov, ed., p. 89-139, 128 fig., 9 pl. Moscow : Acad. Sci. USSR Publishing House. (In Russian).

VOLOGDIN A.G. (1962b). – Novyy rod odnostennykh arkheotsiat s lozhnym intervallyumom. (New genus of one-walled archaeocyaths with a false intervallum). *Dokl. Akad. Nauk SSSR*, 145(2), p. 419-421, 1 fig. ; Moscow. (In Russian).

VOLOGDIN A.G. (1962c). – K anatomii arkheotsiat. (To the archaeocyath anatomy). *Paleont. Z.*, 2, p. 9-20, 5 fig. ; Moscow. (In Russian).

VOLOGDIN A.G. (1963). – Pozdne-srednekembriyskie arkheotsiaty basseyna reki Amgi (Sibirskaya platforma). [Late Middle Cambrian archaeocyaths of the Amga River basin (Siberian Platform)]. *Dokl. Akad. Nauk SSSR*, 151(4), p. 946-949, 1 fig. ; Moscow. (In Russian).

VOLOGDIN A.G. & FONIN V.D. (1966). – Novye odnostennye tenial'nye arkheotsiaty Priargun'ya. (New one-walled taenial archaeocyaths of the Argun' River area). *Dokl. Akad. Nauk SSSR*, 167(1), p. 187-190, 1 fig. ; Moscow. (In Russian).

VOLOGDIN A.G. (1977). – Monotsiaty Kembriya SSSR. (Cambrian Monocyaths of the USSR), 156 p., 78 fig., 25 pl. Moscow : Nauka Publishing House. (In Russian).

VORONIN Yu. I. (1963). – O stereoplazmaticheskikh obrazovaniyakh septal'nykh arkheotsiat. (On stereoplasmatic structures of septal archaeocyaths). *Byull. Mosk. Obsc. Ispyt. Prir. otdel. geol.*, 38(5), 149 p. ; Moscow. (In Russian).

VORONIN Yu. I. (1964). – O nekotorykh septal'nykh arkheotsiatakh kembriya Chitinskoy oblasti. (On some Cambrian septal archaeocyaths of the Chita region). *Paleont. Z.*, 2, p. 11-21, pl. I ; Moscow. (In Russian).

VORONIN Yu. I. (1970). – Sistematicheskoe polozhenie archeofungiy. (Systematic position of *Archaeofungia*). *In* : Materialy k III kollokviumu po Arkheotsiatam. (Materials to the III Colloquium on Archaeocyaths), A.Yu. Rozanov, ed., p. 17-18, Moscow. (In Russian).

VORONIN Yu. I. (1974). – Sistematika semeystva Ajacicyathidae Bedf. R. & J., 1939). (Systematics of the family Ajacicyathidae Bedf. R. & J., 1939). *In* : Biostratigrafiya i Paleontologiya Nizhnego Kembriya Evropy i Severnoy Azii. (Lower Cambrian Biostratigraphy and Palaeontology of Europe and Northern Asia). I.T. Zhuravleva & A. Yu. Rozanov, eds, p. 124-137, pl. VI-VII. Moscow : Nauka Publishing House. (In Russian).

VORONIN Yu. I. (1975). – O rode *Sibirecyathus* iz rannego kembriya Mongolii. (On the genus *Sibirecyathus* from the Early Cambrian of Mongolia). *In* : Iskopaemaya Fauna i Flora Mongolii. (Fossil Fauna and Flora of Mongolia). *Trudy Sovmest. Sovet.-Mongol. Paleont. Ekspeditii*, 2, p. 269-272, 1 pl. Moscow : Nauka Publishing House. (In Russian).

VORONIN Yu. I. (1979). – Ayatsitsiatidy SSSR. (Ajacicyathids of the USSR). *Trudy Paleont. Inst. Akad. Nauk SSSR*, 176, p. 1-148, 27 fig., 14 pl. ; Moscow. (In Russian).

VORONIN Yu. I., VORONOVA L.G., GRIGORIEVA N.V., DROSDOVA N.A., ZHEGALLO E.A., ZHURAVLEV A.Yu., RAGOZINA A.L., ROZANOV A. Yu., SAYUTINA T.A., SYSOIEV V.A. & FONIN V.D. (1982). – Granitsa Dokembriya i Kembriya v Geosinklinal'nykh Oblastyakh (Opornyy Razrez Salany-Gol, MNR). [The Precambrian-Cambrian Boundary in the Geosynclinal Areas (the References Section of Salany-Gol, MRP)]. *Trudy Sovmest. Sovet.-Mongol. Paleont. Ekspeditsii*, 18, p. 1-152, 25 fig., 40 pl. ; Moscow. (In Russian).

VORONOVA L.G., DROSDOVA N.A., ESAKOVA N.V., ZHEGALLO E.A., ZHURAVLEV A. Yu., ROZANOV A. Yu., SAYUTINA T.A. & USHATINSKAYA G.T. (1987). – Iskopaemye Nizhnego Kembriya Gor Makkenzi (Kanada). [Lower Cambrian Fossils of the Mackenzie Mountains (Canada)]. *Trudy Paleont. Inst. Akad. Nauk SSSR*, 224, p. 1-88, 7 fig., 32 pl. ; Moscow. (In Russian).

WALCOTT C.D. (1886). – Second contribution to the studies on the Cambrian faunas of North America. *Bull. US Geol. Surv.*, 30, p. 1-369 ; Washington.

WALKER K.R. & ALBERSTADT L.P. (1975). – Ecological succession as an aspect of structure in fossil communities. *Paleobiology*, 1, p. 238-257, 7 fig. ; Ithaca, N.Y.

WENDT J. (1979). – Development of skeletal formations, microstructure and mineralogy of rigid calcareous sponges from Late Palaeozoic to recent. *In* : Colloq. Internat. C.N.R.S., N 291 : Biologie des spongiaires, p. 449-455, 2 fig. ; Paris.

WENDT J. (1984). – Skeletal and spicular mineralogy, microstructure and diagenesis of coralline calcareous sponges. *Palaeontogr. amer.*, 54, p. 326-336, 2 fig., 2 pl. ; Ithaca, N.Y.

WEST R.R. & CLARK G.R. II (1983). – *In* : Sponges and Spongiomorphs. Notes for a Short Course. T.W. Broadhead, ed., *Univ. Tennessee, Dept. Geol. Sci. Studies in Geol.*, 7, p. 130-140, 6 fig. ; Knoxville, Ten.

WOOD R.A. (1987). – Biology and revised systematics of some late Mesozoic stromatoporoids. *Spec. Pap. Palaeont.* London : Palaeont. Ass., 37, p. 1-89, 31 fig.

WOOD R.A. (1989). – Affinities of irregular archaeocyathids. Palaeontol. Ass. Ann. Conf., Liverpool 1989, Abstracts, p. 21. Liverpool : Liverpool University.

WOOD R.A. (1990). – Reef-building sponges. *Amer. Scientist*, 78, p. 224-235, 10 fig. ; New Haven, Con.

WOOD R.A., EVANS K.R. & ZHURAVLEV A. Yu. (1992). – A new post-early Cambrian archaeocyath from Antarctica. *Geol. Mag.*, 129 (4), 491-495, 1 fig. ; London.

WOOD R.A., ZHURAVLEV A. Yu. & DEBRENNE F. (1992). – Functional biology and ecology of Archaeocyatha. *Palaios*, n° 7, p. 131-156, 21 fig. ; Tulsa, Okl.

YAROSHEVITCH V.M. (1962). – Stratigrafiya Siniyskikh i Kembriyskikh Otlozheniy Batenevskogo Kryazha, Khrebta Azyr-Tal i Basseyna Reki Belyy Iyus (Vostochnyy Sklon Kuznetskogo Alatau). [Stratigraphy of the Sinian and Cambrian Strata of the Batenevsky Ridge, the Azyr-Tal Ridge and the Bely Iyus River Basin (the Eastern Slope of the Kuznetsky Alatau)]. *Trudy Inst. geol. geofiz. Sibirsk. otdel. Akad. Nauk SSSR*, 17, p. 1-188 ; Novosibirsk. (In Russian).

YAROSHEVITCH V.M. (1966). – Ob'em roda *Archaeocyathus* semeystva Archaeocyathidae. (Composition of the genus *Archaeocyathus* and the family Archaeocyathidae). *Paleont. Z.*, 1, p. 19-27, pl. I ; Moscow. (In Russian).

YAROSHEVITCH V.M. (1990). – O zhivom veshchestve arkheotsiat. (On the living substance of archaeocyaths). *In* : Iskopaemye Problematiki SSSR. (Fossil Problematics of the USSR). B.S. Sokolov & I.T. Zhuravleva, eds, *Trudy Inst. geol. geofiz. Sibirsk. otdel. Akad. Nauk SSSR*, 783, p. 18-28, 3 fig., pl. 11-14 ; Novosibirsk. (In Russian).

YUAN KE-XING & ZHANG SEN-GUI (1977). – Archaeocyatha. *In* : Palaeontological Atlas of South-Central China. Pt 1 : Early Palaeozoic, p. 4-8, 4 fig., pl. 1-2. Hubei : Geol. Inst. (In Chinese). Beijing.

YUAN KE-XING & ZHANG SEN-GUI (1978). – Archaeocyatha. *In* : Stratigraphy and Palaeontology of Sinian to Permian in the Xiandong (Eastern Yangtze Gorge), p. 138-141, pl. 16-17. Hubei : Region. Geol. Bur. (In Chinese). Beijing.

ZADOROZNAJA J.M. (1974). – Rannekembriyskie organogennye postroyki Vostochnoy chasti Altae-Sayanskoy Skladchatoy Oblasti. (Lower Cambrian bioconstructions from the eastern part of the Altay-Sayan Fold Belt). *Trudy Inst. geol. geofiz. Sibirsk. otdel. Akad. Nauk SSSR*, 84, p. 159-186, 17 fig. ; Novosibirsk.

ZADOROZHNAYA N.M. (1976). – Structure and distribution patterns of Lower Cambrian organogenic masses of Altay-Sayan Fold region. *Internat. Geol. Rev.*, 18(2), p. 143-152, 4 fig. Falls Church.

ZAMARREÑO I. & DEBRENNE F. (1977). – Sédimentologie et biologie des constructions organogènes du Cambrien inférieur du Sud de l'Espagne. *In* : 2d Symp. Internat. sur les coraux et récifs coralliens fossiles, Paris, Septembre 1975. *Mém. Bur. Rech. géol. min.*, 89, p. 49-61, 5 pl. ; Paris.

ZHANG SEN-GUI & YUAN KE-XING (1984). – Lower Cambrian Archaeocyaths of Weiganping from Fuqua, Guizhou. *Acta Palaeont. sin.*, 23(5), p. 541-553, 4 fig., 4 pl. ; Beijing. (In Chinese).

ZHANG SEN-GUI & YUAN KE-XING (1985). – Discovery of genus *Cambrocyathellus* in China. *Ibid.* 24(5), p. 518-527, 7 fig., 3 pl. ; Beijing. (In Chinese).

ZHAUTIKOV T.M., KLENINA L.N., ZHURAVLEVA I.T. & RADIONOV S.S. (1976). – Novye dannye ob arkheotsiatakh nizhnego kembriya khrebta Chingiz. (New data on the Lower Cambrian archaeocyaths of the Chingiz Ridge). *In* : Stratigrafiya i Paleontologiya Nizhnego i Srednego Kembriya SSSR. (Lower and Middle Cambrian Stratigraphy and Palaeontology of the USSR). I.T. Zhuravleva, ed., *Trudy Inst. geol. geofiz. Sibirsk. otdel. Akad. Nauk SSSR*, 296, p. 127-141, 3 fig., pl. V-VII ; Novosibirsk. (In Russian).

ZHURAVLEV A. Yu., ZHURAVLEVA I.T. & FONIN V.D. (1983). – Arkheotsiaty iz nizhnego kembriya Sibiri. (Archaeocyaths from the Lower Cambrian of Siberia). *Paleont. Z.*, 2, p. 22-30, pl. 3-4 ; Moscow. (In Russian).

ZHURAVLEV A.Yu. (1984). – The evolution of archaeocyathids and the palaeobiogeography of the Early Cambrian. 27th Internat. Geol. Congress (Moscow 1984). Abstracts, 1, p. 334.

ZHURAVLEV A.Yu. (1985). – Sovremennye arckheotsiaty ? (Recent archaeocyaths ?). *In* : Problematiki Pozdnogo Dokembriya i Paleozoya. (Problematics of the Late Precambrian and Palaeozoic). B.S. Sokolov & I.T. Zhuravleva, eds, *Trudy Inst. geol. geofiz. Sibirsk. otdel. Akad. Nauk SSSR*, 632, p. 24-33, pl. 14 ; Novosibirsk. (In Russian).

ZHURAVLEV A. Yu. (1986). – Evolution of archaeocyaths and palaeobiogeography of the Early Cambrian. *Geol. Mag.*, 123(4), p. 377-385, 3 fig. ; London.

ZHURAVLEV A. Yu. (1989a). – Poriferan aspects of archaeocyathan skeletal function. *Mem. Ass. Australas. Palaeontols*, 8, p. 387-399, 12 fig. ; Sydney.

ZHURAVLEV A. Yu. (1989b). – Zhachenie nespikul'nogo mineral'nogo skeleta v evolyutsii gubok. (Significance of aspicular mineralized skeleton in the sponge evolution). *In* : Fundamental'nye Issledovaniya Sovremennykh Gubok i Kishechnopolostnykh. Tezisy Dokladov. (Fundamental Researches of Recent Sponges and Coelenteratans. Abstracts of Papers). 4-8 Sept. 1989. White Sea Biostation, Moscow State Univ., p. 9-11. Leningrad.

ZHURAVLEV A. Yu. (1990a). – Archaeocyathan zonation – a global perspective. *In* : 3rd Internat. Symp. on the Cambrian System. Abstracts. L.N. Repina & A. Yu. Zhuravlev, eds, p. 177. Novosibirsk : IGIG SO AN SSSR.

ZHURAVLEV A. Yu. (1990b). – Sistema arkheotsiat. (Systematics of archaeocyaths). *In* : Sistematika i Filogeniya Bespozvonochnykh : Kriterii Vydeleniya Vysshikh Taksonov. (Systematics and Phylogeny of Invertebrates : Criteria of High Taxon Establishing). V.V. Menner, ed., p. 28-54. Moscow : Nauka Publishing House.

ZHURAVLEV A. Yu., DEBRENNE F. & WOOD R.A. (1990). – A synonymised nomenclature for calcified sponges. *Geol. Mag.*, 127(6), p. 587-589, 1 fig. ; London.

ZHURAVLEV A.Yu. & GRAVESTOCK D.I. (1990). – Archaeocyatha from Yorke Peninsula, South Australia. (in press). *Alcheringa*.

ZHURAVLEVA I.T. (1949). – Arkheotsiaty kembriya vostochnogo sklona Kuznetskogo Ala-Tau (der. Potekhino). [Cambrian archaeocyaths of the eastern slope of the Kuznetsk Alatau (Potekhino village)]. Abstract of Thesis for the Degree of Candidate of Biological Science. Palaeont. Inst. Sci. USSR, Moscow. 12 p. (In Russian).

ZHURAVLEVA I.T. (1954). – Nostavlenie po Sboru i Izucheniyu Arkheotsiat. (Counsel for the Collecting and Study of Archaeocyaths). *Izdat. Akad. Nauk SSSR*, 51 p., 25 fig., 4 pl. ; Moscow. (In Russian).

ZHURAVLEVA I.T. (1955a). – K poznaniyu arkheotsiat Sibiri. (To the study of Siberian archaeocyaths). *Dokl. Akad. Nauk SSSR*, 104(4), p. 626-629, 2 fig. ; Moscow. (In Russian).

ZHURAVLEVA I.T. (1955b). – Arkheotsiaty kembriya vostochnogo sklona Kuznetskogo Alatau. (Cambrian archaeocyaths of the eastern slope of the Kuznetsk Alatau). *In* : Materialy po Faune i Flore Paleozoya Sibiri. (Materials on Palaeozoic Fauna and Flora of Siberia). T.G. Sarycheva, ed., *Trudy Paleont. Inst. Akad. Nauk SSSR*, 56, p. 5-56, 6 fig., 6 pl. ; Moscow. (In Russian).

ZHURAVLEVA I.T. & ZELENOV K.K. (1955). – Biogermy pestrotsvetnoy svity reki Leny. (Bioherms from the Pestrotsvet Formation of the Lena River). *In* : Materialy po Faune i Flore Paleozoya Sibiri. (Materials on the Palaeozoic Fauna and Flora of Siberia). T.G. Sarycheva, ed., *Trudy Paleont. Inst. Akad. Nauk SSSR*, 56, p. 57-78, 8 fig., 2 pl. ; Moscow. (In Russian).

ZHURAVLEVA I.T. & REZVOY P.D. (1956). – K systematike iskopaemykh gubok i arkheotsiat. (To the systematics of fossil sponges and archaeocyaths). *Dokl. Akad. Nauk SSSR*, 111, 2, p. 449-451, 2 fig. ; Moscow. (In Russian).

ZHURAVLEVA I.T. (1960a). – Arkheotsiaty Sibirskoy Platformy. (Archaeocyaths of the Siberian Platform), 344 p. Moscow : Acad. Sci. USSR. Publishing House. (In Russian).

ZHURAVLEVA I.T. (1960b). – Novye dannye ob arkheotsiatakh sanashtykgol'kogo gorizonta. (New data on archaeocyaths of the Sanashtykgol Horizon). *Geol. i Geofiz.*, 2, p. 42-46, fig. 1 ; Novosibirsk. (In Russian).

ZHURAVLEVA I.T., KONJUSCHKOV K.N. & ROZANOV A.Yu. (1964). – Arkheotsiaty Sibiri : Dvustennye Arkheotsiaty. (Archaeocyaths of Siberia : Two-walled Archaeocyaths). Moscow : Nauka Publishing House, 132 p.

ZHURAVLEVA I.T. (1966). – Rannekembriyskie organogennye postroyki na territorii Sibirskoy Platformy. (Early Cambrian organogenous buildups on the territory of the Siberian Platform). *In* : Organizm i Sreda Geologitsheskom Proshlom. (Organism and environment in the geological Past). R.F. Hecker, ed., p. 61-84. Moscow : Nauka Publishing House. (In Russian).

ZHURAVLEVA I.T., ZADOROZHNAYA N.M., OSADCHAYA D.V., POKROVSKAYA N.V., RODIONOVA N.M. & FONIN V.D. (1967). – Fauna Nizhnego Kembriya Tuvy (Opornyy Razrez r. Shivelig-Khem). [Lower Cambrian fauna of Tuva (the Reference Section of the Shivelig-Khem River)]. Moscow : Nauka Publishing House, 180 p. (In Russian).

ZHURAVLEVA I.T., KORSHUNOV V.I. & ROZANOV A.Yu. (1969). – Atdabanskiy yarus i ego obosnovanie po arkheotsiatam v stratotipicheskom razreze. (Atdabanian stage and its grounding in the stratotype section according to archaeocyaths). *In* : Biostratigrafiya i Paleontologiya Nizhnego Kembriya Sibiri i Dal'nego Vostoka. (Lower Cambrian Biostratigraphy and Palaeontology of Siberia and the Far East). I.T. Zhuravleva, ed., p. 5-59, 1 fig., pl. I-XXV. Moscow : Nauka Publishing House. (In Russian).

ZHURAVLEVA I.T. (1970). – Porifera, Sphinctozoa, Archaeocyathi – their connections. *In* : The Biology of the Porifera. W.G. Fry, ed., Symp. Zool. Soc. London, 25, p. 41-59, 8 fig. ; London.

ZHURAVLEVA I.T. & MIAGKOVA E.I. (1970). – Vysshiy razdel Archaeata. (High Division Archaeata). *In* : Materialy k III Kollokviumu po Arkheotsiatam. (Materials to the III Colloquium on Archaeocyaths). A.Yu. Rozanov, ed., p. 2, Moscow. (In Russian).

ZHURAVLEVA I.T. (1972). – Rannekembriyskie fatsial'nye kompleksy arkheotsiat (r. Lena, srednee techenie). [Early Cambrian facies assemblages of archaeocyaths (the middle Lena River)]. *In* : Problemy Biostratigrafii i Paleontologii Nizhnego kembriya Sibiri. (Problems of the Lower Cambrian Biostratigraphy and Palaeontology of Siberia). I.T. Zhuravleva, ed., p. 31-109, 37 fig., pl. III-VIII. Moscow : Nauka Publishing House. (In Russian).

ZHURAVLEVA I.T. & MIAGKOVA E.I. (1972). – Archaeata – novaya gruppa iskopaemykh organizmov. (Archaeata – a new group of fossil organisms). *In* : Paleontologiya Mezhdunarodnyy Geologicheskiy Kongress, 24-ya Sessiya. Doklady Sovetskikh Geologov. (Palaeontology : Internat. Geological Congress, 24th Session. Reports of the Soviet Geologists), p. 7-14, 1 fig. Moscow : Nauka Publishing House. (In Russian with an English abstract).

ZHURAVLEVA I.T. (1974). – Biologiya arkheotsiat. (Biology of archaeocyaths). *In* : Etyudy po Biostratigrafii. (Essay on the Biostratigraphy). A.L. Yanshin, ed., *Trudy Inst. geol. geofiz. Sibirsk. otdel. Akad. Nauk SSSR*, 276, p. 107-124, pl. I-IV ; Novosibirsk. (In Russian).

ZHURAVLEVA I.T. (1979). – Sakhayskaya organogennaya polosa (Sakha organogenous belt). *In* : Sreda i Zhizn' v Geologicheskom Proshlom : Voprosy Ekostratigrafii. (Environment and Life in the Geological Past. Problems of Ecostratigraphy). O.A. Betekhtina & I.T. Zhuravleva, eds, *Trudy Inst. geol. geof. Sibirsk. otdel. Akad. Nauk SSSR*, 431, p. 128-156, 14 fig. ; Novosibirsk. (In Russian).

ZHURAVLEVA I.T. & MIAGKOVA E.I. (1979). – O khlassifikatsii sobremennykh i iskopaemykh organogennykh posholk. (On the classification of recent and fossil organogenous buildups). *In* : Sreda i Zhizn' v Geologicheskom Proshlom Voprosy Ekostratigrafii. (Environment and Life in the Geological Past. Problems of Ecostratigraphy). O.A. Betekhtina & I.T. Zhuravleva, eds, *Trudy Inst. geol. geofiz. Sibirsk. otdel. Akad. Nauk SSSR*, 431, p. 117-128, 7 fig. ; Novosibirsk. (In Russian).

ZHURAVLEVA I.T. & MIAGKOVA E.I. (1981). – Materialy k izucheniyu Archaeata. (Materials for the study of Archaeata). *In* : Problematiki Fanerozoya. (Problematics of Phanerozoic). B.S. Sokolov, ed., *Trudy Inst. geol. geofiz. Sibirsk. otdel. Akad. Nauk SSSR*, 481, p. 41-74, 17 fig., pl. XIII-XL ; Novosibirsk. (In Russian).

ZHURAVLEVA I.T. & OKUNEVA O.G. (1981). – O prirode kribritsiat. (On the nature of cribricyaths). *In* : Problematiki Fanerozoya. (Problematics of Phanerozoic). B.S. Sokolov, ed., *Trudy Inst. geol. geofiz. Sibirsk. otdel. Akad. Nauk SSSR*, 481, p. 22-30, pl. 4 ; Novosibirsk. (In Russian).

ZHURAVLEVA I.T. & FONIN V.D. (1983). – Klass Irregularia. (Class Irregularia). *In* : Yarusnoe Raschlenenie Nizhnego Kembriya Sibiri : Atlas Okamenelostey. (Lower Cambrian Stage Subdivision of Siberia : Atlas of Fossils). B.S. Sokolov & I.T. Zhuravleva, eds, p. 47-53, pl. XVII-XX. Moscow : Nauka Publishing House. (In Russian).

ZHURAVLEVA I.T. & SAYUTINA T.A. (1984). – Simbioz arkheotsiat i khasaktiy. (Symbiosis of archaeocyaths and khasaktiids). *In* : Problematiki Paleozoya i Mezozoya. (Problematics of the Palaeozoic and Mesozoic). B.S. Sokolov, ed., *Trudy Inst. geol. geofiz. Sibirsk. otdel. Akad. Nauk SSSR*, 597, p. 33-38, pl. XX-XXIII ; Novosibirsk. (In Russian).

ZHURAVLEVA I.T. & MIAGKOVA E.I. (1987). – Nizshie Mnogokletochnye Fanerozoya. (Phanerozoic Primitive Multicellulars). *Trudy Inst. geol. geofiz. Sibirsk. otdel. Akad. Nauk SSSR*, 695, p. 1-223, 79 fig., 32 pl. ; Novosibirsk. (In Russian).

ZIEGLER B. & RIETSCHEL S. (1970). – Phylogenetic relationships of fossil calcisponges. *In* : The biology of the Porifera. W.G. Fry, ed., Symp. Zool. Soc. London, 25, p. 23-40, 4 fig. ; London.

ZITTEL K.A. von (1879). – Handbuch der Paläontologie. Bd 1 : Protozoa, Coelenterata, Echinodermata und Molluscoidea, 1 Abt. München ; Leipzig : Oldenbourg, 765 p.

INDEX

190

americanum (154)
americanus (Pl.XXVI), (Pl.XXVII)
amgaensis Tab.IX
amourensis 127, 129, 130, 181, Pl.VII, Pl.XXXVII, Tab.IX
amplus (143)
amplus 128, Tab.IX
amuslekensis (95)
anaptyctocyathidae (118), (132), (135), (142), (166)
anaptyctocyathoidea (76)
anaptyctocyathus (95), (104), (118), (128), (130), (132), (186)
anaptyctocyathus 60, Pl.XXXVI
andalusicus 119, Pl.III, Tab.IX
andalusicyathus (104)
andalusicyathus 108, 114, 119, Tab.IX
anfractus (164)
angaricyathus (115), (128), (131), (132), (183)
angulosus (134), (Pl.XI)
angustus (95), (104)
angustus 129, Tab.IX
animalis (159)
annularis (132), (Pl.VI)
annulatus (95), (161)
annuliformis (145)
annulispinosus (144)
annulocyathella (114), (128), (130), (132), (183)
annulocyathidae (114), (132), (145)
annulocyathoidae (114)
annulocyathoidea (49), (114)
annulocyathus (114), (128), (130), (132), (183)
annulofungia (49), (114), (128), (130), (132), (183)
annuloides (95), (153)
anoykini (150)
antarcticocyathus 106, 107, 112, **119**, Pl.II, Tab.VI, Tab.IX
antarcticus (160)
anthemis (95), (133)
anthomorpha 8, 46, 49, **67, 68**, 78, 102, 104, 106, 107, 113, **119**, 130, 132, Pl.IV, Pl.V, Tab.I, Tab.VI, Tab.IX,
anthomorphida 104, 111, 113
anthomorphidae (104)
anthomorphidae 113, 119, 121, 132, Tab.VIII
anthomorphina 8, 43, 45, 46, 48, 49, 52, 54, 67, 78, 104, 105, 111, 113, 119, 130, 132, 151, Fig.42, Tab.V, Tab.VII, Tab.VIII
anthomorphinae Tab.VIII
anthomorphoidea **113**, Tab.VIII
antiflebilis (131)
antis (146)
antoniocoscinus (95-97), (117), (128), (130), (132), (186)
anucleatus (95)
alphacyathoidea (121) – MIS PELLED Aphacyathoidea (121)
aphrosalpingata Tab.I, Tab.VII
aphrosalpingida Tab.VII
aphrosalpingoida Tab.I, Tab.VII
aphrosalpingoides Tab.I
aploconus 160
aporoseptus (158)

aporosocyathus (46), (47), (55), (93), (115), (128), (130), (133), (183)
aporosus (157)
apprimus (144)
aptocyathella (55), (94), (121), (128), (129), (133), (185)
aptocyathidae (99), (100)
aptocyathus (26), (27), (77), (94), (121), (128), (129), (133), (185), (Pl.XXXII)
aptocyathus 75
aquilinus (142)
arachnaius **74**, 125, 126, Fig.47, Pl.XXVIII, Pl.XXIX, Pl.XXXVII, Tab.IX
araius (131)
araneocyathida 111, 113
araneocyathidae 113
araneocyathus 109, Tab.IX
araneosus 124, Tab.IX
arborensis 120, Tab.IX
arcana Tab.IX
arcanus 132
archaeata 188, Tab.I, Tab.VII
archaeocyatha 9, 10, 13, 15, 18, 25, 28, 102, 104, 105, 110, 129, 137, 151, 155, 161, 171, 175, 176, 178-187, 251, Tab.I, Tab.VII
archaeocyathacea 183, Tab.VIII
archaeocyathan 10, 15, 39, 41, 43, 48, 65, 83, 86, 88, 89, 99, 111, 162-165, 175, 176, 179, 182, 183, 185, 187, Fig.I, Tab.IX
archaeocyathellus (46), (101), (103)
archaeocyathellus 119, Tab.IX
archaeocyathida 8-10, 13, 15-17, 25, 58, 61, 62, 65, 76, 83, 86, 89, 97, 102, 104, 105, 111, 113, 122, 128, 171, Pl.XXXVII, Pl.XXXVIII, Fig.4, Fig.12, Fig.37, Fig.42, Tab.V, Tab.VII, Tab.VIII
archaeocyathidae 28, 114, 120, 121, 129, 130, 186, Tab.VIII
archaeocyathina (199)
archaeocyathina 8, 43-46, 48-50, 52, 62, 68, 78, 86, 102, 105, 111, 113, 118-132, Fig.42, Tab.V, Tab.VII, Tab.VIII
archaeocyathinae 110, 114, 174-176, 181, 183, Tab.VIII
archaeocyathoidea 114, Tab.VIII
archaeocyathus (139), (140), (145), (146), (156), (157), (161), (162), (164), (168)
archaeocyathus 25, 43, 45, 47, 49, 50, 59, 60, **70-72**, 77, 78, 98, 99, 104, 106-108, 111, 114, 119-122, 151, 175, **178**, 180, 182, 184, 186, Fig.47, Pl.XII, Pl.XIV, Pl.XVI, Pl.XVIII, Pl.XXXV, Pl.XXXVII, Tab.VI, Tab.IX
archaeofungia 109, 114, 129, 185, Pl.XVII, Tab.IX
archaeofungiella (101), (104)
archaeofungiella 105, 109, Tab.IX
archaeofungiidae 114, Tab.VIII
archaeolynthidae (100)
archaeolynthus (26), (27), (56), (57), (60), (61), (65), (68), (69), (91), (101-103), (107), (128), (129), (131), (133), (176), (Pl.VIII), (Pl.X)
archaeolynthus 76, 86, 178
archaeopharetra 47, 50, 65, **70**, 74, 78, 102, 106-108, 114, **120**, Pl.IX, Pl.XII, Pl.XVI, Fig.29, Fig.31, Tab.VI, Tab.IX

capsulocyathus (77), (99), (101-103), (122), (128), (129), (135), (185), (Pl.XI)
capulosus (95)
capulus (134)
carbonelli (163)
caribouensis **72**, 104, 127, Pl.XXIII, Fig.32, Tab.IX
carinacyathidae (100), (115), (136), (156), (166)
carinacyathus (19), (71), (72), (91), (92), (97), (101), (102), (115), (128), (130), (136), (189), (184)
carinocyathus (101)
carmen (140)
carpicyathus (70), (103), (111), (128), (131), (136), (180)
cassiariensis (95)
cassiariensis Tab.IX
cateniformis (140)
caucasicus (95)
cautus (131)
cavocyathus 109, 114, 132, Tab.IX
cavus 129, Tab.IX
cellicyathus 47, 48, **68**, 78, 106, 107, 114, 122, Pl.VIII, Pl.XIX, Tab.VI, Tab.IX
cellularis (95)
cera (161)
ceratocyathus (101)
ceratodictyoides 129, Tab.IX
cereus (164)
cernyschevi Tab.IX
certa (71), (74), (165)
certus (166)
chabakovi 128, Tab.IX
chabakovicyathidae (100)
chabakovicyathus 173
chabakovicyathus (101), (141)
chairullinae Tab.IX
chakassicyathus (111), (128), (130), (136), (181)
chamsariensis (134)
changicyathus 47, 55, 106, 107, 115, **123**, Pl.XXIV, Tab.VI, Tab.IX
chankacyathidae **112**, 123, Tab.VIII
chankacyathoidea **112**, Tab.VIII
chankacyathus (58), (101), (104)
chankacyathus 52, 106, 108, 112, 123, 178, Fig.17, Tab.VI, Tab.IX
chankensis (57), (147)
chengkoucyathus (101), (155), (156)
chengkouensis 120, Tab.IX,
chikinevae 120, Tab.IX
chingisiensis Tab.IX
chlystovi (158)
chomentovskii (95), (148)
chouberti (33), (125), (145)
chouberti 118, Tab.IX
chouberticyathacea Tab.VIII
chouberticyathida 111, 113
chouberticyathidae 113, Tab.VIII
chouberticyathina Tab.VII, Tab.VIII
chouberticyathus 52, 102, 106, 107, 114, **123**, Pl.VI, Fig.5, Tab.VI, Tab.IX

chuludensis (137)
churanocyathus (120), (128), (130), (136), (185)
cibus Tab.IX
cipis (57)
circliporus 125, Tab.IX
circularis Tab.IX
circulus 124, Tab.IX
clarus (131), (146), (158)
claruscoscinidae **114**, 125, 126, 131, Tab.VIII
claruscoscininae 123
claruscoscinus (95), (96)
claruscoscinus 47, 48, **68**, 78, 106-108, 114, 123, Pl.VIII, Pl.XIX, Fig.9, Tab.VI, Tab.IX
claruscyathinae 114, Tab.VIII
claruscyathus 68, 71, 104, 108, 114, 120, Pl.XV, Tab.IX
clathratus (164)
clathricoscinidae (124), (136)
clathricoscinoidea (124)
clathricoscinus (35), (78), (79), (95-97), (101), (124), (128), (131), (136), (189), (187), (Pl.IV), (Pl.IX), (Pl.XIII), (Pl.XXX)
clathricoscinus 78, Pl.XXXVII, Pl.XXXVIII, Fig.23
clathricyathellus (101), (164)
clathricyathus (101), (102), (116), (128), (130), (137), (184), (Pl.XVII)
clathrithalamus (116), (128), (131), (137), (184)
clathrocyathus (101)
clathrodictyon 126, Tab.IX
clatratus 123, Pl.VI, Fig.5, Tab.IX
clavicyathidae (100)
clavicyathus (101), (135)
clementensis 126, 127, Pl.XIII, Tab.IX
codonoformis (95-97)
coelocyathus (101), (103)
columbianus Tab.IX
colvillensis 41, 133, Pl.XXXII, Pl.XXXIII, Tab.IX
communis 120, 122, Tab.IX
compactus 120, Tab.IX
complexus (26), (166)
complexus 55, 124, 125, Pl.XXVI, Tab.IX
complicatocyathus 173
compositocyathidae (100)
compositocyathus (44), (111), (128), (130), (137), (179), (Pl.V)
compositus (48), (55), (125), (151), (200)
compositus Tab.IX
conannulofungia (49), (111), (131), (137), (179)
concavus (166)
concentrica 129
concentricus Tab.IX
condensus Tab.IX
confertus **72**, 123, 124, Pl.XXI, Tab.IX
confossus (95)
congruens Tab.IX
conicus (95), (98), (157)
conicus 127, Tab.IX
connanulofungia (128)
constrictus Tab.IX

203

mucroporus (47), (133)
mukhnocyathus (102)
multicavitatus 131, Pl.XXXVII, Tab.IX
multifarius (75)
multifidus 121, 122, Pl.XXX, Tab.IX
multifurcus (145)
multiloculatus (95), (96), (136)
multiporus (96), (131)
musatovi (165)
mutabilis (151)
mysticus (136)

nahanniensis (32), (73), (160) – MISSPELLED nahaniensis
    (45), (57)
naletovi (160)
nalivkinicyathus (115), (129), (130), (152), (183)
nanjiangensis 123, Tab.IX
nanzhengensis (96), (137)
natlaensis 74, 125, 217, Fig.34, Tab.IX
naturalis 120, Tab.IX
necopinatus (147)
necopinus 129, Tab.IX
neliae (148)
nelliae **67**, 132, Pl.V, Tab.IX
nellicyathus 109, 113, 132, Tab.IX
neltneri (125)
neocyathus (102), (141)
neoloculicyathus (58), (102), (104)
neoloculicyathus 48, **66**, 67, 78, 99, 102, 106, 107, 112,
    128, Pl.I, Pl.XXXV, Fig.25, Tab.VI, Tab.IX
neptunensis 124, Pl.IX
nevadacyathus (102), (103)
nexus (167)
nihilum (45), (Pl.VII)
nikitini (58), (79), (80), (138), (163), (200), (Pl.XIV),
    (Pl.XXIX), (Pl.XXXI)
ninaekosti (158)
nitidus 120, Tab.IX
nix (148)
nochoroicyathella (92), (102), (134)
nochoroicyathellus (93), (102), (161)
nochoroicyathidae (100)
nochoroicyathina (67), (9193), (98), (99), (199)
nochoroicyathina 102, Tab.VII
nochoroicyathus (19), (25), (29), (36), (45), (47), (49),
    (57), (58), (60), (61), (67), (74), (90), (92), (93), (96),
    (101), (102), (110), (129), (130), (152), (153), (161),
    (177), (Pl.VII), (Pl.X), (Pl.XII), (Pl.XX), (Pl.XXIV),
    (Pl.XXV)
nochoroicyathus Pl.XXXVII
nodosa Tab.IX
nodosus 132, Tab.IX
nodus (144)
notabilis (92), (94)
notabilis **75**, 76, 119, Pl.XXXIV, Pl.XXXVIII, Fig.10,
    Fig.36, Tab.IX
novus (134), (143)
nuchacyathus (102), (156)
nuperus (136)

obesus 132, Tab.IX
obliquoseptatus Tab.IX
obliquus Tab.IX
obrutschevi (141), (143)
obtusus 124, Pl.XXVIII, Tab.IX
obuti (157)
occidentalis Tab.IX
occultus (146)
oimuranicus Tab.IX
okulitchi **71**, 120, Pl.XV, Tab.IX
okulitchicyathus 48, **67**, 106, 107, 109, **112**, 128, Pl.I,
    Pl.III, Fig.48, Fig.52, Tab.VI, Tab.IX
oldyndaicus (96)
olgaecyathidae (116), (153)
olgaecyathus (116), (129), (130), (153), (184)
oosthuizeni (143), (161), (Pl.XIX)
operculatus (57), (65), (151)
operosa (138), (200), (Pl.XV)
operosus (141)
operosus 120, Tab.IX
oppositum (132)
optimus (147)
orbiasterocyathus (25), (45), (110), (129), (131), (153),
    (178)
orbiasterocyathus 39
orbicoscinus (119), (129), (130), (153), (185)
orbicyathellus (55), (93), (110), (129), (130), (153), (178)
orbicyathus (25), (45), (92), (110), (129), (130), (138),
    (146), (151), (153), (188), (177)
orbicyathus 39
ordinata 121
ordinatus Tab.IX
orientalis (144), (150)
orientalis 121
orienticyathus (49), (52), (118), (129), (130), (153), (186),
    (Pl.XVIII) – MISSPELLED orientocyathus (48)
orientis Tab.IX
originalis (143)
orillatus (151)
ornatus (147)
ornatus 68, 121-123, Pl.VIII, Tab.IX
orthoconicus 127, Tab.IX
orthocyathidae (100)
orthocyathus (102), (165)
osiptchuki (165)
osseus (141)
oymuranensis (Pl.XX), (Pl.XXIII), (Pl.XXIV), (Pl.XXVIII)

pachecocyathus (58), (102), (152), (153)
pachycoscinus (51), (52), (119), (129), (130), (154), (185)
pachyderma 128, Tab.IX
pachynema Tab.IX
pacificus (96)
palaeoconularia (56), (57), (65), (91), (101), (102), (107),
    (129), (154), (176), (200), (Pl.IX)
palaeoconulariidae (135), (154) – MISSPELLED palaeoconu-
    laridae (100), (107)
palaeoschadida Tab.VII

potekhinocyathus 105, 109, Tab.IX
pradoanus Tab.IX
praeactinostroma 108, 118, 119, Tab.VI
praefungia 109, 115, 127
praesignis 124, Pl.VI, Tab.IX
prethmophyllum (69), (102), (103), (111), (129), (131), (156), (180)
pretiosocyathellus (102), (156)
pretiosocyathidae (112), (147), (156)
pretiosocyathus (33), (40), (46), (93), (101), (102), (112), (129), (130), (152), (154), (156), (158), (181)
primigenius (165)
primoriensis (140)
primus (29), (Pl.I)
primus 128, Pl.I, Tab.IX
princetonensis (168)
prismocyathellus 108, 114, 124, Tab.IX, Tab.IX
prismocyathidae 60, 113, 177, Tab.VIII
prismocyathus 108, 114, 124, Tab.IX
procerus (96)
prochoriensis 122, Tab.IX
profundus **73**, 120, 127, 156, Pl.XXIII, Pl.XXIV, Pl.XXXVIII, Tab.IX
prolatus Tab.IX
propricyathus (102)
propriolynthidae (100)
propriolynthus (56), (57), (65), (91), (101), (103), (107), (129), (156), (176)
proprius (144)
proprius 126, Tab.IX
proteus (96)
proteus 128, 129, Tab.IX
protocyathus (102), (103)
protocyclocyathidae Tab.VIII
protocyclocyathus 105, 109
protopharetra (103), (104)
protopharetra 44, 49, 65, 67-**70**, 78, 98, 102, 106, 107, 109, 114, 118, 125, 128, Pl.XI, Pl.XII, Fig.11, Fig.24, Fig.47, Tab.VI, Tab.IX
protopharetridae 114, Tab.VIII
protractus Tab.IX
provisus (30), (140), (164)
proximus (93), (157), (Pl.XX), (Pl.XXIII)
proximus **65**, 122, Pl.II, Pl.XXXVIII, Tab.IX
pruvosti (125), (Pl.XXI)
pseudoccultatus (92)
pseudocostatus (147)
pseudodegeletticyathellus (102), (143)
pseudoratum (136)
pseudoregularis (141)
pseudosyringocnema 46, 74, 77, 106, 108, 117, 129, Pl.XXXI, Pl.XXXIII, Fig.7, Tab.VI, Tab.IX
pseudosyringocnemididae 117
pseudotennericyathellus (102), (148)
pseudotichus (92), (146)
pseudotumulatus (163)
ptychophragma 129, Tab.IX
pulchellus (167)

pulcher (91), (132)
pulchra (146), (Pl.XVI)
pusilus 132, Tab.IX
pustulacyathellus 108, 115, 121, Pl.XIX, Tab.IX
pustulatus (92), (165)
pustulicyathus (102), (159)
putapacyathida (94)
putapacyathidae (121), (157)
putapacyathina (27), (98), (99)
putapacyathina Tab.VII
putapacyathus (77), (94), (121), (129), (157), (185), (Pl.XXXII)
pycnoideum 129, Pl.IX, Tab.IX
pycnoidocoscinidae 114, Tab.VIII
pycnoidocoscinus (96)
pycnoidocoscinus 47, 48, 55, 78, 104, 106, 107, 114, 129, Tab.VI, Tab.IX
pycnoidocyathidae 114
pycnoidocyathus 44, 55, 72, 74, 106, 107, 109, 114, **129**, Pl.XII, Pl.XVI, Pl.XVII, Pl.XVIII, Tab.VI, Tab.IX
pythoni (144)

quadratus (96)
quadruplex 120, Tab.IX
quartus 122, Tab.IX

racemiferus (139)
racemiferus 173, Tab.IX
rackovskii 119, Tab.IX
radiata 129, Tab.IX
radiatus (76), (166)
radiatus 120, 124, Tab.IX
radiocyath 164, 165, Pl.XXXVIII, Fig.48
radiocyatha (104)
radiocyatha Tab.I
radix Tab.IX
ramosa 125, Tab.IX
ramosus 102, 132, Tab.IX
ramulosus 127, Tab.IX
ramuscyathus (19), (93), (104)
ramuscyathus 108, 112, 122, Tab.IX
rara (132)
rarisynapticulosa (165)
rarocyathus (102)
raropectinus (102), (163)
raroseptatus (165)
rarus (96), (141), (163)
rasetticyathus (49), (111), (129), (130), (157), (180), (194)
ratus (92), (146)
ratus Tab.IX
raymondi 120, Tab.IX
receptaculitida Tab.I
receptori (134)
rectannulus (37), (110), (129), (130), (157), (179)
rectiporus Tab.IX
rectus (162)
rectus Tab.IX
reduncus (96)

PLATES
PLANCHES

PLATE I

Fig. 1-3. – *Loculicyathus membranivestites* Vologdin.

1. – CNIGRm 188/2957, oblique transverse section, x 5 ;
2. – CNIGRm 187/2957, transverse section, x 10 ;
3. – CNIGRm 186/2957, tangential section of non-porous pseudoseptum and simple inner wall, x 10.
F.R. Russia, Altay Sayan Fold Belt, Mountain Altay ; Botomian stage.

1. – Section transversale oblique, x 5 ;
2. – section transversale, x 10 ;
3. – section tangentielle d'un pseudosepte non poreux et de la muraille interne simple, x 10.
R.F. Russie, zone plissée de l'Altaï Saïan, Monts Altaï ; Botomien.

Fig. 4. – *Neoloculicyathus sibiricus* (Sundukov). PIN 4451/1, tangential section of the simple outer wall, x 20.
F.R. Russia, Siberian Platform, middle Lena River ; Atdabanian stage.

4. – Section tangentielle de la muraille externe simple, x 20.
R.F. Russie, Plate-forme sibérienne, cours moyen de la Léna ; Atdabanien.

Fig. 5. – *Neoloculicyathus primus* Voronin. PIN 2742-4, holotype, longitudinal section, x 5 ; (Voronin, 1974, Pl. VI, fig. 4).
F.R. Russia, Altay Sayan Fold Belt, Eastern Sayan ; Atdabanian stage.

5. – Holotype, section longitudinale, x 5.
R.F. Russie, zone plissée de l'Altaï Saïan, Saïan oriental ; Atdabanien.

Fig. 6. – *Paranacyathus parvus* Bedford & Bedford. SAM P992, holotype.

a. – View of the simple outer wall, x 6 ;
b. – view of the inner wall, x 6 ; (Debrenne, 1974b ; Pl. XIX, fig. 1, 3).
South Australia, Flinders Ranges ; Botomian stage.

a. – Vue de la muraille externe, x 6 ;
b. – vue de la muraille interne, x 6.
Australie du Sud, chaîne des Flinders ; Botomien.

Fig. 7. – *Okulitchicyathus discoformis* (Zhuravleva).

a – PIN 4451/58, a part of tangential section of the inner wall and tabula-like structure in the intervallum, x 20 ;
b – PIN 4451/59, a part of tangential section of the outer wall, x 20.
F.R. Russia, Siberian Platform, middle Lena River ; Tommotian stage.

a – Partie de la section tangentielle de la muraille interne et de la structure en forme de plancher dans l'intervallum, x 20 ;
b – partie de la section tangentielle de la muraille externe, x 20.
R.F. Russie, Plate-forme sibérienne, cours moyen de la Léna ; Tommotien.

Fig. 8. – *Ardrossacyathus endotheca* Bedford & Bedford.

a – SAM P32039, a part of transverse section of modular skeleton, x 2 ;
b – SAM P32041, tangential section of simple outer wall of a cup from the same clone, x 6.
South Australia, Yorke Peninsula ; Botomian stage.

a – Partie de la section transversale du squelette modulaire, x 2 ;
b – section tangentielle de la muraille externe simple d'un calice du même clone, x 6.
Australie du Sud, Péninsule d'Yorke ; Botomien.

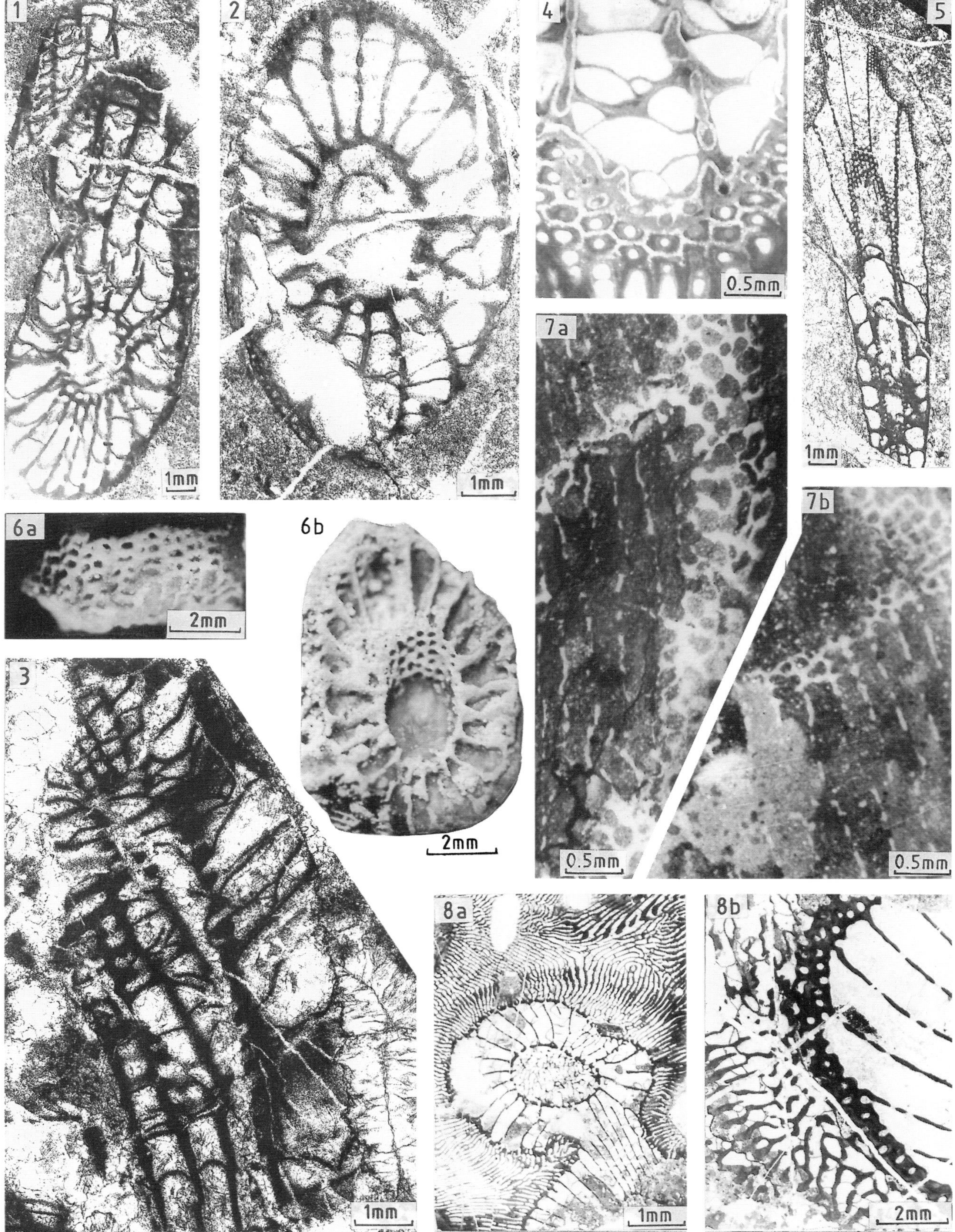

PLATE II

Fig. 1, 2. – *Cambrocyathellus tchuranicus* Zhuravleva.

1. – PIN 4451/2, longitudinal section of the cup apex, x 20 ;
2. – PIN 4451/3, transverse section of a cup, x 20.
F.R. Russia, Siberian Platform, middle Lena River ; Tommotian stage.

1. – Section longitudinale de la base du calice, x 20 ;
2. – section transversale d'un calice, x 20.
R.F. Russie, Plate-forme sibérienne, cours moyen de la Léna ; Tommotien.

Fig. 3-6, 10. – *Cambrocyathellus proximus* (Fonin).

3. – PIN 4451/4, longitudinal section of the cup apex, x 20 ;
4. – PIN 4451/5, tangential section of the outer wall, x 20 ;
5. – PIN 4451/6, longitudinal section of the cup apex, x 10 ;
6. – PIN 4451/7, longitudinal section of the cup apex, x 20 ;
10. – PIN 4451/8, longitudinal section of a cup with coarsely porous pseudosepta, x 12.
F.R. Russia, Siberian Platform, middle Lena River ; Tommotian stage.

3. – Section longitudinale de la base du calice, x 20 ;
4. – section tangentielle de la muraille externe, x 20 ;
5. – section longitudinale de la base du calice, x 10 :
6. – section longitudinale de la base du calice, x 20 ;
10. – section longitudinale d'un calice à pseudoseptes grossièrement poreux, x 12.
R.F. Russie, Plate-forme sibérienne, cours moyen de la Léna ; Tommotien.

Fig. 7-8. – *Antarcticocyathus webersi* Debrenne & Rozanov.

7. – USNM 333906, transverse section, x 5 ;
8. – USNM 333906, view of the outer wall, x 5.
Antarctica, Ellsworth Mountains ; Upper Cambrian.

7. – Section transversale, x 5 ;
8. – vue de la muraille externe, x 5.
Antarctique, Monts Ellsworth ; Cambrien supérieur.

Fig. 9. – *Sakhacyathus subartus* (Zhuravleva). PIN 4451/9, transverse section of a cup showing outer wall with pustulae, x 10.
F.R. Russia, Siberian Platform, middle Lena River ; Tommotian stage.

9. – Section transversale d'un calice montrant la muraille externe à pustules, x 10.
R.F. Russie, Plate-forme sibérienne, cours moyen de la Léna ; Tommotien.

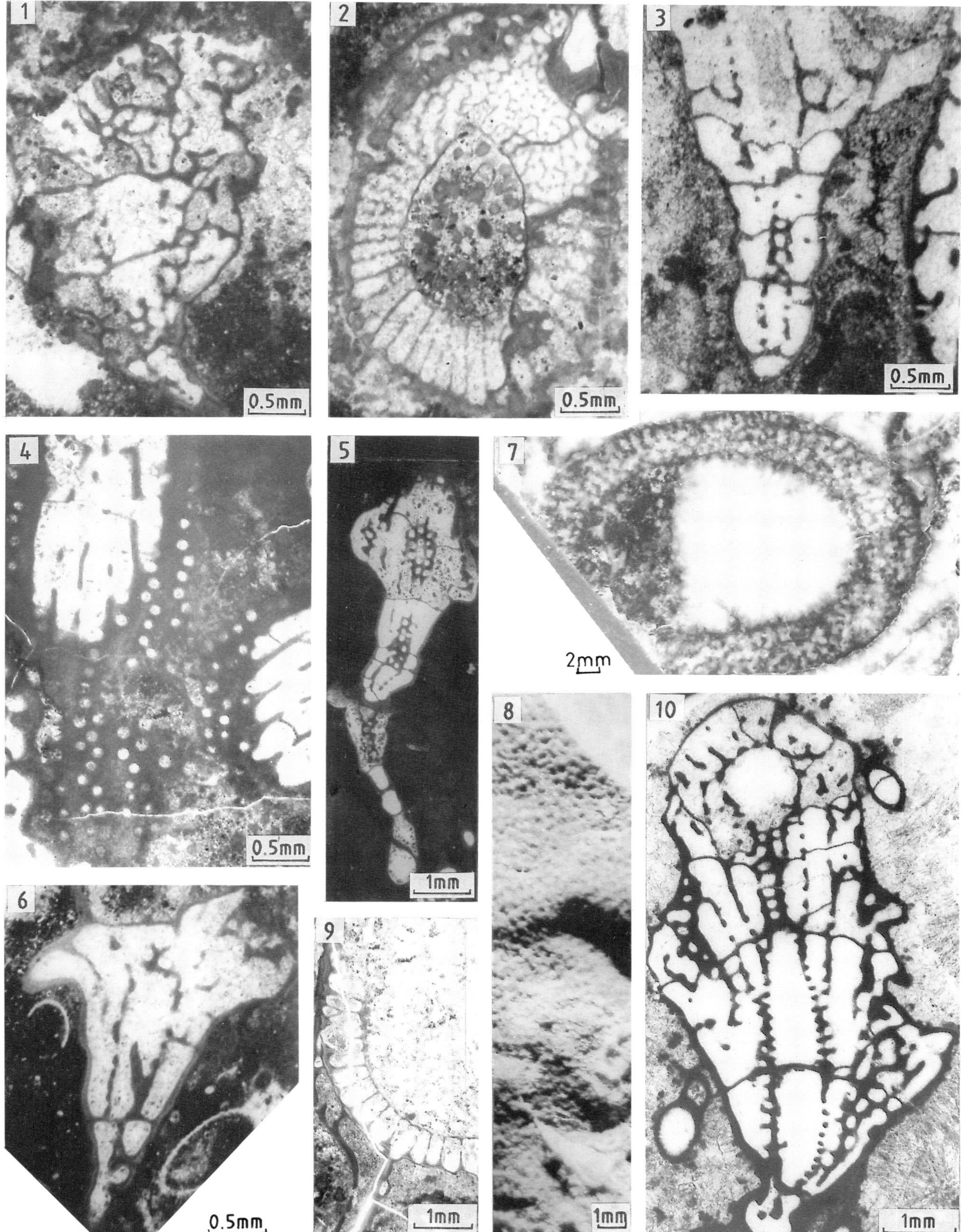

PLATE III

Fig. 1. – *Cambrocyathellus tuberculatus* (Vologdin). PIN 4451/10, oblique transverse section of a branching modular skeleton, x 10.
Mongolia, Zuune-Arts Mount ; Atdabanian stage.

1. – Section transversale oblique d'un squelette modulaire branchu, x 10.
Mongolie, Mont Zuune-Arts ; Atdabanien.

Fig. 2, 3. – *Alconeracyathus andalusicus* (Simon).

2. – MNHN M84252, transverse section showing dissepiments preventing the infilling of the intervallar inner area by mud, x 4 ;
3. – MNHN M84252, tangential section of the simple inner wall with spines, x 4.
Spain, Las Ermitas ; Atdabanian stage.

2. – Section transversale montrant des dissépiments empêchant le remplissage de l'aire intervallaire interne par la boue, x 4 ;
3. – section tangentielle de la muraille interne simple à épines, x 4.
Espagne, Las Ermitas ; Atdabanien.

Fig. 4. – *Eremitacyathus fissus* Debrenne. MNHN M84016, holotype ;
a – transverse section of the inner wall with longitudinal ribs, x 10 ;
b – tangential section of the simple outer wall, x 10 (Zamarreño & Debrenne, 1977, Pl. V, fig. a, b) ;
c – tangential section of the inner wall ribs, x 12.
Spain, Las Ermitas ; Atdabanian stage.

a – Section transversale de la muraille interne à rides longitudinales, x 10 ;
b – section tangentielle de la muraille externe simple, x 10 ;
c – section tangentielle des rides de la muraille interne, x 12.
Espagne, Las Ermitas ; Atdabanien.

Fig. 5. – *Okulitchicyathus discoformis* (Zhuravleva). PIN 3848/550, upper view of a discoid cup, x 0.6 (Zhuravleva & Fonin, 1983, Pl. XIX, fig. 1a).
F.R. Russia, Siberian Platform, middle Lena River ; Tommotian stage.

5. – Vue de dessus d'un calice discoïde, x 0,6.
R.F. Russie, Plate-forme sibérienne, cours moyen de la Léna ; Tommotien.

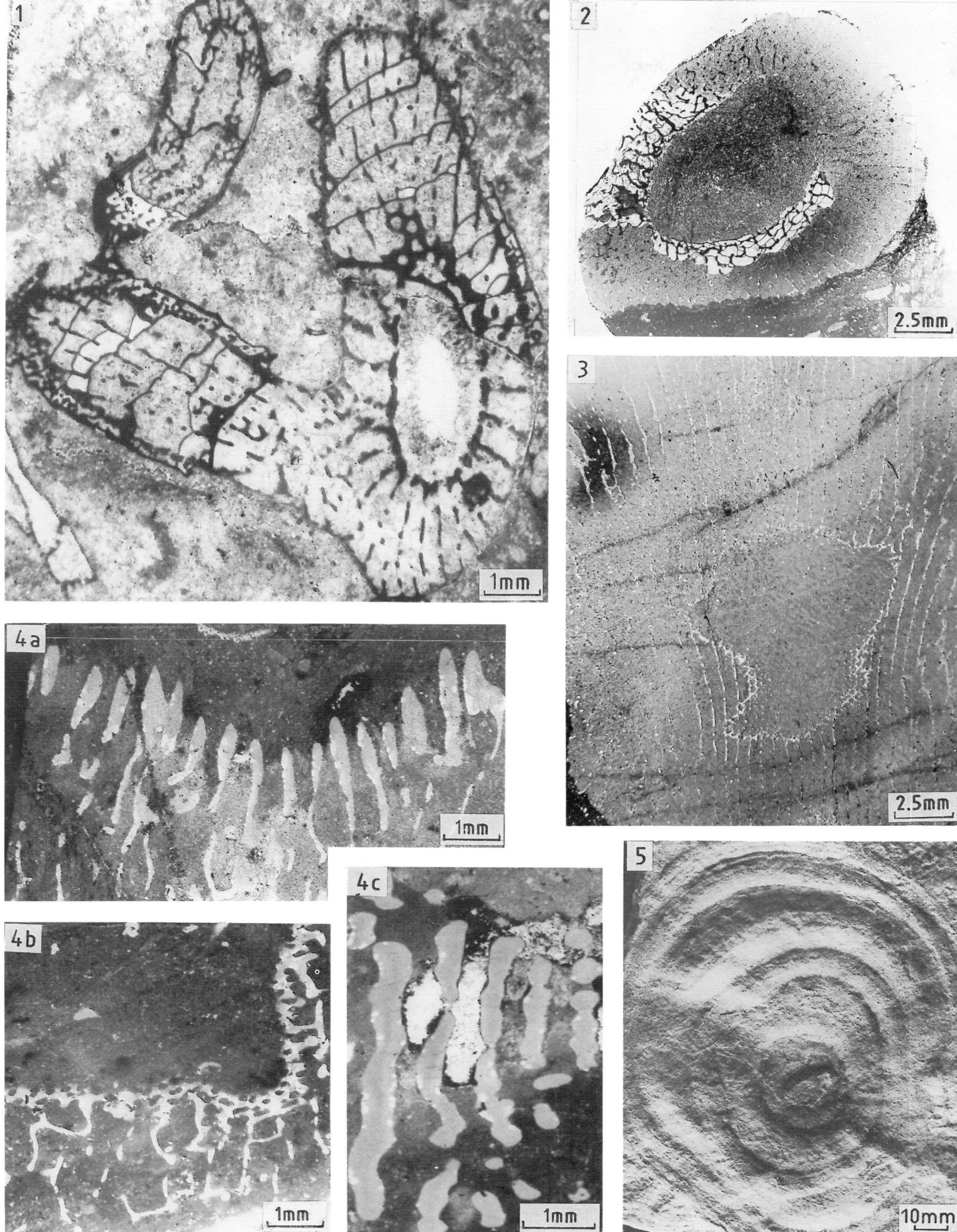

1
1mm
2
2.5mm
3
2.5mm
4a
1mm
4b
1mm
4c
1mm
5
10mm

PLATE IV

Fig. 1-3. – *Anthomorpha margarita* Bornemann.

    1. – MNHN M84136, transverse section of a cup showing porous pseudosepta, x 12 ;

    2. – MNHN M84253, tangential section of the simple inner wall, x 5 ;

    3. – MNHN M84144, tangential section of the simple outer wall, x 10 (Debrenne, 1964, Pl. 48, fig. 3).

    Italy, Sardinia ; Botomian stage.

    1. – Section transversale d'un calice montrant des pseudoseptes poreux, x 12 ;

    2. – section tangentielle de la muraille interne simple, x 5 ;

    3. – section tangentielle de la muraille externe simple, x 10.

    Italie, Sardaigne ; Botomien.

Fig. 4. – *Anthomorpha sisovae* (Vologdin). PIN 4451/11, view of the simple outer wall, x 10.

    F.R. Russia, Tuva, Shivelig-Khem River ; Botomian stage.

    4. – Vue de la muraille externe simple, x 10.

    R.F. Russie, Tuva, rivière Shivelig-Khem ; Botomien.

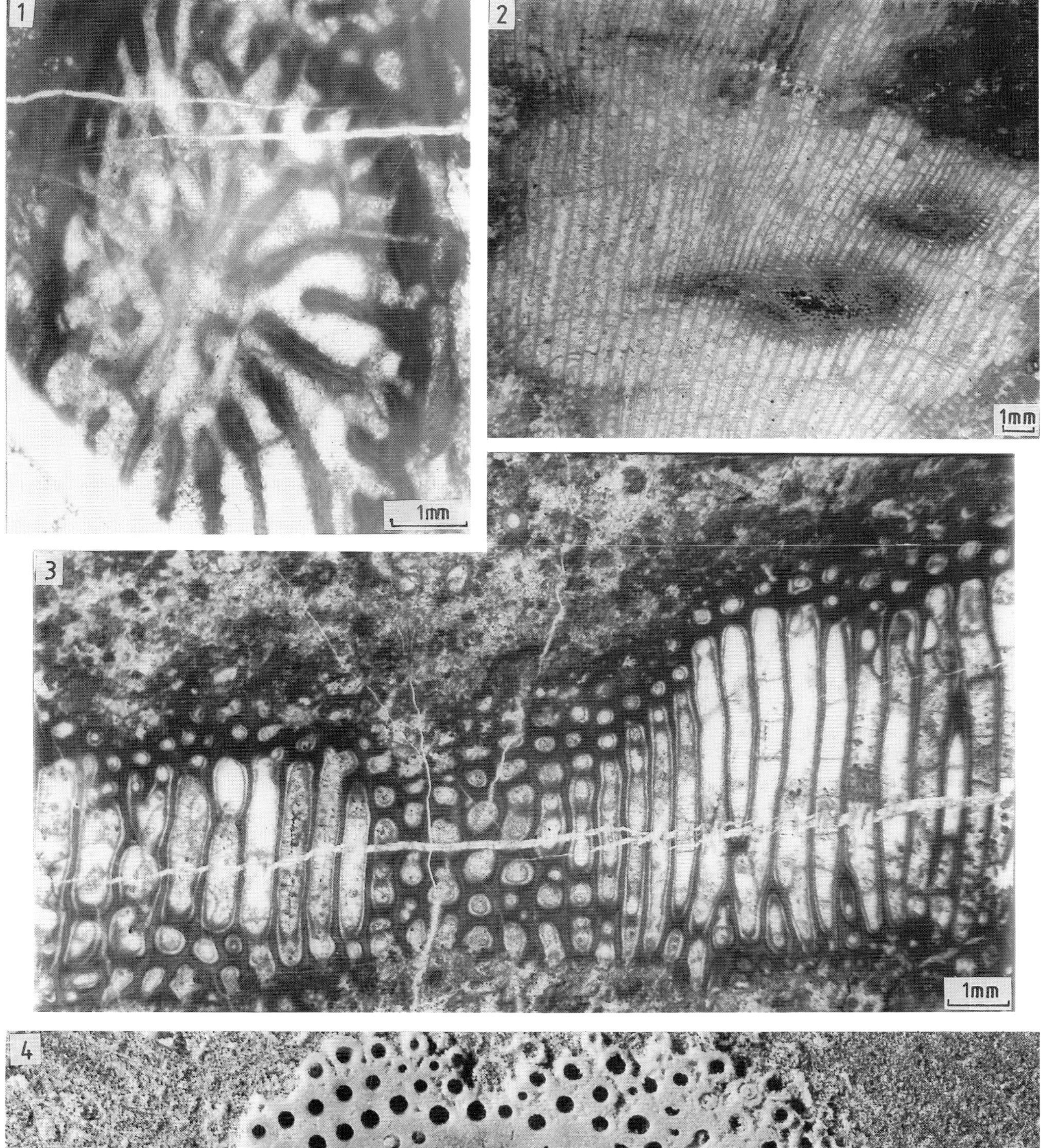

PLATE V

Fig. 1, 5, 7, 8. – *Anthomorpha margarita* Bornemann.

1. – MNHN M84138, transverse section of a cup showing sporadic development of microporous membranes in outer wall pores, x 10 (Debrenne, 1964, Pl. 46, fig. 6) ;
5. – MNHN M84253, longitudinal section of the cup apex, x 10 ;
7. – MNHN M84254, longitudinal section of the cup apex, x 15 ;
8. – MNHN M84255, detail of transverse section of a cup showing membrane tabulae, x 10.
Italy, Sardinia ; Botomian stage.

1. – Section transversale d'un calice montrant le développement sporadique de membranes microporeuses dans les pores de la muraille externe, x 10 ;
5. – section longitudinale de la base du calice, x 10 ;
7. – section longitudinale de la base du calice, x 15 ;
8. – détail de la section transversale d'un calice montrant des planchers membraneux, x 10.
Italie, Sardaigne ; Botomien.

Fig. 2-4. – *Tollicyathus nelliae* (Fonin).

2. – PIN 4451/12, oblique transverse section of a cup showing microporous membranes in outer wall pores, x 10 ;
3. – PIN 4451/13, longitudinal section of a cup showing the development of pseudosepta from coarsely porous taeniae, x 10 ;
4. – PIN 4451/14,
a – oblique longitudinal section of a cup showing coarsely porous taeniae and membrane tabulae, x 10 ;
b – longitudinal section of the apex of the same cup, x 10.
F.R. Russia, Tuva, Ulug-Shangan River ; Botomian stage.

2. – Section transversale oblique d'un calice montrant des membranes microporeuses dans les pores de la muraille externe, x 10 ;
3. – section longitudinale d'un calice montrant le développement de pseudoseptes à partir de taeniae grossièrement poreuses, x 10 ;
4. – a – section longitudinale oblique d'un calice montrant des taeniae grossièrement poreuses et des planchers membraneux, x 10 ;
      b – section longitudinale de la base du même calice, x 10.
R.F. Russie, Tuva, rivière Ulug-Shangan ; Botomien.

Fig. 6. – *Mikhnocyathus zolaensis* Maslov. PIN 2038(1), lectotype.

a – transverse section of a cup with well-developed exocyathoid and tersioid buttresses, x 3 ;
b – longitudinal section of a cup, x 3 (Maslov, 1957, fig. 2-2,7).
F.R. Russia, Eastern Transbaikal, Argun' river Basin ; Atdabanian stage.

a – Section transversale d'un calice à contreforts exocyathoïdes et tersioïdes bien développés, x 3 ;
b – section longitudinale d'un calice, x 3.
R.F. Russie, Transbaïkal oriental, Bassin de la rivière Argun ; Atdabanien.

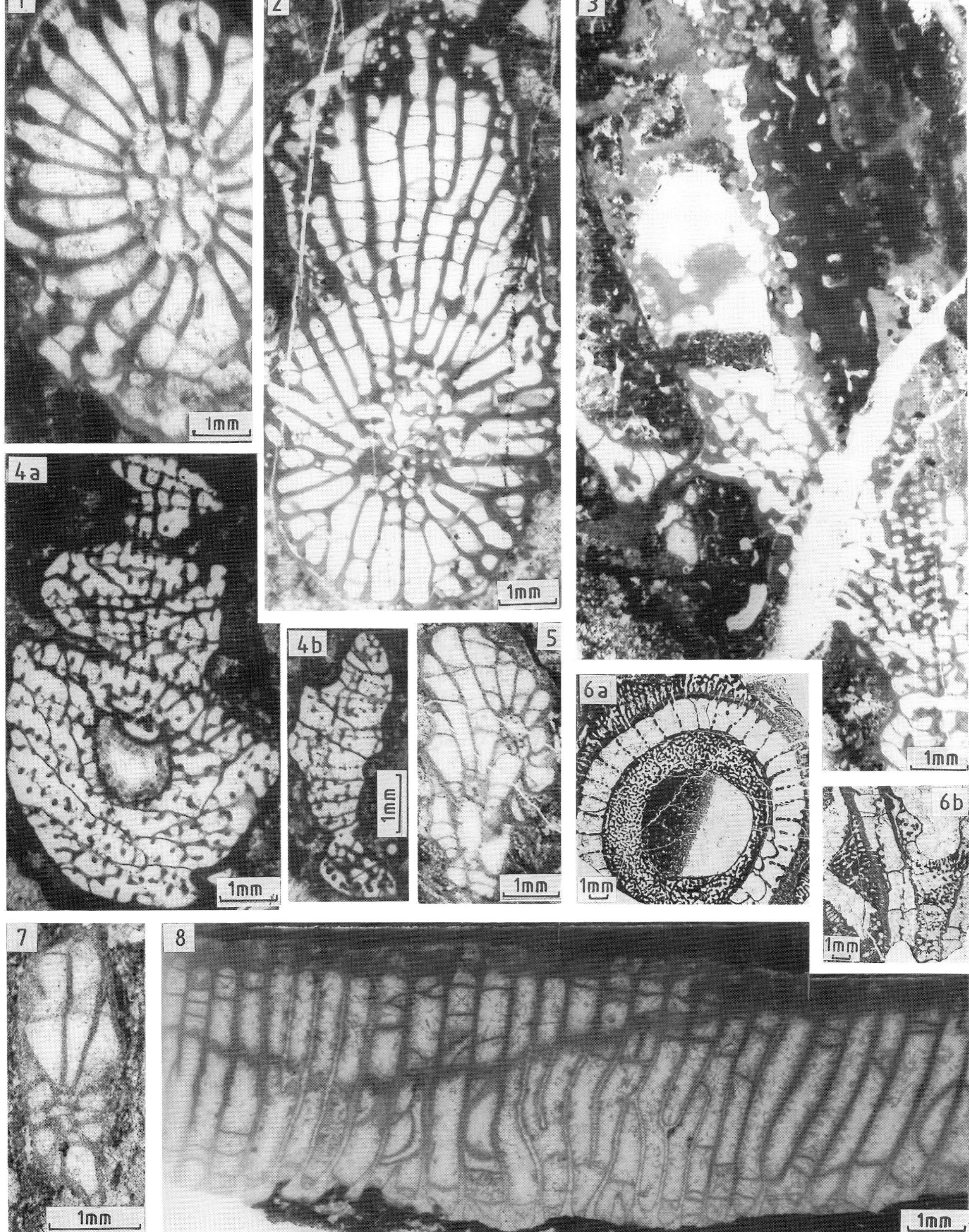

PLATE VI

Fig. 1. – *Chouberticyathus clatratus* Debrenne. SGM Ki140, holotype, x 10.

a – Upper view showing the bifurcation of taenial lintels ;
b – lateral view showing coarsely porous taeniae with the three-dimensional arrangement of lintels ;
c – bottom view ;
d – non-porous outer wall (Debrenne, 1964, Pl. 32, fig. 1-3).
Morocco ; Botomian stage.

a – Vue de dessus montrant la bifurcation des linteaux taeniaux ;
b – vue latérale montrant les taeniae grossièrement poreuses avec la disposition tri-dimensionnelle des linteaux ;
c – vue de dessous ;
d – muraille externe non poreuse.
Maroc ; Botomien.

Fig. 2, 4. – *Dictyocyathus praesignis* (Fonin).

2. – PIN 4451/15, lateral view of a cup showing the development of the secondary tubular skeleton in the bottom part of the central cavity, x 6 ;
4. – PIN 4451/16, x 6 ;
a – upper view of a cup with a dictyonal network ;
b – bottom view of the same cup with the development of the secondary tubular skeleton in the central cavity.
F.R. Russia, Tuva, Shivelig-Khem River, Botomian stage.

2. – Vue latérale d'un calice montrant le développement du squelette tubulaire secondaire dans le fond de la cavité centrale, x 6 ;
4. – a – vue de dessus d'un calice à réseau dictyonal ;
b – vue de dessous du même calice avec le développement du squelette tubulaire secondaire dans la cavité centrale.
R.F. Russie, Tuva, rivière Shivelig-Khem ; Botomien.

Fig. 3. – *Molybdocyathus juvenilis* Debrenne & Gangloff. USNM 444270, longitudinal section of a cup showing regular dictyonal network, x 10.
U.S.A., Nevada, Iron Canyon, Botomian stage.

3. – Section longitudinale d'un calice montrant le réseau dictyonal régulier, x 10.
Etats-Unis, Nevada, Iron Canyon ; Botomien.

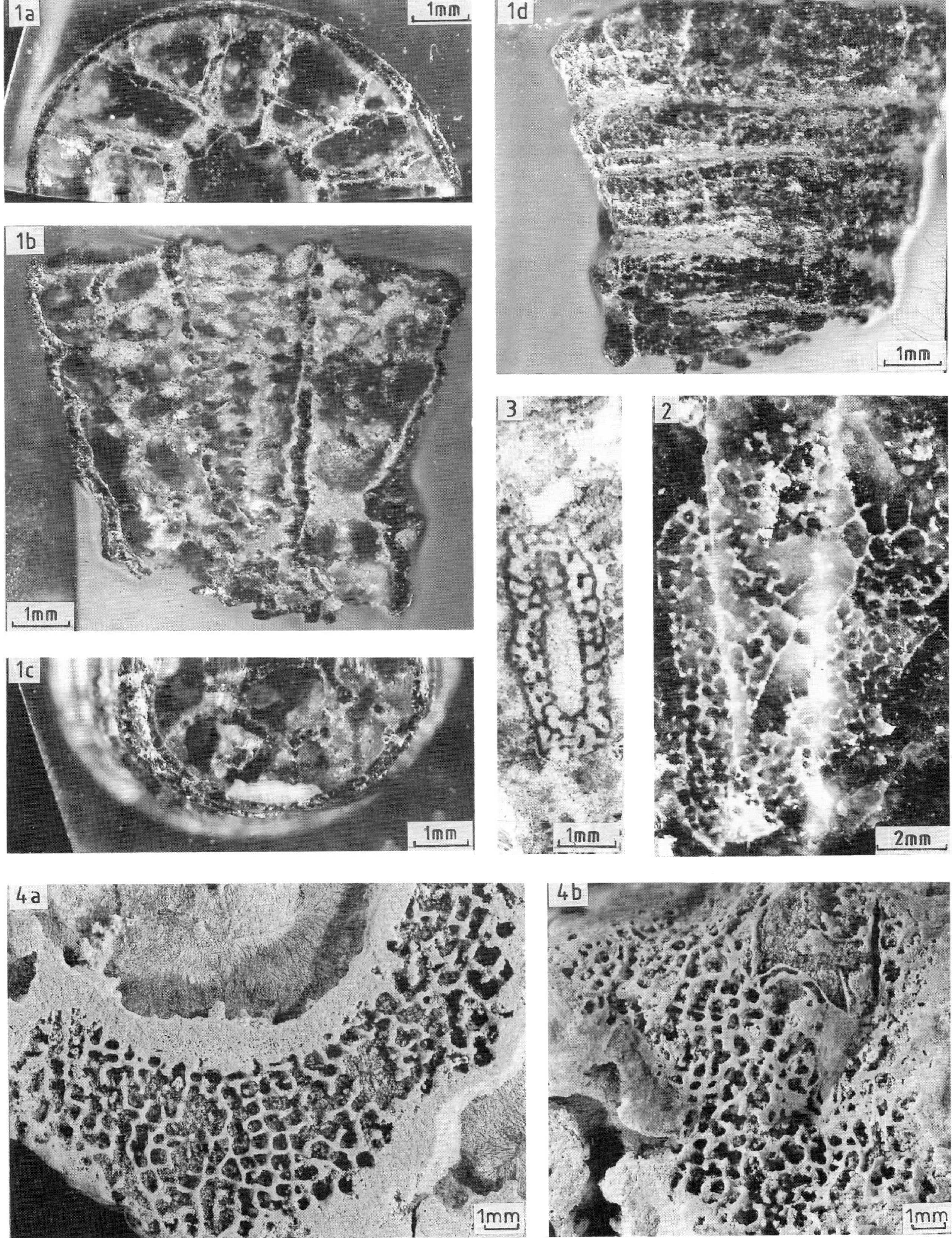

PLATE VII

Fig. 1, 3. – *Retilamina amourensis* Debrenne & James.

1. – GSC 62128, holotype, longitudinal section of a skeleton showing intervallar structure and chimneys on the upper surface (Debrenne & James, 1981, Pl. 54, fig. 4), x 7.
3. – GSC 103926, a part of the longitudinal section showing chimneys on the upper surface and rudimentary porosity of the lower surface, x 15.
Canada, Labrador ; Toyonian stage.

1. – Holotype, section longitudinale d'un squelette montrant une structure intervallaire et des cheminées sur la surface supérieure, x 7.
3. – Partie d'une section longitudinale montrant des cheminées sur la surface supérieure et une porosité rudimentaire de la surface inférieure, x 15.
Canada, Labrador ; Toyonien.

Fig. 2. – *Molybdocyathus* sp. PIN 4451/60 (Coll. I.T. Zhuravleva), transverse section of a cup with a dictyonal network in the intervallum, x 20.
F.R. Russia, Altay Sayan Fold Belt, Western Sayan ; Botomian stage.

2. – Section transversale d'un calice à réseau dictyonal dans l'intervallum, x 20.
R.F. Russie, zone plissée de l'Altaï Saïan, Saïan occidental ; Botomien.

Fig. 4, 7. – *Dictyocyathus verticillus* (Bornemann).

4. – MNHN M84247, transverse section of a cup showing the simple basic outer wall, dictyonal network of the intervallum and secondary tubular skeleton in the central cavity, x 10 ;
7. – MNHN M84248, a part of longitudinal section showing the simple inner wall and dictyonal network of the intervallum, x 10.
Italy, Sardinia ; Botomian stage.

4. – Section transversale d'un calice montrant la muraille externe basique simple, le réseau dictyonal de l'intervallum et le squelette tubulaire secondaire dans la cavité centrale, x 10 ;
7. – Partie d'une section longitudinale montrant la muraille interne simple et le réseau dictyonal de l'intervallum, x 10.
Italie, Sardaigne ; Botomien.

Fig. 5, 6. – *Molybdocyathus juvenilis* Debrenne & Gangloff.

5. – UAM 2553 (Coll. R. Gangloff), longitudinal section of a cup showing regular dictyonal network, x 6.
U.S.A., Alaska, Tatonduk River ; Botomian stage.
6. – USNM 444271, longitudinal section of the cup apex, x 10.
U.S.A., Nevada, Iron Canyon ; Botomian stage.

5. – Section longitudinale d'un calice montrant le réseau dictyonal régulier, x 6.
Etats-Unis, Alaska, rivière Tatonduk ; Botomien.
6. – Section longitudinale de la base du calice, x 10.
Etats-Unis, Nevada, Iron Canyon ; Botomien.

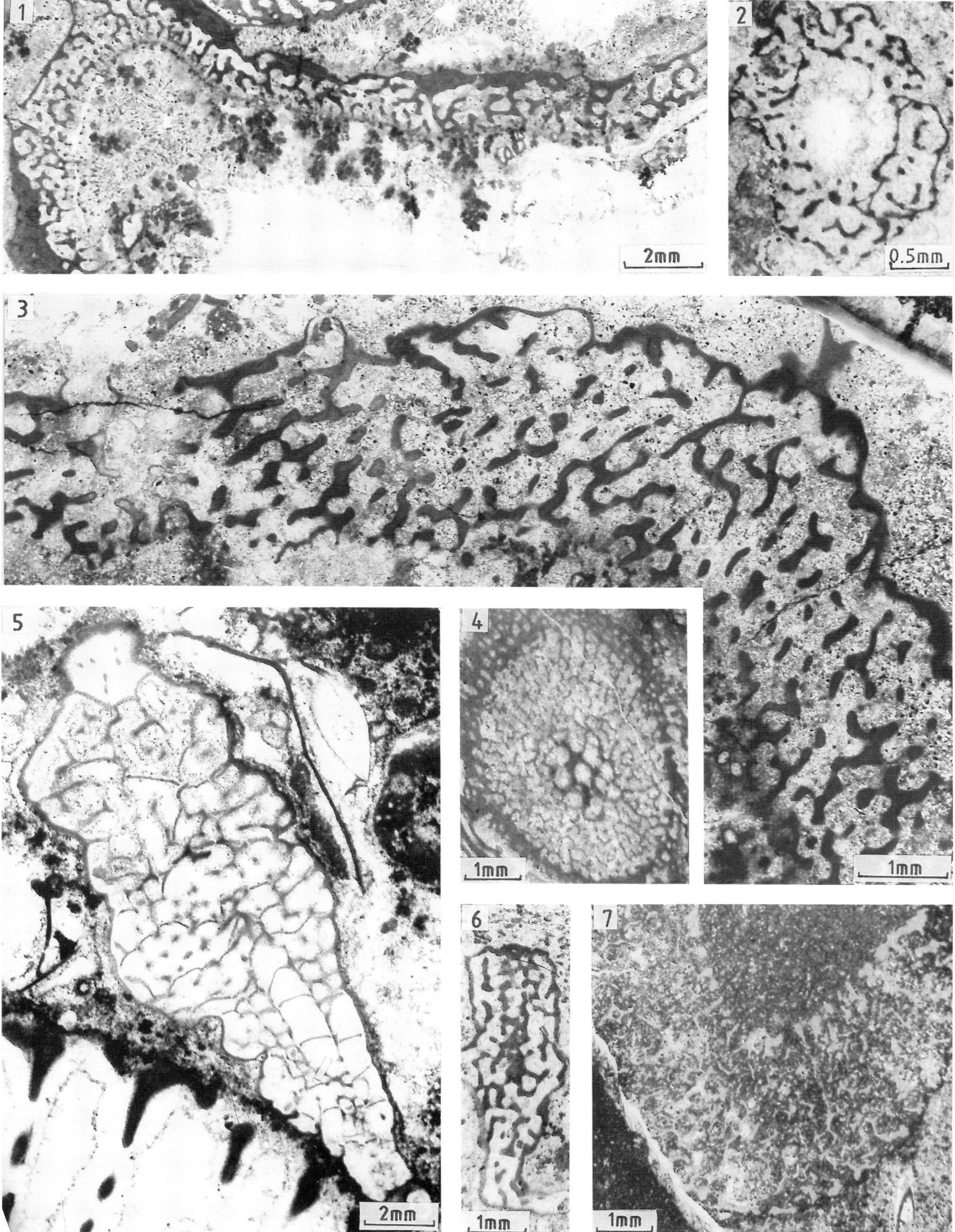

PLATE VIII

Fig. 1, 2, 4. – *Cellicyathus* sp.

1. – PIN 4451/17, longitudinal section of a cup showing the segmented structure of the upper part, x 7. Olekma River.
2. – PIN 4451/18, tangential section of a pseudoseptum, x 20. Peleduy River.
4. – PIN 4451/19, longitudinal section of the cup apex, x 20. Olekma River.
F.R. Russia, Siberian Platform ; Botomian stage.

1. – Section longitudinale d'un calice montrant la structure segmentée de la partie supérieure, x 7. Rivière Olekma.
2. – Section tangentielle d'un pseudosepte, x 20. Rivière Peleduy.
4. – Section longitudinale de la base du calice, x 20. Rivière Olekma.
R.F. Russie, Plate-forme sibérienne ; Botomien.

Fig. 3. – *Cellicyathus ornatus* (Fonin). PIN 4451/20, oblique transverse section of a cup, x 5.
F.R. Russia, Tuva, Shivelig-Khem River ; Botomian stage.

3. – Section transversale oblique d'un calice, x 5.
R.F. Russie, Tuva, rivière Shivelig-Khem ; Botomien.

Fig. 5. – *Paracoscinus mirabile* Bedford & Bedford. PIN 4221/25, longitudinal section of a cup showing finely porous pseudosepta and segmented structure in the upper part, x 5.
South Australia, Flinders Ranges ; Botomian stage.

5. – Section longitudinale d'un calice montrant des pseudoseptes finement poreux et une structure segmentée dans la partie supérieure, x 5.
Australie du Sud, chaîne des Flinders ; Botomien.

Fig. 6, 7. – *Claruscoscinus fritzi* (Handfield).

6. – GSC 103923, longitudinal section of the cup apex showing a late development of tabulae, x 20.
Canada, GSC locality 86155 (Coll. R. Handfield) (Voronova *et al.*, 1987, Pl.VII, fig. 4).
7. – GSC 25398, longitudinal section of a cup, x 5, [*Claruscoscinus billingsi* (Vol.) *in* Handfield, 1971, Pl. XVI, fig. 1b].
Canada, British Columbia, Good Hope Lake section ; Botomian stage.

6. – Section longitudinale de la base du calice montrant un développement tardif des planchers, x 20.
Canada, localité GSC 86155 (Coll. R. Handfield).
7. – Section longitudinale d'un calice, x 5.
Canada, Colombie Britannique, section du Lac Good Hope ; Botomien.

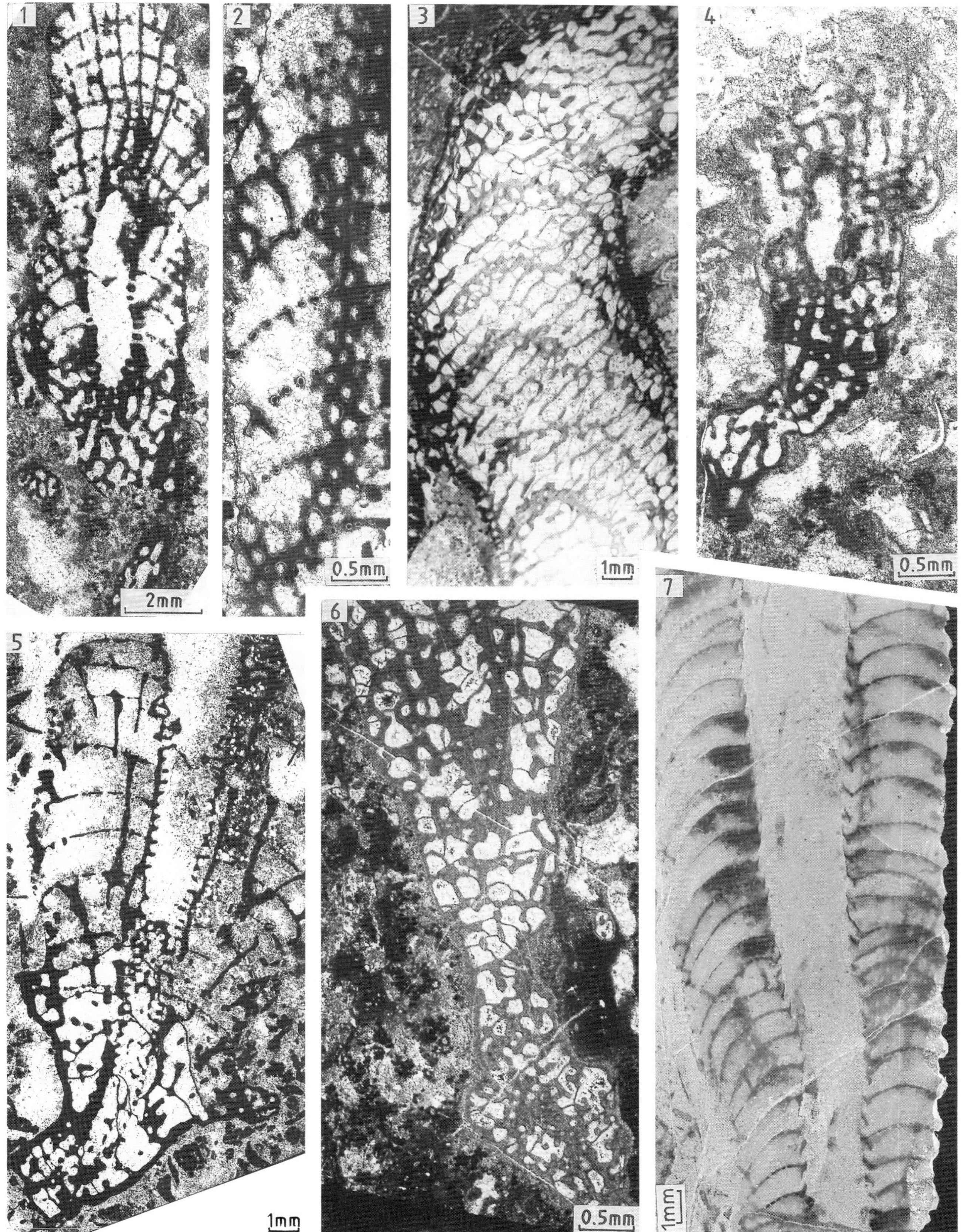

PLATE IX

Fig. 1. – *Pycnoidocoscinus pycnoideum* Bedford & Bedford. SAM P991, paratype (Debrenne, 1974a, fig. 39a-c).

    a – View of the inner wall, x 20 ;
    b – view of the simple basic outer wall, x 20 ;
    c – view of the finely porous septum, x 6 ;
    d – view on the tabula, x 10.

    a – Vue de la muraille interne, x 20 ;
    b – vue de la muraille externe basique simple, x 20 ;
    c – vue d'un septe finement poreux, x 6 ;
    d – vue d'un plancher, x 10.

Fig. 2, 3. – *Paracoscinus mirabile* Bedford & Bedford.

    2. – SAM P988-169, holotype (Bedford R. & W.R., 1936, pl. XX, fig. 86), outer view of the cup, x 6.
    3. – SAM T1559B, paratype, view of finely porous pseudosepta, x 12.

    2. – Holotype, vue externe du calice, x 6.
    3. – Paratype, vue d'un pseudosepte finement poreux, x 12.

Fig. 4. – *Archaeopharetra* sp., PU 87208, oblique longitudinal section, x 2.5.

    4. – Section longitudinale oblique, x 2,5.

All samples are from South Australia, Flinders Ranges ; Botomian stage.
Tous les échantillons proviennent d'Australie du Sud, chaîne des Flinders ; Botomien.

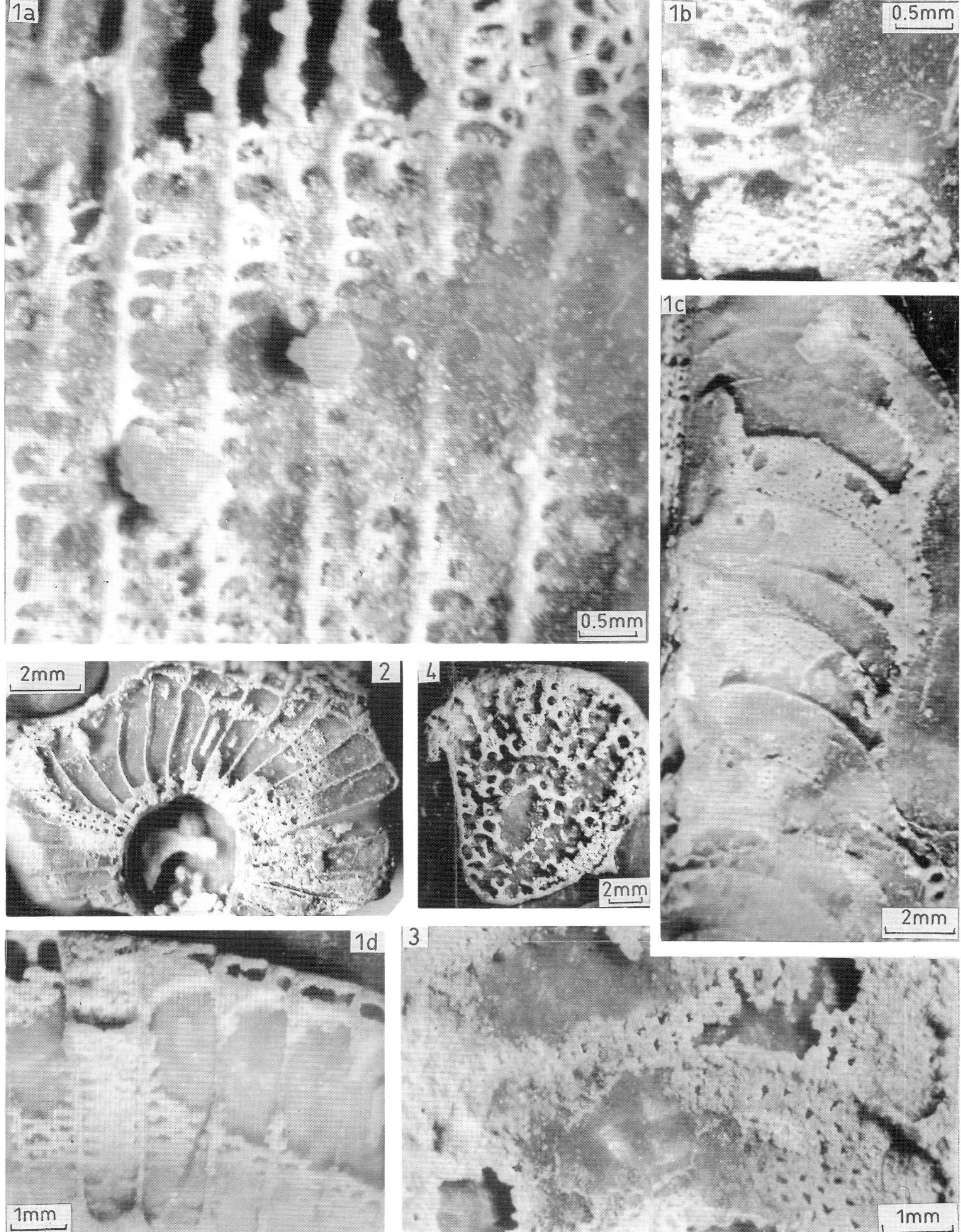

PLATE X

Fig. 1. – *Landercyathus lewandowskii* Debrenne & Gangloff. UCMP 38115 ;

a – oblique longitudinal section of a cup showing superposed astrorhizae, x 7.5 ;
b – oblique longitudinal section of the same cup showing the inner wall canals, x 7.5.
U.S.A., Nevada, Iron Canyon ; Botomian stage.

a – Section longitudinale oblique d'un calice montrant des astrorhizes superposées, x 7,5 ;
b – section longitudinale oblique du même calice montrant les canaux de la muraille interne, x 7,5 ;
Etats-Unis, Nevada, Iron Canyon ; Botomien.

Fig. 2. – *Dictyosycon* sp.. PIN 4451/21 (Coll. D.V. Osadchaja), a part of a transverse section showing simplified tabular structure, x 12.

F.R. Russia, Altay Sayan Fold Belt ; Atdabanian stage.

2. – Partie d'une section transversale montrant une structure tabulaire simplifiée, x 12.
R.F. Russie, zone plissée de l'Altaï Saïan ; Atdabanien.

Fig. 3, 4. – *Dictyosycon gravis* Zhuravleva.

3. – PIN 4451/22, longitudinal section of a cup showing the development of the secondary skeleton in the lower part (*"Sphinctocyathus"* – structure), x 5 ;
4. – PIN 4451/23, longitudinal section of a cup showing convex dictyonal network, x 5.
F.R. Russia, Siberian Platform, middle Lena River ; Atdabanian.

3. – Section longitudinale d'un calice montrant le développement du squelette secondaire dans la partie inférieure (structure *"Sphinctocyathus"*), x 5 ;
4. – section longitudinale d'un calice montrant un réseau dictyonal, x 5.
R.F. Russie, Plate-forme sibérienne, cours moyen de la Léna ; Atdabanien.

Fig. 5. – *Stevocyathus elictus* Debrenne. MNHN M83100, holotype (Debrenne *et al.*, 1989a, Pl. XII, fig. 1), oblique longitudinal section of a cup, x 8.

Mexico, Sonora ; Botomian stage.

5. – Section longitudinale oblique d'un calice, x 8.
Mexique, Sonora ; Botomien.

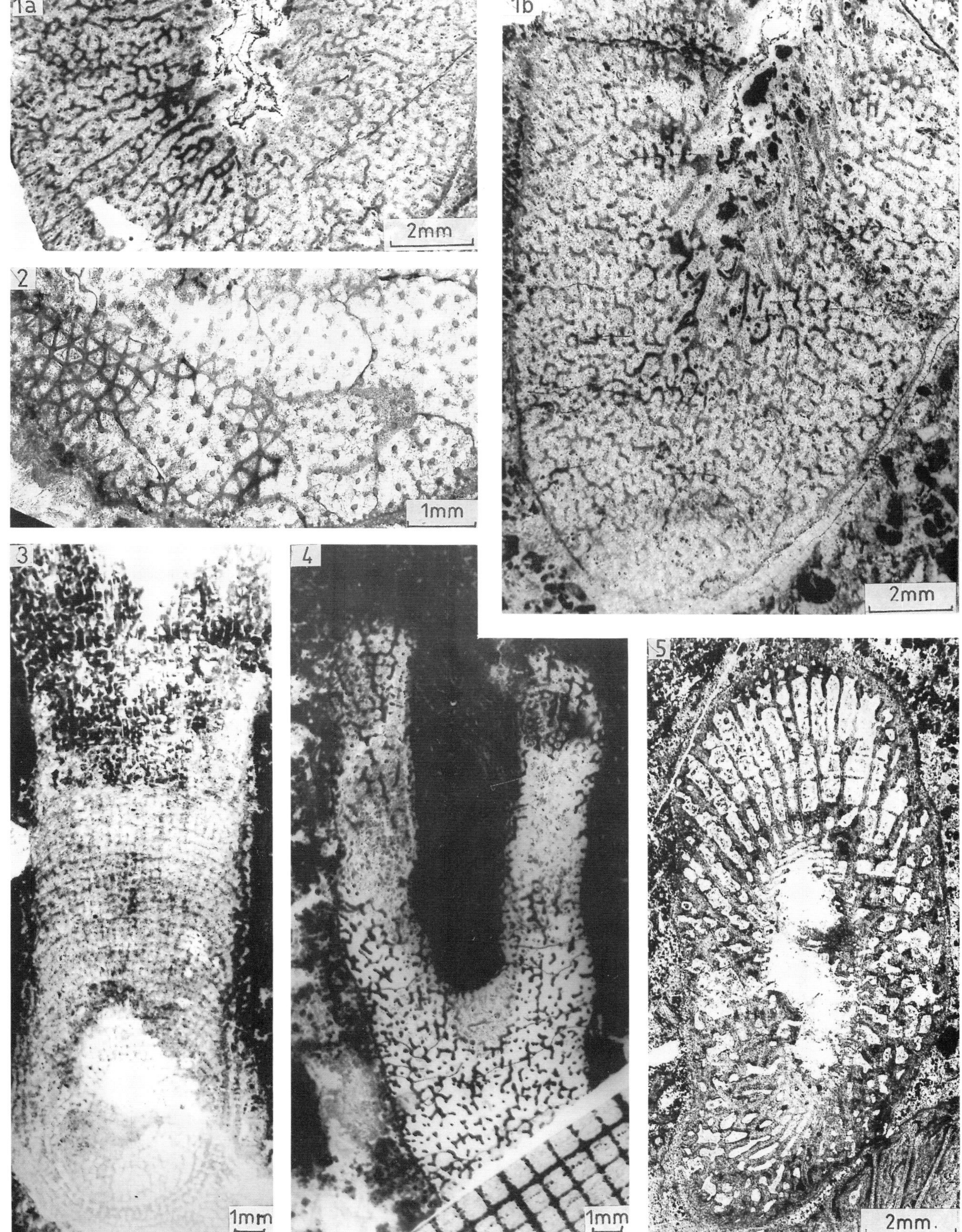

PLATE XI

Fig. 1, 2, 4, 5. – *Protopharetra polymorpha* Bornemann.

   1. – MNHN M84256, transverse section of a branching pseudocolony, x 5 ;
   2. – MNHN M84256, tangential section of the centripetal outer wall, x 15 ;
   4. – MNHN M84257, longitudinal section of the cup apex, x 7.5 ;
   5. – MNHN M84258, longitudinal section of the cup apex, x 7.5.
   Italy, Sardinia ; Botomian stage.

   1. – Section transversale d'une pseudocolonie branchue, x 5 ;
   2. – section tangentielle de la muraille externe centripète, x 15.
   4. – section longitudinale de la base du calice, x 7,5 ;
   5. – section longitudinale de la base du calice, x 7,5.
   Italie, Sardaigne ; Botomien.

Fig. 3. – *Spirillicyathus pigmentus* (Bedford & Bedford). SAM P32055, oblique transverse section of a cup showing "struts", x 5.
South Australia, Yorke Peninsula ; Atdabanian stage.

   3. – Section transversale oblique d'un calice montrant des étais, x 5.
Australie du Sud, Péninsule d'Yorke ; Atdabanien.

Fig. 6. – *Protopharetra junensis* A. Zhuravlev. GSC 90198, paratype (Voronova *et al.*, 1987, Pl. XV, fig. 9), longitudinal section of the cup apex, x 10.
Canada, Northwest Territories, Mackenzie Mountains ; Botomian stage.

   6. – Paratype, section longitudinale de la base du calice, x 10.
Canada, Territoires du Nord-Ouest, Monts Mackenzie ; Botomien.

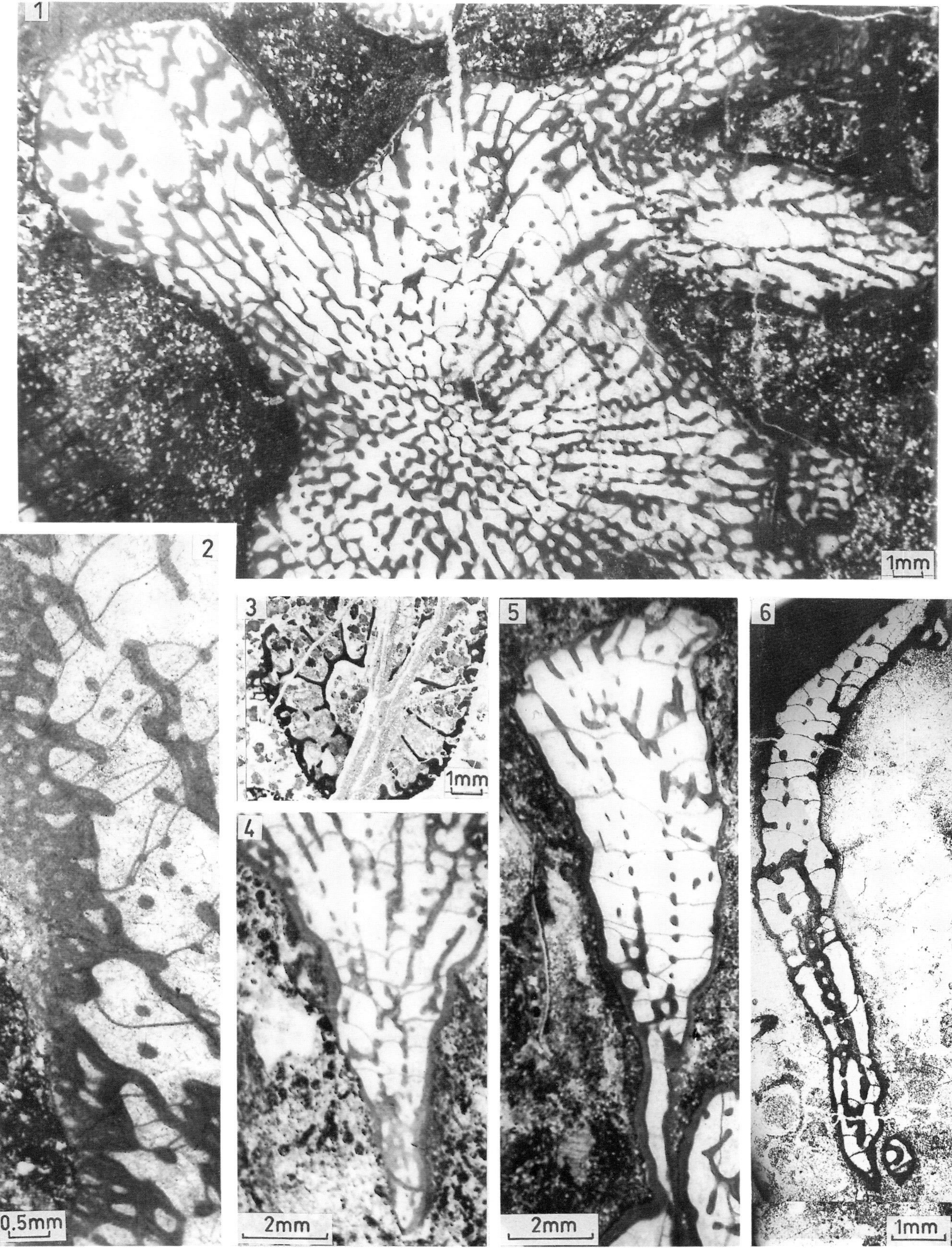

PLATE XII

Fig. 1-6, 9. – *Archaeopharetra irregularis* (Taylor).

    1. – SAM P32001, longitudinal section of the cup apex, x 13 ;

    2. – SAM P32001, longitudinal section of the cup apex, x 13 ;

    3. – SAM P32001, longitudinal section of a cup showing coarsely porous taeniae and the simple inner wall, x 13 ;

    4. – SAM P32001, transverse section of a cup showing the distribution of taeniae, x 16.
South Australia, Yorke Peninsula ; Botomian stage.

    5. – SAM T1555 (*Spirocyathus irregularis* Taylor *in* Taylor, 1910, Pl. XVI, fig. 93), lateral view of a cup with the incomplete development of tabula, x 6 ;

    6. – SAM P939/52 (*Dictyocyathus irregularis* Taylor *in* Bedford R. & W.R., 1936, Pl. XI, fig. 56A), bottom view of a cup showing taeniae and synapticulae arrangement, x 7.
South Australia, Flinders Ranges ; Botomian stage.

    9. – SAM P32017, transverse section of a cup showing the arrangement of taeniae, x 5.
South Australia, Yorke Peninsula ; Botomian stage.

    1. – Section longitudinale de la base du calice, x 13 ;

    2. – section longitudinale de la base du calice, x 13 ;

    3. – section longitudinale d'un calice montrant les taeniae grossièrement poreuses et la muraille interne simple, x 13 ;

    4. – section transversale d'un calice montrant la répartition des taeniae, x 16.
Australie du Sud, Péninsule d'Yorke ; Botomien.

    5. – Vue latérale d'un calice à développement incomplet des planchers, x 6 ;

    6. – vue de dessous d'un calice montrant la disposition des taeniae et des synapticules, x 7.
Australie du Sud, chaîne des Flinders ; Botomien.

    9. – Section transversale d'un calice montrant la disposition des taeniae, x 5.
Australie du Sud, Péninsule d'Yorke ; Botomien.

Fig. 7. – *Archaeocyathus yichangensis* Yuan & Zhang. MNHN M85104, longitudinal section of the cup apex, x 20.
China, Yangtze Platform, Hubei ; Toyonian stage.

    7. – Section longitudinale de la base du calice, x 20.
Chine, Plate-forme de Yang-tseu-kiang, Hubei ; Toyonien.

Fig. 8. – *Spirillicyathus tenuis* (Bedford & Bedford). SAM P32055, oblique transverse section of a cup showing "struts", x 5.
South Australia, Yorke Peninsula ; Atdabanian stage.

    8. – Section transversale oblique d'un calice montrant des étais, x 5.
Australie du Sud, Péninsule d'Yorke ; Atdabanien.

Fig. 10. – *Archaeopharetra marginata* (Fonin). PIN 4451/24, longitudinal section of a cup showing the simplified tabulae, x 6.
Mongolia, Zuune-Arts Mount ; Atdabanian stage.

    10. – Section longitudinale d'un calice montrant les planchers simplifiés, x 6.
Mongolie, Mont Zuune-Arts ; Atdabanien.

Fig. 11, 12. – *Pycnoidocyathus vicinisepta* Bedford & Bedford. SAM P32041, sections of a branching modular skeleton, x 4.
South Australia, Yorke Peninsula ; Atdabanian stage.

    11, 12. – Sections d'un squelette modulaire branchu, x 4.
Australie du Sud, Péninsule d'Yorke ; Atdabanien.

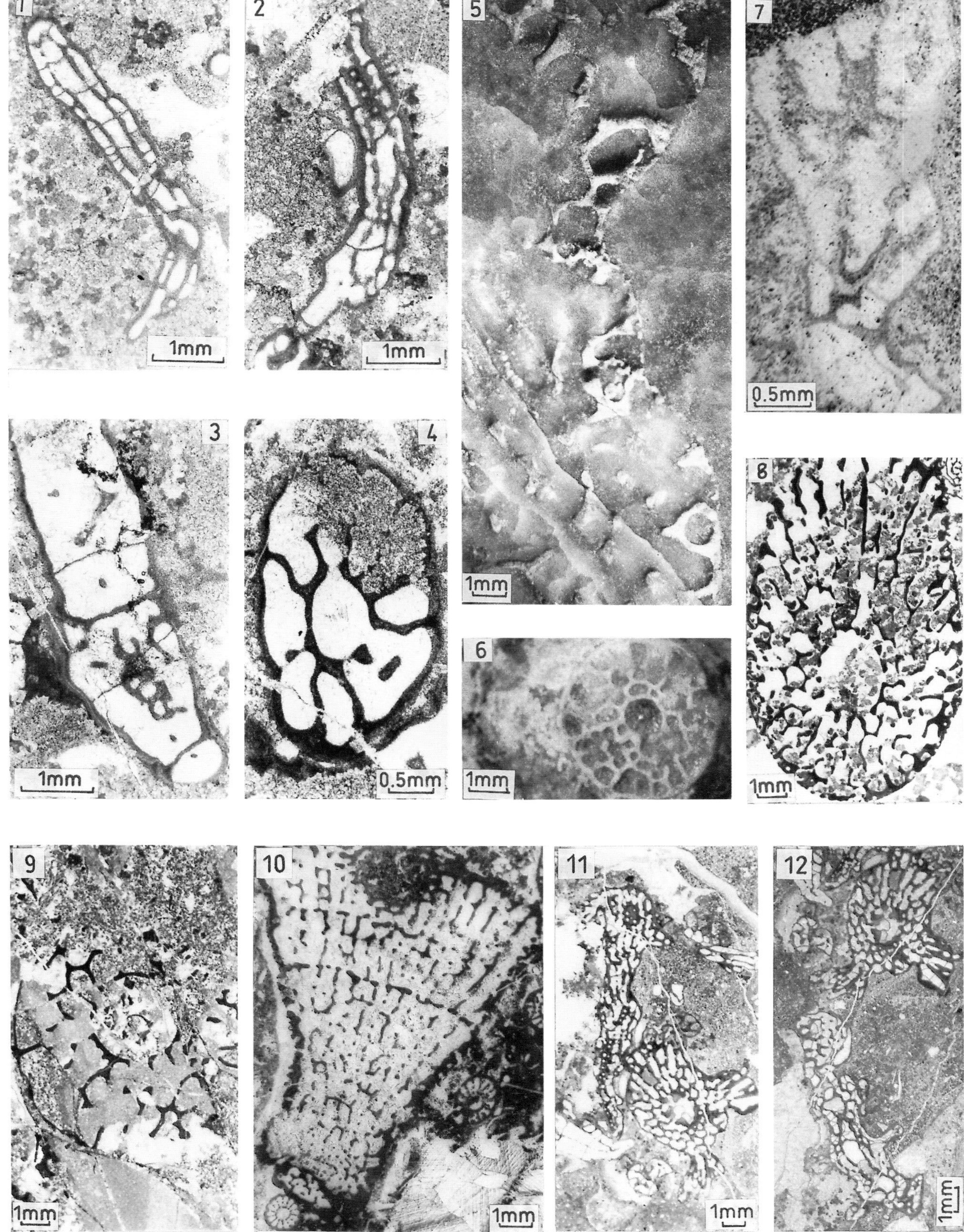

PLATE XIII

Fig. 1-3. – *Markocyathus clementensis* Debrenne.

1. – MNHN M83096, longitudinal section of a cup showing the simple inner wall and tabulae, x 10.
Mexico, Sonora ; Botomian stage.
2. – GSC 90178 [*Dictyocyathus ketzaensis* (Kaw. & Okul.) *in* Voronova *et al.*, 1987, Pl. XII, fig. 2a],
tangential section of a tabula showing centripetal arrangement of pores, x 20.
Canada, Northwest Territories, Mackenzie Mountains ; Botomian stage.
3. – MNHN M83086, oblique transverse section of a cup, x 5.
Mexico, Sonora ; Botomian stage.

1. – Section longitudinale d'un calice montrant la muraille interne simple et les planchers, x 10.
Mexique, Sonora ; Botomien.
2. – Section tangentielle d'un plancher montrant la disposition centripète des pores, x 20.
Canada, Territoires du Nord-Ouest, Monts Mackenzie ; Botomien.
3. – Section transversale oblique d'un calice, x 5.
Mexique, Sonora ; Botomien.

Fig. 4, 5. – *Spirocyathella kyslartauensis* Vologdin.

4. – PIN 4451/25, oblique longitudinal section of a cup showing tabulae, x 15 ;
5. – PIN 4451/26, longitudinal section of a cup showing coarsely porous taeniae, x 10.
F.R. Russia, South Urals ; Botomian stage.

4. – Section longitudinale oblique d'un calice montrant les planchers, x 15 ;
5. – section longitudinale d'un calice montrant les taeniae grossièrement poreuses, x 10.
R.F. Russie, Oural méridional ; Botomien.

Fig. 6. – *Arrythmocricus macdamensis* (Handfield). MNHN M83138, longitudinal section of the cup apex,
x 10.
U.S.A., Nevada, Lida ; Botomian stage.

6. – Section longitudinale de la base du calice, x 10.
Etats-Unis, Nevada, Lida ; Botomien.

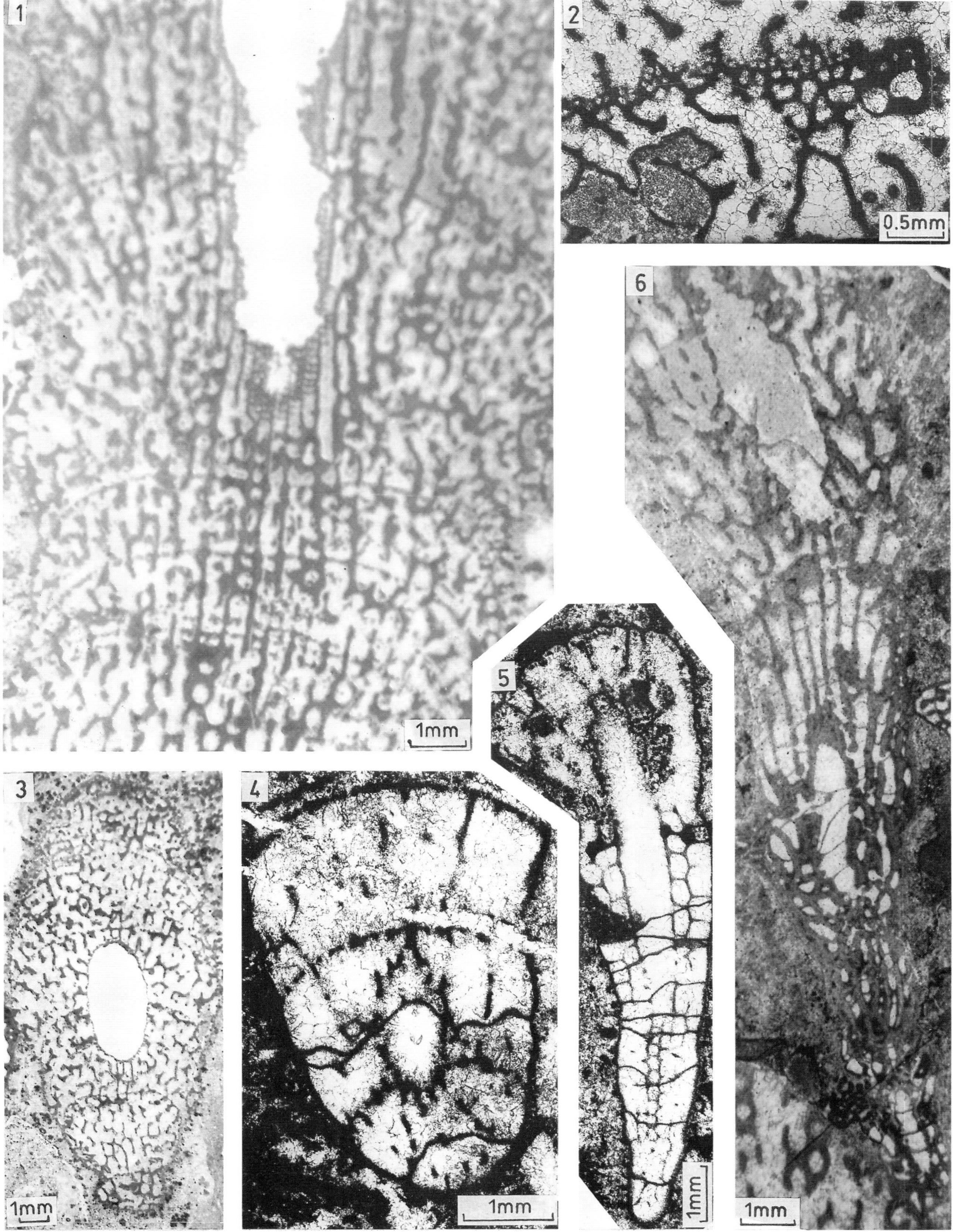

<h1 style="text-align:center">PLATE XIV</h1>

Fig. 1-3. – *Archaeocyathus atlanticus* Billings.

    1. – GSC 103927, a part of transverse section of a cup, x 6 ;
    2. – GSC 103928, tangential section of the centripetal outer wall, x 20 ;
    3. – GSC 103929, a part of a longitudinal section showing a gradient of secondary skeleton distribution, x 10.
Canada, Labrador ; Toyonian stage.

    1. – Partie de la section transversale d'un calice, x 6 ;
    2. – section tangentielle de la muraille externe centripète, x 20 ;
    3. – partie d'une section longitudinale montrant un gradient de répartition du squelette secondaire, x 10.
Canada, Labrador ; Toyonien.

Fig. 4. – *Archaeocyathus serus* (Fonin). PIN 4451/27, tangential section of the inner wall, x 3.
F.R. Russia, Tuva, Shivelig-Khem River ; Botomian stage.

    4. – Section tangentielle de la muraille interne, x 3.
R.F. Russie, Tuva, rivière Shivelig-Khem ; Botomien.

Fig. 5. – *Archaeocyathus yichangensis* Yuan & Zhang. MNHN M85082, transverse section of a cup with secondary skeleton and tersioid buttresses, x 5.
China, Yangtze Platform, Hubei ; Toyonian stage.

    5. – Section transversale d'un calice à squelette secondaire et contreforts tersioïdes, x 5.
Chine, Plate-forme de Yang-tseu-kiang, Hubei ; Toyonien.

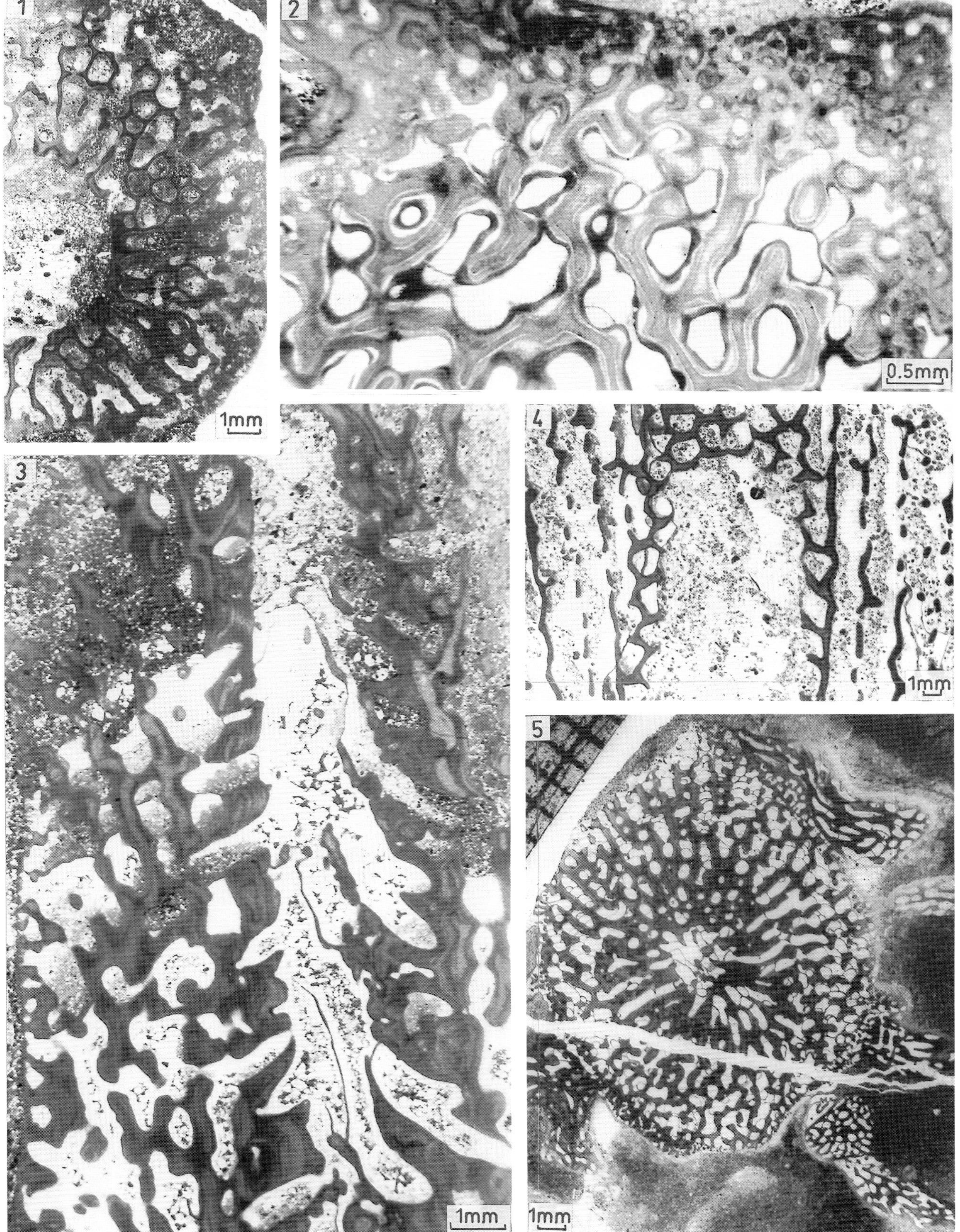

PLATE XV

Fig. 1, 5, 6. – *Archaeocyathus cumfundus* (Vologdin).

1. – CNIGRm 198/2957, transverse section of a young cup showing an exaulos on the outer wall, x 10 ;

5. – CNIGRm 202/2957, longitudinal section of a cup showing rare tabulae and the gradient of the secondary skeleton distribution, x 5 ;

6. – CNIGRm 328/2957, lectotype (*Claruscyathus cumfundus* Vologdin *in* Vologdin, 1932, Pl. V, fig. 8), longitudinal section of a cup showing very frequent tabulae in the upper part, x 5.

F.R. Russia, Altay Sayan Fold Belt, Mountain Altay ; Toyonian stage.

1. – Section transversale d'un jeune calice montrant un exaulos sur la muraille externe, x 10 ;

5. – section longitudinale d'un calice montrant de rares planchers et le gradient de répartition du squelette secondaire, x 5 ;

6. – lectotype, section longitudinale d'un calice montrant de très fréquents planchers dans la partie supérieure, x 5.

R.F. Russie, zone plissée de l'Altaï Saïan, Mont Altaï ; Toyonien.

Fig. 2, 7. – *Archaeocyathus atlanticus* Billings.

2. – GSC 103930, oblique longitudinal section of a cup showing the development of tabulae, x 5 ;

7. – GSC 103931, longitudinal section of the cup apex, x 10.

Canada, Labrador ; Toyonian stage.

2. – Section longitudinale oblique d'un calice montrant le développement des planchers, x 5 ;

7. – section longitudinale de la base du calice, x 10.

Canada, Labrador ; Toyonien.

Fig. 3, 4. – *Archaeocyathus okulitchi* (Zhuravleva).

3. – PIN 4451/29, longitudinal section of the cup apex, x 20 ;

4. – PIN 4451/28, longitudinal section of a cup showing the arrangement of tabulae and the gradient of secondary skeleton distribution, x 3.

F.R. Russia, Siberian Platform, middle Lena River ; Toyonian stage.

3. – Section longitudinale de la base du calice, x 20 ;

4. – section longitudinale d'un calice montrant la disposition des planchers et le gradient de répartition du squelette secondaire, x 3.

R.F. Russie, Plate-forme sibérienne, cours moyen de la Léna ; Toyonien.

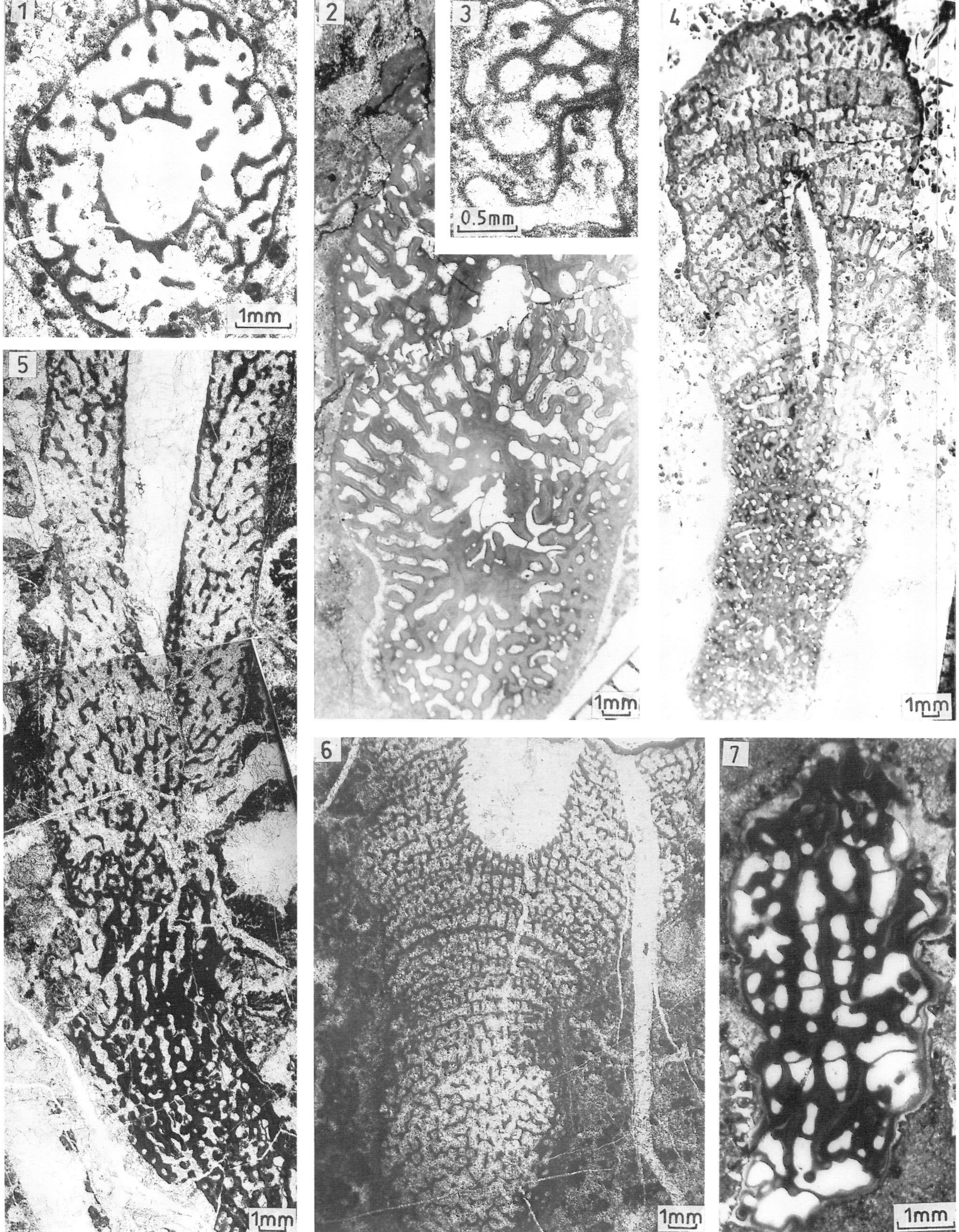
1
2
3
0.5mm
4
5
6
7
1mm
1mm
1mm
1mm
1mm
1mm

PLATE XVI

Fig. 1, 2. – *Archaeocyathus decipiens* (Bedford & Bedford).

1. – PU 86670-247, holotype (Bedford R. & J., 1937, Pl. XXVII, fig. 109a,b), lateral view showing the porosity of pseudotaeniae and the distribution of synapticulae, x 6 ;
2. – SAM P948/76 (*Spirocyathus irregularis* Taylor *in* Bedford R. & W.R., 1936, Pl. XIII, fig. 64), a detail of lateral view showing tabulae formed by the centripetal outer wall, x 7.

1. – Holotype, vue latérale montrant la porosité des pseudotaeniae et la répartition des synapticules, x 6 ;
2. – détail de la vue latérale montrant les planchers formés par la muraille externe centripète, x 7.

Fig. 3. – *Sigmofungia flindersi* Bedford & Bedford. SAM P964-118 (Debrenne, 1974a, fig. 30c), lateral view of the pseudoseptum, x 12.

3. – Vue latérale d'un pseudosepte, x 12.

Fig. 4. – *Pycnoidocyathus synapticulosus* Taylor. SAM 953-97 (Debrenne, 1974a, fig. 13c), lateral view of the pseudoseptum, x 6.

4. – Vue latérale d'un pseudosepte, x 6.

Fig. 5. – *Archaeopharetra irregularis* (Taylor). SAM P939/52 (*Dictyocyathus irregularis* Taylor *in* Bedford R. & W.R., 1936, Pl. XI, fig. 56B), lateral view of the cup apex, x 15.

5. – Vue latérale de la base du calice, x 15.

Fig. 6-8. – *Archaeocyathus* sp.

6. – SAM P952-86, lateral view of the cup apex, x 6 ;
7. – SAM P939/54, lateral view of the cup apex, x 7 ;
8. – SAM P948/74, lateral view of the cup apex, x 15.

6. – Vue latérale de la base du calice, x 6 ;
7. – vue latérale de la base du calice, x 7 ;
8. – vue latérale de la base du calice, x 15.

All samples are from South Australia, Flinders Ranges ; Botomian stage.
Tous les échantillons proviennent d'Australie du Sud, chaîne des Flinders ; Botomien.

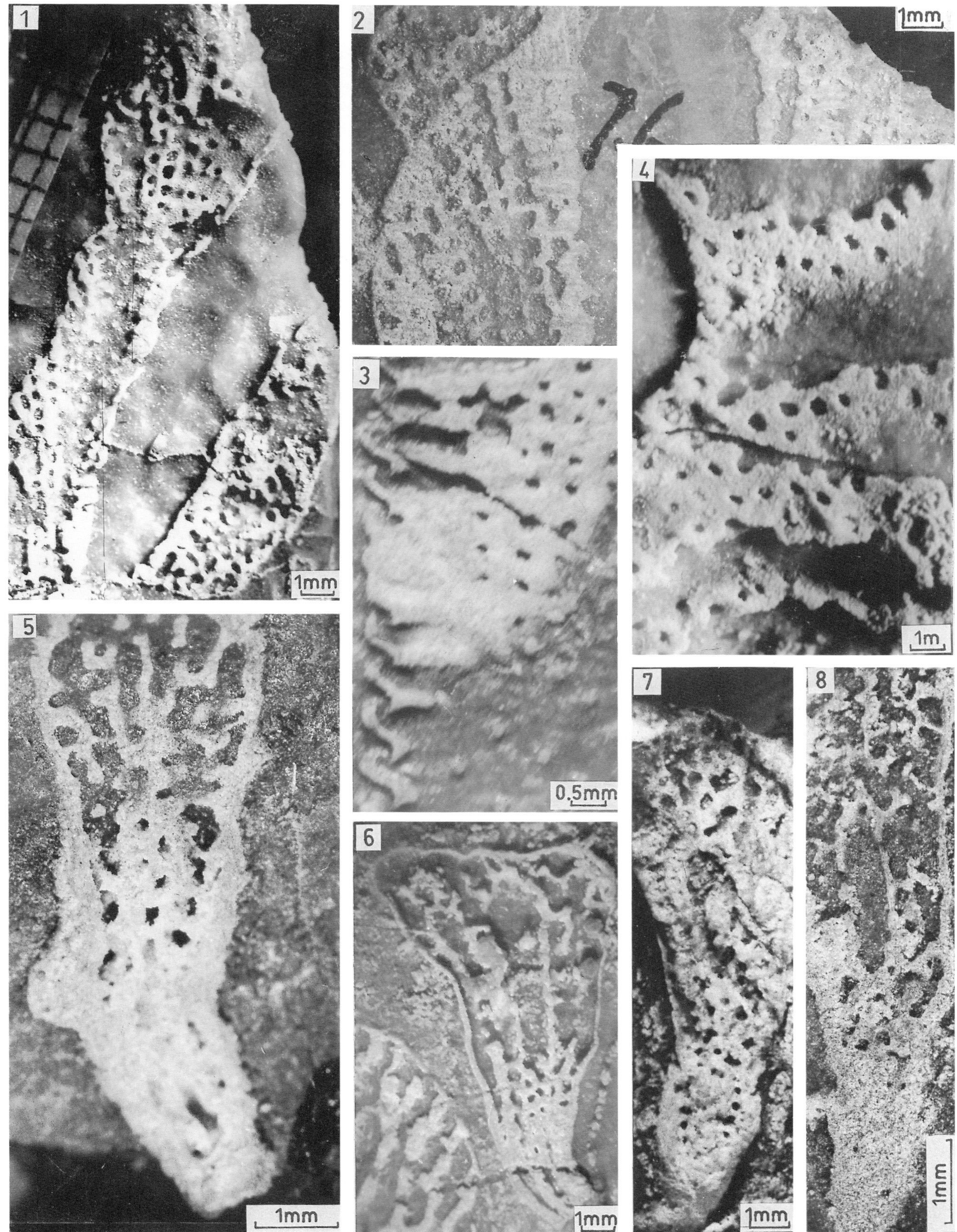

PLATE XVII

Fig. 1. – *Sigmofungia flindersi* Bedford & Bedford. SAM P964-117, holotype (Bedford R. & W.R., 1936, Pl. XIX, fig. 82), lateral view of a part of a cup showing finely porous pseudoseptum and the inner wall canals, x 6.
South Australia, Flinders Ranges ; Botomian stage.

1. – Holotype, vue latérale d'une partie d'un calice montrant un pseudosepte finement poreux et les canaux de la muraille interne, x 6.
Australie du Sud, chaîne des Flinders ; Botomien.

Fig. 2, 4. – *Pycnoidocyathus synapticulosus* Taylor.

2. – SAM T1566 (*Archaeofungia ajax* Taylor, holotype *in* Taylor, 1910, Pl. XIII, fig. 68), a detail of the outer view showing centripetal outer wall, x 12 ;
4. – SAM P957, top view of a cup showing canals in the inner wall, x 6.
South Australia, Flinders Ranges ; Botomian stage.

2. – Holotype, un détail de la vue externe montrant la muraille externe centripète, x 12 ;
4. – vue supérieure d'un calice montrant les canaux de la muraille interne, x 6.
Australie du Sud, chaîne des Flinders ; Botomien.

Fig. 3. – *Sigmofungia undata* (Debrenne). MNHN M83098, holotype (Debrenne *et al.*, 1989a, Pl. 12, fig. 3), transverse section of a cup showing tabulae, x 4.
Mexico, Sonora ; Botomian stage.

3. – Holotype, section transversale d'un calice montrant les planchers, x 4.
Mexique, Sonora ; Botomien.

Fig. 5. – *Pycnoidocyathus sekwiensis* Handfield. GSC 12362 (Coll. R.C. Handfield), polished transverse section of a cup showing fused canals, x 4.
Canada, Northwest Territories, Caribou Pass ; Botomian stage.

5. – Section transversale polie d'un calice montrant les canaux fusionnés, x 4.
Canada, Territoires du Nord-Ouest, défilé du Caribou ; Botomien.

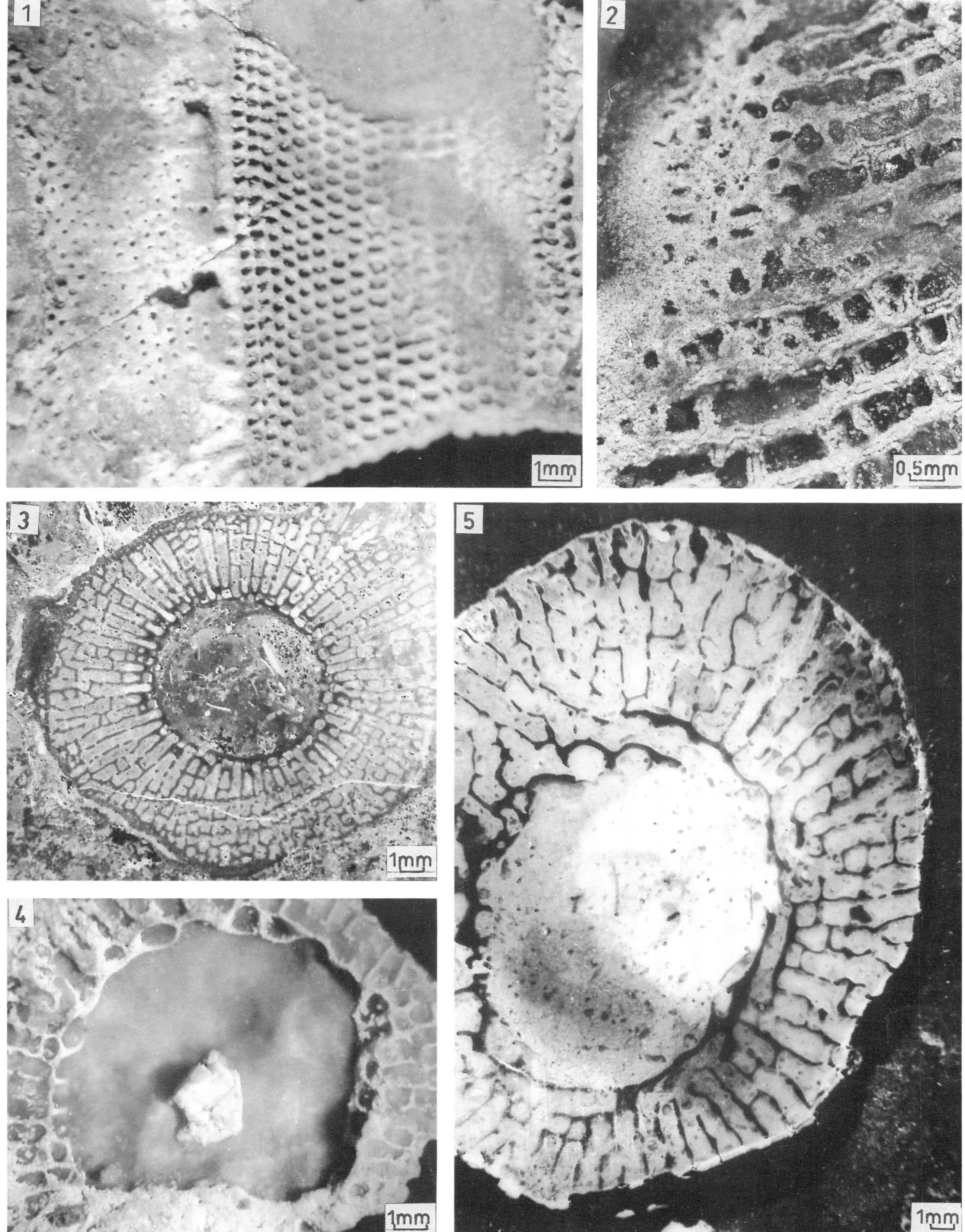

PLATE XVIII

Fig. 1. – *Pycnoidocyathus sekwiensis* Handfield. GSC 25384, holotype (Handfield, 1971, Pl. XIV, fig. 2a, b) ;

a – median longitudinal section of a cup, x 2.4 ;
b – tangential section of the inner wall showing fused canals, x 4.
Canada, Northwest Territories, Caribou Pass ; Botomian stage.

a – Section longitudinale médiane d'un calice, x 2,4 ;
b – section tangentielle de la muraille interne montrant les canaux fusionnés, x 4.
Canada, Territoires du Nord-Ouest, défilé du Caribou ; Botomien.

Fig. 2, 4, 5. – *Arrythmocricus kobluki* Debrenne & James.

2. – GSC 103932, longitudinal section of a cup, x 10 ;
4. – GSC 103933, oblique longitudinal section of a cup showing fused bracts on the inner wall, x 15 ;
5. – GSC 103934, tangential section of the centripetal outer wall, x 15.
Canada, Labrador ; Toyonian stage.

2. – Section longitudinale d'un calice, x 10 ;
4. – section longitudinale oblique d'un calice montrant les bractées fusionnées de la muraille interne, x 15 ;
5. – section tangentielle de la muraille externe centripète, x 15.
Canada, Labrador ; Toyonien.

Fig. 3. – *Archaeocyathus yichangensis* Yuan & Zhang. MNHN M85088, longitudinal section of the cup apex, x 20.
China, Yangtze Platform, Hubei ; Toyonian stage.

3. – Section longitudinale de la base du calice, x 20.
Chine, Plate-forme du Yang-tseu-kiang, Hubei ; Toyonien.

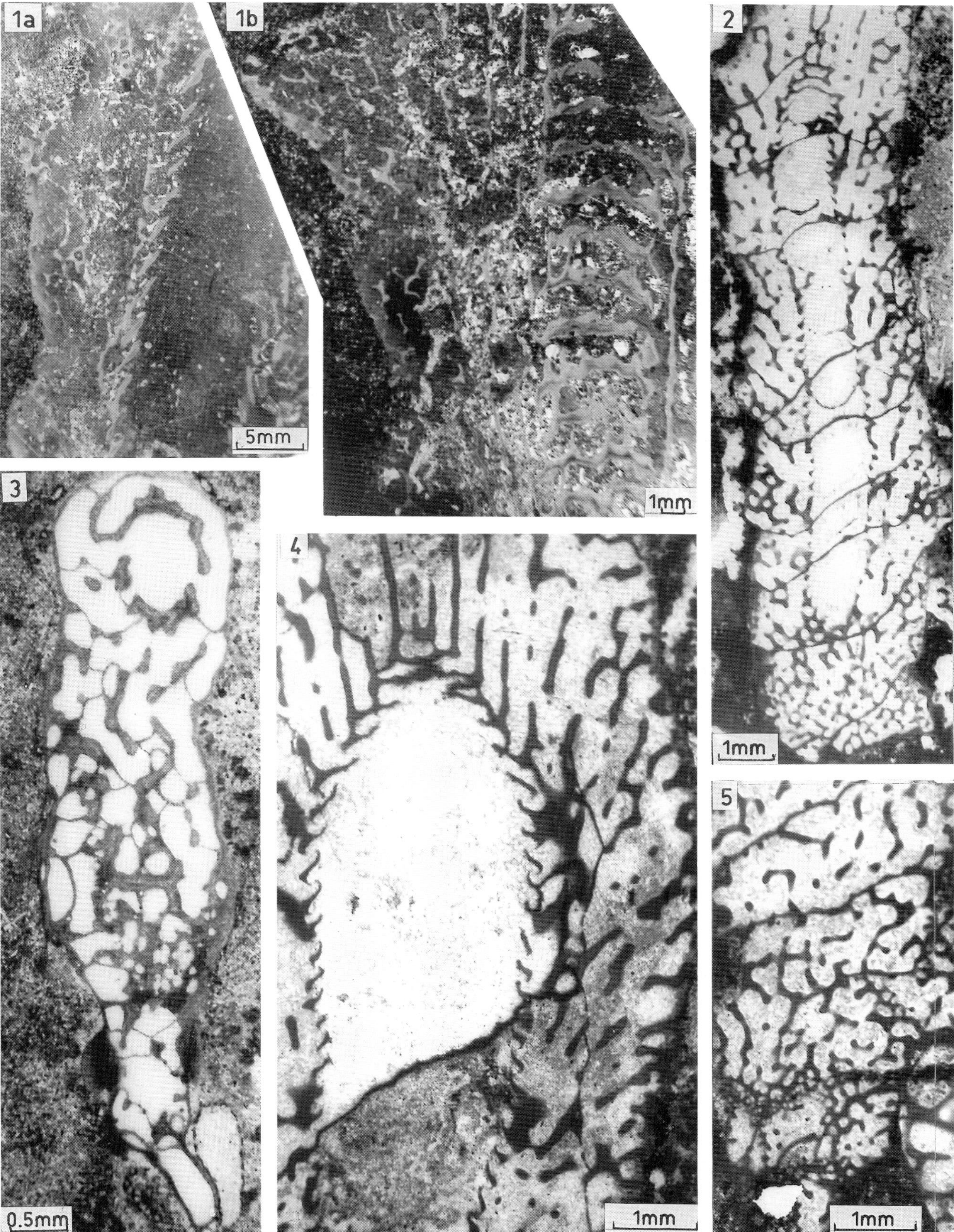

PLATE XIX

Fig. 1, 4, 8. – *Archaeosycon copulatus* (Debrenne & Gangloff).

1. – GSC 90213, paratype (*Pustulacyathellus copulatus* Debrenne & Gangloff *in* Voronova *et al.*, 1987, Pl. XVIII, fig. 3), detail of a section through the outer wall showing denticulation, x 15.
Canada, Northwest Territories, Mackenzie Mountains.
4. – USNM 460345, longitudinal section of the cup apex, x 10.
U.S.A., Nevada, Iron Canyon.
8. – GSC 90214, paratype (Voronova *et al.*, 1987, Pl. XVIII, fig. 4), longitudinal section of an external bud, x 6.
Canada, Northwest Territories, Mackenzie Mountains ; Botomian stage.

1. – Détail d'une section dans la muraille externe montrant une denticulation, x 15 ;
Canada, Territoires du Nord-Ouest, Monts Mackenzie.
4. – Section longitudinale de la base du calice, x 10 ;
Etats-Unis, Nevada, Iron Canyon.
8. – Section longitudinale d'un bourgeon externe, x 6.
Canada, Territoires du Nord-Ouest, Monts Mackenzie ; Botomien.

Fig. 2, 3. – *Archaeosycon billingsi* (Walcott).

2. – GSC 103935, tangential section of a tabula, x 20 ;
3. – GSC 62119 (Debrenne & James, 1981, Pl. 52, fig. 4), tangential section of the inner wall, x 7.5.
Canada, Labrador ; Toyonian stage.

2. – Section tangentielle d'un plancher, x 20 ;
3. – section tangentielle de la muraille interne, x 7,5.
Canada, Labrador ; Toyonien.

Fig. 5. – *Cellicyathus* sp. PIN 4451/30, tangential section of a tabula, x 20.

F.R. Russia, Siberian Platform, Olekma River ; Botomian stage.

5. – Section tangentielle d'un plancher, x 20.
R.F. Russie, Plate-forme sibérienne, rivière Olekma ; Botomien.

Fig. 6, 7. – *Claruscoscinus billingsi* (Vologdin).

6. – PIN 4451/31, a part of a longitudinal section of a cup showing secondary calcareous skeleton in the central cavity and tabulae, x 5 ;
7. – PIN 4451/32, longitudinal section of a branching pseudocolony showing an external budding, x 5.
F.R. Russia, Western Transbaikal, Baikal Ranges ; Toyonian stage.

6. – Partie d'une section longitudinale d'un calice montrant le squelette calcaire secondaire dans la cavité centrale et les planchers, x 5 ;
7. – section longitudinale d'une pseudocolonie branchue montrant un bourgeonnement externe, x 5.
R.F. Russie, Transbaïkal occidental, chaîne des monts Baïkal ; Toyonien

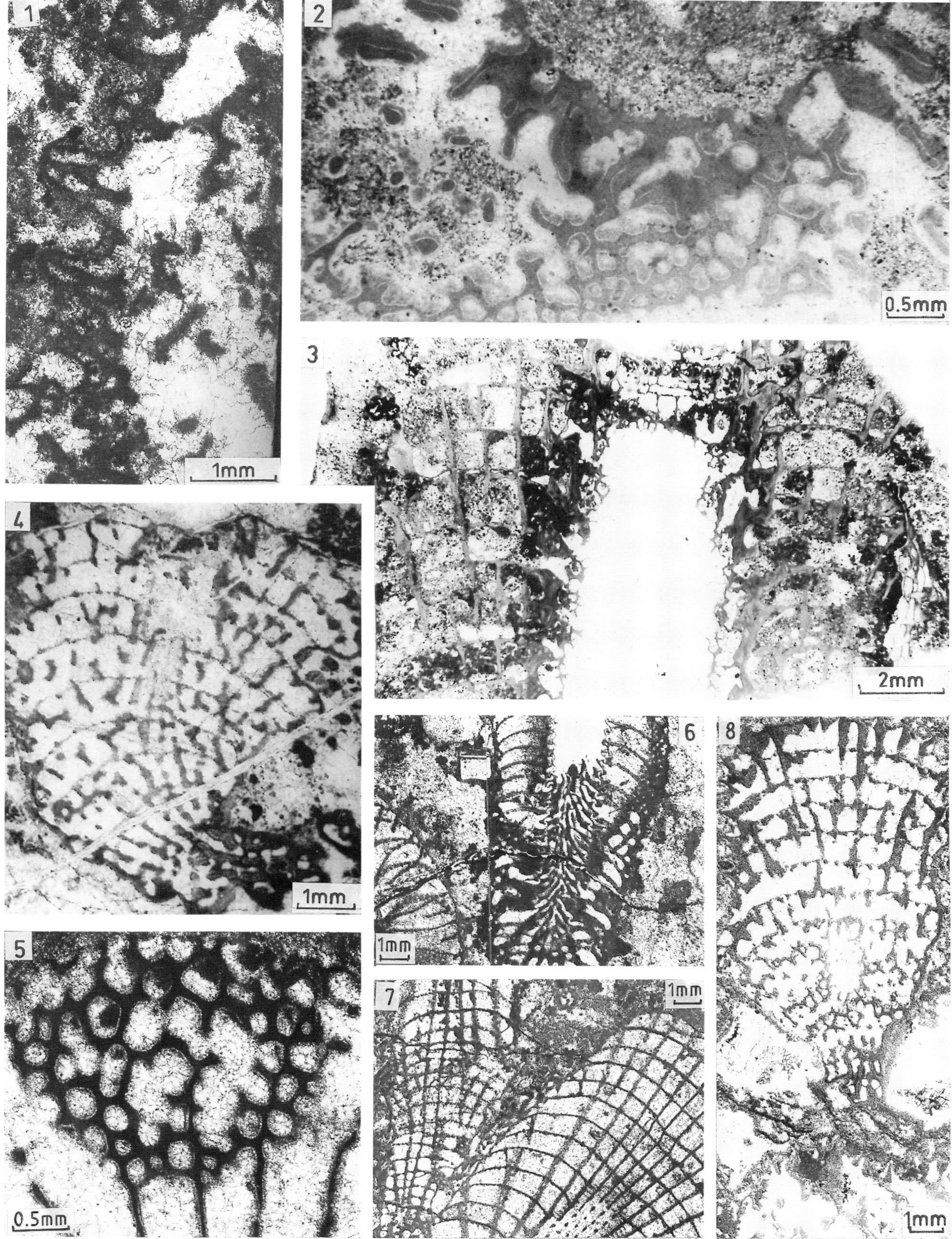

PLATE XX

Fig. 1-6. – *Spinosocyathus maslennikovae* Zhuravleva.

    1. – PIN 4451/38, longitudinal section of a cup with tabulae at the apex, x 10 ;

    2. – PIN 4451/34, longitudinal section of the cup apex, x 20 ;

    3. – PIN 4451/35, tangential section of the compound outer wall with incipient pore subdivision, x 20 ;

    4. – PIN 4451/36, longitudinal section of a cup showing the rudimentary inner wall with spines and cup apex, x 10 ;

    5. – PIN 4451/33, oblique longitudinal section of the cup apex, x 15 ;

    6. – PIN 4451/37, oblique longitudinal section showing pseudotaeniae, x 10.

    F.R. Russia, Siberian Platform, middle Lena River ; Tommotian stage.

    1. – Section longitudinale d'un calice à planchers à la base, x 10 ;

    2. – section longitudinale de la base du calice, x 20 ;

    3. – section longitudinale de la muraille externe composite avec un début de division des pores, x 20 ;

    4. – section longitudinale d'un calice montrant la muraille interne rudimentaire à épines et la base du calice, x 10 ;

    5. – section longitudinale de la base du calice, x 15 ;

    6. – section longitudinale oblique montrant des pseudotaeniae, x 10.

    R.F. Russie, Plate-forme sibérienne, cours moyen de la Léna ; Tommotien.

Fig. 7a-c. – *Agastrocyathus gregarius* (Debrenne). SGM Am10 (Debrenne, 1964, Pl. 36, fig. 1) ;

    a – Longitudinal section of the compound outer wall, x 15 ;

    b – tangential section of the compound outer wall with incipient pore subdivision, x 15 ;

    c – oblique longitudinal section of a cup, x 9.

    Morocco, Amouslek ; Atdabanian stage.

    a – Section longitudinale de la muraille externe composite, x 15 ;

    b – section tangentielle de la muraille externe composite avec un début de division des pores, x 15 ;

    c – section longitudinale oblique d'un calice, x 9.

    Maroc, Amouslek ; Atdabanien.

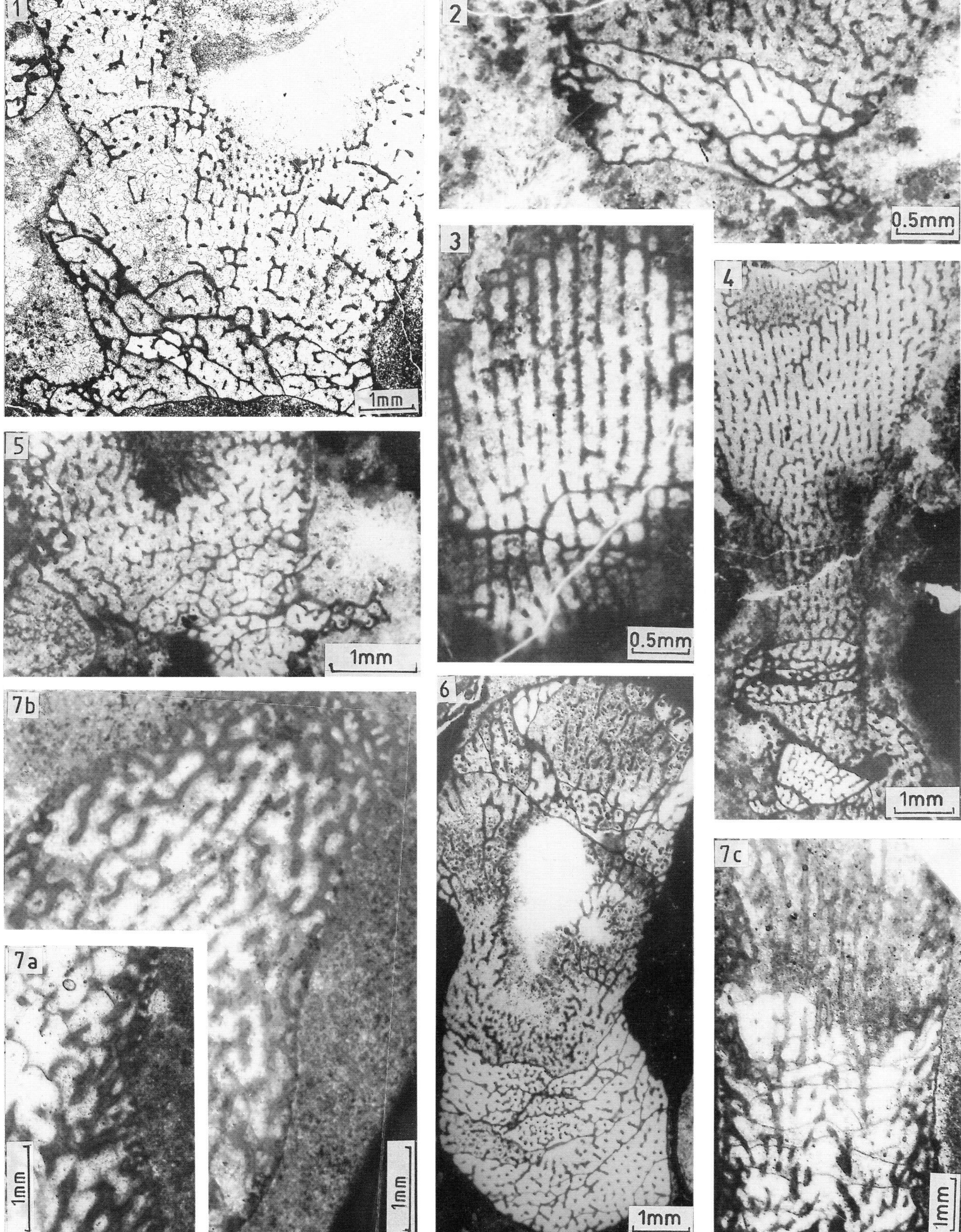

PLATE XXI

Fig. 1, 2, 5. – *Gabrielsocyathus gabrielsensis* (Okulitch).

1. – UAM 2419 (Coll. R.A. Gangloff), longitudinal section of a cup showing pseudoseptum porosity and distribution of epibionts along the cup, x 3 ;
2. – UAM 2420 (Coll. R.A. Gangloff), tangential section of the compound outer wall with complete pore subdivision, x 10.
U.S.A., Alaska, Tatonduk River ; Botomian stage.
5. – GSC 12358 [*Metacoscinus deasensis* Okulitch, holotype (*in* Okulitch, 1955b, pl. I, fig. 3)], polished tangential section of the simple inner wall, x 5.
Canada, British Columbia, McDame area ; Botomian stage.

1. – Section longitudinale d'un calice montrant la porosité d'un pseudosepte et la répartition des épibiontes le long du calice, x 3 ;
2. – section tangentielle de la muraille externe composite avec subdivision complète des pores, x 10.
Etats-Unis, Alaska, rivière Tatonduk ; Botomien.
5. – Section tangentielle polie de la muraille interne simple, x 5.
Canada, Colombie Britannique, région de McDame ; Botomien.

Fig. 3. – *Copleicyathus scottensis* Gravestock ; SAM P21423-1, holotype (Gravestock, 1984, fig. 52B), tangential section of the compound outer wall with complete pore subdivision, x 20.
South Australia, Mount Scott Range ; Atdabanian stage.

3. – Section tangentielle de la muraille externe composite avec subdivision complète des pores, x 20.
Australie du Sud, chaîne de Mount Scott ; Atdabanien.

Fig. 4. – *Copleicyathus furcus* (Bedford & Bedford) ; SAM P32055, transverse section of a cup, x 5.
South Australia, Yorke Peninsula ; Atdabanian stage.

4. – Section transversale d'un calice, x 5.
Australie du Sud, Péninsule d'Yorke ; Atdabanien.

Fig. 6. – *Copleicyathus confertus* Bedford & Bedford ; SAM P21684 (Gravestock, 1984, fig. 51E), tangential section of the inner wall, x 25.
South Australia, Mount Scott Range ; Atdabanian stage.

6. – Section tangentielle de la muraille interne, x 25.
Australie du Sud, chaîne de Mount Scott ; Atdabanien.

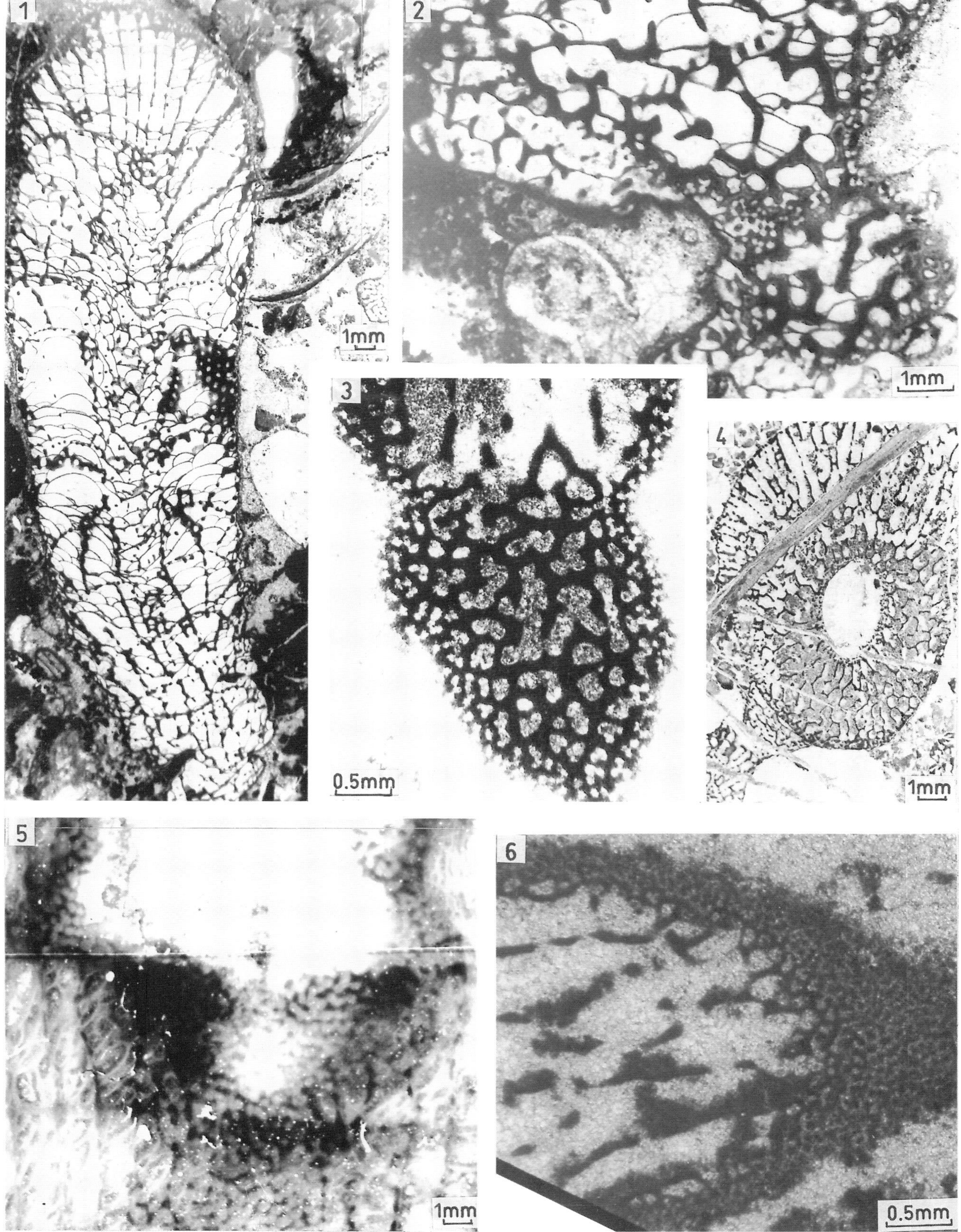

PLATE XXII

Fig. 1, 3, 4. – *Tabulacyathellus bidzhaensis* Missarzhevsky.

1. – PIN 4451/39, oblique longitudinal section of a cup showing tabula structure, x 20.
Mongolia, Khasagt-Khayrkhan Ridge ; Atdabanian stage.
3. – PIN 4451/40, longitudinal section of the cup apex, x 20 ;
4. – PIN 4451/41, transverse section, x 20.
F.R. Russia, Altay Sayan Fold Belt, Batenevsky Ridge ; Atdabanian stage.

1. – Section longitudinale oblique d'un calice montrant la structure du plancher, x 20.
Mongolie, crête de Khasagt-Khayrkhan ; Atdabanien.
3. – Section longitudinale de la base du calice, x 20 ;
4. – section transversale, x 20.
R.F. Russie, zone plissée de l'Altaï Saïan, crête de Batenevsky ; Atdabanien.

Fig. 2, 6. – *Alaskacoscinus tatondukensis* Debrenne, Gangloff & A. Zhuravlev.

2. – UAM 2536, paratype (Debrenne & Zhuravlev, 1990, pl. 1, fig. 4), longitudinal section of a cup,
x 7 ;
6. – UAM 2534, holotype (Debrenne & Zhuravlev, 1990, pl. 1, fig. 5), a part of a longitudinal section
of a cup, x 5.
U.S.A., Alaska, Tatonduk River ; Botomian stage.

2. – Paratype, section longitudinale d'un calice, x 7 ;
6. – holotype, partie d'une section longitudinale d'un calice, x 5.
Etats-Unis, Alaska, rivière Tatonduk ; Botomien.

Fig. 5. – *Sigmofungia flindersi* Bedford & Bedford ; SAM P32006, longitudinal section of the cup apex,
x 5.
South Australia, Yorke Peninsula ; Botomian stage.

5. – Section longitudinale de la base du calice, x 5.
Australie du Sud, Péninsule d'Yorke ; Botomien.

Fig. 7. – *Jugalicyathus tardus* Gravestock, SAM P21748, paratype (Gravestock, 1984, fig. 56g) ; transverse
section of a cup, x 3.
South Australia, Mount Scott Range ; Botomian stage.

7. – Paratype, section transversale d'un calice, x 3.
Australie du Sud, chaîne de Mount Scott ; Botomien.

Fig. 8. – *Warriootacyathus wilkawillinensis* Gravestock, SAM P21806-2, paratype (Gravestock, 1984,
fig. 62B), transverse section of a cup, x 2.
South Australia, Wilkawillina Gorge ; Atdabanian stage.

8. – Paratype, section transversale d'un calice, x 2.
Australie du Sud, gorges de Wilkawillina ; Atdabanien.

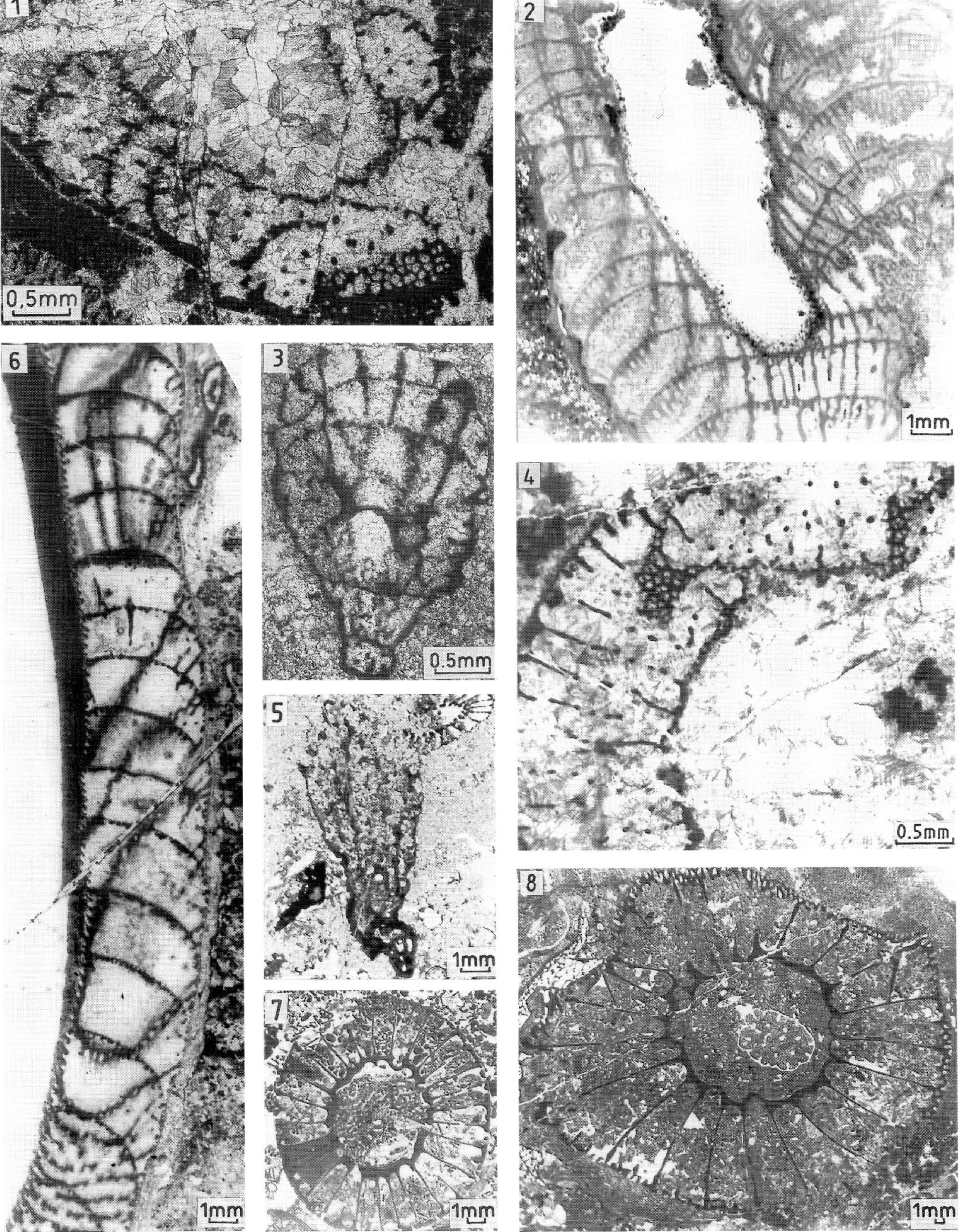

PLATE XXIII

Fig. 1, 2. – *Metacyathellus caribouensis* (Handfield).

1. – GSC 90187 (Voronova *et al.*, 1987, pl. XIV, fig. 1b), tangential section of the compound outer wall with complete pore subdivision, x 20 ;
2. – GSC 90184 (Voronova *et al.*, 1987, pl. XIII, fig. 4), transverse section of a cup, x 5.
Canada, Northwest Territories, Mackenzie Mountains ; Botomian stage.

1. – Section tangentielle de la muraille externe composite avec division complète des pores, x 20 ;
2. – section transversale d'un calice, x 5.
Canada, Territoires du Nord-Ouest, Monts Mackenzie ; Botomien.

Fig. 3, 4. – *Metaldetes profundus* (Billings).

3. – GSC 103924 (Voronova *et al.*, 1987, pl. VII, fig. 4), longitudinal section of a cup showing tabula development, x 6 ;
4. – GSC 103936, longitudinal section of the cup apex, x 10.
Canada, Labrador ; Toyonian stage.

3. – Section longitudinale d'un calice montrant le développement des planchers, x 6 ;
4. – section longitudinale de la base du calice, x 10.
Canada, Labrador ; Toyonien.

Fig. 5. – *Metaldetes ferulae* Gravestock, SAM P21498-1, holotype (Gravestock, 1984, fig. 53J), tangential section of the compound outer wall with complete pore subdivision, x 20.
South Australia, Wilkawillina Gorge ; Atdabanian stage.

5. – Holotype, section tangentielle de la muraille externe composite avec division complète des pores, x 20.
Australie du Sud, Gorges de Wilkawillina ; Atdabanien.

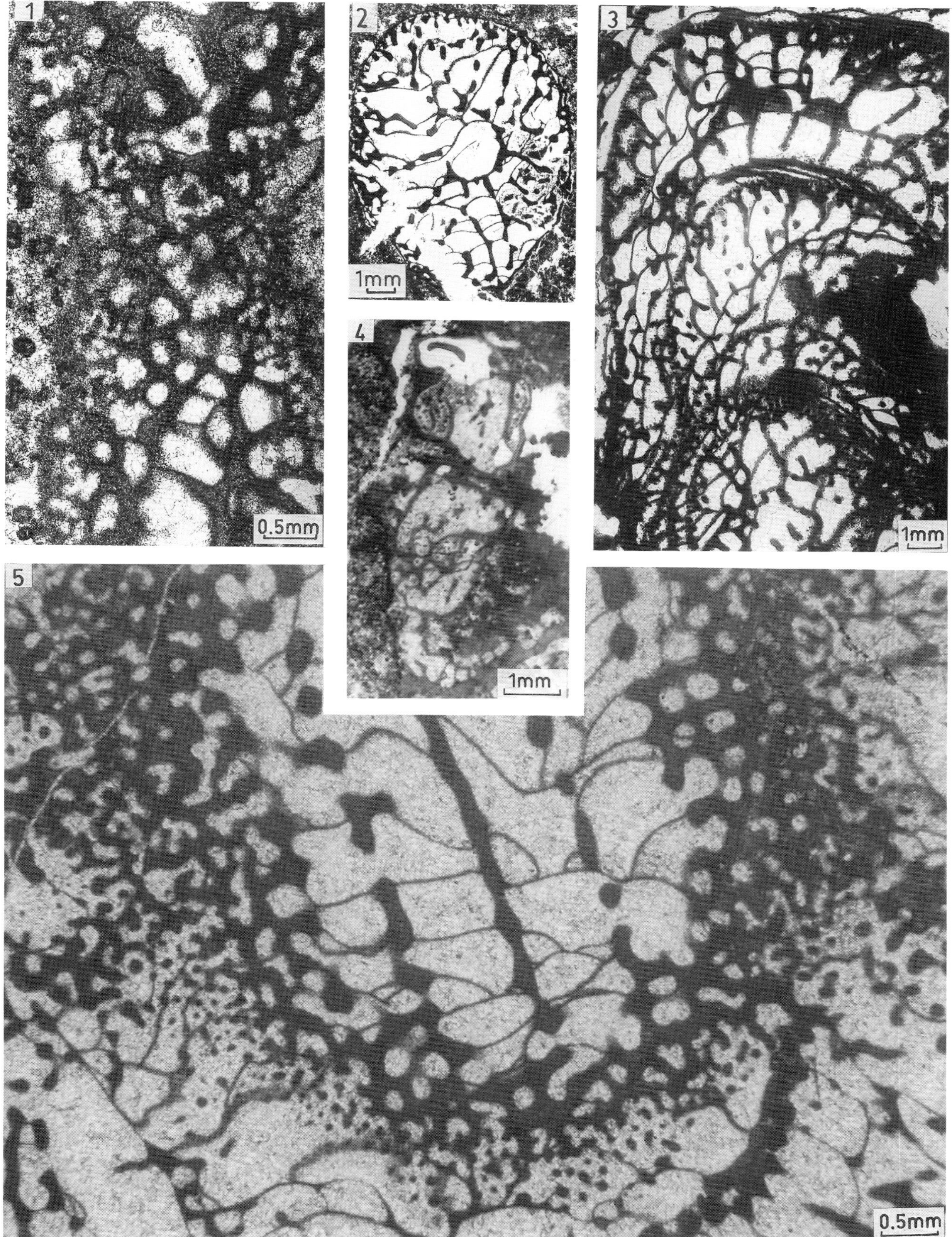

PLATE XXIV

Fig. 1. – *Metaldetes cylindricus* Taylor, SAM T1592, holotype (Taylor, 1910, pl. XV, fig. 86-88) ;
a – detail of the outer wall, x 6 ;
b – part of a longitudinal section of a cup showing coarsely porous taenia, x 20.
South Australia ; Atdabanian stage.

a – Détail de la muraille externe, x 6 ;
b – partie d'une section longitudinale d'un calice montrant des taeniae grossièrement poreuses, x 20.
Australie du Sud ; Atdabanien.

Fig. 2. – *Metaldetes profundus* (Billings), GSC 103937, tangential section of the compound inner wall with complete pore subdivision, x 20.
Canada, Labrador ; Toyonian stage.

2. – Section tangentielle de la muraille interne composite avec division complète des pores, x 20.
Canada, Labrador ; Toyonien.

Fig. 3, 4. – *Changicyathus tenuicaulus* (Zhang & Yuan) (*Cambrocyathellus tenuicaulus in* Zhang & Yuan, 1985, pl. II, fig. 5, 6).
3. – NIGP 17f 10-14/82277, holotype, oblique longitudinal section of a bowl-like cup, x 10 ;
4. – NIGP 17f 10-14/82276, paratype, tangential section of the compound subdivided inner wall, x 20.
China, Yangtze Platform, Sichuan ; Botomian stage.

3. – Holotype, section longitudinale oblique d'un calice en champignon, x 10 ;
4. – paratype, section tangentielle de la muraille interne de type composite subdivisé, x 20.
Chine, Plate-forme du Yang-tseu-kiang, Sichuan ; Botomien.

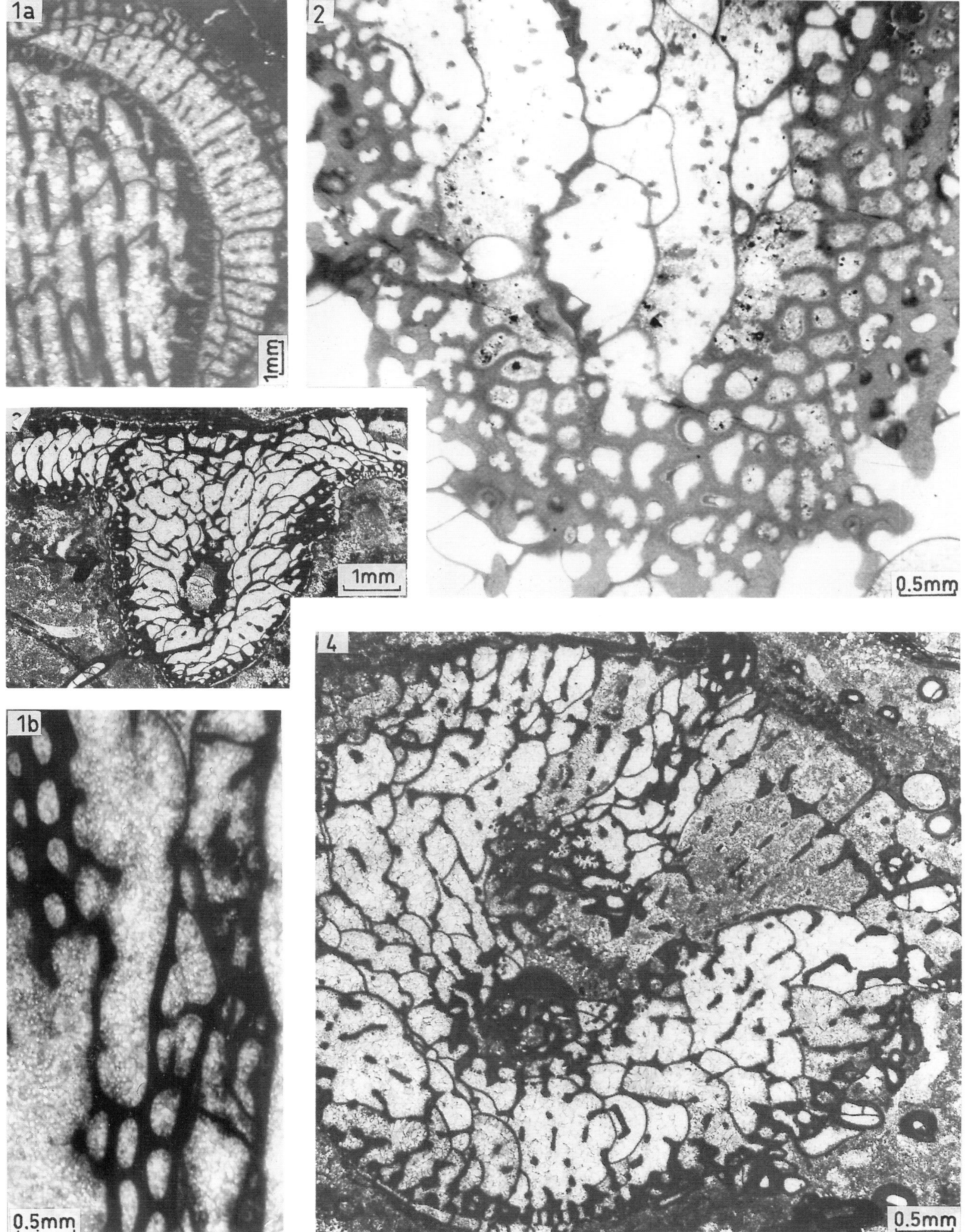

PLATE XXV

Fig. 1, 3, 4. – *Graphoscyphia graphica* (Bedford & Bedford).

1. – SAM P947-68, paratype (Bedford R. & W.R., 1934, pl. IV, fig. 22c) ; lateral view of regular dictyonal network, x 6 ;
3. – BMNH S4170, holotype (Bedford R. & W.R., 1934, pl. IV, fig. 22a), a view of the simple inner wall, x 6 ;
4. – PU 85, view of the basic simple outer wall, x 6.
South Australia, Flinders Ranges ; Botomian stage.

1. – Paratype, vue latérale du réseau dictyonal régulier, x 6 ;
3. – holotype, vue de la muraille interne simple, x 6 ;
4. – vue de la muraille externe basique simple, x 6.
Australie, chaîne des Flinders ; Botomien.

Fig. 2. – *Graphoscyphia* sp. PIN 4451/42, (Coll. V.V. Khomentovsky), transverse section of a modular skeleton with external buds, x 10.
F.R. Russia, Altay Sayan Fold Belt, Mana Depression ; Botomian (?) stage.

2. – Section transversale d'un squelette modulaires à bourgeons externes, x 10.
R.F. Russie, zone plissée de l'Altaï Saïan, Dépression de Mana ; Botomien (?).

Fig. 5-6. – *Taeniaecyathellus semenovi* Zhuravleva.

5. – PIN 4451/43, x 20 :
a – tangential section of a tabellar outer wall ;
b – transverse section of a tabellar outer wall ;
6. – PIN 4451/44, transverse section of a cup, x 10.
F.R. Russia, Altay Sayan Fold Belt, Western Sayan ; Botomian stage.

a – Section tangentielle d'une muraille externe tabellaire, x 20 ;
b – section transversale d'une muraille externe tabellaire, x 20 ;
6. – section transversale d'un calice, x 10.
R.F. Russie, zone plissée de l'Altaï Saïan, Saïan occidental ; Botomien.

Fig. 7. – *Usloncyathus miculus* Fonin. PIN 4451/45, longitudinal section of the cup apex, x 20.
F.R. Russia, Eastern Transbaikal, Argun' River Basin ; Atdabanian stage.

7. – Section longitudinale de la base du calice, x 20.
R.F. Russie, Transbaïkal oriental, Bassin de l'Argun ; Atdabanien.

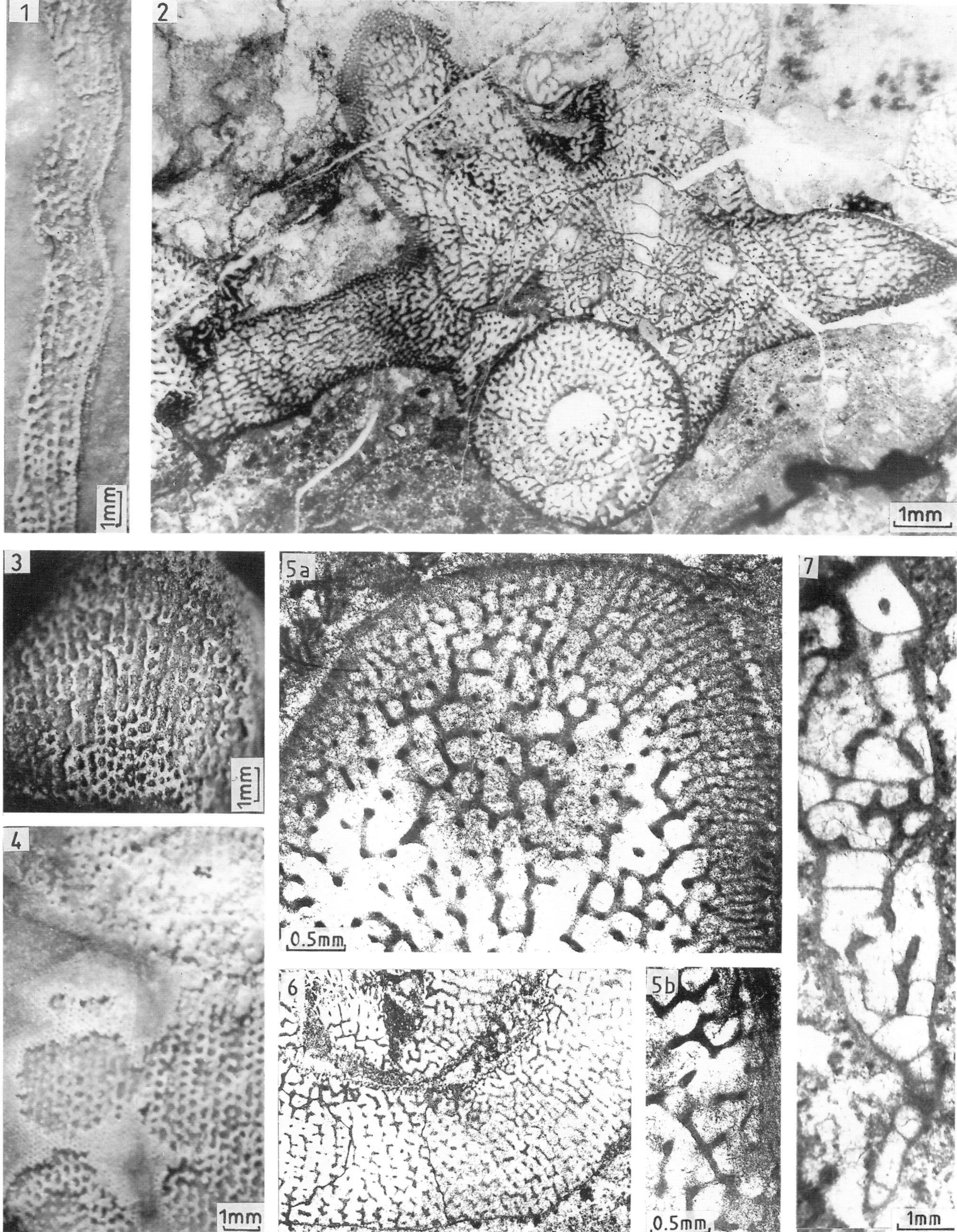
1
2
1mm
1mm
3
1mm
4
1mm
5a
0.5mm
6
5b
0.5mm
7
1mm

PLATE XXVI

Fig. 1-8. – *Fenestrocyathus complexus* Handfield.

1. – GSC 90157 (*Syringsella* sp. *in* Voronova *et al.*, 1987, pl. VIII, fig. 3), transverse section of a cup, x 5 ;
2. – GSC 103925, longitudinal section of a cup showing tabulae, x 5.
Canada, Northwest Territories, Mackenzie Mountains ; Botomian stage.
3. – UAM 2552 (Coll. R.A. Gangloff), transverse section of a cup fulfilled by vesicles, x 6.
U.S.A., Alaska, Tatonduk River ; Botomian stage.
4. – GSC 25388, holotype (Handfield, 1971, pl. XIV, fig. 5), transverse section of a cup with fused bracts on the inner wall, x 5.
5. – GSC 25390 (Handfield, 1971, pl. XIV, fig. 4a, b), paratype.
a – tangential section of the outer wall, x 5 ;
b – longitudinal section of a cup showing convex dictyonal network and fused bracts on the inner wall, x 5.
Canada, Northwest Territories, locality GSC 73873 ; Botomian stage.
6. – GSC 90158 (Voronova *et al.*, 1987, pl. VIII, fig. 4b), longitudinal section of the basic simple outer wall, x 20.
Canada, Northwest Territories, Mackenzie Mountains ; Botomian stage.
7. – UAM 2548 (Coll. R.A. Gangloff), oblique longitudinal section of a cup showing non-fused bracts on the inner wall, x 6.
U.S.A., Alaska, Tatonduk River ; Botomian stage.
8. – GSC 90155 (Voronova *et al.*, 1987, pl. VIII, fig. 1b). Oblique longitudinal section showing the dictyonal network and fused bracts on the inner wall, x 10.
Canada, Northwest Territories, Mackenzie Mountains ; Botomian stage.

1. – Section transversale d'un calice, x 5 ;
2. – section longitudinale d'un calice montrant des planchers, x 5.
Canada, Territoires du Nord-Ouest, Monts Mackenzie ; Botomien.
3. – Section transversale d'un calice rempli de vésicules, x 6.
Etats-Unis, Alaska, rivière Tatonduk ; Botomien.
4. – Holotype, section transversale d'un calice à bractées soudées à la muraille interne, x 5.
5. – Paratype.
a – section tangentielle de la muraille externe, x 5 ;
b – section longitudinale d'un calice montrant un réseau dictyonal convexe et des bractées soudées à la muraille interne, x 5.
Canada, Territoires du Nord-Ouest, localité GSC 73873 ; Botomien.
6. – Section longitudinale de la muraille externe basique simple, x 20.
Canada, Territoires du Nord-Ouest, Monts Mackenzie ; Botomien.
7. – Section longitudinale oblique d'un calice montrant des bractées non soudées à la muraille interne, x 6.
Etats-Unis, Alaska, rivière Tatonduk ; Botomien.
8. – Section longitudinale oblique montrant le réseau dictyonal et les bractées soudées, x 10.
Canada, Territoires du Nord-Ouest, Monts Mackenzie ; Botomien.

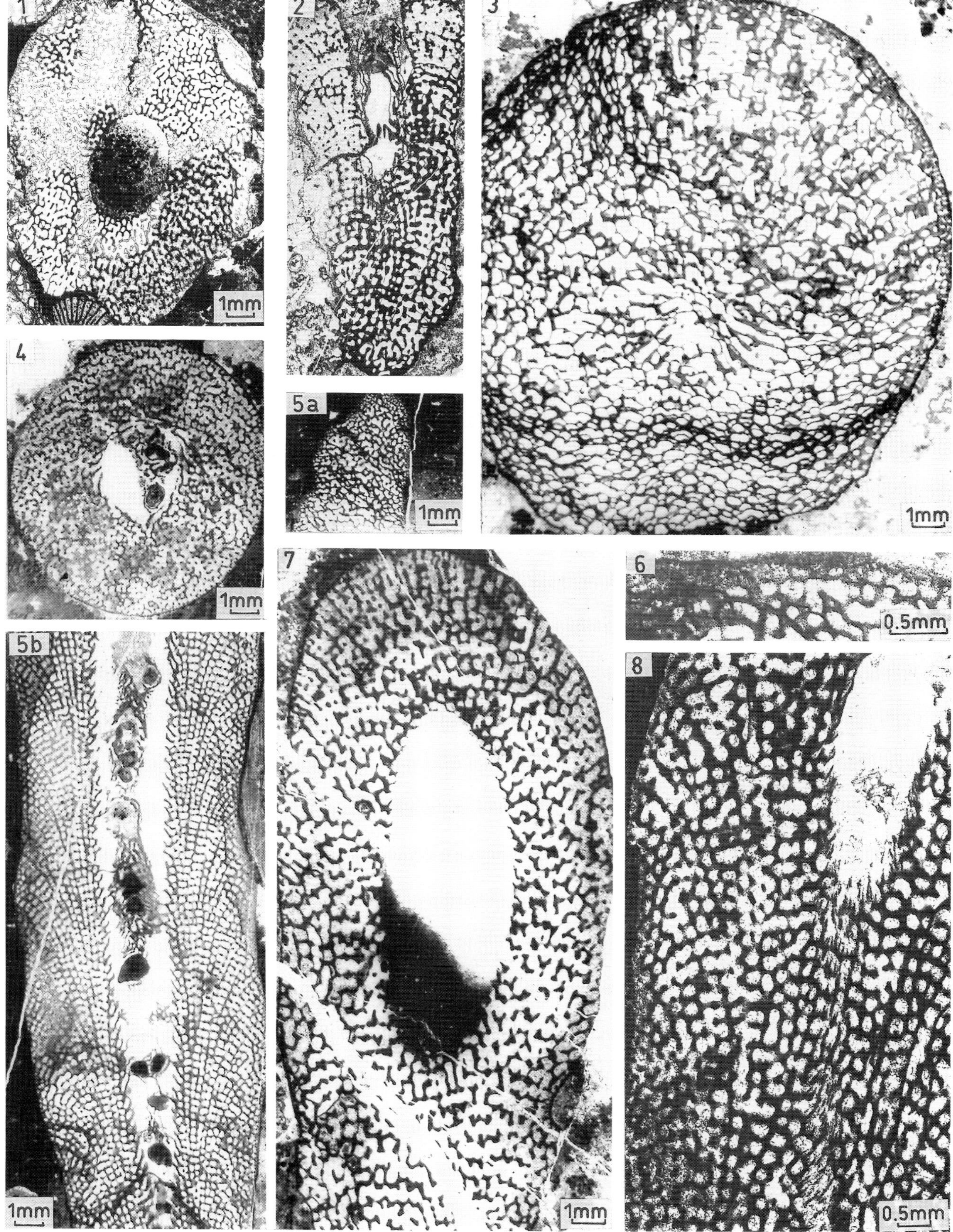

PLATE XXVII

Fig. 1. – *Maiandrocyathus insigne* (Bedford & Bedford). SAM P986-168, holotype (Bedford R. & W.R., 1936, pl. XX, fig. 84 A-E) ;

a – lateral view of a cup showing the coarsely porous taeniae and the simple inner wall, x 6 ;
b – outer view of the outer wall showing subdivided canals, x 3.

a – Holotype, vue latérale d'un calice montrant des taeniae grossièrement poreuses et une muraille interne simple, x 6 ;
b – holotype, vue latérale de la muraille externe montrant des canaux subdivisés, x 3.

Fig. 2. – *Ataxiocyathus grandis* (Bedford & Bedford). PU 86821 (311), holotype (Bedford R. & J., 1937, pl. XXXVI, fig. 140 A-D) ;

a – view of the outer wall with subdivided canals, x 20 ;
b – lateral view on a pseudoseptum, x 6.
South Australia, Flinders Ranges ; Botomian stage.

a – Holotype, vue de la muraille externe à canaux subdivisés, x 20 ;
b – holotype, vue latérale d'un pseudosepte, x 6.
Australie du Sud, chaîne des Flinders ; Botomien.

Fig. 3-4. – *Beltanacyathus wirrialpensis* (Taylor).

3. – PU 86718-275 (*Beltanacyathus ionicus* Bedf. & Bedf., holotype *in* Bedford R. & J., 1937, pl. XXIII, fig. 95, 96) ;

a – top view showing the outer wall longitudinal folds, x 3 ;
b – view of the outer wall pierced by subdivided canals, x 10 ;
c – view of the inner wall with fused and non fused canals, x 6 ;
4. – PU 86709-272, lateral view on the pseudoseptum, x 6.
South Australia, Flinders Ranges ; Atdabanian stage.

3. – a – Vue de dessus montrant les plis longitudinaux de la muraille externe, x 3 ;
    b – vue de la muraille externe percée de canaux subdivisés, x 10 ;
    c – vue de la muraille interne à canaux soudés et non soudés, x 6 ;
4. – vue latérale d'un pseudosepte, x 6.
Australie du Sud, chaîne des Flinders ; Atdabanien.

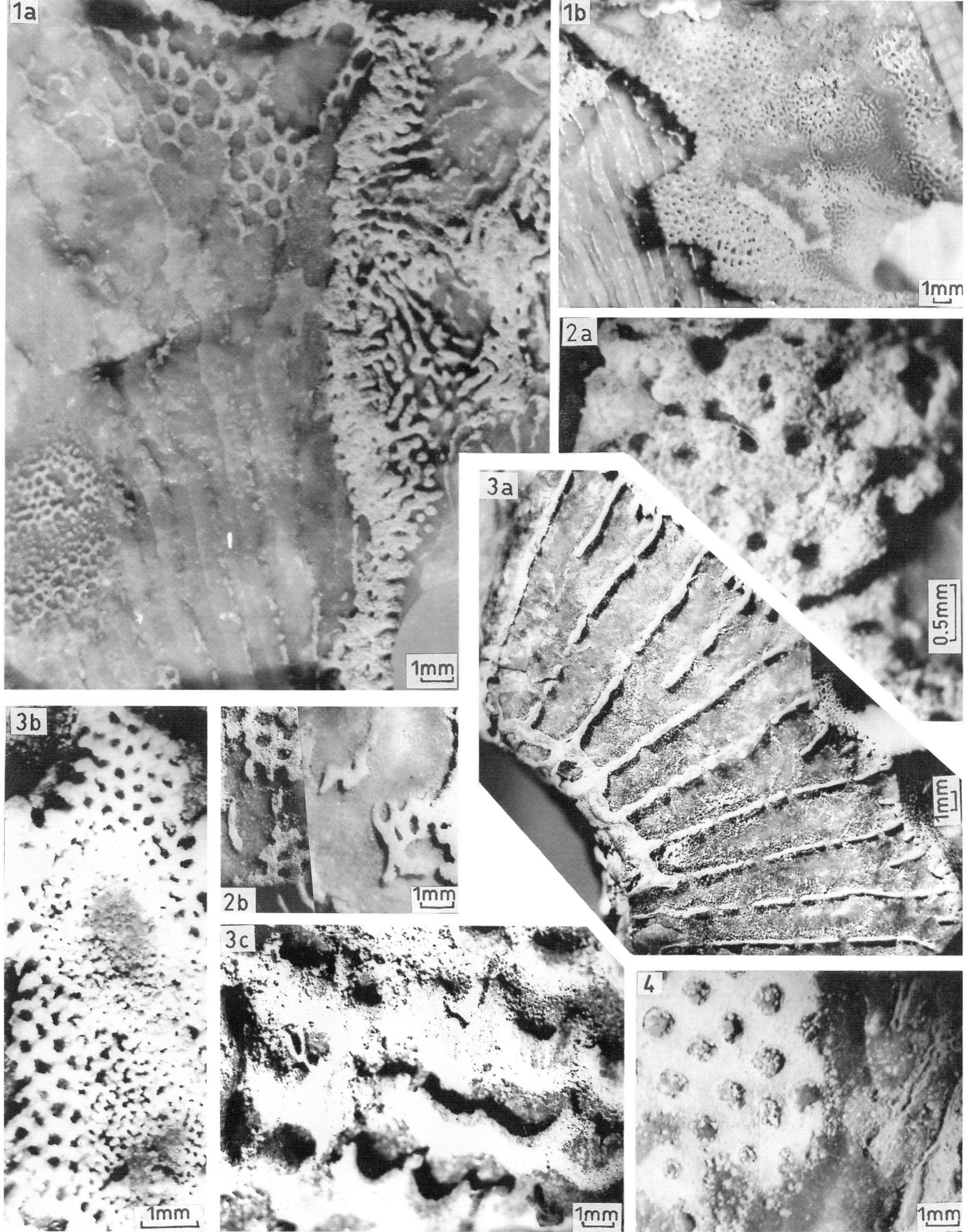
1a
1b
1mm
2a
0.5mm
3a
1mm
3b
2b
1mm
3c
4
1mm
1mm
1mm

PLATE XXVIII

Fig. 1. – *Zunyicyathus pianovskajae* (Zhuravleva). PIN 4451/72 (Coll. I.T. Zhuravleva), longitudinal section of a modular skeleton, x 5.
Middle Asia, Turkestan Ridge ; Botomian stage.

1. – Section longitudinale d'un squelette modulaire, x 5.
Asie Centrale, crête du Turkestan ; Botomien.

Fig. 2. – *Dictyofavus* sp., PIN 4451/61 (Coll. D.V. Osadchaja), (Debrenne & Zhuravlev, 1992, pl. I, fig. 1), transverse section of a massive modular skeleton showing hexagonal calicles, x 6.
F.R. Russia, Altay Sayan Fold Belt, Eastern Sayan ; Atdabanian stage.

2. – Section transversale d'un squelette modulaire massif montrant des calicules hexagonaux, x 6.
R.F. Russie, zone plissée de l'Altaï Saïan, Saïan oriental ; Atdabanien.

Fig. 3, 4. – *Kechikacyathus natlaensis* Debrenne & A. Zhuravlev.

3. – GSC 90166, holotype (*Dendrocyathus* ? sp. *in* Voronova *et al.*, 1987, pl. IX, fig. 8), oblique longitudinal section of a cup showing hexagonal calicles, x 5.
Canada, Northwest Territories, Mackenzie Mountains ;
4. – GSC 103943 (Debrenne & Zhuravlev 1992, pl. I, fig. 7), tangential section of the centripetal outer wall, x 10.
Canada, British Columbia ; Botomian stage.

3. – Holotype, section longitudinale oblique d'un calice montrant des calicules hexagonaux, x 5.
Canada, Territoires du Nord-Ouest, Monts Mackenzie ;
4. – Section tangentielle de la muraille externe centripète, x 10.
Canada, Colombie Britannique ; Botomien.

Fig. 5. – *Zunyicyathus grandus* (Yuan & Zhang), MNHN M85103 (Debrenne & Zhuravlev, 1992, pl. I, fig. 2), longitudinal section of a massive modular skeleton showing tetragonal calicles, x 5.
China, Zunyi, Jindingshan ; Botomian stage.

5. – Section longitudinale d'un squelette modulaire massif montrant des calicules tétragonaux, x 5.
Chine, Zunyi, Jindingshan ; Botomien.

Fig. 6. – *Dictyofavus obtusus* (Gravestock), SAM P32056, longitudinal section of a massive modular skeleton showing hexagonal calicles, x 5.
South Australia, Yorke Peninsula ; Atdabanian stage.

6. – Section longitudinale d'un squelette modulaire massif montrant des calicules hexagonaux, x 5.
Australie du Sud, Péninsule d'Yorke ; Atdabanien.

Fig. 7. – *Keriocyathus arachnaius* Debrenne & Gangloff. USNM 460346, part of a longitudinal section of a cup, x 7.
U.S.A., Nevada, Galena Canyon ; Botomian stage.

7. – Partie d'une section longitudinale d'un calice, x 7.
Etats-Unis, Nevada, Canyon de Galena ; Botomien.

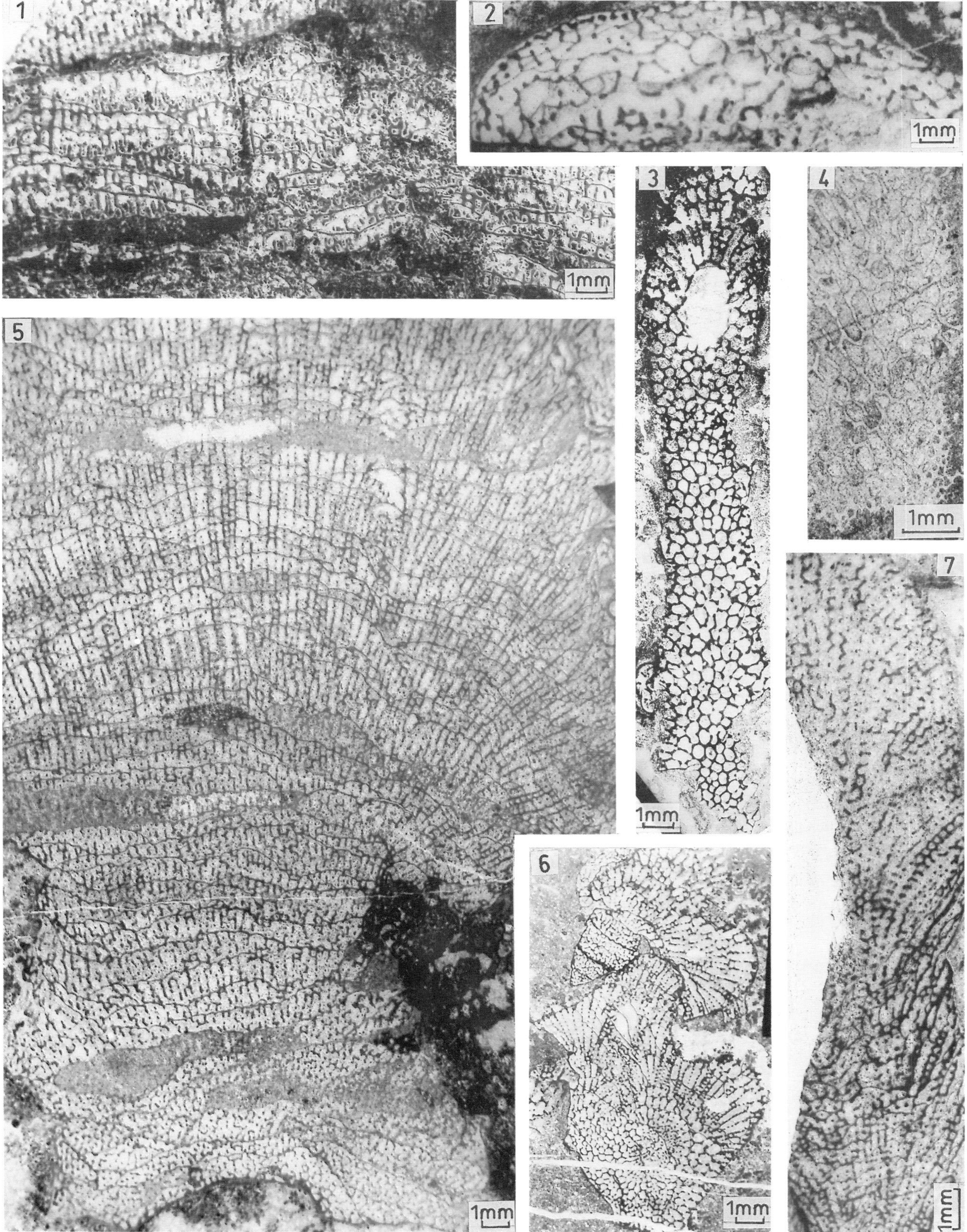

PLATE XXIX

Fig. 1, 6. – *Keriocyathus arachnaius* Debrenne & Gangloff.

1. – USNM 460357, oblique transverse section of a cup showing tetragonal calicles, x 6 ;
6. – MNHN M83138, longitudinal section of the cup apex, x 20.
U.S.A., Nevada ; Botomian stage.

1. – Section transversale oblique d'un calice montrant des calicules tétragonaux, x 6 ;
6. – section longitudinale de la base du calice, x 20.
Etats-Unis, Nevada ; Botomien.

Fig. 2. – *Gatagacyathus mansyi* Debrenne & A. Zhuravlev. MNHN M83137, longitudinal section of a branching pseudocolony with external budding, x 10.
U.S.A., Nevada, Lida ; Botomian stage.

2. – Section longitudinale d'une pseudocolonie branchue avec bourgeonnement externe, x 10.
Etats-Unis, Nevada, Lida ; Botomien.

Fig. 3. – *Zunyicyathus grandus* (Yuan & Zhang), MNHN M85103, transverse section of a massive modular skeleton, x 5.
China, Zunyi, Jindingshan ; Botomian stage.

3. – Section transversale d'un squelette modulaire massif, x 5.
Chine, Zunyi, Jindingshan ; Botomien.

Fig. 4, 5. – *Usloncyathus miculus* Fonin.

4. – PIN 4451/46, a part of transverse section of a cup showing the compound inner wall, x 10 ;
5. – PIN 5551/47, longitudinal section of a cup showing taeniae in the intervallum, x 5.
F.R. Russia, Eastern Transbaikal, Argun' River Basin ; Atdabanien stage.

4. – Partie d'une section transversale d'un calice montrant la muraille interne composite, x 10 ;
5. – section longitudinale d'un calice montrant des taeniae dans l'intervallum, x 5.
R.F. Russie, Transbaïkal oriental, Bassin de l'Argun ; Atdabanien.

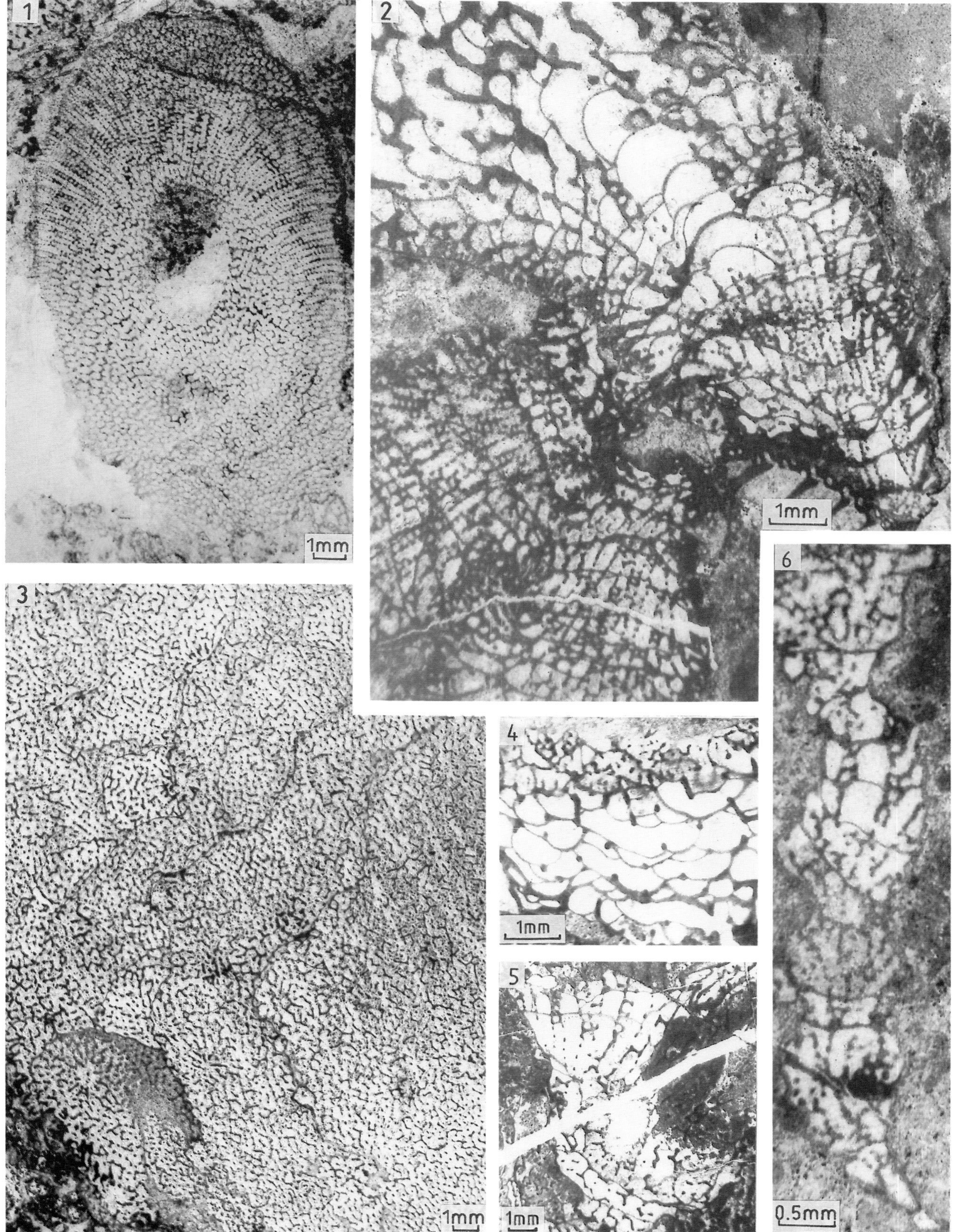

1
2
3
4
5
6
1mm
1mm
1mm
1mm
1mm
0.5mm

PLATE XXX

Fig. 1, 2. – *Auliscocyathus multifidus* (Bedford & Bedford).

    1. – PU 245
    a – inner view of the simple inner wall and tetragonal syringes, x 6 ;
    b – outer view of the rudimentary outer wall, x 6 ;
    2. – PU 256, lateral view of the simple inner wall and tetragonal syrinx, x 3.
    South Australia ; Flinders Ranges ; Botomian stage.

    1. – a – Vue interne de la muraille interne simple et des syrinx tétragonaux, x 6 ;
        b – vue externe de la muraille externe rudimentaire, x 6 ;
    2. – vue latérale de la muraille interne simple et des syrinx tétragonaux, x 3.
    Australie du Sud, chaîne des Flinders ; Botomien.

Fig. 3-6. – *Syringocnema favus* Taylor.

    3. – PU 287, outer view of the centripetal outer wall covering hexagonal syringes, x 6 ;
    4. – SAM T1591, top view of finely porous syrinx horizontal facets, x 10 ;
    5. – PU 292, lateral view of the cup apex, x 6 ;
    6. – PU 290, inner view of the inner wall showing fused and non fused canals, x 20.
    South Australia, Flinders Ranges ; Botomian stage.

    3. – Vue externe de la muraille externe centripète couvrant les syrinx hexagonaux, x 6 ;
    4. – vue du dessus des faces horizontales finement poreuses des syrinx, x 10 ;
    5. – vue latérale de la base du calice, x 6 ;
    6. – vue interne de la muraille interne montrant des canaux soudés et non soudés, x 20.
    Australie du Sud, chaîne des Flinders ; Botomien.

Fig. 7. – *Tuvacnema tannuolensis* (Rodionova). PIN 4451/48, (Coll. N.M. Rodionova), outer view of hexagonal syringes, x 10.
    F.R. Russia, Tuva, Shivelig– Khem River ; Botomian stage.

    7. – Vue externe de syrinx hexagonaux, x 10.
    R.F. Russie, Tuva, rivière Shivelig-Khem ; Botomien.

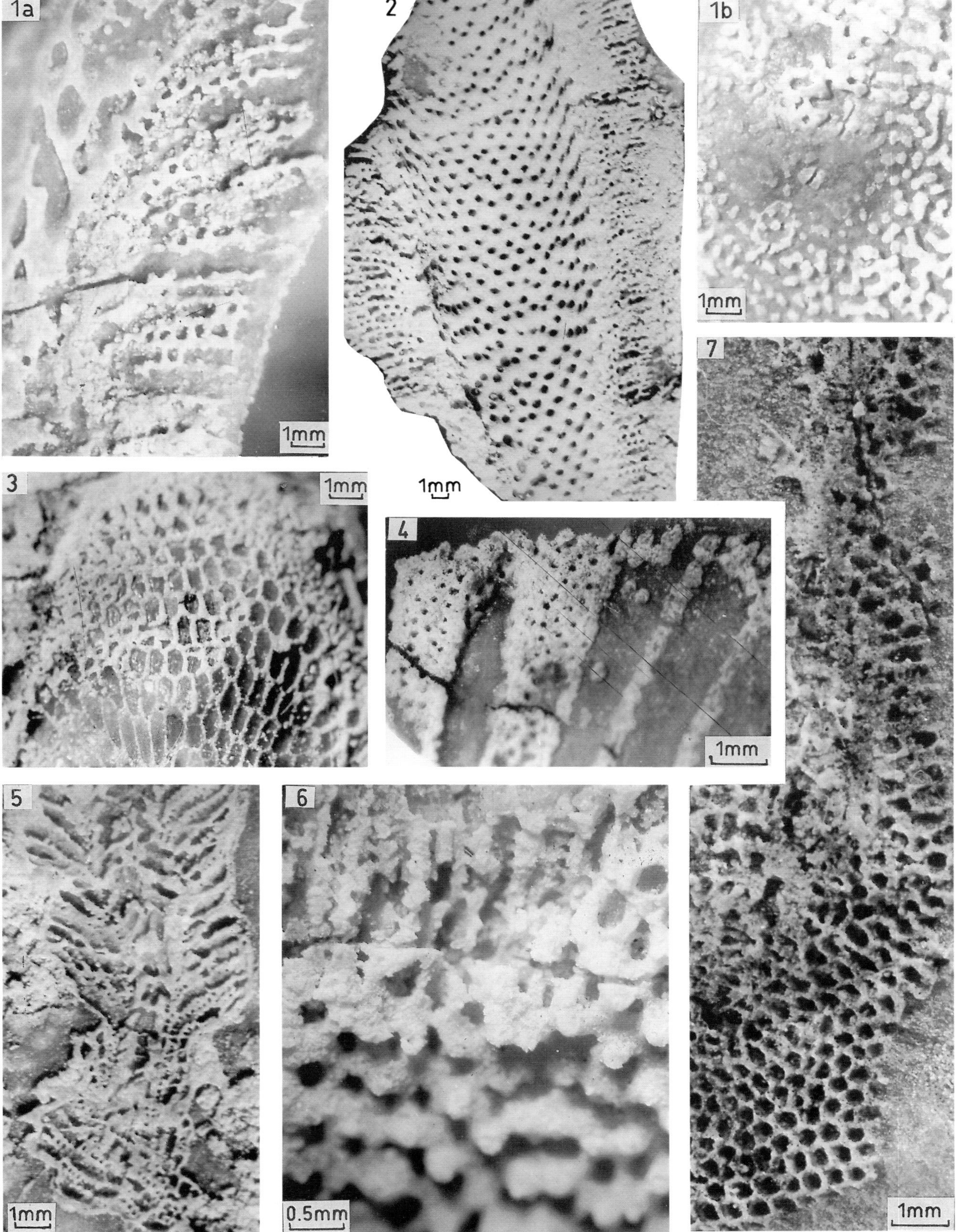

PLATE XXXI

Fig. 1, 2, 5, 6. – *Syringocnema favus* Taylor.

    1. – SAM T1591, top view of a cup, x 6 ;
    2. – SAM 965, porosity of the horizontal syrinx facets near the inner wall, x 20 ;
    5. – SAM T1558, paratype (Taylor, 1910, pl. XIV, fig. 83), top view of the inner wall, x 20 ;
    6. – PU 291, lateral view of the inner wall with fused and non fused canals, x 20.
South Australia, Flinders Ranges ; Botomian stage.

    1. – Vue du dessus d'un calice, x 6 ;
    2. – porosité des faces horizontales des syrinx près de la muraille interne, x 20 ;
    5. – paratype, vue du dessus de la muraille interne, x 20 ;
    6. – vue latérale de la muraille interne à canaux soudés et non soudés, x 20.
Australie du Sud, chaîne des Flinders ; Botomien.

Fig. 3. – *Pseudosyringocnema eleganta* (Vologdin). PIN 4451/49, longitudinal section of the cup apex, x 10.
    F.R. Russia, Altay Sayan Fold Belt, Western Sayan ; Botomian stage.

    3. – Section longitudinale de la base du calice, x 10.
    R.F. Russie, zone plissée de l'Altaï Saïan, Saïan occidental ; Botomien.

Fig. 4. – *Paracoscinus mirabile* Bedford & Bedford. SAM 991, view of the simple inner wall, x 3.
    South Australia, Flinders Ranges ; Botomian stage.

    4. – Vue de la muraille interne simple, x 3.
    Australie du Sud, chaîne des Flinders ; Botomien.

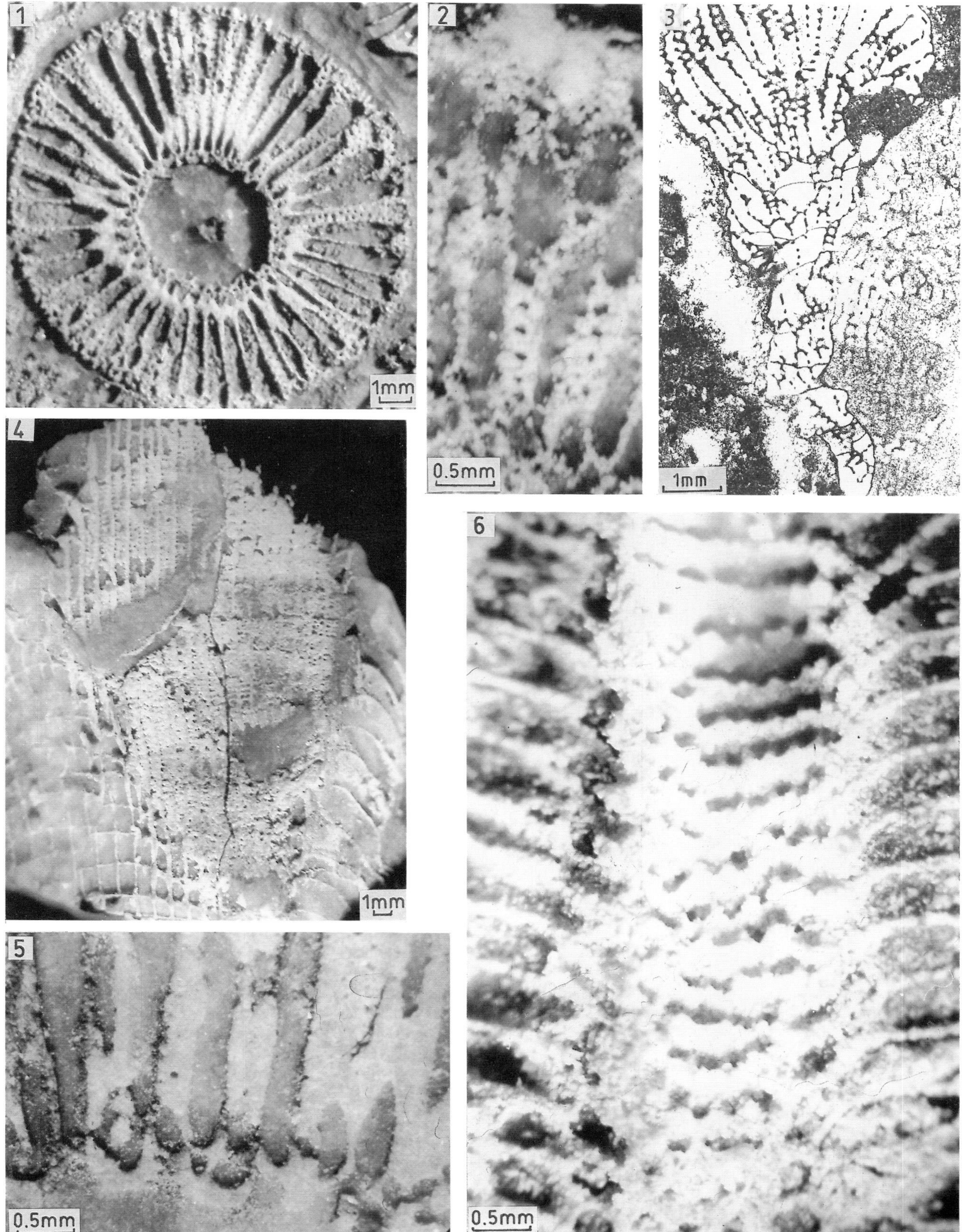

1
2
3
4
5
6
1mm
0.5mm
1mm
1mm
0.5mm
0.5mm

PLATE XXXII

Fig. 1, 6. – *Pseudosyringocnema uniporus* Handfield.

1. – UAM 2416 (Coll. R.A. Gangloff), transverse section of a cup showing the porosity of horizontal syrinx facets, x 3.
U.S.A., Alaska, Tatonduk River ; Botomian stage.
6. – GSC 25392, holotype (Handfield, 1971, pl. XV, fig. 3b), longitudinal section of a cup showing the porosity of lateral syrinx facets, x 9.
Canada, Yukon Territory, Coal River ; Botomian stage.

1. – Section transversale d'un calice montrant la porosité des faces horizontales des syrinx, x 3.
Etats-Unis, Alaska, rivière Tatonduk ; Botomien.
6. – Holotype, section longitudinale d'un calice montrant la porosité des faces latérales des syrinx, x 9.
Canada, Territoire du Yukon, rivière Coal ; Botomien.

Fig. 2, 5. – *Kruseicnema gracilis* (Gordon).

2. – SAM P32047, oblique longitudinal section of a cup showing the pustular outer wall, x 5 ;
5. – SAM P32048, transverse section of a cup, x 4.
South Australia, Yorke Peninsula ; Botomian stage.

2. – Section longitudinale oblique d'un calice montrant la muraille externe pustuleuse, x 5 ;
5. – section transversale d'un calice, x 4.
Australie du Sud, Péninsule d'Yorke ; Botomien.

Fig. 3, 4. – *Syringocnema favus* Taylor.

3. – MNHN M82053, transverse section of a cup showing the porosity of horizontal syrinx facets, x 5 ;
4. – MNHN M82053, longitudinal section of a cup showing the inner wall and hexagonal syringes, x 2.
South Australia, Northern Flinders Ranges ; Botomian stage.

3. – Section transversale d'un calice montrant la porosité des faces horizontales des syrinx, x 5 ;
4. – section longitudinale d'un calice montrant la muraille interne et les syrinx hexagonaux, x 2.
Australie du Sud, chaîne septentrionale des Flinders ; Botomien.

Fig. 7. – *Pseudosyringocnema eleganta* (Vologdin). PIN 4451/50, transverse section of a cup showing the porosity of horizontal syrinx facets, x 10.
F.R. Russia, Altay Sayan Fold Belt, Western Sayan ; Botomian stage.

7. – Section transversale d'un calice montrant la porosité des faces horizontales des syrinx, x 10.
R.F. Russie, zone plissée de l'Altaï Saïan, Saïan occidental ; Botomien.

Fig. 8. – *Williamicyathus colvillensis* (Greggs). GSC 90169 (Voronova *et al.*, 1987, pl. X, fig. 3), transverse section of a cup, x 7.
Canada, Northwest Territories, Mackenzie Mountains ; Botomian stage.

8. – Section transversale d'un calice, x 7.
Canada, Territoires du Nord-Ouest, Monts Mackenzie ; Botomien.

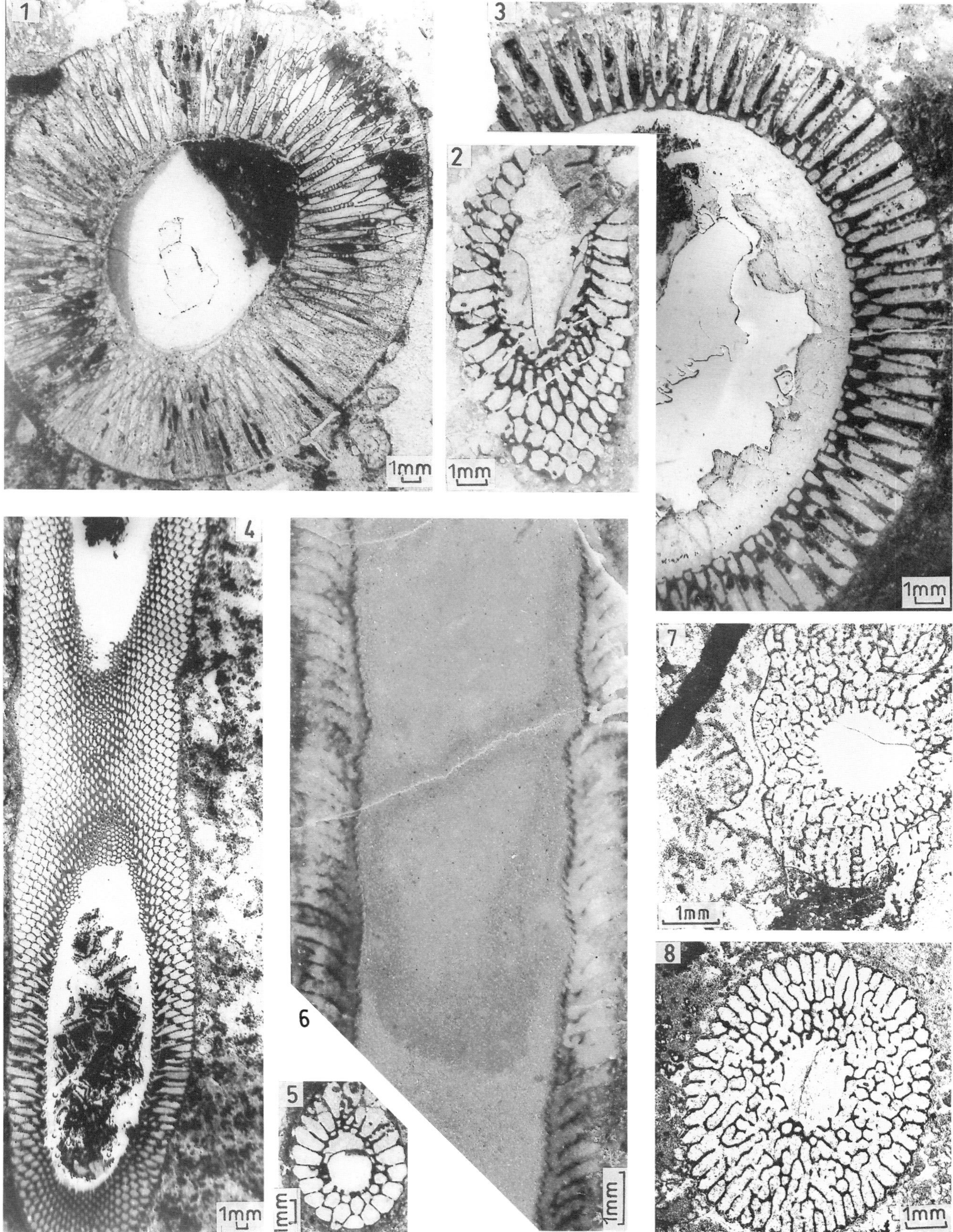

PLATE XXXIII

Fig. 1, 2. – *Pseudosyringocnema uniporus* Handfield.

1. – UAM 2418, longitudinal section of a cup showing fused canals on the inner wall, x 5 ;

2. – UAM 2417, part of an oblique transverse section of a cup showing the porosity of horizontal syrinx facets, x 10 ; (Coll. R.A. Gangloff).

U.S.A., Alaska, Tatonduk River ; Botomian stage.

1. – Section longitudinale d'un calice montrant des canaux soudés sur la muraille interne, x 5 ;

2. – partie d'une section transversale oblique d'un calice montrant la porosité des faces horizontales des syrinx, x 10.

Etats-Unis, Alaska, rivière Tatonduk ; Botomien.

Fig. 3, 7. – *Williamicyathus colvillensis* (Greggs).

3. – GSC 90162 (Voronova *et al.*, 1987, pl. IX, fig. 3), part of a longitudinal section of a cup showing the outer wall and intervallar structure, x 10 ;

7. – GSC 90167 (Voronova *et al.*, 1987, pl. X, fig. 1), tangential section of the denticulate outer wall, x 22.

Canada, Northwest Territories, Mackenzie Mountains ; Botomian stage.

3. – Partie d'une section longitudinale d'un calice montrant la muraille externe et la structure intervallaire, x 10 ;

7. – section tangentielle de la muraille externe denticulée, x 22.

Canada, Territoires du Nord-Ouest, Monts Mackenzie ; Botomien.

Fig. 4. – *Tuvacnema tannuolensis* (Rodionova). PIN 4451/51, transverse section of a massive modular skeleton, x 10.

F.R. Russia, Tuva, Shivelig-Khem River ; Botomian stage.

4. – Section transversale d'un squelette modulaire massif, x 10.

R.F. Russie, Tuva, rivière Shivelig-Khem ; Botomien.

Fig. 5, 6. – *Syringothalamus crispus* Debrenne, Gangloff & A. Zhuravlev.

5. – UCMP B 4008, oblique transverse section of a branching pseudocolony showing syrinx porosity and fused bracts on the inner wall, x 5.

U.S.A., California, Westgard Pass ; Botomian stage.

6. – UCMP D-6610, holotype (Debrenne & Zhuravlev, 1990, pl. I, fig. 1) ; oblique longitudinal section of a branching pseudocolony, x 5.

U.S.A., Nevada, Botomian stage.

5. – Section transversale oblique d'une pseudocolonie branchue montrant la porosité des syrinx et les bractées soudées à la muraille interne, x 5.

Etats-Unis, Californie, Défilé de Westgard ; Botomien.

6. – Section longitudinale oblique d'une pseudocolonie branchue, x 5.

Etats-Unis, Nevada ; Botomien.

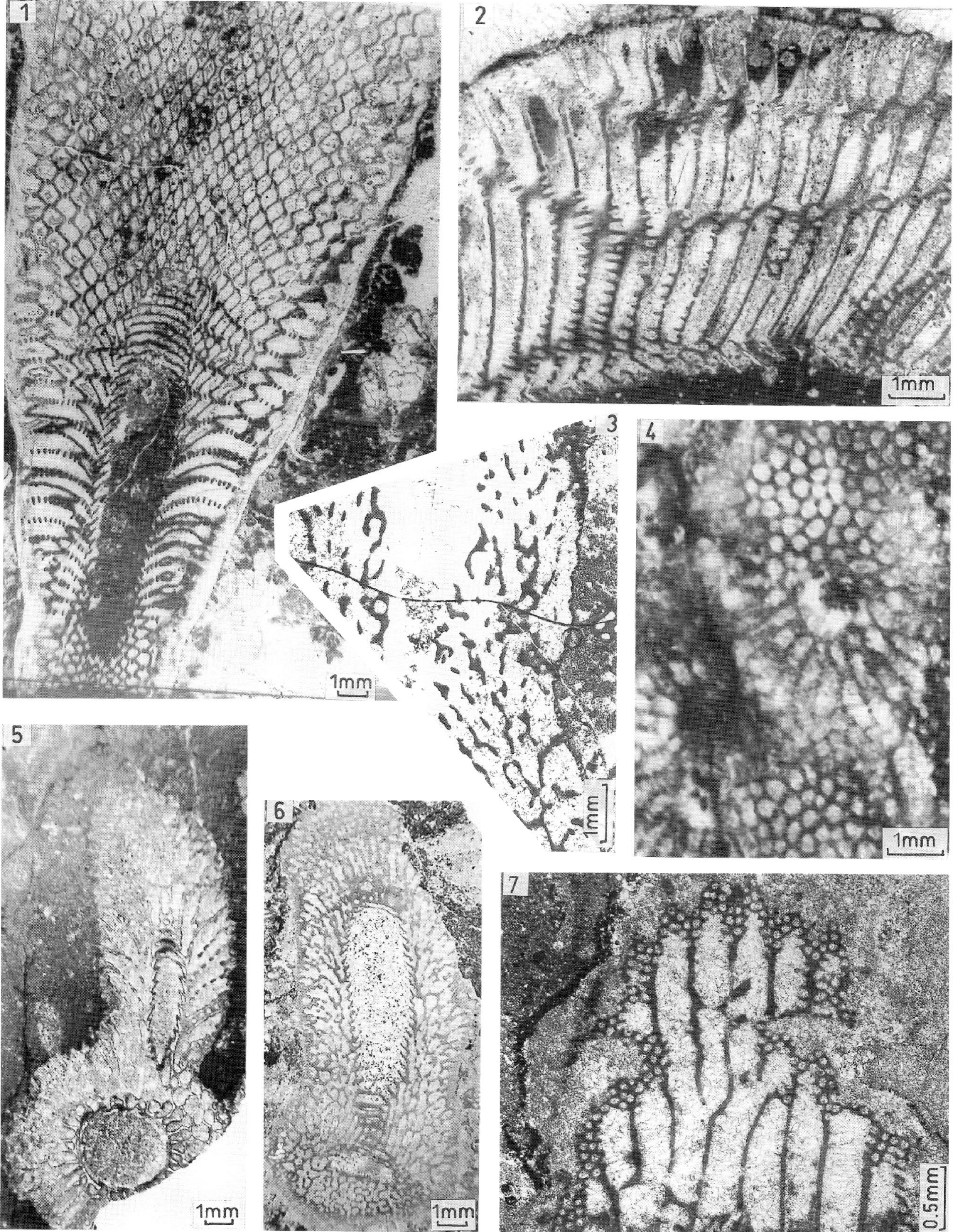

PLATE XXXIV

Fig. 1, 9. – *Altaicyathus notabilis* Vologdin.

1. – PIN 4451/62 (Coll. I.T. Zhuravleva), longitudinal section of a massive modular skeleton showing chimneys on the surface and mattress-like chambers, x 10.
F.R. Russia, Western Sayan.
9. – CNIGRm 289/2957, longitudinal section of the cup apex showing subspherical chambers, x 20.
F.R. Russia, Altay Sayan Fold Belt, Mountain Altay.

1. – Section longitudinale d'un squelette modulaire massif montrant des cheminées à la surface et des chambres matelassées, x 10.
R.F. Russie, Saïan occidental.
9. – Section longitudinale de la base du calice montrant des chambres subsphériques, x 20.
R.F. Russie, zone plissée de l'Altaï Saïan, Monts Altaï.

Fig. 2. – *Altaicyathus vologdini* (Yaworsky). PIN 4451/52, (Coll. D.V. Osadchaja), longitudinal section of a massive modular skeleton showing astrorhizae, x 10.
F.R. Russia, Altay Sayan Fold Belt, Eastern Sayan.

2. – Section longitudinale d'un squelette modulaire massif montrant des astrorhizes, x 10.
R.F. Russie, zone plissée de l'Altaï Saïan, Saïan oriental.

Fig. 3. – *Korovinella sajanica* (Yaworsky). PIN 2340/501 (A. Zhuravlev, 1985, pl. XIV, fig. 3, 4), section of a massive modular skeleton showing the arrangement of pillars and chamber wall, x 1.
F.R. Russia, Altay Sayan Fold Belt, Western Sayan.

3. – Section d'un squelette modulaire massif montrant la disposition des piliers et la muraille des chambres, x 1.
R.F. Russie, zone plissée de l'Altaï Saïan, Saïan occidental.

Fig. 4, 5. – *Korovinella fistulata* (Konjuschkov).

4. – PIN 4451/53, longitudinal section of the upper part of the cup, x 20 ;
5. – PIN 4451/54, longitudinal section of the lower part of the cup, x 20 ;
Central Kazakhstan, Agyrek Mount.

4. – Section longitudinale de la partie supérieure du calice, x 20 ;
5. – section longitudinale de la partie inférieur du calice, x 20.
Kazakhstan central, Mont Agyrek.

Fig. 6-8. – *Altaicyathus* sp.

6. – UAM 2550, longitudinal section of a young cup showing a chimney, x 20 ;
7. – UAM 2551, longitudinal section of a young cup, x 20 ;
8. – UAM 2549, transverse section of a cup with chimneys and the central cavity, x 20 ; (Coll. R.A. Gangloff).
U.S.A., Alaska, Tatonduk River.

6. – Section longitudinale d'un jeune calice montrant une cheminée, x 20 ;
7. – section longitudinale d'un jeune calice, x 20 ;
8. – section transversale d'un calice à cheminées et cavité centrale, x 20.
Etats-Unis, Alaska, rivière Tatonduk.

Fig. 10. – *Bicoscinus sdzui* Debrenne. MNHN M80058 (Debrenne, 1977, pl. 14, fig. 2), longitudinal section of a cup, x 6.
Morocco, Jebilets.

10. – Section longitudinale d'un calice, x 6.
Maroc, Jebilets.

All – Botomian stage.
Tous les spécimens sont d'âge botomien.

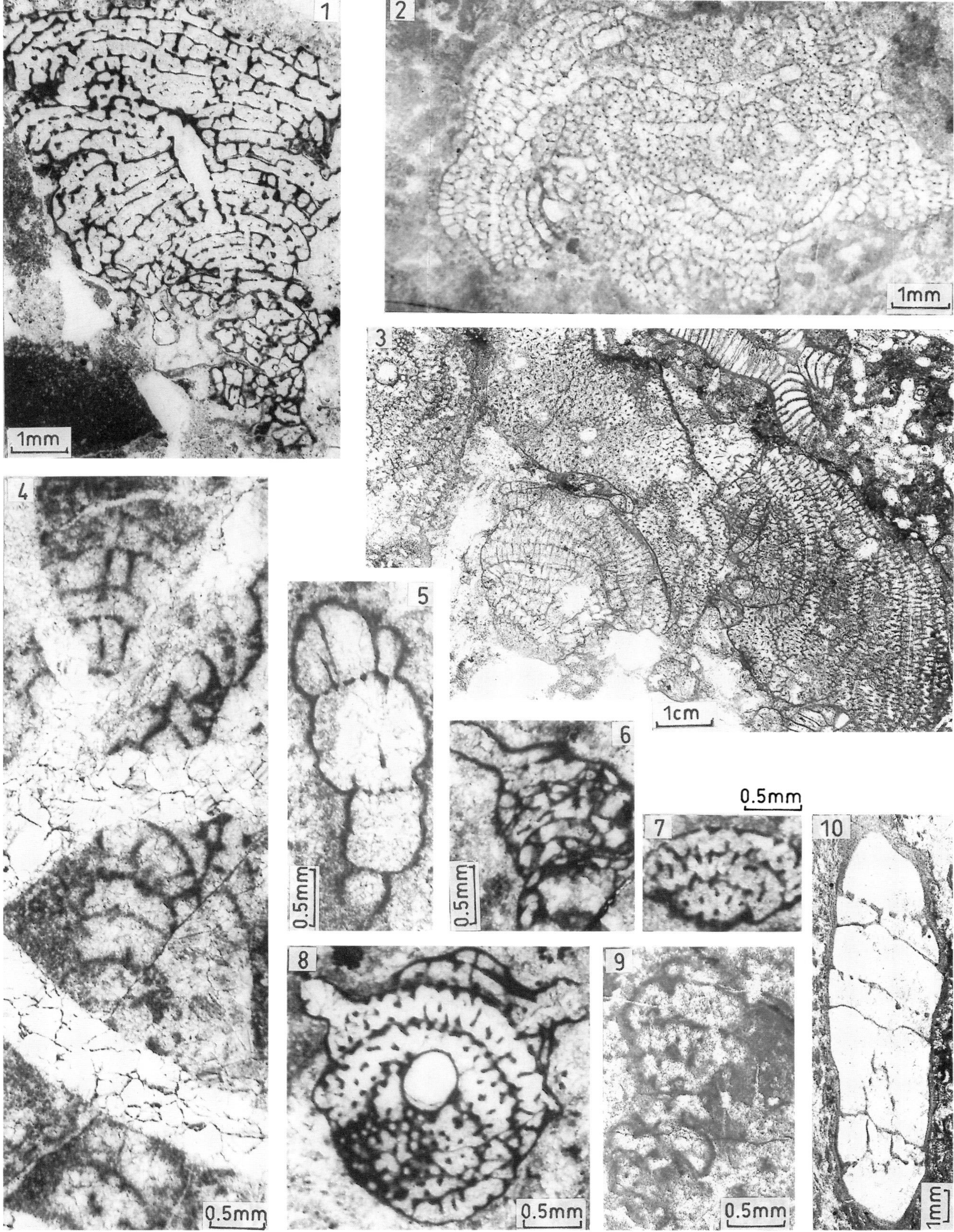

PLATE XXXV

Fig. 1. – Successive development of exocyathoid and tersioid buttresses along a cup of *"Somphocyathus" coralloides* Taylor (Ajacicyathida). PU 86673/376, transverse section of the middle part of the cup, x 6.
South Australia, Flinders Ranges ; Atdabanian stage.

1. – Développement successif de contreforts exocyathoïdes et tersioïdes le long d'un calice de *"Somphocyathus" coralloides* Taylor (Ajacicyathida). Section transversale de la partie moyenne du calice, x 6.
Australie du Sud, chaîne des Flinders ; Atdabanien.

Fig. 2, 3. – *Archaeocyathus yichangensis* Yuan & Zhang.

2. – MNHN M85085, detail of a transverse section of a cup showing trilobite debris covered by secondary skeleton, x 10 ;
3. – MNHN M85086, transverse section of a cup showing well developed secondary skeleton in the central cavity (*"Sanxiacyathus"* – structure), x 10.
China, Yangtze Platform, Hubei ; Toyonian stage.

2. – Détail d'une section transversale d'un calice montrant des débris de trilobites couverts par le squelette secondaire, x 10 ;
3. – section transversale d'un calice montrant le squelette secondaire bien développé dans la cavité centrale (structure *"Sanxiacyathus"*), x 10.
Chine, Plate-forme du Yang-tseu-kiang, Hubei ; Toyonien.

Fig. 4. – Successive development of exocyathoid buttresses along a cup of *Beltanacyathus wirrialpensis* (Taylor). PU 86718, transverse section of the lower part of the cup, x 6.
South Australia, Flinders Ranges ; Atdabanian stage.

4. – Développement successif de contreforts exocyathoïdes le long d'un calice de *Beltanacyathus wirrialpensis* (Taylor). Section transversale de la partie inférieure du calice, x 6.
Australie du Sud, chaîne des Flinders ; Atdabanien.

Fig. 5, 6. – Development of tersioid buttresses along cups of *Neoloculicyathus sibiricus* (Sundukov).

5. – PIN 4451/63, longitudinal section of a cup, x 3 ;
6. – PIN 4451/64, longitudinal section of a cup, x 3.
F.R. Russia, Siberian Platform, middle Lena River ; Atdabanian stage.

5, 6. – Développement de contreforts tersioïdes le long de calices de *Neoloculicyathus sibiricus* (Sundukov).
5. – Section longitudinale d'un calice, x 3 ;
6. – section longitudinale d'un calice, x 3.
R.F. Russie, Plate-forme sibérienne, cours moyen de la Léna ; Atdabanien.

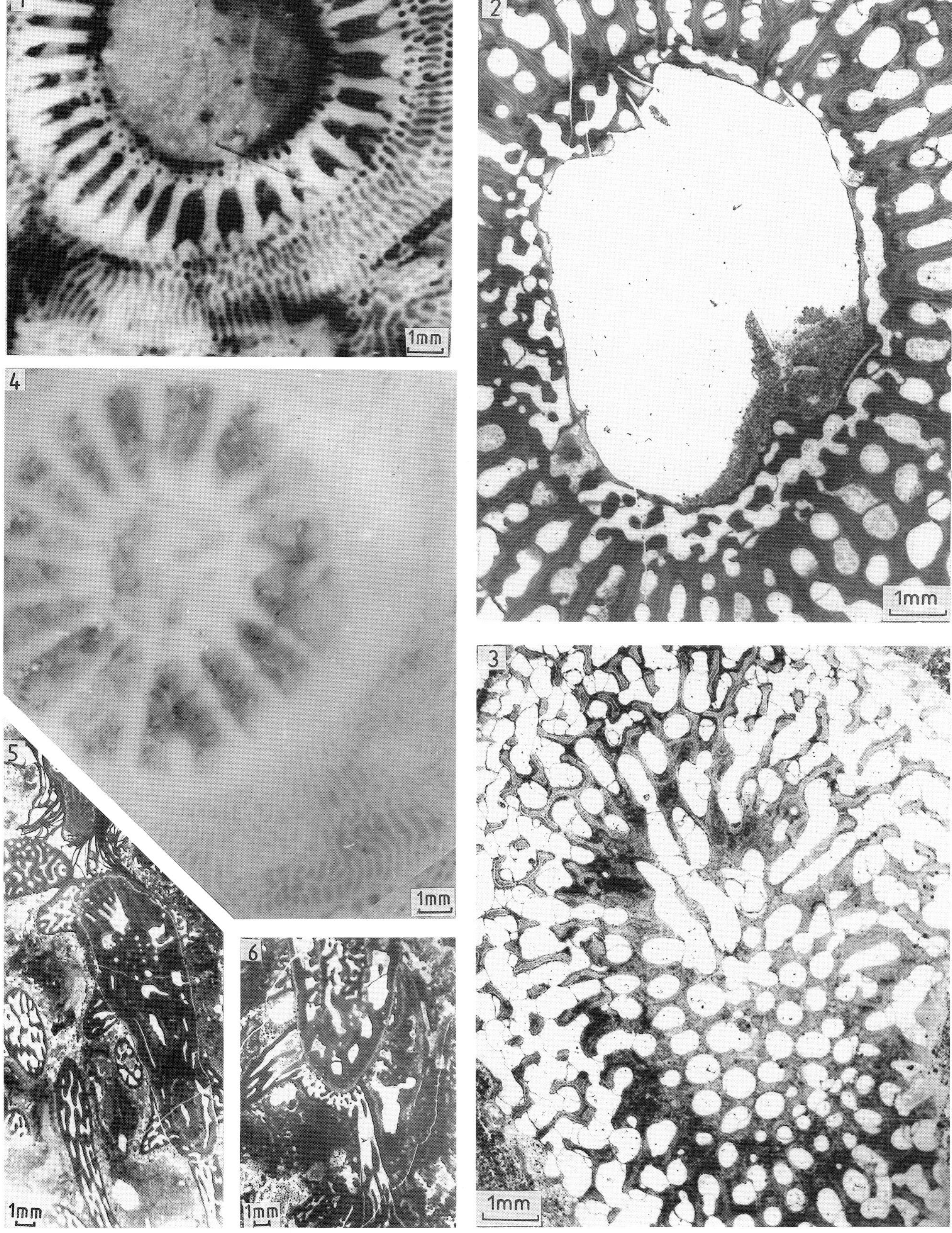

PLATE XXXVI

Fig. 1, 2. – *Archaeocyathus yichangensis* Yuan & Zhang.

1. – MNHN M85081 (Debrenne *et al.*, 1991, pl. III, fig. 1), detail of a longitudinal section of a cup showing lateral tersioid buttresses, x 5 ;
2. – MNHN M85085, detail of a longitudinal section of a cup showing the development of dissepiments between the outer wall and pellis, x 10.
China, Yangtze Platform, Hubei ; Toyonian stage.

1. – Détail d'une section longitudinale d'un calice montrant des contreforts tersioïdes, x 5 ;
2. – détail d'une section longitudinale d'un calice montrant le développement de dissépiments entre la muraille externe et le pellis, x 10.
Chine, Plate-forme du Yang-tseu-kiang, Hubei ; Toyonien.

Fig. 3. – *Archaeocyathus* sp. MNHN M84001 (Debrenne & Zamarreño, 1970, fig. 5), detail of a longitudinal section of a cup showing dissepiments preventing the infilling of the lower part of the cup by mud, x 5.
Spain, Léon, Valdoré ; Toyonian stage.

3. – Détail d'une section longitudinale d'un calice montrant des dissépiments empêchant le remplissage de la partie inférieure du calice par la boue, x 5.
Espagne, Léon, Valdoré ; Toyonien.

Fig. 4. – Development of the successive exocyathoid buttresses in *Gloriosocyathus permultus* Rozanov (Ajacicyathida).

a – PIN 4451/65, (Debrenne & Rozanov, 1978, fig. 1), transverse section of the middle part of a cup, x 5 ;
b – PIN 4451/66, transverse section of the lower part of a cup, x 5.
F.R. Russia, Siberian Platform, Khorbusuonka River ; Botomian stage.

4. – Développement de contreforts exocyathoïdes chez *Gloriosocyathus permultus* Rozanov (Ajacicyathida).
a – Section transversale de la partie moyenne d'un calice, x 5 ;
b – section transversale de la partie inférieure d'un calice, x 5.
R.F. Russie, Plate-forme sibérienne, rivière Khorbusuonka ; Botomien.

Fig. 5. – MNHN M82007-9. – Development of the supporting outgrowths in *Erugatocyathus papillatus* (Bedford & Bedford) (Ajacicyathida) abuting *Coscinoptycta convoluta* (Taylor) (Ajacicyathida), x 7.
South Australia, Kangaroo Island ; Botomian stage.

5. – Développement des excroissances de soutien chez *Erugatocyathus papillatus* (Bedford & Bedford) (Ajacicyathida) butant contre *Coscinoptycta convoluta* (Taylor) (Ajacicyathida), x 7.
Australie du Sud, Ile du Kangourou ; Botomien.

Fig. 6. – Development of the successive exocyathoid buttresses in *Anaptyctocyathus ?* sp. SAM P31328.

a – transverse section of the cup apex, x 8 ;
b – longitudinal section of the cup, x 10.
South Australia, Flinders Ranges ; Atdabanian stage.
6. – Développement des contreforts exocyathoïdes successifs chez *Anaptyctocyathus ?* sp.
a – Section transversale de la base du calice, x 8 ;
b – section longitudinale du calice, x 10.
Australie du Sud, chaîne des Flinders ; Atdabanien.

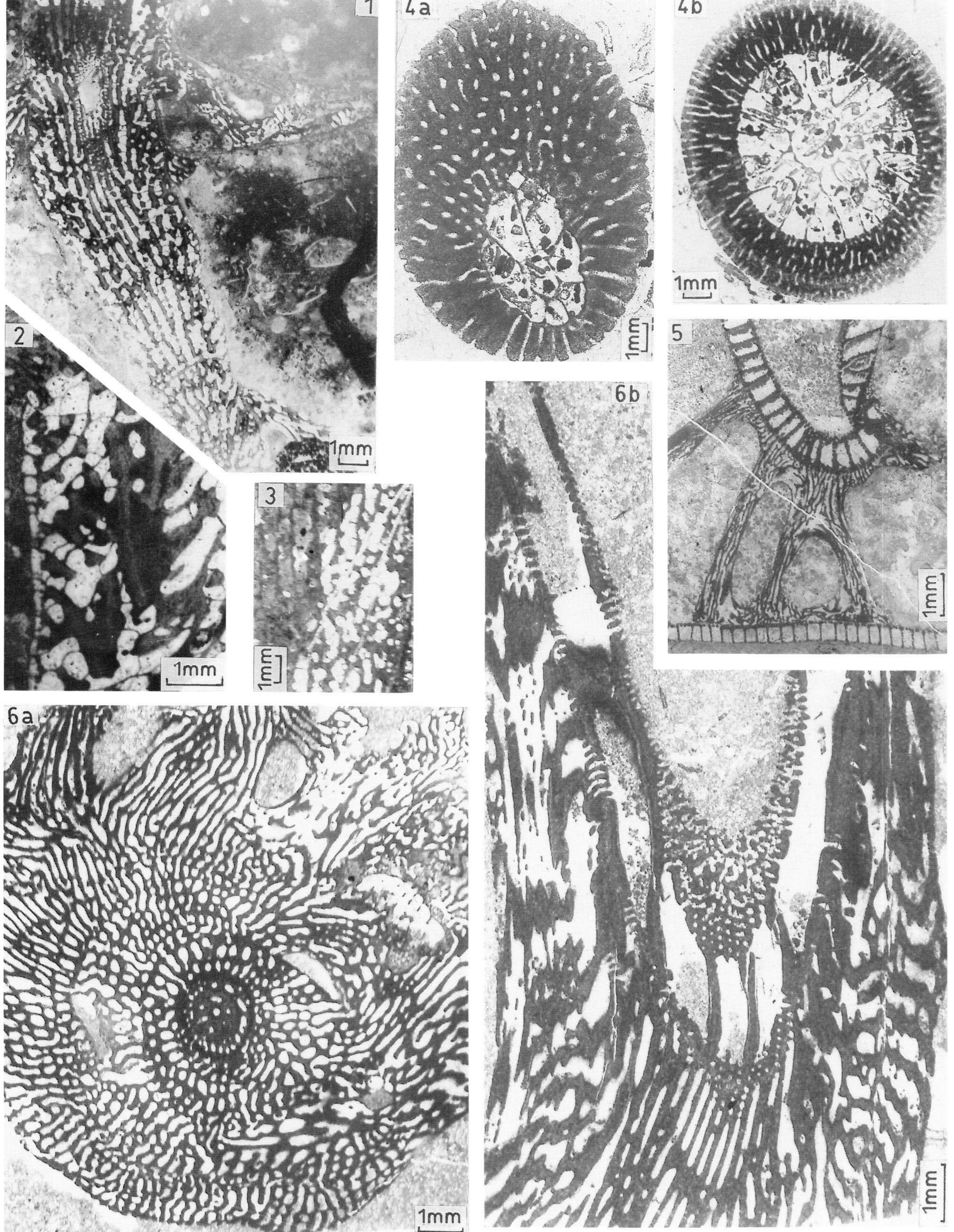

PLATE XXXVII

Fig. 1. – Interactions of two species of *Rotundocyathus* sp. (Ajacicyathida). MNHN M81015, x 3.
F.R. Russia, Siberian Platform, middle Lena River ; Tommotian stage.
1. – Interactions de deux espèces de *Rotundocyathus* sp. (Ajacicyathida), x 3.
R.F. Russie, Plate-forme sibérienne, cours moyen de la Léna ; Tommotien.

Fig. 2. – Interactions of *Sibirecyathus suvorovae* (Zhur.) and *Nochoroicyathus* sp. (Ajacicyathida). PIN 4451/67, x 10.
F.R. Russia, Siberian Platform, middle Lena River, Atdabanian stage.
2. – Interactions de *Sibirecyathus suvorovae* (Zhur.) et *Nochoroicyathus* sp. (Ajacicyathida), x 10.
R.F. Russie, Plate-forme sibérienne, cours moyen de la Léna ; Atdabanien.

Fig. 3. – Interactions of modules of *Sajanocyathus ussovi* Vologdin (Ajacicyathida). PIN 4451/55, x 3.
F.R. Russia, Altay Sayan Fold Belt, Western Sayan ; Botomian stage.

3. – Interactions de modules de *Sajanocyathus ussovi* (Vologdin) (Ajacicyathida), x 3.
R.F. Russie, zone plissée de l'Altaï Saïan, Saïan occidental ; Botomien.

Fig. 4. – Interactions of *Archaeocyathus* sp. (Archaeocyathida, right) and *Tegerocyathus edelsteini* (Vologdin) (Ajacicyathida, left). PIN 4451/73 (Coll. I.T. Zhuravleva), x 5.
F.R. Russia, Eastern Sayan ; Toyonian stage.

4. – Interactions d'*Archaeocyathus* sp. (Archaeocyathida, à droite) et *Tegerocyathus edelsteini* (Vologdin) (Ajacicyathida, à gauche), x 5.
R.F. Russie, Saïan oriental ; Toyonien.

Fig. 5. – Interactions of *Archaeosycon copulatus* (Debrenne & Gangloff) (Archaeocyathida, left) and *Mackenziecyathus bukryi* Handfield (Ajacicyathida, right). GSC 90212, x 5.
Canada, Northwest Territories, Mackenzie Mountains ; Toyonian stage.

5. – Interactions d'*Archaeosycon copulatus* (Debrenne & Gangloff) (Archaeocyathida, à gauche) et *Mackenziecyathus bukryi* Handfield (Ajacicyathida, à droite), x 5.
Canada, Territoires du Nord-Ouest, Monts Mackenzie ; Toyonien.

Fig. 6. – Interactions of *Taeniaecyathellus multicavitatus* (Fonin) (Archaeocyathida, top) and *Tercyathus duplex* (Vologdin) (Ajacicyathida, bottom). PIN 4451/74 (Coll. I.T. Zhuravleva) ; x 10.
F.R. Russia, Altay Sayan Fold Belt, Kuznetsky Alatau ; Botomian stage.

6. – Interactions de *Taeniaecyathellus multicavitatus* (Fonin) (Archaeocyathida, en haut) et *Tercyathus duplex* (Vologdin) (Ajacicyathida, en bas), x 10.
R.F. Russie, zone plissée de l'Altaï Saïan, Kuznetsk Alatau ; Botomien.

Fig. 7. – Interactions of *Loculicyathus tolli* Vologdin (Archaeocyathida, left), and *Clathricoscinus elegans* (Vologdin) (Coscinocyathida, right). PIN 4451/68, x 5.
F.R. Russia, Altay Sayan Fold Belt ; Botomian stage.

7. – Interactions de *Loculicyathus tolli* Vologdin (Archaeocyathida, à gauche) et *Clathricoscinus elegans* (Vologdin) (Coscinocyathida, à droite), x 5.
R.F. Russie, zone plissée de l'Altaï Saïan ; Botomien.

Fig. 8. – Interactions of *Metacyathellus simpliporus* (Debrenne & James) (Archaeocyathida, left) and *Retilamina amourensis* Debrenne & James (Archaeocyathida, right). GSC 103938, x 4.
Canada, Labrador ; Toyonian stage.

8. – Interactions de *Metacyathellus simpliporus* (Debrenne & James) (Archaeocyathida, à gauche) et *Retilamina amourensis* Debrenne & James (Archaeocyathida, à droite), x 4.
Canada, Labrador ; Toyonien.

Fig. 9. – Interactions of *Siderocyathus duncanae* Debrenne & Gangloff (Ajacicyathida, left) and *Keriocyathus arachnaius* Debrenne & Gangloff (Archaeocyathida, right) UCMP, x 7.5.
U.S.A., Nevada, Iron Canyon ; Botomian stage.

9. – Interactions de *Siderocyathus duncanae* Debrenne & Gangloff (Ajacicyathida, à gauche) et *Keriocyathus arachnaius* Debrenne & Gangloff (Archaeocyathida, à droite), x 7,5.
Etats-Unis, Nevada, Iron Canyon ; Botomien.

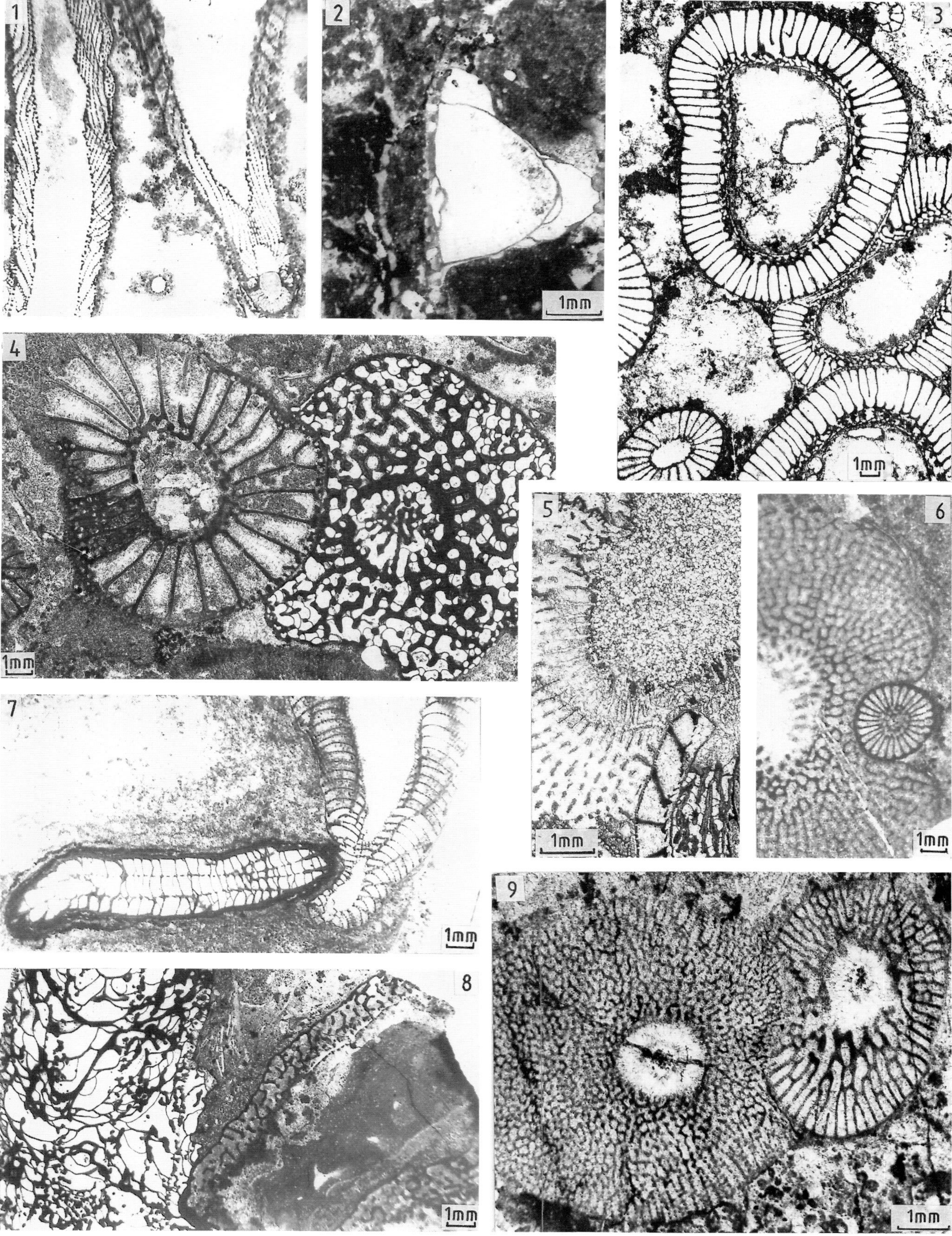

PLATE XXXVIII

Fig. 1. – A clone of *Metaldetes profundus* (Billings). GSC 6211, x 5.
Canada, Labrador ; Toyonian stage.

1. – Clone de *Metaldetes profundus* (Billings), x 5.
Canada, Labrador ; Toyonien.

Fig. 2. – Interactions of *Cambrocyathellus proximus* (Fonin) (Archaeocyathida, left) and *Cysticyathus tunicatus* Zhuravleva (coralomorph, right). MNHN M81016 (Coll. P.D. Kruse), x 5.
F.R. Russia, Siberian Platform, middle Lena River ; Tommotian stage.

2. – Interactions de *Cambrocyathellus proximus* (Fonin) (Archaeocyathida, à gauche) et *Cysticyathus tunicatus* Zhuravleva (coralomorphe, à droite), x 5.
R.F. Russie, Plate-forme sibérienne, cours moyen de la Léna ; Tommotien.

Fig. 3. – Interactions of *Cambrocyathellus tuberculatus* (Vologdin) (Archaeocyathida, inside) and *Girphanovella georgensis* (Rozanov) (radiocyath, outside). PIN 4451/57, x 10.
Mongolia, Muren River Basin ; Atdabanian stage.

3. – Interactions de *Cambrocyathellus tuberculatus* (Vologdin) (Archaeocyathida, à l'intérieur) et *Girphanovella georgensis* (Rozanov) (radiocyathe, à l'extérieur), x 10.
Mongolie, Bassin de la rivière Muren ; Atdabanien.

Fig. 4. – A clone of *Metaldetes fischeri* (Handfield). GSC 103940, x 3.
Canada, British Columbia ; Botomian stage.

4. – Clone de *Metaldetes fischeri* (Handfield), x 3.
Canada, Colombie Britannique ; Botomien.

Fig. 5. – Interactions of *Tabulacyathus taylori* Vologdin (Archaeocyathida, top) and *Altaicyathus notabilis* Vologdin (Altaicyathina, bottom). PIN 4451/56, x 20.
F.R. Russia, Altay Sayan Fold Belt, Western Sayan ; Botomian stage.

5. – Interactions de *Tabulacyathus taylori* Vologdin (Archaeocyathida, en haut) et *Altaicyathus notabilis* Vologdin (Altaicyathina, en bas), x 20.
R.F. Russie, zone plissée de l'Altaï Saïan, Saïan occidental ; Botomien.

Fig. 6. – Interactions of *Abicyathus asymmetricus* (Vologdin) (cribricyath, top and centre) and *Coscinocyathus* sp. (Coscinocyathida, left and right). PIN 4274/6, x 8.
F.R. Russia, Altay Sayan Fold Belt, Azyrtal Ridge ; Botomian stage.

6. – Interactions d'*Abicyathus asymmetricus* (Vologdin) (cribricyathe, en haut et au centre) et *Coscinocyathus* sp. (Coscinocyathida, à gauche et à droite), x 8.
R.F. Russie, zone plissée de l'Altaï Saïan, crête d'Azyrtal ; Botomien.

Fig. 7. – Interactions of *Polythalamia* sp. (Coscinocyathida, bottom) and *Clathricoscinus infirmus* Zhuravleva (Coscinocyathida, top). PIN 4451/69, x 10.
F.R. Russia, Altay Sayan Fold Belt, Azyrtal Ridge ; Botomian stage.

7. – Interactions de *Polythalamia* sp. (Coscinocyathida, en bas) et *Clathricoscinus infirmus* Zhuravleva (Coscinocyathida, en haut), x 10.
R.F. Russie, zone plissée de l'Altaï Saïan, crête d'Azyrtal ; Botomien.

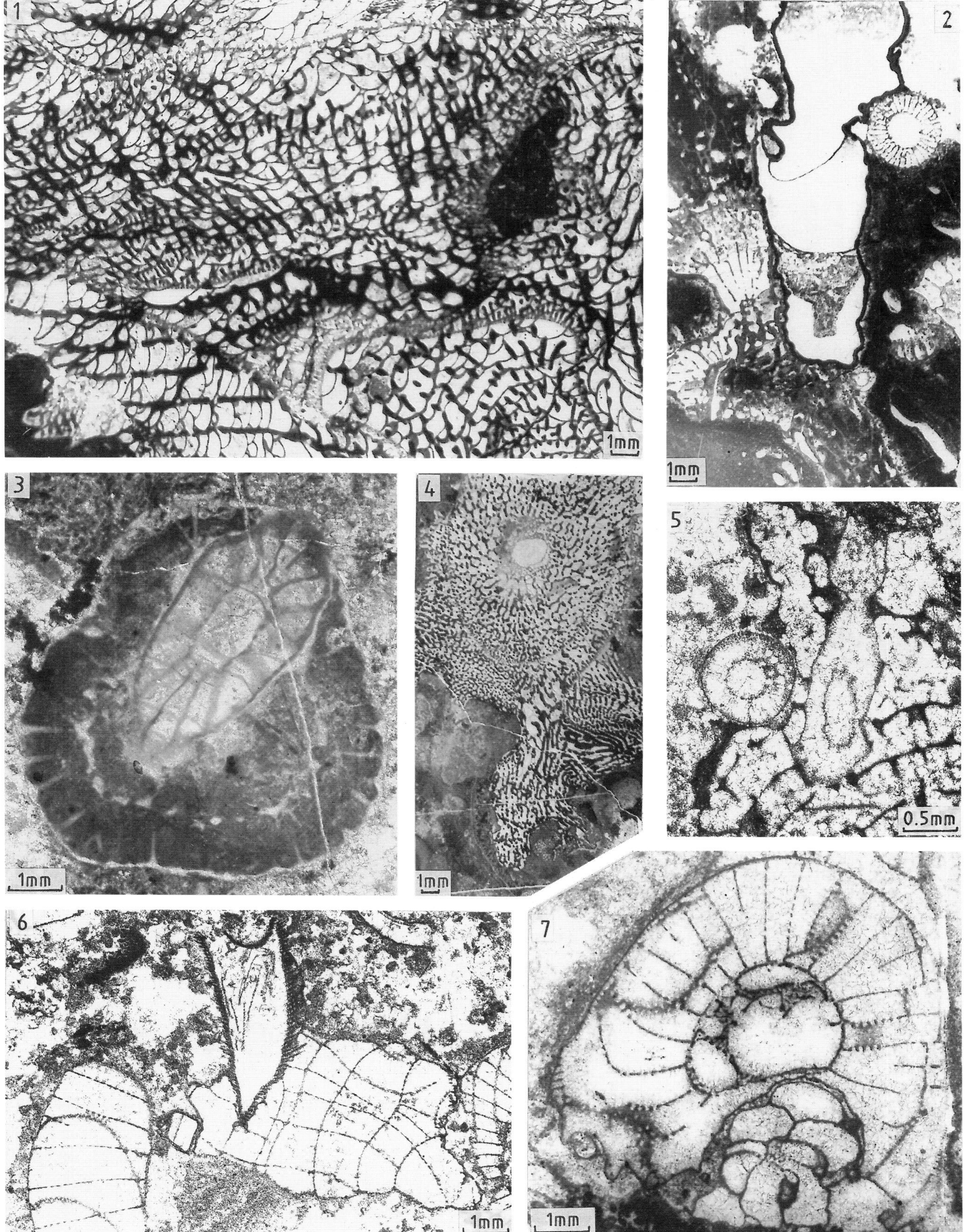

L O U I S - J E A N
avenue d'Embrun, 05003 GAP cedex
Tél. : 92.53.17.00
Dépot légal : 668 — Septembre 1992
Imprimé en France